THE ART OF BIOMIMICRY

AI, 생체모방의 기술

자연에서 영감을 얻은 혁신

JANINE M. BENYUS

재닌 M. 베니어스 지음 | 최돈찬·이명희 옮김

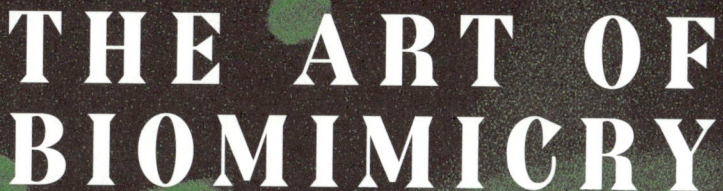

시스테마

뒤얽힌 둑의 멘토들을 위하여

감사의 글

그동안 인터뷰했던 모든 생체모방학자들에게 감사를 드린다. 특히 이 책의 원고를 재검토해준 친절한 이들에게 감사한다. 토지연구소의 웨스 잭슨 박사, 존 파이퍼 박사, 마티 벤더 박사, 애리조나 주립대학교의 디벤스 거스트 2세 박사, 토머스 무어 박사, 아나 무어 박사, 닐 우드베리 박사, 워싱턴 대학교의 클레망 펄롱 박사, 애리조나 대학교의 폴 캘버트 박사, 델라웨어 대학교의 허버트 웨이트 박사, 옥스퍼드 대학교의 크리스토퍼 비니 박사, 미국육군연구소의 데이비드 캐플런 박사, 듀크 대학교 영장류센터의 케네스 글랜더 박사, 하버드 대학교의 리처드 랭햄 박사, 위스콘신 대학교의 카렌 스트라이어 박사, 웨인 주립대학교의 마이클 콘래드 박사, 에이티앤티 연구소의 브래든 알렌비 박사, 토머스 그레델 박사, 캔자스 주 매트필드 그린에 사는 토머스 암스트롱 등이다. 특히 크리스토퍼 비니 박사에게 신세를 많이 졌는데, 그는 원고 전체를 아주 세밀하고 열정적으로 비평해주었다.

문학대행인인 잔 핸슨을 알게 되어 행운이었다. 또 편집자인 토니 시애라는 이 이름도 없는 분야를 처음부터 진실로 이해했던 생체모방학의 챔피언이었다. 호기심을 갖고 나의 노트들을 베낀 니나 매클린에게도 감사한다. 친구들과 가족들은 언제나 그랬듯이, 아낌없이 성원해주었다.

많은 사람들이 이 책을 쓰는 동안이나 그 후에도, 이 책에 대한 나의 이해력을 정리해주었다. 특히 웨스 잭슨과 웬델 베리에게 감사한다. 두 사람은 수년 전에 스스로를 생체모방학자로 인식했고, 그 의미를 아주 명확하고 신중하게 생각하고 있었다. 또한 토지연구소의 에밀리 헌터는 내가 끝마칠 때를 기다리며 소용돌이 속에서 기다려주었다. 그녀의 도움으로 나는 다음 단계를 생각하고 재충전할 수 있었다.

마지막으로 로라 메릴에게 감사하고 싶은데, 그녀의 인내심 많은 귀와 열린 가슴은 생체모방학을 탄생시키는 산파역을 했다. 그녀의 수달 같은 기쁨과 바위 같이 꾸준한 후원은 무엇과도 바꿀 수 없다.

_재닌 M. 베니어스

차례

제1장

자연 따라 하기

왜 이제야 생체모방인가?

"우리는 자연계에서 우리의 표준을 찾아야 한다. 인간의 능력 전부를 분명히 넘어설 정도의 무엇인가가 자연에 있다는 사실을 인정하고 자연의 광대함과 그 너머에 놓여 있는 신비를 현자의 겸손함으로 경배해야 한다."

_바츨라프 하벨Václav Havel, 전 체코공화국 대통령

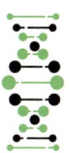

웃통을 다 벗고 재규어의 이빨과 부엉이 깃털을 두른 남성의 사진이 《뉴요커》의 한 면을 장식하는 일은 평범하지 않은데 하긴 요즘은 예사로운 시대가 아니기는 하다. 이 책이 집필되는 동안, 후아오라니 인디언 족의 추장으로 '꿈'이란 뜻의 이름을 가진 모이Moi는 자신의 고향인 아마존에서 진행되고 있는 기름 채굴 작업에 항의하기 위해 미국 워싱턴으로 향했다. 그는 청문회에서, 진정한 힘은 어디에서 나오는지, 진정한 고향의 의미가 무엇인지에 대해 청문회장을 가득 메운 지친 신문기자들에게 설교하며 한 마리의 재규어처럼 포효했다.

한편 미국의 심장부에서는 원주민에 관한 책 두 권이 베스트셀러가 되어 사람들의 입에 오르내리게 되었는데, 이것은 그 책을 출간한 사람들에게조차도 뜻밖이었다. 책의 내용은 산업화 이전 사회의 현명한 가르침을 따라 삶이 영원히 바뀐 서구 도시인들에 관한 것이었다.

이게 다 무슨 일일까? 추측하기로는, 자연의 인내의 한계에 부딪힌 산업화 인간*Homo industrialis*이 자신이 멸종시킨 코뿔소, 콘도르, 해우, 개불알꽃 등 여러 종의 그림자 가운데서 자신의 그림자를 본 것이다. 그 장면에 충격받아 우리 모두는 지금 어떻게 이 지구에서 분별 있게 그리고 지속가능하게sustainable 살 수 있는지 그 방법을 애타게 찾고 있는 것이다.

한 가지 희소식은 그 지혜가 원주민뿐 아니라 인간보다 훨씬 더 오랫동안 지구에서 살아온 여러 생물 종에게도 퍼져 있다는 사실이다. 지구의 나이를 1년으로 잡고 오늘이 세밑의 자정 바로 전이라고 한다면, 우리 인간이 등장한 지는 15분도 채 되지 않았고 기록된 모든 역사는 최근 60초 내에서 깜빡거리고 있다. 우리에게 다행스럽게도, 이 행성의 동료들(동물, 식물, 미생물 등의 멋진 그물망)은 3월 이후부터, 자신들의 작품을 끈질기게 갈고 다듬어왔다. 그것은 박테리아가 처음 나타난 이후의 38억 년이라는 경이로운 기간 동안이다.

그 기간에 생명은 하늘을 나는 법, 지구 주위를 순환하며 비행하는 법, 깊은 바다나 산꼭대기에서 사는 법, 경이로운 물질을 만드는 법, 밤에 불을 밝히는 법, 태양에너지를 잡아채는 법, 자아성찰self-reflective을 할 수 있는 뇌를 만드는 법을 터득했다. 생물들은 다 함께 육지와 바다를, 온도가 일정하고 주기가 자연적으로 활발하게 돌아가는 생물친화적인 보금자리로 전환할 수 있었다. 한마디로 생물들은 화석연료를 고갈시키지 않고 지구를 오염시키지도 않으며 미래를 저당 잡히지 않고도 지금 우리가 하고자 하는 일을 전부 해왔다. 이보다 더 좋은 모델이 어디에 있겠는가?

생태적 발명

이 책에서 여러분은 광합성, 자가조립self-assembly, 자연선택, 자기충족적 생태계, 눈, 귀, 피부, 조개껍데기, 의사소통하는 신경세포, 천연 치료제와 같은 자연의 걸작품들을 탐구하고 이들의 설계나 제조 공정을 모방하여 우리의 당면 과제들을 해결하려 노력하는 사람들을 만날 것이다. 생물의 비상함을 열심히 배운다는 의미에서 나는 이런 모험을 생체모방biomimicry이라 부른다. 이는 자연에서 영감을 받은 혁신을 말한다.

자연을 지배하거나 '개조'하는 데 익숙한 사회에서 이렇게 공손한 모방은 전혀 새로운 접근 방법으로, 거의 혁명에 가깝다. 산업혁명과 달리 '생체모방 혁명'은 우리가 자연에서 채취한 것이 아니라 우리가 어머니 격인 자연으로부터 배운 것을 기반으로 하여 새로운 시대를 여는 것이다.

앞으로 살펴보겠지만 '자연의 방식대로 하기'에는 농작물을 키우고 물건을 만들고 에너지를 이용하고 우리 자신을 치료하고 정보를 저장하고 사업을 하는 방법을 바꿀 수 있는 잠재력이 있다.

생체모방의 세상에서 우리는 동물과 식물들이 하는 방식대로 태양과 단순 화합물을 이용하여 완벽한 생분해성 섬유소, 세라믹, 플라스틱, 화학제품 등을 만들어낼 것이다. 초원을 모델로 한 농장은 비료를 주지 않아도 되고 자연적으로 해충 내성을 가질 것이다. 새로운 약품이나 작물을 찾기 위해, 수백만 년 동안 식물을 이용해 섭생하고 건강을 지켜온 동물이나 곤충을 참고할 것이다. 하물며 컴퓨터도 자연에서 힌트를 얻어 소프트웨어는 해결책을 '진화'시키고 하드웨어는 자물쇠-열쇠 패러다임을 이용해 터치 방식 연산을 할 것이다.

나뭇잎을 모방한 태양전지, 거미줄처럼 꼬은 강철 섬유, 조개를 모방한 깨지지 않는 강화 세라믹, 침팬지로부터 배운 암 치료법, 다년생 들풀에서 영감을 얻은 다년생 곡물, 세포처럼 신호를 보내는 컴퓨터, 미국삼나무 숲·산호초·자작나무-호두나무 숲에서 교훈을 얻은 경제 등 어떤 경우에도 자연은 모델이 된다.

생체모방학은 자연계에서 어떤 것은 작동하고, 어떤 것은 지속할 수 없으며, 어떤 것이 더 중요한지 발견해나가고 있다. 38억 년에 걸친 연구와 개발의 결과 실패작들은 화석이 되었고, 지금 우리가 주변에서 볼 수 있는 것은 모두 생존의 비밀을 가지고 있다. 우리의 세계가 자연 세계를 더 닮고 자연 세계처럼 기능을 발휘하면 할수록 이 행성(우리 인간들만의 행성이 아니다)은 우리를 더 잘 받아들일 것이다.

물론, 이것은 후아오라니 인디언에게는 새로운 이야기가 아니다. 자신들의 보금자리를 오염시키지 않으면서 잘 살아온 모든 원주민 문화는, 자연이 제일 잘 안다는 사실을 진심으로 인정하고 곰, 늑대, 갈까마귀, 미국삼나무들로부터 배우려는 겸손함을 지니고 있었기에 생존할 수 있었다. 그들은 인류가 모두 왜 그렇게 하지 않는지 의아할 뿐이다. 몇 년 전부터 나 역시 그러한 의문이 들기 시작했다. 서구 과학이 300여 년간 발달해오는 동안 후아오라니들이 본 것을 왜 우리는 아무도 보지 못했을까?

생체모방을 어떻게 찾아냈나

나는 대학에서 식물, 토양, 수질, 야생 생물, 병리학, 특히 나무의 성장에 관한 과목들을 두루 수강하고 응용과학인 임학 분야에서 박사학위를 받았다. 내 기억이 맞다면 상호 협동 관계, 자동 조절되는 피드백 회로self regulating feedback cycle, 조밀한 상호 연결성 같은 것은 우리들의 시험공부에 포함되어 있지 않았다. 환원주의reductionist 방식으로, 우리는 숲을 조각내어 부분적으로 따로 공부했고 가문비나무와 전나무가 합쳐져 이루어진 침엽수림에는 나무들의 합 이상이 있을 것이라는 생각을 해본 적도 없으며, 숲 전체에 어떤 지혜가 존재한다고도 생각하지 않았다. 자연의 소리를 듣거나 자연 군집들이 자라고 번성해가는 방법을 배우려는 실험 과목도 없었다. 우리는 자연의 경영 방식은 배울 가치가 전혀 없다는 듯이 인간 중심적으로 자연을 경영했다.

진짜 교훈이 어디 있는지 알게 된 것은 야생 생물의 서식지와 행동에 관한 책을 쓰기 시작하면서부터였다. 유기체는 자신의 자리에 그리고 서로에게 멋지게 적응되어 있었다. 이렇게 잘 들어맞는 조화는 나에게 교훈과 함께 끝없는 즐거움을 선사했다. 생물들이 자신들의 보금자리에 이음매 없이 얼마나 꼭 들어맞는가를 보면서, 지구의 관리자라는 인간은 자신의 보금자리에서 얼마나 떨어져 있는지 깨닫기 시작했다. 우리는 다른 생물들과 똑같은 물리적 문제(제한된 서식지에서 필요한 식량, 물, 공간, 쉼터를 얻기 위한 고투)를 안고 살아가지만 자신의 영리함만 가지고 그러한 문제들을 풀려고 해왔다. 자연계에 내재한 교훈들, 수십억 년 동안 갈고 다듬어진 전략들은 단지 과학적 호기심의 대상으로만 남아 우리의 일상과는 멀어졌다.

그러나 학교로 가보면 어떨까? 지구에서 폐기물을 적게 만들고 창의적으로 사는 방법에 대한 영감을 얻기 위해 생물이나 생태계를 열심히 살펴보는 연구자들을 만날 수 있을까? 아이디어를 얻기 위해 생물학 교과서를 뒤적이는 발명가들이나 기술자들을 찾아 같이 일할 수 있을까? 또 요즘 같은 시대에 생물과 자연계를 궁극의 스승으로 여기는 사람이 한 명이라도 있을까?

다행스럽게도, 그런 사람을 한 명이 아니라 여러 명 찾을 수 있었다. 그들은 학문들이 연계된 최첨단 분야에서 최고의 연구 성과를 쏟아내는 놀라운 사람들이다. 그들은 생태학이 농업, 의약, 재료과학, 에너지, 컴퓨터, 상업 등을 만나는 곳에서 발명보다는 발견할 것이 더 많다는 사실을 배워가고 있다. 또 필연적으로 창조적인 자연이 우리가 해결하기 위해 애쓰는 문제들을 이미 다 해결했다는 사실을 알아내고 있다. 우리가 도전할 일은 오랜 세월을 거쳐 확실히 검증된 그 아이디어들을 채택해서 생활에 그대로 반영하는 일이다.

나는 생체모방을 발견하고 감격했지만, 곧이어 이에 대한 어떤 공식적 활동도 두뇌 집단도 아직 없으며 생체모방학으로 학위를 주는 대학도 없다는 사실을 알게 되었다. 의외였다. 왜냐하면 내가 현재 연구하는 과제에 대해 이야기를 꺼내기만 하면 누구나 예외 없이, 너무나 합당한 아이디어를 들은 데 대해 일종의 안도감까지 느끼며 열성적으로 반응했기 때문이다. 생체모방학은 밈**meme | 리처드 도킨스가 만든 용어로 유전자처럼 모방, 복제되는 요소; 옮긴이**의 특징을 가지고 있다. 성공적인 문화 구성 요소의 상징으로, 즉 적응력 있는 유전자처럼 우리 문화 전반에 퍼져나갈 개념이다. 이 책을 쓰는 이유도 그 문화가 널리 퍼져 21세기에 모든 연구의 맥락이 되기를 희망하기 때문이다.

이제 나는 가는 곳마다 자연에서 온 혁신의 증거들을 본다. 단추 대신 쓰이는 접착테이프 벨크로(씨앗의 갈고리에서 배움)에서 대체의학에 이르기까지, 불가사의할 정도로 지혜로운 자연의 해결책을 사람들은 신뢰하고 있다. 그런데 왜 이제서일까? 왜 인류 문명은 확실하게 작동하는 것들을 당장 모방하려 하지 않았을까? 왜 이제야 자연의 혜택을 받으려 하고 있을까?

고요 전의 폭풍

생물학적 조상을 그대로 따라 하는 편이 가장 현명해 보이는데도, 인간은 정반대 방향으로 가고 자연으로부터 독립해왔다. 인류의 여정은 1만 년 전 '농업혁명'과 함께 시작되어 수렵과 채취의 불안정감에서 해방되었고 식료품을 저장하는 법을 배우게 되었다. 농업혁명은, 프랜시스 베이컨Francis Bacon이 말했듯 "자연의 비밀을 캐기 위해 자연을 고문"하는 법을 가르쳐준 '과학혁명'으로 가속화되었다. 마지막으로 '산업혁명'의 재연소 장치가 등장하자, 기계가 인간의 근육을 대신하였고 인간은 세상을 쥐고 흔드는 법을 알게 되었다.

그러나 이러한 혁명들은 '석유화학 혁명'이나 '유전공학 혁명'같이 지축을 흔들 만한 것들에 비하면 전초전에 불과했다. 이제 우리는 필요한 것을 합성해내고 우리 취향대로 유전자의 염기 서열도 재배열할 수 있게 되었으니, 우리가 자율성이라고 생각하는 것을 획득한 셈이다. 기술이라는 막강한 힘을 붙들고 사실상 우리의 보금자리에서 멀리 떨어져 우리 자신을 신으로 착각하기에 이르렀다.

그러나 현실에서 우리는 삶의 중력에서 전혀 벗어나지 못했다. 다른 어떤 생물과 마찬가지로 인간도 아직은 생태학 법칙들을 따르지 않을 수 없다. 그중 가장 불변의 법칙은, 어떤 종도 모든 자원을 독차지하는 니치niche | 생태학적 지위; 옮긴이를 가질 수 없으며 반드시 나누어 써야 한다는 사실이다. 이 법칙을 무시하는 종은 자신의 번성을 뒷받침해줄 자신의 군집을 파괴하게 된다. 슬프게도 이것이 바로 우리가 걸어온 행로다. 우리는 광대한 세상에서 하나의 작은 무리로 시작해 그 숫자가 계속 늘어남에 따라 영토를 확장해 세상이 터져나갈 지경이다. 이제는 너무 많아져 우리의 서식처는 더 이상 지속가능하지 않다.

그러나 이전의 많은 사람처럼 나는 이것이 고요가 오기 전의 폭풍일 뿐이라고 믿는다. 혼돈chaos과 복잡성complexity이라는 새로운 과학에 의하면 평형에서 멀리 떨어져 불안정한 시스템은, 변화될 준비가 무르익은 상태다. 진화 자체가 돌발적으로 일어나 수백만 년 동안 안정적으로 유지되다가 위기가 닥치면 완전히 새로운 수준의 창조로 도약하는 것으로 생각된다 **이것은 다윈의 점진적 진화론에 반해 스티븐 J. 굴드가 주장한 단속평형설이다; 옮긴이**.

이는 한계에 거의 다다랐다는 뜻으로, 다시 말해 우리가 그 사실을 인정하기만 한다면 새로운 국면으로 도약할 기회가 될 수도 있다는 의미다. 즉 지구가 우리에게 적응하는 게 아니라 우리가 지구에 적응해야 한다. 우리가 지금 만들어가는 변화는 아무리 조금씩이라고 해도, 이 새로운 세상의 핵이 될 수 있다. 짙은 안개에서 빠져나왔을 때는 우리가 막강한 기술의 방향을 돌리고, 지구에서 도망치는 게 아니라 우리의 보금자리로 향하고, 난초가 꿀벌을 유인하듯 자연이 우리의 착륙을 이끌어주는 것을 보게 되기를 희망한다.

생체라는 천재

양심의 가책이 우리를 고향(즉 생체모방학)으로 밀어주는 한편, 자연과학에서 쏟아져 나오는 방대한 새로운 정보도 같은 크기의 힘을 제공하고 있다. 생물학에 대한 우리의 단편적인 지식은 5년마다 두 배로 증가해서 마치 점묘화처럼 차츰 전체를 드러내며 성장하고 있다. 우리의 관찰 능력 역시 역사상 전례 없이 신장하여 신형 현미경과 인공위성이 세포에서 별에 이르기까지 자연의 패턴을 목격하게 해준다. 우리는 진드기의 눈으로 미나리아재비를 면밀히 조사할 수 있고 전자 왕복선을 타고 광합성을 연구하고 생각하는 신경세포의 떨림을 감지할 수 있고 갓 탄생한 별의 색깔을 볼 수 있게 되었다. 자연이 어떻게 기적을 일으키는지 과거 어느 때보다 분명히 이해할 수 있다.

자연을 깊이 응시해보면 숨이 멈출 만큼 놀라게 되며, 좋은 의미에서 우리의 교만이 완전히 깨져버릴 듯싶다. 인간이 만들어낸 모든 발명품은, 훨씬 더 정교하고 지구에 무리를 덜 가하는 형태로 자연에 이미 존재해왔다는 사실을 알게 된다. 인간이 자랑하는 건축용 버팀목과 대들보는 백합의 넓은 잎과 대나무 줄기의 특성이다. 또한, 중앙냉난방 시설은 섭씨 30℃를 일정하게 유지하는 흰개미 탑이 이미 우리를 앞질러 있다. 인간이 만든 어떤 레이더 장치도 박쥐의 다주파 전송에 비하면 형편없다. 또한 우리가 개발한 '지능형 신소재smart material'들도 돌고래의 피부나 나비의 빨대 같은 입하고는 비교도 안 된다. 인간의 고유한 발명품이라 자부하는 바퀴조차도 세상에서 가장 오래된 박테리아의 편모를 추진시키는 초소형 회전 모터에 이미 존재한다.

변변찮은 생물들도 우리는 꿈으로나 꿀 수 있는 재주를 거침없이 부리고 있다. 바다의 발광성 조류는 화학물질들을 반응시켜 등불처럼 빛을 낸다. 북극의 어류나 개구리는 꽁꽁 얼었다 녹아도 살아나는데 내부 기관이 얼지 않게 보호되기 때문이다. 흑곰은 요소에 중독되지 않고 겨우내 동면하는가 하면, 그들의 사촌인 북극곰은 겨울에도 활동할 수 있다. 투명하고 속이 빈 털이 온실의 유리처럼 피부를 덮고 있기 때문이다. 카멜레온과 오징어는 피부 패턴을 순식간에 주변 환경과 어우러지게 하여 도망치지 않고도 몸을 숨긴다. 꿀벌, 거북, 새들은 지도 없이도 항해를 하고 고래나 펭귄은 스쿠버 장비 없이도 잠수할 수 있다. 도대체 어떻게들 하는 것일까? 잠자리는 어떻게 인간이 만든 최상의 헬리콥터를 능가할까? 벌새는 어떻게 3cc도 되지 않는 적은 연료로 멕시코만을 건널 수 있을까? 개미는 어떻게 수백 킬로그램의 무게를 운반하며 정글의 뜨거운 열기를 통과할 수 있을까?

그러나 이런 생물 개체들의 재주도 간석지나 선인장 숲과 같은 군집의 전체 시스템을 특징짓는 복잡한 상생에 비하면 아무것도 아니다. 생물들은 모여서 아라베스크를 추는 무용수들처럼, 자원을 낭비하지 않고 끊임없이 서로 주고받으면서 역동적인 안정을 유지한다. 생태학자들은 수십 년 동안의 꾸준한 연구 끝에 겨우, 복잡하게 얽혀 있는 많은 시스템에 공통으로 내재한 유사성을 간파하기 시작했다. 그들의 연구 노트를 통해 우리는 이 책의 모든 장에 가득한 자연의 법칙, 전략, 원리의 표준을 이해하기 시작한다.

자연은 햇빛으로 움직인다.
자연은 필요한 에너지만 사용한다.
자연은 기능에 형태를 맞춘다.
자연은 모든 것을 재활용한다.
자연은 협동에 보상해준다.
자연은 다양성에 의존한다.
자연은 지역 전문가를 요구한다.

자연은 내부로부터 과잉을 억제한다.

자연은 한계에서 힘을 얻는다.

교훈적인 이야기

위의 교훈 가운데 마지막, '자연은 한계에서 힘을 얻는다'라는 항목은 우리에게 아마도 가장 모호하게 들릴 것이다. 왜냐하면, 우리 인간은 한계를, 그것을 극복해야만 우리가 계속 확장해나갈 수 있는 무엇, 즉 보편적인 도전으로 생각하기 때문이다. 다른 지구 생명붙이들은 자신의 한계를 좀 더 진중하게 받아들여, 좁은 범위의 생명친화적인 온도 내에서 기능해야 하고 땅의 부양 능력 내에서 수확해야 하며 에너지 균형이 깨지지 않게 유지해야 한다는 것을 알고 있다. 이런 지침 내에서, 생명은 한계를 힘의 원천, 즉 하나의 집중 기제로 삼아 다채롭고 경이롭게 펼쳐나간다. 자연이 피우는 마술은 아주 작은 공간 안에서 일어나기 때문에 자연의 피조물은 의미만 말하는 한 편의 시와 같다.

생체모방학은 날이면 날마다 이런 시들에 대해 연구하면서, 자연에서 거의 경외감에 가까운 경이를 느낀다. 생체모방학을 통해 자연이 진짜로 무엇을 할 수 있는지 알게 된 지금, 자연에서 영감을 얻는 혁신들은 심연에서 높이 쳐든 손과 같다. 그러나 목표에 손이 닿기 시작하면서, 이제 우리가 이 새로운 디자인과 공정을 어떻게 이용할 것인지 궁금해진다. 생체모방 혁명이 산업혁명과 다른 것이 있다면 무엇일까? 인간이 자연의 특기를 가로채 생명에 반하여 현재 진행되고 있는 정세에 악용하지 않을 것이라 누가 장담하겠는가?

이것은 괜한 걱정이 아니다. 가장 최근의 생체모방적 발명 가운데 유명한 것은 비행기다(라이트 형제는 독수리를 관찰하고 견인력과 상승력의 의미를 깨쳤다). 인간은 1903년 처음으로 새처럼 날았다. 그러나 1914년에는 하늘에서 폭탄을 떨어뜨렸다.

결국, 우리를 생체모방적인 미래로 이끄는 것은 기술의 변화가 아니라 자연의 교훈을 경청하는 겸손한 마음일 것이다. 빌 매키븐Bill McKibben이 지적했듯이 우리의 도구는 언제나 어떤 철학이나 이데올로기에 맞추어 전개된다. 만일 우리가 사용하는 수단들이 지구에 적합하기를 바란다면 자연에 대한 우리의 자세, 그리고 이 우주에서 우리가 누구인지에 대한 우리 스스로의 생각이 바뀌어야 한다.

우리를 인간의 한계 이상으로 확장시켜준 이데올로기는 이 세상이 우리를 위해 존재한다는 것이었다. 결국, 우리는 진화의 정점에 있는, 먹이 피라미드의 정수라는 것이다. 마크 트웨인Mark Twain은 이 사실을 흥미로워했다. 그의 명저 『지구로부터의 편지Letters to the Earth』에서, 우리가 다른 생물보다 우월하다는 주장은, 에펠탑이 탑 꼭대기 어딘가에 페인트칠을 하기 위해 세워졌다고 말하는 것과 같다고 했다. 터무니없지만 이것이 현재 우리의 사고방식이다.

내가 사는 몬태나 주 서부 산악 지대에서는 요즘, 집 밖으로 넓게 뻗어 있는 황무지에 회색곰을 다시 풀어놓아야 할지 격렬한 논쟁이 벌어지고 있다. 주민들이 아이들을 단속하고 총을 들어야 할 일이기 때문이다. 반대자들은 말을 타거나 하이킹을 하면서 경계해야 하는 것을 원치 않는다고 말하는데, 이는 곰의 먹잇감이 될 걱정을 하고 싶지 않다는 뜻이다. 그렇다면 그 자체가 하나의 생명체라고도 할 수 있는 이 행성에 사는 하나의 생명체로서, 우리 자신도 자연계 먹이사슬의 일부가 되는 것을 받아들여야 할 것이다.

가이아 **대지의 여신, 제임스 러브록이 제안한 살아 있는 지구 개념; 옮긴이**의 은총 아래 있기를 원한다면, 우리 자신을 투표권 중 단 하나의 투표권을 가진, 많고 많은 종 가운데 한 종에 불과하다고 생각해야 한다. 우리가 다른 종과는 다르고 눈부신 행운을 연속적으로 잡았지만, 거시적으로는 반드시 최적의 생존자도 아니고 자연선택 과정에서 면제된 것도 아니다. 인류학자인 로렌 아이슬리**Loren Eisley**가 관찰했던 것처럼 고대 도시국가들은 모두 망했고 "돌과 금을 다루던 사람들은 오래전에 이미 세상을 떠난" 반면 "곰만이 혼자서 바로 서 있고 표범은 말라가는 마지막 웅덩이에서 물을 마신다". 자신의 생태학적 자본(모든 풍요가 흘러나오는 토대)을 고갈시키지 않고 수백만 년 동안 살아온 지구의 거주자들이 진정한 생존자다.

지구라는 집으로 귀환

현재 우리가 딜레마에 직면한 이유는 답이 없기 때문이 아니라 단지 올바른 곳을 들여다본 적이 없기 때문이다. 인디언 모이는 난생처음으로 더운 물로 샤워하고 《워싱턴 포스트》와 TV 야구 중계를 보았지만, 워싱턴을 떠나면서 "이 도시에는 배울 것이 별로 없어요. 다시 숲속을 걸어야 할 시간입니다"라고 말했다.

이제 우리가 숲을 걷는 것이 하나의 문화가 되어야 할 때가 되었다. 일단 자연을 스승으로 삼으면 살아 있는 세상과 우리의 관계는 변한다. 감사하는 마음이 욕심을 다스리고, 식물학자 웨스 잭슨Wes Jackson이 말했듯이 자원이라는 개념 자체가 터무니없는 게 된다. 자연으로부터 계속 배우려면 훌륭한 아이디어가 마르지 않는 원천인 야생을 보존해야 함을 우리는 깨닫고 있다. 역사의 이 시점에서 앞으로 30년 내에 전체 생물 종 가운데 4분의 1이 없어진다는 코앞에 닥친 현실을 생각할 때, 생체모방은 단지 자연을 바라보는 새로운 방법이 아니라 그 이상이 된다. 생체모방은 경주이며 구원이다.

때는 거의 자정이 다 되었는데 꿈틀대고, 날갯짓하고, 급회전하는 생명들의 에펠탑에 건물 해체용 철구가 떨어지고 있다. 그러나 근본적으로, 이 책은 희망으로 부풀어 있다. 생태학은 우리의 행동이 얼마나 어리석은지를 알려주는 동시에 모든 생물에 반영된 자연의 슬기로운 패턴도 보여주고 있다. 다음 장에서 만나게 될 생체모방학자들의 지도력으로, 우리가 그 철구를 멈추고 자연의 수업 시간에 앞자리에 앉도록, 그에 필요한 두뇌 · 겸손 · 정신을 갖게 되기를 희망한다.

이제는 자연을 앞지르거나 조종하기 위해 자연에 관해 배우는 게 아니라 우리가 태어난 지구에 드디어, 영원히 조화를 이루도록 자연으로부터 배워야 할 때다. 수도 없이 많은 질문이 터져나온다. 어떻게 식량을 재배해야 할까? 어떻게 자재를 만들까? 어떻게 에너지를 섭취하고, 우리 자신을 치료하고, 배운 것들을 저장할 수 있을까? 어떻게 지구에 예의를 갖추며 사업을 할까? 자연이 이미 알고 있는 것들을 발견해나가면서 우리는 재규어처럼 포효한다는 게 어떤 기분인지, 우리 주변의 천재들과 분리되지 않고, 그들과 하나가 된다는 것이 어떤 느낌인지 기억하게 될 것이다.

살아 있는 수업을 시작하자.

제2장

어떻게 자급자족할까?

토지에 맞는 농사짓기: 초원처럼 식량 키우기

"우리보다 앞서 오래전에 이 땅에 살았던 원주민들은 지구를 숭배했다. 그들은 지구의 교육을 받았다. 그들에게는 학교나 교회가 필요 없었다. 그들과 세상 전체가 하나였으므로……."

_마이클 에이블맨Michael Ableman, 유기농 농부, 캘리포니아 주 골리타 시령

"우리가 아는 게 많지 않고 오히려 무지하다는 사실을 안다면 어떻게 행동해야 할까? 길고 긴 진화 과정을 통해 자리 잡힌 질서를 존중하고 그것을 모방하라. 인간의 똑똑함은 항상 자연의 지혜 밑에 두어야 함을 마음속 깊이 새겨야 한다."

_웨스 잭슨Wes Jackson, 토지연구소The Land Institute 소장

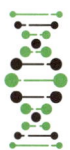

미네소타 주 파이프스톤 시에 사는 친구의 가족 모임에 간 적이 있다. 그 동네는 농업 지역으로, 일직선으로 된 주 경계선의 한모퉁이에 바둑판 모양으로 자리 잡고 있다. 호밀이 반듯하게 줄을 지어 킹덤 홀이라는 건물 입구를 향해 행진하듯 늘어섰다가 반원형의 막사와 픽업트럭이 무리지어 있는 곳 주변에서 방향을 바꿔 다시 뒤로 모두 꺾여서 계속 수 킬로미터를 더 뻗어나갔다.

홀 안에는 일기예보가 기다란 연회장 여기저기로 울려 퍼졌고 누구 하나 쉽게 젤로 샐러드에 손을 대지 못했다. 남쪽 문을 향해 고개를 돌렸더니 다리가 긴 사람들은 테이블 옆에 놓인 벤치 위를 넘어가기 시작했다. 그들은 허리를 굽혀 다른 사람의 귀에 대고 실례한다고 속삭이며 긴 다리로 사람들 위로, 옆으로 지나갔다. 문틀 너머로 톡 건드리기만 해도 손바닥에 떨어질 것만 같은 잿빛 하늘이 보였다.

나 역시 어렵사리 주차장으로 나갔더니 거기에는 교회에 갈 때나 입는 옷을 입은 남자들이 흙빛 먼지를 뒤집어쓴 트럭들에 기대 서 있었다. 서로 아무런 말도 하지 않고 가까이 다가오는 날씨를 그저 바라만 보고 있었다. 몇몇은 담배를 피우고 있었으며 불꽃이 튀기 전에 솟아오르는 연기처럼 구름이 소용돌이치자 움찔했다. 마침내 그중 한 명이 "우박이다" 하고 소리쳤다. 담배를 피우던 사람들은 이미 담뱃불을 비벼 껐고 다지나 시보레에 올라타 바퀴자국이 날 정도로 급하게 시동을 걸고 빨리 달렸다. 안에서는 부인들이 접시와 테이블보를 치우는 동안 아이들도 말없이 음식기를 정리했다. 축제는 장례식 분위기로 바뀌었으며 이런 일이 처음은 아닌 듯했다.

그날 미네소타 주 남서부를 강타한 폭풍과 우박은 지난 10년 사이에 가장 심각한 것이었다. 그때 내가 뼛속까지 깨달은 것은 사실 내가 이미 알고 있는 것이었다. 농부들은 자신들이 제어할 수 없는 상황에서도 농작물을 보호해야 할 책임이 있다. 오늘날 미네소타 주 남서부에는 농장이 많이 들어섰는데, 그 넓은 밭에 단 한 종, 단 한 품종만을 심어 성장 단계가 똑같으며, 따라서 손실이 생겼다 하면 대재앙이 된다. 달걀을 한 바구니에 다 담은 격이어서 가뭄, 홍수, 해충, 해일, 땅의 침식 등이 대규모로 발생하면 자연의 처분에 맡길 수밖에 없는 것이다. 에덴동산에서 추방당하는 느낌을 아는 사람이 있다면 바로 농부들일 것이다.

천연의 초지인 대초원prairie도 같은 종류의 습격을 받는다. 놀라운 점은 초원은 상처를 입어도 대부분 잘 살아남는다는 사실이다. 다년초의 근계root system를 지니고 있는 덕분으로, 이것이 다음 해의 부활을 보장해준다. 야생 환경의 식물은 내구력이 강하다. 대초원을 관찰해보면 여기에서는 어떤 것도 완전히 소실되지 않는다는 것을 알 수 있다. 땅 전체가 침식되는 법도 없고 회복될 수 없을 정도의 해충 피해 같은 것도 없다. 비료나 살충제도 필요 없다. 땅을 경작하거나 씨를 뿌리는 사람 없이도 그저 매해 태양이나 비에 의존해 지속된다. 이 시스템에는 과잉 흡수도 없고 과잉 배출에 의한 피해도 없다. 모든 영양분을 재활용하고 물을 보존하며 풍성하게 생산하는데, 이는 엄청나게 풍부한 유전 정보와 지역적 노하우, 그리고 적응 덕분이다.

들판의 다른 생물과 우호적으로 함께 자라고, 주변 환경과 동화하며 땅 밑 토양을 조성하고, 해충을 적당히 억제할 수 있는 그런 종류의 자급자족적인 작물을 이용해 농사를 개조해보면 어떨까? 그러면 농업은 어떤 양상이 될까?

그 답은 아마 당신이 어디에 사는지에 따라 다를 것이다. 웨스 잭슨은 대초원같이 될 것이라고 한다. 잭 이웰John Jack Ewel은 열대우림 같으리라고 생각한다. 또 게리 폴 나브한Gary Paul Nabhan은 홍수가 쓸고 지나간 사막과 같을 것이라고 한다. 러셀 스미스J. Russell Smith가 오늘날 살아 있다면 뉴잉글랜드 지역의 활엽수림에 한 표를 던졌을 것이다. 공통된 의견은 그 지역의 농업은 사람이 정착하기 전에 이미 거기에서 자랐던 식물에서 단서를 얻어야 한다는 것이다. 자연의 식물 군락 패턴대로 인간의 식량을 수확한다면 농업은 잘 발달한 자연 생태계와 기능과 구조가 거의 비슷해질 것이다. 그토록 안정된 시스템의 뿌리를 배워나간다면, 지구가 받은 가장 깊은 상처 가운데 하나인 경작 농업으로 말미암은 심각한 상처도 봉합할 수 있을 것이다.

이처럼 여러 방식의 '자연의 모습대로 농사짓기' 운동이 이 책의 가장 급진적인, 아마도 가장 중요한 주제일 것이다. 경제학자라면 누구라도 물건을 먹고 살 수는 없다고 말할 것이다. 식량은 계속 보충되어야 한다. 우리에게는 언제나 일정량의 식량이 필요할 것이다. 공상 과학 소설에서는 알약으로 식사를 해결하지만, 현실에서는 아직 그런 대용품은 없다.

그 우박을 동반한 폭풍이 있은 지 몇 년 후 나는 다시 시골을 방문하게 되었다. 이번에는 캔자스 주로 농업 연구가들이 자연의 패턴을 모방하려는 시도를 하고 있는 곳이었다. 미국 내에서 그야말로 고립된 장소였다. 차를 몰고 지나가자 사방으로 밑동이 짧게 베인 밀밭이 끝도 없이 펼쳐진 것이 보였다. 하늘에서 내려다본다면 기계로 자른 듯 보였을 것이다. 초록색과 갈색 줄이 교대로 쭉 뻗어 있고 가장자리는 직각을 이루었는데, 자연에는 있을 수 없는 모습이었다. 짚단 밑에는 흙이 훤히 들여다 보였는데 제초제를 살포했음을 대번에 알 수 있었다. 외부 생물은 여기에서 자랄 수 없고, 다양성을 최소화하기 위해 모든 것은 제거되었다.

남아 있는 생물 군락은 오로지 인기 있는 시장용 환금 작물 한 가지만 생산하도록 다스려지고 조율되었다. 그 밭에는 공장 같은 효율성이 있었다. 현장 관리인이 모델 747 트랙터인 빅 버드의 2층에서 여섯 개나 되는 TV 모니터로 땅에서 무슨 일이 일어나고 있는지 감시하고 있었다. 트랙터가 지나갈 때 뒤에서 나오는 디젤 가스의 버섯구름과 흙의 소용돌이가 마치 활화산이 용암을 토해내는 것 같았다.

흙이 만들어내는 소용돌이를 보니, 모래 폭풍이 일어 황진 현상Dust Bowl이 일어났던 캔자스에서 농사짓던 농장주와 라발리 카운티 장터에서 나누었던 대화가 생각났다. 흙 이랑이 너무 높아져서 소들이 그 이랑을 올라타고 울타리를 넘어 밖으로 나갔다고 했다. 그는 "경작할 권리가 없는 땅을 우리가 경작했기 때문이었지요. 폭풍에 날아가버린 것들을 우리는 되찾지 못했어요"라고 말했다.

몬태나 주의 황무지 주변을 산책하다가 길을 잃어도 대개 길을 잃어버렸다는 것을 한동안 모르고 간다. 마침내 깨닫게 되면 겁이 덜컥 나서 잠시 발길을 멈추고 여기까지 어떻게 오게 되었는지 생각나는 표지가 있는지 기억해내야 한다. 그래야만 집으로 가는 길을 찾을 수 있다. 농업 분야에서는 그동안 아주 오랫동안 길을 잃었으며, 이제는 앉아서 생각할 때이다.

어쩌다가 산업형 농장이라는 수렁에 빠졌나

우리 인간이 비옥하고 숙성한 냄새가 나는 흙을 처음으로 갈아엎은 것은 1만 년 전이다. 씨앗을 저장했다가 심고 싹이 자라는 것을 보고 우리 손으로 추수할 생각에 기뻐했다. 사냥과 수렵이라는 도박에서 벗어났음을 자축했고 곡물은 풍작이었으며 아기를 다산하는 세상을 이루게 되었다. 자식을 많이 낳을수록 자식들이 먹을 식량을 생산하기 위해 더 많은 땅을 경작해야 했다. 점점 더 열심히 대지를 개간하여 비탈진 땅까지 올라갔고 농사짓지 않던 장소에까지 진출하게 되었다. 그렇게 하여 식품 저장고를 든든히 채울 수 있게는 되었지만, 작물육종가인 웨스 잭슨이 "감시의 쳇바퀴"라고 부르는 상황에 뜻하지 않게 봉착하게 되었다. 작물을 길들이고 보호하면 할수록, 그 작물들은 우리가 없으면 살 수 없게 된다는 뜻이다.

현재 우리의 농작물은 적응력이 강했던 야생 조상과는 완전히 달라져서, 우리가 비료나 살충제 같은 석유화학물질을 살포해주지 않으면 살아남지 못한다. 인간은 생산성을 늘리기 위해 지속적으로 농작물의 자연적 방어력을 제거해왔다. 여러 종들이 섞여 있던 집단에서 그것들만 격리시켜 유전적 다양성을 좁히고 건강한 토양을 파괴했다.

농업 역사가들은 이 세 가지 가운데 토양을 파괴한 것이 가장 큰 실수였다고 말한다. 표토는 근본적으로 회복이 불가능하다. 일단 침식되거나 오염되면 스스로 원기를 회복하는 데 수천 년이 걸릴 수도 있다. 이 검은색 황금을 살찌우는 자급자족하는 다년생식물 군집 대신, 맹렬히 자라는 일년생식물을 선택하여 우리는 해마다 토양을 교란시키고 있다.

우리가 경작할 때마다 토양은 단순화되고 농작물 부양 능력이 조금씩 사라진다. 우리는 토양의 정교한 구조를 망가뜨리고 토양과 유기물을 콜로이드나 응집 덩어리로 접착시켜주는 미세 동물군과 미세 식물군의 드림팀을 박살냈다. 토양을 응집시키는 것은 매우 중요하다. 그래야 토양 전반에 정맥 같은 공기 통로가 만들어지고 물이 깊숙이 들어가게 된다. 땅이 너무 잘게 갈리거나 너무 단단하게 다져지면 콜로이드가 없어져 물을 보존하는 기술도 사라진다. 표면의 공기는 수분을 빨아들여 토양을 건조시키고 날려, 바람이 불면 표토가 분가루처럼 자동차 보닛 위에 쌓이게 된다.

그런 단단한 땅에 비가 내리면 수 킬로미터에 걸쳐 뻗은 땅 밑의 목마른 뿌리에까지 물이 내려갈 수가 없다. 땅의 겉면만 살짝 스쳐 얇은 층을 형성하며 흐르는 실개천과 개울이 핏물 같은 흙탕물이 되어 바다로 간다. 그 피는 흙, 지구 혈장으로, 매년 4,000제곱미터당 5톤에서 100톤의 속도로 쓸려 내려간다. 대대적으로 도둑맞는 셈이다. 계산해보면, 부끄럽게도, 워싱턴 주의 팔루스 대초원 밀밭의 표토가 1년에 약 1.7센티미터씩 없어진다는 것이다. 아이오와 주에서는 옥수수를 1부셸1부셸은 35리터; 옮긴이 만들어내는 데 6부셸이나 되는 흙이 바다로 쓸려간다.

뒤에 남은 표토는 더 얇아지고 더 메말라진다. 나는 캔자스 7번 고속도로의 휴게실 뒤에 있는 남의 밀밭에 들어가 갈아엎어 부서지고 화학 처리된 토양을 한 줌 집어 들었다. 그 흙은 인간이 처음 경작했던 대초원의 흙처럼 초콜릿 푸딩의 검은색이 아니라 연한 노란색이었다. 축축하고 기름진 냄새를 풍겨야 했는데 그렇지도 않았다. 죽음과 생명이 뒤섞인 냄새도 나지 않았다. 한때 잔뿌리 주위를 실로 감싸며 뻗어나갔던 이로운 형제 토양 생물인 균류들, 공기 중의 질소를 식량으로 만들어내는 박테리아들은 모두 토양에 사는 핵심 부대원들로 그 이전 조상을 대대로 이어온 후손들이다. 그들 사이에 연결이 끊어지면 '시너지 효과'가 줄어들고, 여러 종이 생물학적으로 공모하여 전체 군집을 강화시키는 힘도 약해진다.

아직 대평원 여기저기에 산재해 있고 야생 상태로 비옥하긴 하지만 '우표'만큼 작아진 비좁은 초원은, 우리가 한때 보유했던 토양에 대한 단편적인 증거가 된다. 리처드 매닝Richard Manning은 『초지The Grassland』라는 감동적인 책에서 이런 흔적을 '쟁기에 깍인 주춧돌'이라고 표현했다. 원래 땅은 이 주춧돌 윗부분과 높이가 같았으나 오늘날 경작지는 이보다 90센티미터나 낮다. 우리가 바로 그만큼의 흙을 잃어버린 것이다.

다른 곳에서도 지구의 표층이 너무 얇아져서 쟁기로 갈면 표토가 유기 생물이 살았던 적이 없는 심토와 섞이고 있다. 엄청난 절도인 수확 때문에 밭의 유기물은 더욱 많이 제거된다. 작물을 심기 전에 지난 그루터기를 갈아엎어 흙으로 돌려보내는 곳에서도 영양분은 종종 고갈되는데, 이는 어떤 식물이 돋아나기도 전에 내리는 격심한 비에 의해 떠내려가기 때문이다. 해가 거듭하면서, 이런 절도와 부적합한 시기에 주는 비료가 생산력을 더욱 감소시켜, 이 나라에 진짜 황금알을 낳아줄 거위를 서서히 불임시키고 있다. 생태학자 존 파이퍼Jon Piper는 『자연의 모습대로 농사짓기Farming in Nature's Image』에서 "북미 초원의 토양은 단지 한 세기 동안만 경작했을 뿐인데 표토의 3분의 1

이 사라졌고 땅이 지녔던 원래 생산력의 50퍼센트가 없어졌다"라고 말한다.

표토를 상실한 이유는 생산성을 높이겠다는 집착 때문으로 유기적인 자연에 기초했던 농장을 기계식 공장으로 열성적으로 바꾸어버렸다. 저술가이자 켄터키 주의 농부인 웬델 베리Wendell Berry는 유럽인이 환상만 가지고 아메리카 대륙으로 건너왔다고 말한다. 우리는 바로 우리 앞에 놓인 자연의 가치를 보지 못하고 대지의 본래 옷을 벗기고 우리식으로 옷을 입히기 시작했다. 고유의 재래 식물 대신 외국 식물을, 다년생 대신 일년생을, 다품종 재배 대신 단종 재배를 지향했다. 웨스 잭슨은 이같은, 자연의 패턴을 파괴한 행위를 오만이라고 말한다.

그 땅과 원주민에게 가르침(여기에서는 어떤 것이, 왜 자연적으로 자라는가?)을 구하지 않고 우리 임의로 농지에 지시를 내리고 농지가 수많은 계획을 수행해낼 것이라 기대했다. 그중 어떤 것은 인간의 식량 공급과는 전혀 무관했다. 예를 들어, 밀은 제1차 세계대전을 승리로 이끈 지렛대 노릇을 했다. 유럽 대륙은 온통 전쟁터가 되어 대부분 지역에서 곡식을 심지도, 수확하지도 못했다. 그 공백을 채우기 위해 미국에서는 신형 모터를 단 대규모의 트랙터 부대를 로키산맥 바로 앞까지 출동시켜 땅을 개간했고 원시 초원을 대대적으로 뿌리 뽑기에 이르렀다. 이를 나중에 '대간척사업Great Plow-up'이라고 불렀다.

이것은 농부들이 철을 입힌 흙밀이 판을 단 쟁기로 시작했던 운동의 대단원이었다. 그 쟁기는 자작농의 팔만큼 굵은 대초원의 뒤엉킨 뿌리를 캘 수 있는 유일한 도구였다. 이것은 허리가 끊어질 듯 힘들지만 적어도 백인 정착민들은 영웅적 작업으로 여겼다. 농부들이 대초원에서 나무뿌리를 하늘로 향하게 뒤집어놓는 것을 보고 어떤 수Sioux족 인디언이 고개를 저으며 "위아래가 잘못된 것"이라고 말했다고 한다. 지혜를 퇴보라고 잘못 생각한 이주민들은 그때 이야기를 하며 웃고 뿌리를 뽑을 때마다 받는 경고신호를 무시했다.

대초원을 파괴했으니 1930년대에 심각한 가뭄과 혹독한 바람으로 말미암은 황진이라는 재앙을 맞은 것은 당연하다. 너무 심각해서 대초원의 표토가 수백 킬로미터 떨어진 대서양 해안에 정박한 배의 갑판에까지 나타났다. 1935년 어느 날, 워싱턴 시의 공무원들이 어찌할 바를 몰라 우왕좌왕하고 있을 때 대평원 지역의 흙구름이 예기치 않게 시내 쪽으로 불어왔다. 겁에 질린 국회의원들이 기침을 하고 눈물을 흘렸는데, 결국 그 덕분에 농부들에게 토양을 보존하라고 다독이고 비용까지 지원해주는 기관인 토양보존청Soil Conservation Service, SCS이 창설되었다. 토양보존청 공무원들은 복음을 전파하듯 토양보존운동을 보급했고, 농부들은 곧 잘못을 깨닫고 함께 침식이 가장 심한 땅에 토양을 유지해줄 다년생 잔디를 심는 데 성공했다.

그러나 그 기관은 오래가지 못했다. 제2차 세계대전이 일어나고 종전이 된 후 사람들은 왜 가능한 모든 땅을 식량을 위해 경작하지 않는지 의아해하게 되었다. 리처드 닉슨Richard Nixon 전 미국 대통령 시대 농림부 장관이었던 얼 부츠Earl Butz는 농부들에게 '울타리에서 울타리까지' 경작하도록 권고함으로써 미국의 자만심을 경작에 반영했다. 황진의 교훈을 망각한 농부들은 토양보존청이 잔디를 심는 데 수백만 달러를 소모했던 사실은 다 잊고, 신청서를 작성하여 연방 정부에서 수백만 달러의 돈을 타 쓰면서 바람막이숲을 불도저로 밀어냈다.

그리하여 이제 산업형 농업의 차세대 얼굴, '녹색혁명Green Revolution'을 그릴 수 있는 광활한 새로운 캔버스가 생겼다. 세계적으로 만연한 기아에 대한 해답이라면서 육종학자들이 경이로운 소출을 약속하는 잡종 신품종을 선보인 것이다. 그러나 잡종이라는 특성 때문에 이 새로운 식물들은 유전형질을 다음 세대로 전달할 수 없었다. 따라서 전 세계의 농부들은 유서 깊은(생태학적으로 완벽한) 씨앗을 보존하는 전통을 버리고 신품종 씨앗을 사들이는 경비를 덤으로 쓰게 되었다.

밭은 재빨리 균질화되었다. 남쪽으로 향한 경사면이나 온난 지방이나 북극 지역에서도 번성하기 때문에 줄곧 경작해오던 다양한 작물들이 이제는 잊혀졌다. 인도 같은 곳에서 한때 땅에 맞게 형성된 쌀의 변종이 3만 가지나 되었는데 이제 단 하나의 우세한 종이 다른 변종들을 대체해버려, 식물학적 지식과 수세기에 걸친 육종의 결과가 단번에 물거품이 되어버렸다.

소출이 높다는 광고 문구는 그럴 수 있다는 것이지 반드시 그렇게 된다는 뜻은 아니라는 것을 농부들이 깨달았을 때는 이미 늦었다. 멋있게 인쇄된 홍보물에는, 경작되는 곳에 따라 더 많은 물, 더 완벽한 경작, 더 강력한 해충 방제, 더 많은 인공 비료가 필요할지도 모른다고 써 있었다. 그런데도 일단 이웃집 농부가 그 미끼에 걸려 소득이 높은 변종을 키우기 시작하면 너도나도 뒤처지지 않으려고 그렇게 했다.

커다란 폭포에서 천천히 쏟아지는 물줄기처럼 우리는 다 같이, 자연이 아니라 산업을 흉내 내는 농사 시스템으로 돌아섰다.

경제 규모를 들먹거리면서 전문가들은 농부들에게 대규모로 농사를 짓지 않으면 퇴출된다고 충고했다. 기계화로 노동은 줄어들고 더 넓은 밭을 '경작'하게 되었지만, 이것은 더 많은 자본 투자를 의미했다. 땅이 넓을수록 장비가 더 많이 필요해서 빚만 더 불어났다. 소규모 경영자는 갑자기 자신이 원하는 대로 자기 땅을 돌보거나 이익을 조절할 여지가 없어졌다. 10만 달러의 빚이 있는데 1년 동안 땅을 쉬게 하기 위해 알팔파를 심을 수는 없었다. 빚의 궁지에 몰리지 않고 정부의 보조금을 얻으려면 농사를 대규모로 지을 수밖에 없었다.

자급자족을 위해 재배되던 식량이 갑자기 너무 많이 생산되자, 곡물은 수출 품목과 정치 도구가 되었다. 농장은 미국을 세계에서 가장 유리한 위치에 세워주는, 또 하나의 생산품을 생산해내는 공장이 되어버렸다. 땅에 귀를 기울이고 살면서 자손들에게 비옥한 땅을 물려주던 내부의 조절자, 농부들이 기업형 농업과 공공 정책이라는 원격 조절자들에게 굴복한 것이다.

리처드 매닝이 『초지』에서 말했듯이 이런 '원격 왕자'들을 위해 산업 농부들은 농작물을 돌려가며 경작하고, 석회나 비료 대신 동물 배설물을 이용하고, 한 작물이 잘 안 될 경우를 위해 다양한 작물을 키우는 등의 전통적인 경작지 운영법을 버렸다. 그 대신 농장에 '집중하려고' 가축들을 팔아 처분하고 단 한 가지 종자를 연속적으로 경작하는 방법으로 전환했는데, 이것은 사실상 연속적인 토양 약탈이다. 토양 비옥도의 저하는 천연가스로 생산된 인공 질소비료로 막았다. 잡초는 또 다른 석유 산물인 제초제로 진압했고, 해충 창궐에 대한 예방 조치로 유성 화학물질을 썼다(동일한 취약점을 가진 똑같은 식물들이 수천 제곱미터에 걸쳐 자라는 탓에 해충의 해는 이제 최악의 상태다). 1만 년이나 되는 농업 역사상 처음으로, 갑자기 농부들은 석유화학 회사들의 보호 신세를 지게 되었고, 농작물을 토양이 아닌 기름에서 키운다는 말을 듣게 되었다.

일단 쳇바퀴가 돌아가자 피드백 고리feedback loop가 돌아가기 시작했다. 잡초나 해충은 원래 강인해서 1년 동안 약을 뿌려도 모두 다 죽지는 않는다. 살아남아 면역력을 키운 것들은 다음 해에 폭발적으로 증식하여 엄청나게 많은 양의 살충제가 필요해진다. '농작물과 약탈자' 간의 전쟁은 갈수록 격렬해지며 살충제는 많이 뿌릴수록 점점 더 많은 양이 필요해진다.

이 싸움에서 누가 이기고 있을까? 1945년 이후 살충제 사용이 3,300퍼센트나 증가했지만, 해충에 의한 전체 곡물 손실량은 줄지 않았다. 실제로 미국은 연간 10억 킬로그램의 살충제를 퍼붓는데도 수확량 손실은 20퍼센트나 '증가'했다. 그 기간에, 500가지도 넘는 해충들은 인간이 만든 가장 강력한 화학약품에 저항력을 길렀다. 이 나쁜 소식 외에 듣고 싶지 않은 마지막 이야기는 토양의 생산성이 점점 줄어든다는 것이다. 이에 대한 우리의 대처는 암모늄 비료를 매년 2,000만 톤이나 써서 산출력을 로켓 추진하듯 증가시키는 것이었다. 이는 미국에서만 1인당 약 72킬로그램이나 되는 막대한 양이다.

최근에 해충구제는 완전히 새로운 차원의 위험으로 뛰어올랐다. 농사를 주로 짓는 주에서는 TV를 틀면, 모종에는 무해하고 잡초만 죽인다는 제초제로 미리 처리한 농작물 종자에 대한 세련된 광고를 볼 수 있다. 그 식물은 바로 그 회사의 제초제에만 해를 입지 않도록 특별히 품종 개량되어 있어서 회사는 더 많은 판매를 보장받는다. 여기에 뭔가 석연치 않은 면이 있다. 그 제품을 사용해서 얻는 이득에 로열티를 지불해야 한다는 점과 의존성이 형성된다는 점이다. 분명히 최근의 이런 움직임은 앞으로 한동안 계속될 것이다. 1982년 12월 마크 샤피로Mark Schapiro가 《마더 존스Mother Jones》에 실은 기사를 보면, 1972년과 1982년 사이에 적어도 60개의 미국 종자 회사들이 모두 석유화학 회사에 팔렸다. 최종적으로 68개 회사가 각자의 씨앗과 제초제 세트를 출시할 계획에 있다. 그들 주장에 의하면, 이제는 농부들이 해마다 토양에 축적되는 제초제 잔류량 때문에 걱정할 필요 없이(그래서 제초제 사용을 제한하곤 했다) 원하는 만큼 맘껏 쓸 수 있게 되어서 좋은 뉴스라는 것이다.

이는 우리 모두가 걱정해야만 하는 뉴스다. 결국 환경으로 스며들어가는 잔류 살충제 때문에 미국에서 농업은 제1의 오염 산업이 되었다. 문제는 미국 인구의 절반에게 공급되는 식수원인 지하수로, 일단 오염되면 돌이키기가 거의 불가능하다. 농장 식구들은 이미 오염에 대해 알고 있다. 최근에 진행된 연구에 의하면 아이오와 주, 네브래스카 주, 일리노이 주의 시골 사람들은 뜰의 우물물에 살충제가 남아 있어 백혈병, 림프종, 기타 암의 발병률이 더 높은 것으로 나타났다. 또한, 많은 농가의 식수에서 발견되는 질산염(비료에서 오는) 농도도 연방 정부의 기준을 넘어섰는데 이는 농가에서 유산율이 유독 높은 원인일 수도 있다.

농지에 질산염만 유출되는 것이 아니다. 돈도 유출된다. 1900년에 농장에 투입된 재료와 에너지 가치를 1달러로 치면 4달러어치의 농작물을 생산해냈으므로, 투자 대 생산의 비율은 1 대 4였다. 오늘날, 우리는 식량을 더 많이 생산해내지만, 유전학적으로 약해져 석유제품에 굶주린 곡물들을 키우는 데는 더 많은 돈이 든다. 4달러어치의 곡물을 생산하는 데 기름 관련 물질에 2.7달러 정도 투입되었으므로 투자 대 생산 비율이 1 대 1.5에 불과해졌다.

게다가 농작물과 약탈자 사이의 피드백 효과 때문에 계속해서 점점 더 많은 투자가 필요해질 것이다. 코넬 대학교의 생태학자인 데이비드 피멘텔David Pimentel은 1킬로칼로리의 식량을 생산하기 위해 사회가 이미 10킬로칼로리의 탄화수소를 소모한다고 계산했다. 이는 우리 각자가 1년에 2,000리터의 석유를 마신다는 뜻이다. 작가인 리처드 매닝은 이 통계학적 숫자들을 보고 한 가지 중요한 질문을 던진다. 농부가 1이고 석유가 9인 시스템이라면 궁극적으로 누구의 힘이 더 세질까? 숫자가 작은 농부도 아니고 그렇다고 환경도 분명히 아니다.

1993년 아이오와 주립대학교에서 나온 데이터에 의하면, 현재는 대부분의 농장 가족들이 수입의 절반을 농장이 아닌 다른 곳에 의존하고 있다. 그렇게도 하지 못하는 사람들은 결국 회사나 기업 연합, 투자자같이 현금을 가진 사람들에게 농장을 팔게 된다. 이런 악순환은 가족이 운영하는 농장 수를 감소시키고 인재들을 시골에서 빠져나가게 하여 결국에는 웨스 잭슨이 말한 대로 '단위면적당 손길이 줄어드는' 비극을 초래할 것이다. 이미 우리에게 필요한 식량과 섬유의 85퍼센트가 15퍼센트의 농장에서 생산되고 있다. 이런 대형 농장들은 토머스 제퍼슨Thomas Jefferson이 그렸던, 농부들이 아무에게도 신세를 지지 않고 자기 소유의 65만 제곱미터를 경작하는 자작농 국가와는 거리가 멀다.

농작물은 우리에게, 우리는 석유에 의존하는 상황에서 가장 위험한 것은 우리가 너무 바빠서 진짜 문제가 무엇인지 생각할 수 없다는 것이다. 예를 들어 비료는 일년생 작물의 경작에 의한 토양 침식의 문제를 은폐한다. 농약은 두 번째 문제, 즉 유전학적으로 똑같은 단종 재배에 내재된 취약성을 덮어버린다. 마지막으로 화석연료를 사기 위해 빌린 돈 역시 문제다. 즉 산업형 농업은 토양과 수질을 파괴할 뿐 아니라 농촌 사회의 목을 조른다. 이 모든 사실을 받아들이고 싶지 않겠지만, 이미 우리 농장은 눈에 보이지 않는 투자자들이 소유한 공장이 되어버렸다. 5,000년에 걸쳐 초원에 축적된 생태학적 자본을, 우리의 도움을 얻어 사업가들이 탕진하는 중이다. 날마다 우리의 토양, 우리의 곡물 그리고 우리 인간들은 조금씩 허약해지고 있다.

그렇지 않다고 부정할 수 있는 날이 얼마나 남았을지 궁금하다.

너무 깊이 낙담하기 전에 나는, 부정의 그늘에서 밖으로 나와 망가진 이 시스템의 기초를 폭로하는 일을 하는 그룹을 만나러 가던 중이라는 사실을 떠올린다. 열다섯 명의 직원과 아홉 명의 인턴, 세 명의 자원봉사자로 구성된 토지연구소The Land Institute 직원들은 그들의 지휘관인 웨스 잭슨의 말대로 "인간의 어리석음에 좀 더 탄력적인" 농업을 고안해내는 일에 몰두하고 있다. 운전해서 가는 중간에 쉬면서 토지연구소에서 펴낸 글을 다시 읽었는데, 나는 그 글의 조용하고 확고한 어조에 놀랐고 동시에 안심도 됐다. 연구자들은 농부의 가슴을 가지고 있으며, 식량을 제공하는 대지와 인간 사이의 협정보다 더 신성한 것은 아무것도 없다고 생각한다. 그러나 그들은 현실주의자이기도 하여 혁명가가 되었다. 그들은 단지 농업에서 철저히 조사해야 할 문제가 몇 가지가 아니라 농업 그 자체가 문제라는 사실을 직시하고 있다.

웨스 잭슨은 『농업의 새로운 기초New Roots for Agriculture』, 『깎지 않은 돌 제단Altars of Unhewn Stone』, 『대지의 기대감을 만나다Meeting the Expectations of the Land』 등을 포함하는 일련의 책에서 농업의 문제는 오래되었고 구석구석에 배어 있다고 설명한다. 이는 자연에서 우리 자신을 부단히 떼어내고 자연계를 완전히 다른 체계로 바꾸고, 자연의 과정과 동맹을 맺기보다는 자연의 과정과 전쟁을 벌여왔기 때문이다. 그 결과 토양을 침식, 염화시키고 농작물을 끊임없이 길들이며 약화시켜, 생태학적 자본이 계속 줄어들었다. 다시 돌아갈 길을 찾으려면, '우리' 농작물의 조상이 원래 어땠는지를 기억해야 한다고 그는 말한다.

한때 야생 생물이었기 때문에 농업의 과제는 오늘날의 농사짓기와는 전혀 다른, 생태학적 맥락에 의해 정해졌다. 자연 생태계는 햇빛으로 운영되었고 자체적으로 번식했으며 스스로 해충과 싸웠고 토양을 보존하고 때로는 '만들어내기'도 했다. 그러나 오래전에 농작물은 본래 생태계와의 관계에서 떼어내지고 우리의 보살핌을 받도록 강요되었다. "상호 의존성이 너무 완벽해 소유권을 따지자면 어떻게 보면 그들이 우리를 소유하고 있다는 점을 알아야 한다"라고 잭슨은 말한다. 이런 상호 의존의 고리를 끊기 위해 우리는 농작물과의 전쟁을 멈추고, 그들 본래의 힘을 키워주는 농사 체계에서 강인한 농작물들을 키워야 한다.

대초원의 우화

캔자스에서 4대째 농사일을 하는 60세의 농부이며 현대판 말썽꾼인 웨스 잭슨은 오래 전에 "근본적으로 자연이 농사짓는 방법대로 농사를 지어야 한다"라는 단순한 결론에 도달했는데, 그것을 말로 표현한 것은 최근의 일이다. 그는 열여섯 살이 되던 해 여름, 가족들이 있는 캔자스의 농장을 떠나 사촌이 사는 사우스다코타 주의 목장에 가서 밧줄 올가미로 가축을 잡거나 타고 놀았다. 식물을 심거나 돌보는 사람이 아무도 없고, 가물었을 때나 아닐 때나 눈이 오거나 태양이 작열하거나 풀은 해마다 자라는 것을 보고 그는 놀랐다. 방울뱀이 목장 한가운데에서 똬리를 틀고 있고, 부엉이가 둥지 구멍 밖에서 보초를 서고 있었다. "모든 것이 적절했다"라고 그는 말한다.

잭슨이 노스캐롤라이나 주립대학교에서 유전학 박사 학위를 받기 위해 연구하고 있던 어느 날, 단비가 내렸다. 그날 저녁 그의 지도 교수 벤 스미스Ben Smith가 문에 머리를 불쑥 들이밀고 말했다. "우리의 농법을 평가하는 데 기준이 되어줄 황무지가 필요해." 이 말 한마디로 씨앗의 껍질이 갈라지고 뿌리가 서서히 싹트기 시작했다.

잭슨은 37세에 집필한 교과서 『인간과 환경Man and the Environment』이 잘 팔리고 종신 재직권을 눈앞에 두고 있었으나 마음이 편치 않았다. 새크라멘토 시에 있는 캘리포니아 주립대학교에서 환경학과를 처음 개설한 사람으로서 부러움을 사는 지위에 있었지만 자기가 있어야 할 자리는 아닌 듯했다. 그가 부인 다나와 세 자녀를 데리고 고향인 캔자스로 돌아가자 모든 동료들이 놀랐다. 스모키힐 강가에 반 흙집을 짓고 이사하였으며, 1976년에 환경을 파괴하지 않고 지속가능한 삶을 실습하는 학교를 열었다. 그 학교는 훗날 비영리 연구 단체인 토지연구소가 되었고 "생물 군집이 한때 비옥하고 영속적이었던 곳에서 살아가도록 장려하는 한편 토양이 소실되거나 오염되는 것을 막을 수 있는 농업"에 전념했다. 이 새로운 농업은 황무지를 모델로 삼고 자연을 표준으로 삼았다.

캔자스의 황야는 키가 큰 풀들이 있는 초원으로, 이는 토양 밑층의 특성, 다변하는 날씨, 급속히 번지는 불, 엘크와 들소의 풀 뜯기에 의해 자연적으로 형성된 것이다. 캔자스 주의 땅은 초원이 되려 하지만 대부분 지역이 이제 더 이상 초원이 아니다.

나는 토지연구소로 들어가는 워터웰로드에 접어들었을 때 뭔가를 보고 깜짝 놀랐다. 경계 표지판도 없고, 빽빽한 밀밭이, 온갖 색깔의 꽃이 만발하고 줄기에는 술이 달려 출렁거리는 잡초밭과 이어져 있었다. 보고 있노라니 많은 무용수가 춤추는 무대처럼 바람이 불어와 군무를 헤쳐 놓아 식물들이 몸통을 이리저리 움직이고 있었다. 전체가 한동안 미친 듯이 흔들리다가 마치 악단이 즉흥연주를 끝낸 것처럼 조용한 침묵에 가라앉았다.

길가 표지판에 여기가 워합이라고 쓰여 있는데, 아마 경사지라 경작하기 어렵기 때문인지, 기적적으로 개척되지 않고 초원으로 남아 있었다. 끝도 없이 펼쳐진 빈틈없이 효율적인 경작지를 지나 나타난 광경에 너무 감격하여 나도 모르게 차를 멈추었다. 그곳에서는 밀밭과 초원을 모두 볼 수 있었다. 그것은 마치 성경에 나오는 야곱과 에서처럼 한배에서 나왔으나 성격이 전혀 달랐다. 하나는 인간의 의지의 표현이고 다른 하나는 대지의 의지가 나타난 것이었다. 인턴 한 명이 나를 알아보고는, 하고 있던 유기농 작업을 잠시 멈추고 사무실로 가는 길을 알려줬다.

토지연구소 본부는 현대식 벽돌집인데 한때는 노부부가 살았다. 침실을 사무실로 쓰고 있었고 회의실에는 부엌과 벽난로가 있는데, 내가 들어갔을 때 열 명 남짓의 동네 아낙네들이 커피를 마시며 봉투에 뭔가를 넣는 일을 하고 있었다. 토지연구소가 생긴 지 20년이 되었는데, 처음 11헥타르이던 땅이 지금은 110헥타르로 늘어났는데도 이 비영리 단체가 단지 사설 기금으로 운영되며 결코 빚을 진 적이 없다는 점을 생각하면 놀라운 발전이다.

생태학자 존 파이퍼가 현관에서 나를 맞이하며 오는 동안 운전하기가 어땠는지 물었다. 나만큼 속히 초원으로 나가보고 싶어 하는 그와 함께 초원으로 향했다. 파이퍼는 30대 후반의, 안경을 끼고 수염을 기른 사내로 나와 같은 방문객에게 상당히 친절했다. 그는 내가 여기서 무엇을 경험하고 싶어 하는지 잘 알고 있었고 그 초원을 잠깐 살펴보는 것이 이야기를 나누는 것만큼 중요하다는 사실도 알고 있었다. 그는 내게 "우리는 우리의 모든 생각이 시작되는 곳에서 출발하여 하나의 개념적 고리를 만들 겁니다"라고 말했다.

둘이서 무릎 높이의 워합 초원을 걸어 들어가자 파이퍼는 활기를 띠고, 열심히 공부하는 학생의 머리를 쓰다듬는 선생님처럼 이야기 도중에도 무의식적으로 식물의 머리 부분을 이리저리 바로잡아주었다. 사람이 심지 않았음에도 초원에는 꽃이 만발하고, 풀이 빽빽이 자라 있고 씨앗들이 익고 새싹이 돋아나 부식, 성장, 새 생명의 그물망으로 지구를 뒤덮고 있었다. 우박의 피해나 가뭄에 시든 흔적은 찾아볼 수 없고 잡초 같은 것도 없었다. 이 땅에서만 찾아낸 231가지 종 각각은 모두 자기의 역할이 있고 근처의 식물과 팔을 걸고 서로 협동하고 있었다. 갖가지 높이와 넓이로 하늘을 향해 팔을 벌린 풀잎들, 힘차게 뻗은 해바라기, 콩과 식물의 짙은 잎, 양치류 등 온갖 형태가 보였다.

파이퍼는 마치 식물이 동네의 이웃인 듯, 질소를 고정하는 콩과 식물, 물을 찾아 뿌리를 깊이 박는 식물, 비를 이용하는 뿌리가 가장 얕은 식물, 잡초를 앞지르기 위해 봄에 빨리 자라는 식물, 해충에 강하거나 또는 이로운 곤충 같은 영웅들에게 피난처를 제공하는 식물들에 대해 이야기했다. 또 나비와 벌을 가리켜 한 식물에서 다른 식물로 날름대는 혀로 소문을 퍼뜨리는 수분 매개자라 설명했다.

이 제멋대로 자라는 무리 아래에는 초원의 생명체 무게 가운데 70퍼센트가, 뿌리, 잔뿌리, 깊은 곳에서 물을 취하고 영양분을 끌어올리는 단단히 엉킨 덩굴들의 형태로 존재한다. 단 한 그루의 빅블루스템big bluestem이 총 40킬로미터의 실뿌리 관을 갖고 있으며, 그중 약 13킬로미터는 해마다 죽고 다시 생긴다. 죽은 뿌리의 잔재는 위에서 떨어진 잎사귀들과 함께 개미, 톡토기, 지네, 쥐며느리, 지렁이, 박테리아, 곰팡이로 이루어진 소형 동물원의 배고픈 입속으로 들어간다. 찻숟가락 하나만큼의 흙에는 수천 종류의 벌레들이 있는데, 모두 굴을 파고 먹고 배설하면서 토양 상태를 조금씩 조절해나간다. 벌레들의 마술을 통해, 분해된 영양분은 굶주린 뿌리로 가거나 부식토에 저장된다. 초원이 살아 있는 스폰지로 탈바꿈되는 것은 이들의 경작에 의해서다.

이런 지하 세계의 특성은 기반암, 유기물질, 강우량, 온도, 빛 조건 그리고 가장 중요한, 땅 위에 사는 동식물 사회 등에 의해 결정된다. 식물을 뽑아내거나 뭔가 새로운 식물을 심으면 미세 생태 환경이 변화한다. 해마다 경작하고 물을 주고 추수하면서 우리는 그것을 크게 변화시키고 있다. 잃어버린 생물 가운데 일부는 생산력을 높이거나 곤충이나 질병의 공격을 이기도록 돕거나, 호르몬을 만들어내 꽃이 개화하도록 하고, 뿌리가 땅속 깊이 뿌리 끝을 밀어넣을 수 있도록 후원해주는 것들이다. 미세 조력자들의 오케스트라가 이렇게 조절되는 데는 수년이 걸리지만, 그들을 침묵시키는 것은 한순간이다.

초원의 비밀은, 역동적 평형 상태에서 땅 위나 땅속에서도 함께 회합을 유지하는 바로 그 능력에 있다. 초원에서는 변하는 것이 전혀 없다는 것이 아니라(부분 부분은 언제나 변화로 고동치고 있다) 그 변화가 결코 재앙이 될 정도가 아니라는 것이다. 초원은 해충 집단의 번식을 억제하고 교란으로부터 우아하게 복구되며, 숲이나 잡초 정원으로 변해가지 않는다.

파이퍼는 또 "토지연구소의 목표는 초원처럼 행동하는 경작물 군집을 설계하는 것이지만, 그것은 씨앗 산출량이 농사를 지을 수 있을 만큼 충분히 예측 가능해야 합니다"라고 말했다. 그는 실례를 보여주기 위해 아까 보았던 밀밭과 초원 사이에 있는 워합에서 길 아래를 향했다. "저 아래에 현재 우리가 이상으로 삼고 있는 농업이 있습니다. 그것은 지속가능한 농업이 아닙니다. 주로 토양이 소실되고 있기 때문인데 재생 불가능한 자원이 계속 투입돼야 합니다. 저 위의 농업은 지속가능한 이상형이지만 우리 모두가 먹고 살기에는 충분하지 못합니다. 개념적으로 말해, 우리는 야생 초원과 엄격히 관리되는 밀밭, 둘 사이 어느 지점에 있어야 합니다."

이것은 내가 읽은 카오스와 복잡성에 관한 문헌에 나오는 개념이다. 카오스와 질서, 기체와 결정, 야생과 길든 것 사이에는 최적점이 있다. 그 최적점에는 자기 조직화self-organization라는 강력한 창조적인 힘이 있어서, 복잡성 연구가인 스튜어트 카우프만Stuart Kaufmann은 "부존질서order for free"라고 불렀다. 또 열대농업생태학자인 잭 이

웰도 "생태계의 성장 구조를 모방하면 기능을 얻게 될 것"이라고 말하며 이런 자연적 질서를 넌지시 언급하였다.

강인한 구조로 스스로 조직화하는 농업 쪽으로 처음 발을 내디디며 파이퍼가 한 일은, 초원 구조의 어떤 점이 초원을 그토록 억세게 만드는지 밝혀내는 것이었다. 어떤 식물이 꾸준히 초원에 등장하는지 그리고 그것들의 비율은 어떠한지에 대한 규칙은 없을까? 서로가 자라고 있는 상대적인 위치가 문제가 될까? 대답을 찾기 위해서 파이퍼는 초원의 생태학에 대해서 자기가 읽을 수 있는 모든 것들을 읽었고 그 다음에는 야생 목초지만 들여다보며 일곱 해를 보냈다. 그는 인턴을 데리고 실제로 가위를 들고 특정 구역에서 모든 식물을 잘라서 봉투에 담았다. 식물의 이름을 모두 확인하고 분리한 다음 말려서 무게를 재고, 그 지역에서 무슨 식물이 자라고 있는지 밝혀냈다. 어떤 해는 건조했고 또 어떤 해는 다습했으며, 어떤 곳은 흙이 비옥했고 또 어떤 곳은 척박했다. 초원에는 정말로 하나의 패턴이 반복되고, 겉으로 보이는 혼돈 속에 질서가 있다는 것을 파이퍼는 알아냈다.

"우리가 가장 놀란 것은 99.9퍼센트의 식물이 다년생이라는 것이었습니다"라고 그는 말했다. "다년생초는 1년 내내 땅을 덮고 있어서 토양이 바람이나 빗방울의 힘에 흩어지는 것을 막아줍니다. 폭우는 이런 식물군의 윗부분을 때린 다음 줄기를 타고 아래로 서서히 내려가거나 안개가 되지요. 이와는 대조적으로, 줄지어 심은 경작지에 비가 내리면 노출된 토양을 때려 땅을 굳게 다지고 소중한 표토를 쓸어가 버립니다." 연구자들은 실제로 그 차이를 측정했다. 똑같은 비가 내릴 때 초원보다 밀밭에서 쓸려 내려가는 표토가 여덟 배나 된다는 것을 밝혀냈다.

그는 또 "초원은 많은 양의 비를 바로 흡수합니다. 몇 시간 후에 나와봐도 워합은 여전히 땅이 젖어 질퍽거립니다"라고 말했다.

거대한 스펀지 같다는 점 외에도 다년생초는 스스로 비료가 되고 스스로 잡초를 제거한다. 해마다 뿌리의 30퍼센트가 죽고 썩어서 토양에 새로운 유기물을 남긴다. 뿌리의 3분의 2는 겨울을 지나는 동안에도 살아남아 있어, 봄에 씨에서부터 겨우 싹이 트기 시작하기 한참 전에 먼저 잎이 우거지게 해준다. 초원에서도 특별히 식물 밀도가 높은 곳을 지날 때 그는 "보세요. 만일 당신이 잡초라면 여기에 발붙일 기회를 잡지 못할 겁니다"라고 의기양양하게 말했다.

"초원에 대해 우리가 두 번째로 놀란 사실은 그 다양성입니다"라고 파이퍼는 말했다. "바로 여기, 이 작은 지역에만 230여 가지의 식물 종이 있습니다. 따뜻한 계절에 나오는 풀만해도 한 종이 아니라 40가지입니다. 질소를 고정하는 종도 한 가지가 아니라 20~30가지입니다. 이것은 변화무쌍한 대초원 기후에서도 잘 견딜 수 있는 종이 언제나 적어도 하나는 꼭 있을 것이라는 사실을 뜻합니다. 가뭄이 든 해에 여기에 온 적이 있었는데, 그때 풀은 겨우 무릎까지만 자랐지만 유카yucca는 흔하게 자라고 있었습니다. 또 한 해에는 비가 상당히 많이 온 뒤였는데 빅블루스템 때문에 약 1미터 떨어져 있는 사람도 볼 수 없을 정도였습니다. 구성 종은 변하지 않지만 해마다 다른 종이 우세해지는 겁니다."

다양성은 또한, 해충을 조절하는 가장 값싸고 가장 좋은 방법이다. "해충은 대부분 한 가지 식물 숙주에 한정되어 있습니다. 그래서 다양하게 섞어놓으면 해충이 숙주 식물을 찾기 어려워집니다. 해충이 받어디 멀리 도착하게 되었다해도, 공격 범위가 그 근처에 한정되지 멀리 퍼져 나가지 않습니다. 병을 일으키는 포자가 다른 식물로 날아가거나 어린 곤충이 엉뚱한 새싹으로 기어갈 수도 있습니다. 그러나 식물을 다양하게 해주면 크게 전염되기 전에 공격은 사그라지기 마련입니다."

초원의 세 번째 특징은 거기에 있는 유서 깊은 네 가지 식물인데, 따뜻한 계절에 생기는 풀, 서늘한 계절에 나오는 풀, 콩과류, 국화과 식물 이렇게 네 가지다. 서늘한 계절에 나오는 풀은 일찍 나와 씨를 만들고는 사그라지고, 빅블루스템같이 따뜻한 계절에 나오는 풀이 나머지 계절을 지배한다. 고양이발톱cat's-claw, 미모사, 족제비싸리 같은 콩과 식물은 질소를 고정해서 초원에 자기 몸을 비료로 내준다. 메역취, 쑥부쟁이, 씀바귀 같은 국화과 식물은 어느 계절이라도 꽃을 피울 수 있다. 장소에 따라 비율이 다르긴 하지만, 파이퍼는 그가 섭렵한 모든 초원에서 이 네 가지 '식물 팀'을 발견했다.

"초원의 비밀을 알게 되면서, 우리의 농업이 초원 모방체로 적합할 수 있도록 식물을 끝없이 조합해보며 맞지 않는 식물을 추려내기 시작했습니다. 우리는 초원에 나타난 네 가지 옷처럼, 다품종 재배할 수 있는 다년생 곡류가 필요하다는 것을 알게 되었습니다. 단지 각 그룹에서 '얼마나 많은' 종을 심어야 할지가 문제였습니다. 200가지 종을 농사짓기는 불가능하고, 기능적으로 안정하려면 얼마나 많은 식물을 심어야 할까요? 우리가 필요한 것보다 훨씬 더 많은 종을 심어야 할 것이라는 직감이 들었습니다. 그리고 수년에 걸쳐 조합을 추려서 인간에게 식량을 공급할 수 있는 소수로 줄이는 것입니다. 당시에 '군집 조합'에 대한 연구 문헌이 등장하기 시작했는데, 여덟 종만으로도 영구적인 군집을 얻을 수 있다고 제안하고 있었습니다. 그 내용이 우리에게 용기를 주었지요."

첫 시도로 여덟 가지의 다년생 곡물 종을 재배해보는 것이 200가지 종을 재배하는 것보다는 더 타당한 것 같았다. 그러나 이것만 해도 만만한 도전이라고 할 수 없다. 오늘날 전 세계에서 섭취되는 식량은 약 스무 가지 종인데, 그중 다년생은 아무것도 없다! 어떤 종은 처음에는 다년생이었지만 1만 년이라는 식물 재배의 기나긴 여정에서, 인간이 야생과 길들임의 중간점에서 체계적으로 튼튼한 다년생의 형질을 제거해, 마침내 완전히 일년생으로 개조되었다.

웨스 잭슨이 농업에서 이런 불행한 극단의 상태를 깨달은 순간에 대한 일화가 전해진다. 앞에서 언급한 학교를 연 직후에 그는 학생들을 데리고 캔자스 주 맨해튼에 있는 320헥타르의 콘사 초원으로 현장학습을 갔다. 그때 한 학생이 별생각 없이 "여기에 다년생 곡류도 있나요"라고 물었다. 이 질문에 잭슨은 생각하게 되었다. 그는 돌아와서 자신이 아는 모든 작물의 목록을 작성하고 다년생과 일년생으로, 초본인지 목본인지, 씨앗을 만드는지 열매를 맺는지에 따라 분류했다. 놀랍게도 거의 모든 분류에 곡물이 들어 있었지만, 초본이면서 씨를 맺는 다년생은 없었다. 결과는 명백했다.

다년생에 대한 낙관주의자

잭슨과 그의 동료들은 분명히 누군가 육종을 통해 다년생 곡류를 만들었을 것이라는 생각으로 문헌을 뒤지기 시작했다. 마소의 꼴을 연구한 사람은 있었지만 씨앗을 맺는 다년생 풀 또는 콩과 식물이나 국화류를 연구한 사람은 아무도 없었다는 것을 발견하고 그들은 낙담했다. 왜일까?

이에 대해 잭슨은 "그것은 경력을 중요시하는 과학자에게는 성공할 가망이 없는 일이었을 것입니다. 에너지 대부분을 땅속에 저장하는 다년생은 씨앗(인간이 먹는 부분)을 풍부히 생산해내도록 만들어졌을 리가 절대 없다는 것은 상식이었습니다. 씨앗을 더 많이 만들려면 땅 밑에서 어떤 타협이 이루어져 겨울을 견딜 능력이 없어질 거라는 데까지 생각이 미쳤지요"라고 말했다.

고정관념을 깨는 것으로 경력을 쌓아온 잭슨은 그렇게 속히 결론내리지 않았다. 토지연구소가 가장 먼저 착수한 문제는 다른 모든 사람이 지나쳤던 것이다.

즉 '다년생식물이 일년생처럼 많은 씨앗을 생산할 수 있을까?' 하는 것이었다.

2년이 넘게 문헌을 뒤지고 실제로 식물을 심어가면서 토지연구소 직원들은 다년생도 다년생의 특징을 잃지 않으면서 풍성한 씨앗을 산출하도록 '개량'할 수 있다고 확신했다. 예를 들어 초원의 미모사라 할 수 있는 일리노이다발꽃bundleflower과 야생 차풀wild senna은 전혀 개량되지 않은 상태에서 캔자스의 밀에 비교한 평가 기준(최저 수준)에 이미 근접한 두 가지 야생 다년생식물로, 4,000제곱미터당 약 35킬로그램이 생산된다. 우리 작물들이 이미 그 야생 사촌으로부터 능력 있는 육종가의 손에 의해 씨앗 생산량이 네 배, 다섯 배, 심지어는 스무 배나 늘어나도록 개량됐다는 점을 고려할 때, 이런 새로운 곡물들의 소출량을 증가시킬 전망은 매우 밝다.

이번에는 식물에서 야생의 강인함을 빼앗지 않고 종자 소출을 늘리는 요령을 얻을 차례다. 잭슨의 딸이자 노던아이오와 대학교의 연구원이었던 로라 잭슨Laura Jackson은 인위적으로 씨앗 소출을 늘리면 식물의 활기에 어떤 영향을 끼치는지 알아보았다. 실험 결과는 식물이 씨앗을 많이 만들어낸다고 광합성 산물을 씨앗에 양보하여 성장이 덜하지 않음을 보여주었다. 간단히 말하면, 씨앗과 뿌리 사이 타협은 모두가 생각하는 만큼 절대적이지 않고 토지연구소가 만들려 하는 절충된 종은 충분히 가능해 보였다.

1978년에 토지연구소 직원들은 초원을 모방한 농법을 위한 작물 육종이라는 힘든 과정에 착수했다. 그 작물들은 강해야 할 뿐 아니라 맛도 좋고 탈곡하기도 쉬운 '곡물 성격'도 지녀야 했다. 오늘날 우리가 먹는 곡물 대부분의 육종은 아브라함 시대까지 꽤 거슬러 올라가므로, 이런 식의 곡물 개량은 과감하고 새로운 모험이었다. 곡물이 우리에게 '의지하는 것이 아니라' 우리가 의존할 수 있는 곡물을 얻는 시도이므로 잭슨과 그 동료들의 연구는 선례가 없다고 할 수 있다.

다년생 곡물을 얻는 방법은 두 가지이다. 첫 번째 방법은 야생의 다년초로 시작하여 씨앗 수확과 곡식의 성격을 증대시켜주는 것이고, 두 번째는 이미 좋은 곡식의 성격을 지닌 일년생으로 시작해서 야생의 다년초와 교배시켜 겨울에 생존하는 방법에 대한 기억을 되살려주는 것이다. 이제는 이러한 곡물의 후보자를 찾기만 하면 된다.

이 두 그룹에 속하는 토종 다년생식물들에 대한 설명과 함께 목록을 작성하고 정부 종자 보관소에서 거의 5,000가지나 되는 종류의 씨앗을 주문해서 스모키힐 강 근처의 기복을 이룬 밭에 심었다. 캔자스 날씨에 잘 견디고 높은 씨앗 수확량의 희망을 보이는 것이 그들이 찾는 후보였다. 그들은 씨앗을 심고 농부처럼 조바심하며 어떻게 작물이 숙성해가는지 관찰했다. 씨앗 수확량 외에도 농부에게 중요한 농경적 특성, 즉 흩어져버리는 씨앗이 적고(추수하기 전에 씨앗 껍질이 터지면 낟알이 흩어져버린다) 열매 맺는 시기가 일정하고 타작이 쉽고 낟알의 크기가 큰 것을 찾았다.

다년생 작물로 가장 유망한 후보에 네 종류가 선정됐다. 옥수수의 친척이며 따뜻한 계절에 잘 자라는 포아풀과 식물*Tripsacum dactyloides*, 키가 크게 자라고 아기딸랑이 같은 콩깍지를 생산하는 콩과 식물인 일리노이다발꽃*Desmanthus illinoensis*, 몽골 인이 매년 가뭄 때 먹었던 밀의 친척으로 추울 때 나오는 땅땅한 야생호밀*Leymus racemosus*, 국화과이며 기름 함량이 높아 트랙터용 식물성 경유를 생산하는 해바라기*Helianthus maximilianii*가 그것들이다. 일년생으로 시작하여 다년생과 잡종을 만들어내는 두 번째 접근법으로, 이미 곡물로 사용되고 있는 수수속의 식물을 다년생의 존슨그라스Johnsongrass와 혼합하는 것이다.

이제 토지연구소는 후보 식물들을 줄 세워놓고 품종개량을 하기 시작했다. 각 종에서 고른 최선의 개체들을 한 장소에서 키워 서로 교차 교배되도록 했다. 유망한 두 품종이 '교잡'되어 한결 더 훌륭한 자손이 나오기를 희망하는 것이다. 각 시도에서 얻은 씨앗들을 심어서(그 차이가 유전적인 것이지 환경적이 아니라는 점을 확신하기 위해서 다양한 토양에 심는다) 최상의 개체들을 골라서 다시 한 번 교차 교배시킨다. 교차 교배의 효과가 없어질 때까지 과정을 반복한다. 그런 다음에야 육종학자들은 그것을 우량하다고 생각하고 미세 조정을 시작하여 각 품종에서 최상의 특징을 끌어낸다.

현재까지 토지연구소는 매우 낙관적인데, 내가 연구의 진전에 만족하는지 묻자 지극히 겸손한 존 파이퍼로서는 꽤 강하게 고개를 끄덕였다. 그는 실험 가운데 최상의 것을 보여주기 위해 나를 단종 재배와 다품종 재배 장소로 데려갔다. 포아풀과 식물들은 여러 가지 잎사귀 질병과 용감하게 싸우고 있었고 일리노이다발꽃과 포아풀과 식물들 중에는 다소 가물어도 수확이 잘되는 것이 있었다. 존슨그라스와 수수속의 식물을 가장 집중적으로 교배시켰는데, 그 결과 씨앗 수확이 많아졌고 땅속줄기rhizome(식물이 겨울을 날 수 있게 녹말을 저장한다) 생산도 좋아졌다.

씨앗 수확량 면에서는 이미 슈퍼스타가 여럿 나왔다. 식량으로서의 가치는 아직 더 연구해봐야 하지만 일리노이다발꽃은 씨앗을 많이 수확할 수 있어서 캔자스에서 물을 주지 않고도 수확할 수 있는 전형적인 콩 수확량에 가깝다고 볼 수 있다. 포아풀과 식물인 이스턴가마그라스는 가루를 내어 맛있는 빵으로 구울 수 있으며 씨앗 수확량을 개량할 여지가 많은데, 고맙게도 캔자스 길가에서 다양한 종류가 발견되었다. 종자 수집가들은 약 2.5센티미터의 암꽃과 그 위에 10센티미터의 수꽃으로 되어 있는 정상적인 꽃대 대신 맨 꼭대기만 제외하곤 모두 암꽃(나중에 씨앗이 된다)으로 되어 있는 변종을 찾아냈다. 모두 씨를 맺는다면 이 녀석은 정상적인 종보다 네 배나 더 많이 씨앗을 생산할 수 있다. 파이퍼가 그중 한 꽃대를 보여주었는데 암꽃 기관이 초록색이었다. 파이퍼는 "맞아요. 이것들이 광합성을 해서 자기가 필요한 양분을 스스로 만들어낼 수 있기 때문에, 씨앗을 더 많이 생산하기 위해 반드시 뿌리가 더 적을 필요는 없는 겁니다. 그것이 우리가 증명하려고 하는 것입니다"라고 말했다.

다년생 곡물 품종개량에 도전하면서, 토지연구소 직원들은 '뱀 조심'이라는 경고판이 서 있는 지역을 집중적으로 조사하고 있었다. 그 과정에서 후보 대부분을 토착 품종 가운데서 찾아냄으로써 또 하나의 최초를 기록할 수 있으리라고 생각했다(그들의 목록에서 토착 품종이 아닌 것은 야생호밀 한 종이었다). 토착 품종을 선택한 것은 당연한 일 같았지만 다른 품종개량자들이 보기엔 그렇지 않았다. 미국의 식용작물 대부분이 나라 밖, 즉 멕시코나 유럽에서 짐 속에 묻어 들어온 외래종이다. 이 나라에서 작물로 길들인 유일한 토종 식물은 해바라기, 덩굴월귤cranberry, 월귤나무blueberry, 피칸pecan, 콩코드 포도Concord grape, 돼지감자Jerusalem artichoke뿐이다. 토착 품종은 그 지역의 조건이라는 멜로디에 맞춰 노래부르도록 진화되었음을 알고, 토지연구소는 이 짧은 목록을 늘리려고 노력하고 있다.

이들 식물로부터 농업에 맞는 행동을 끌어내는 것은 피그말리온적 과제인 반면, 그것들을 단종 재배로 키워보는 것은 적어도 품종개량자들에게 일 대 일로 비교할 기회를 준다. 그러나 불행히도 우리는 단종 재배를 계속할 수는 없다고 잭슨은 말한다. 진짜 성배는 다품종 재배(한곳에 여러 품종을 같이 키우는)다. 자연이 우리에게 보여준 것처럼 다품종 재배만이 그 자체가 독립적으로 유지될 수 있기 때문이다.

다품종 재배라는 충격

다품종 재배가 육종가의 귀에는 음악같이 듣기 좋은 소리가 아니다. 다품종 재배 육종에는 단종 재배 육종의 어려움 외에 덤으로 몇 배의 어려움이 더 있다. 수확률이 높고 씨앗의 크기가 크고 열매 맺는 시기가 일정하며 타작하기가 쉽고 씨앗이 터지는 비율도 낮으며 겨울 추위나 질병, 해충에 저항력이 높고 기후에도 견딜 수 있을 뿐 아니라 적합성compatibility도 좋은 품종을 골라내야 한다. 적합성이란 어떤 식물이 다른 식물들과 함께 있어도 잘 자라거나 혹은 더 잘 자라는 능력이다.

토지연구소의 직원들은 근본적으로 '농업 만찬석'을 고안하는 문제에 직면했다. 유익한 상호작용은 최대화하면서 손해가 되는 상호작용을 최소화하려면 옆에 어떤 품종을 심을지 결정해야 하는 것이다. 자연은 항상 자연선택이라는 느린 선별 과정을 거쳐 이런 자리 배치를 해왔다. 토지연구소가 어떻게든 이런 과정을 모방하고 나아가서 가속시킬 수 있을까?

파이퍼는 "그 문제를 해결할 수 있는, 대대로 내려오는 과학적 방법이 하나 있어 우리는 한동안 그 방법으로 했습니다. 한 구획에 여러 품종의 씨를 심되 의도적으로 한 종을 다른 종 옆에 심어 그 상호작용을 조사하는 겁니다"라고 말했다. 문제는 가능한 조합이 천문학적으로 많아 멘델과 같은 수도사가 일생을 이 실험에 투자한다 해도 모든 조합을 충분히 시도하지 못한다는 점이다. 파이퍼와 그의 동료들은 이런 환원주의적 접근에 의문을 품기 시작하였고, 군집 조성에 대한 연구 분야의 최신 문헌들을 읽기 시작했다.

테네시 대학교의 제임스 드레이크James Drake와 스튜어트 핌Stuart Pimm은, 초원을 모방한 경작을 꿈꾸는 농부들이 찾고 있는 조건, 즉 종들이 모여 하나의 집단을 이루고 평형을 유지하게 해주는 것이 무엇인지를 연구하고 있다. 토지연구소 직원들과 달리 그들은 컴퓨터로 생태계에 대한 실험(인공 생명)을 하거나, 유리 수조에서 수중 생물(실제 생명)로 실험한다. 우선 종을 여러 가지 조합으로 넣어주고 자체 내에서 어떤 것이 생존하고 어떤 비율로 살아남게 되는지 조사한다. 결국 방해받지 않으면 그 군집은 복잡하고 강인한 어떤 것으로 정리된다. 카우프만이 말한 부존질서다. 연구자 핌은 "그러나 그런 질서를 즉시 얻는 것은 아닙니다. 군집 안에 종들을 넣으면, 그 안에서 자리를 잡고, 다른 종들을 대체하고, 자신들이 멸종되기도 하는 것을 한참 보고 난 후에야 얻게 됩니다"라고 말한다. 달리 말해 군집이 역사를 가져야 지속가능해진다는 것이다.

핌은 그의 유명한 '땅딸보Humpty Dumpty' 가설에서, 초원처럼 완성된 군집 조성을 일단 파괴하면 그것과 똑같은 종들을 심더라도 원상복구할 수 없다고 주장한다. 즉석에서 만들어지는 인스턴트 초원 같은 것은 없다는 뜻이다. 초원을 회복시키려면 초원이 천이될 시간을 주는, 즉 실제로 긴 세월 동안에 초원이 성장해나가게 할 수밖에 없다는 것이다. 바람에 날려오는 식물도 있고 낙오되는 것도 있는 가운데, 자기 주변의 토양과 동물군 및 식물군을 활발히 바꾸는 종들로 최종 군집 조성이 가능해진다. 이들이 군집이 실제 행동에 들어갈 수 있도록 환경을 마련하는 것이다.

"우리같이 한정된 수명을 가진 과학자들이나 언젠가 다양한 다년생 작물들을 키울 농부들에게는, 어떻게 그 질서를 속히 얻느냐 하는 것이 관건입니다. 우리는 수천 년 동안 초원을 창조하는 사업에 관여하지 않았습니다. 우리가 하려고 하는 것은 몇 년 내에 속히 자리 잡을 수 있는 강인한 복잡계complex system를 구축하는 것입니다"라고 과묵한 파이퍼는 말했다.

그들에게 연구를 할 수 있는 시간도 천년만년 있는 것이 아니다. 환원주의적 실험 외에 파이퍼와 동료들이 시도하려고 했던 것은 핌과 드레이크의 실험에서 일어나는 것과 같은 '자리 잡기'이다. 먼저 열여섯 개의 구획(16×16미터)을 정하고, 그다음에 초원의 네 가지 복장(따뜻한 계절 식물, 서늘한 계절 식물, 콩과 식물, 국화류)을 대표하는 씨앗들을 무작위로 흩뿌렸다. 어떤 구획에는 네 가지 종만 심었고 다른 구획에는 각각 여덟 가지, 열두 가지, 열여섯 가지 종을 심었다. 각 구획은 똑같은 것을 네 구획씩 만들었다. 구획의 반은 자연적으로 자라도록 내버려두고 나머지 반은 '교체' 구획이라 불렀다. 2년 후 교체 구획에 있는 어떤 종이 낙오되거나 발아에 실패한다면 대체한다. "우리가 실험하고자 하는 종이 군집에 합류되도록 최대한 기회를 주려 한 것입니다. 예를 들면 야생호밀은 첫 해나 두 번째 해에는 스스로 자리를 잡을 수 없지만 세 번째 해에는 자리를 잡게 될 수도 있으니까요"라고 파이퍼는 말했다.

그들은 어느 종이 언제 나타나고 어느 구획이 먼저 바람직한 군집으로 나아가는지 계속 추적해나갈 것이다. 그러면서 쭉 그 군집에서 변화를 측정하고, 안정된 군집이 어떻게 조성되는지에 대한 규칙과 패턴을 찾을 것이다. 그들은 대상 후보인 다년생 곡물이 몇 번의 성장 계절 만에 군집 내에 자리 잡고, 잡초를 뽑거나 씨앗을 뿌리지 않아도 매해 풍성하게 수확할 수 있기를 기대한다. 군집 조성에 곡물이 아닌 종이 몇 가지 섞여 있더라도 그대로 둔다. 파이퍼는 "어떤 식물이 군집에 계속 존재한다면 그것이 군집의 안정성을 유지하는 데 모종의 역할을 하고 있다고 생각할 수 있어요"라고 말했다. 언젠가, 연구자들이 발견한 '비법'이나 진행 과정이 농부에게 무엇인가를 제공할 수 있을 것이다.

파이퍼는 세세한 사항들은 다 모른다 해도 전형적인 비법은 다음과 같이 작동할 것으로 생각한다. 우선 추천된 종들을 혼합하여 뿌리는데(필요한 것보다 더 많이) 중요한 식물 그룹이 모두 포함되도록 주의한다. 그다음 뒤로 물러앉아서 전개 과정을 지켜본다. 그 과정은 이를테면 5년이 걸릴지도 모르지만 복잡하고 강인한 시스템을 얻게 될 것이다.

"예를 들어, 당장 첫해와 두 번째 해에는 일년생 잡초들이 홍수를 이루는 것을 보게 될 것입니다. 처음에는 완전히 실패한 것처럼 밭이 형편없어 보이겠지만, 다년생 씨앗들이 있어서 2, 3년 후부터 갑자기 자신의 세상을 만들어갈 것입니다. 어떻게든지 환경은 작동하는 것과 작동하지 않는 것을 걸러내서, 가장 안정된 조합이 남게 됩니다. 우리는 어떻게 이런 일이 일어나는지, 또 이런 일이 일어나도록 도우려면 어떻게 해야 하는지 연구하고 있습니다." 각 구획이 성숙해감에 따라 토지연구소는 다년생 곡물이 유리해지는 방향으로, 또 그 군집이 단단해지게 돕는 다양한 관리 기술을 시험해볼 것이다. 그 기술 중에는 2년 차에 불을 내고, 3년 차에 풀을 깍아주고, 4년 차에 가축에게 먹이는 것 등이 있다. 그들은 또한, 1년 중 다른 시기에 다른 농작물을 추수하는 데 필요한 장비에 대해서도 궁리하고 있을 것이다.

파이퍼는 또 다음과 같이 말했다. "다년생 군집으로 농사를 짓는 것은 다를 것입니다. 추수할 수 있는 단계에 도달할 때까지 한동안 기다려야 한다는 점에서 임업과 비슷합니다. 임업처럼, 해마다 새로 시작할 수 없습니다. 병충해가 심하니까 또는 기후에 맞지 않으니까 다른 농작물을 키워야겠다고 결정할 수 없습니다. 그 대신 날씨, 시장 판도 등의 다층적 조건을 두고 미리 계획을 짜야 합니다. 질병에 대한 최상의 방지책은 초원이 가르쳐준 바와 같은 다양성일 것입니다. 팔레트에 물감이 많이 있다면 아무리 조건이 나빠도 번창하는 종이 몇은 있게 마련입니다."

초원을 모방한 경작지를 개발하는 것 외에 토지연구소의 선지자들은 또한, 초원이 농업의 약속을 실행하기를 원한다. 즉 농부들이 현재 키우는 곡물과 경쟁할 수 있어야 한다. 파이퍼와 동료들이 전념하고 있는 최종 세 가지 질문은 실용주의 관점에서 본 다품종 재배의 실적과 관련이 있다.

1. 다품종 재배 수확이 단종 재배와 같거나 실제로 더 나을 수 있을까?

단종 재배보다 다품종 재배로 키울 때 단위면적당 농작물 수확이 더 많아지는 현상을 초과 수확이라고 한다. 다른 종류의, 서로 상보적인 식물 옆에서 자라는 식물은 같은 식물 옆에서 자랄 때처럼 경쟁하지 않는다는 것이 밝혀졌다. 예를 들어, 한 층에 있는 물을 얻기 위해 뿌리들은 서로 경쟁하지는 않는다. 또한, 같은 쪽 햇빛을 받으려고 경쟁하지도 않는다. 결과적으로 다양한 구성원으로 된 군집은 같은 종끼리 서로 경쟁할 때보다 실제로 더 많은 자원을 포획하고 그래서 더 많이 생산하게 된다.

옥수수, 콩, 호박 등과 같이 상보적인 일년생 작물을 함께 심었더니 초과 수확을 얻었다는 예들이 문헌에 넘쳐난다. 파이퍼의 임무는 다년생에서도 마찬가지로 초과 수확을 얻을 수 있음을 증명하는 것이었다. 그는 "분명히 우리는 그것을 보고 있습니다. 1995년은 포아풀과 식물, 야생호밀, 일리노이다발꽃 등에 대한 다품종 재배 연구를 시작한 지 5년째 되는 해였습니다. 단종 재배와 비교해봤을 때 섞여 있는 식물은 꾸준히 초과 수확되고 있었습니다"라는 뉴스를 전하며 미소를 지었다.

2. 다품종 재배는 곤충, 해충, 잡초를 스스로 방어할 수 있을까?

토지연구소의 연구는 식물이 이중 재배나 삼중 재배로 자랄 때 단종 재배로 자랄 때보다 해충이나 질병에 더 강하다는 점을 보여주었다. 잘 생각해보면 이치에 맞다. 식물은 화학적 '자물쇠'로 곤충의 공격을 방어하며 곤충은 자기가 먹도록 적응된 식물에 대해 기껏해야 한두 개의 '열쇠'를 가지고 있다. 표적 식물만 자라는 밭에 있는 곤충은 마치 이웃의 모든 집에 들어갈 수 있는 열쇠를 가진 도둑과 같다. 다품종 재배에서는 자물쇠가 각기 다 다르기 때문에 먹이를 찾기가 더 힘들어진다. 다품종 재배 상태에서는 한 식물만 공격하는 질병에 대해서도 똑같은 현상이 일어난다. 균류가 한 개체를 괴롭히면서 포자를 방출해도 저항성 있는 식물의 잎들이 파리 잡는 끈끈이처럼 작용해서 균류가 창궐하지 못하게 막아준다. 그래서 초원의 다품종 재배 지역에도 해충이 있지만 단종 재배에서처럼 전염병이 확산되지는 않는다. 침략은 억제된다.

초과 수확의 경우처럼, 저항에 대한 실험적 증거도 대부분 다품종 재배에 사용되는 일년생식물에서 나왔다. 1983년 코넬 대학교의 스티브 리시Steve Risch, 데이브 앤도Dave Andow, 미겔 알티에리Miguel Altieri 등은 150편의 이런 논문을 검토하여 일년생식물을 단종 재배할 때보다 다품종 재배할 때에 해충 종류가 53퍼센트 줄었다는 것을 알아냈다. 마찬가지로 호주의 생태학자 제러미 부르든Jeremy Burdon은 두 가지를 섞어 심은 100편의 연구 결과를 요약하였는데, 다품종 재배 시 병에 걸린 식물이 항상 더 적었다. 지금까지로 봐서는 토지연구소에서 다년생 다품종 재배로 심은 식물에 대해서도 마찬가지인 것 같다. "실험을 시작한 지 3년째에 일리노이다발꽃에서 갑자기 딱정벌레가 자라기 시작했습니다. 그러나 단종 재배에서만 나타났어요. 포아풀과 식물과 함께 자라는 일리노이다발꽃은 괜찮았습니다. 다품종 재배는 포아풀과 식물에 문제를 일으킬 수 있는 옥수수왜성모자이크바이러스 발생도 지연시키거나 감소시키는 것 같습니다"라고 파이퍼가 말했다. 농부들은 특히 이 결과에 관심을 갖는데 다품종 재배 시에 살충제를 줄이거나 아예 주지 않아도 된다는 의미이기 때문이다. 파이퍼와 그의 동료들은 살충제가 없어도 된다는 생각에서 출발하여, 석유를 기반으로 하는 또 다른 버팀목인 질소비료도 제거할 수 있다는 환상을 갖기 시작했다.

3. 다품종 재배는 스스로 질소를 보충할 수 있을까?

이 글을 쓰는 시점에서, 초원 모방 경작지에서 얼마나 많은 질소비료가 필요한지 아직 결론 내려지지 않았다. 그러나 거의 필요 없거나 전혀 없다는 징후가 있다. 일년생 초로 수행한 실험들에서 토양의 산출력은 항상 다품종 재배 시에 더 높은데, 특히 그 구획에 콩과 식물이 있을 때 더욱 높았다. 일리노이다발꽃 같은 콩과 식물의 뿌리에 있는 작은 혹들은 박테리아가 사는 집으로 공기 중의 질소를 식량으로 저장하는 능력이 있다. 그 결과 콩과 식물은 질소가 빈약한 토양에서도 니치를 찾아내며, 다른 식물들이 고전하는 곳에서도 번성한다. 자급자족할 수 있는 콩과 식물 근처에서 자라는 식물들은, 콩과 식물의 잎이 떨어지고 뿌리 일부가 교체되거나 죽으면 토양으로 돌아가, 이들이 저장된 질소 덕을 본다.

일리노이다발꽃을 포함한 다품종 재배에 대한 초기 연구에서 파이퍼는 예상한 대로 일리노이다발꽃이 척박한 토양에서도 완벽하게 자랄 수 있고 수확이 잘되고, 실제로 토양을 개선한다는 것을 발견하였다. 파이퍼가 과학 논문에서 언급한 것처럼 "아주 척박한 토양에서 자라는 4년생 일리노이다발꽃이 있는 땅의 질산염 농도는, 초기에는 질소 함유량이 매우 적었는데도, 더 비옥한 토양 내 농도와 거의 동일했다". 콩과 식물을 키우면 콩을 수확할 수 있을 뿐 아니라 동시에 밭에 비료도 주는 셈이다. 바로 이것이 모든 초원에 콩과 식물이 있는 이유다.

토지연구소의 연구는 희망적이지만, 다품종 재배를 연구하는 팀이 이들뿐이라면, 동네 슈퍼마켓에 포아풀과 식물로 만든 빵이 진열되는 일은 아직도 먼, 25~50년 후에나 가능할 것이다. 잭슨은 "아직 키티호크Kitty Hawk | 라이트형제가 처음 비행기를 날린 곳; 옮긴이 단계입니다. 우리

는 항력과 양력 원리는 증명했지만, 사람을 보잉 747에 태우고 대서양을 건널 준비는 되지 않았습니다"라고 말했다.

그러나 그들은 감동을 줄만한 주장을 할 준비는 되어 있었다. 나는 오리건 주의 유진 시에서 웨스 잭슨의 이야기를 듣고 청중들이 전율을 느끼는 것을 보았다. "기본적인 생물학적 문제 네 가지에 대한 대답을 얻기 위해 17년 동안 연구한 끝에 토지연구소는 지난 8,000~1만 년 동안 인간이 만들어온 것과 근본적으로 다른 패러다임에 근거한 농사를 지을 수 있다고 공식적으로 발표할 준비를 마쳤습니다." 그는 시골 소년 같은 유머 감각을 절대 잃지 않으면서 청중들이 박수를 멈추기를 기다렸다가 다시 말했다. "그뿐 아니라 이를 이용하면 어쩌면 결혼의 모든 문제를 해결할 수 있고 죄와 죽음도 끝낼 수 있습니다." 그 방은 웃음소리로 떠나갈 듯했지만, 잭슨과 그의 동료들이 성취한 결과의 중대성은 왜곡되지 않았다.

침식되어가는 농지가 토지연구소의 작업에 의해 바뀐다면 엄청난 반향을 일으키게 될 것이다. 그러나 우리의 곡창지대는 전 세계 농업용지에 비교하면 일부에 불과할 뿐이다. 파이퍼와 잭슨 그리고 다른 사람들은 초원 농사법이 어디서나 채택되는 것을 꿈꾸지는 않는다. 자연의 모습대로 꾸며진 자연 체계 농장은 세계 곳곳이 똑같지 않을 텐데, 이는 전 세계의 생태계가 지역에 따라 너무나 다르기 때문이다. 이에 대해 잭슨은 이렇게 말한다. "열대우림과 초원의 차이를 보세요. 습기가 많은 정글에는 물이 너무 풍부해서 수분 제거자, 즉 물을 빠르게 증발시킬 수 있는 식물이 필요합니다. 가뭄이 든 평야에서는 물 저장자가 필요하고요."

간단히 말하면 그 지역의 식물 군집, 기후, 토양 종류, 문화에 맞는 그 곳의 천재가 최고의 농업 시스템이다.

잭슨은 토지연구소에서 가져올 수 있는 것은 그들의 방법론이라고 말한다. 즉 토착 시스템을 배우고 그것의 '규칙'을 직관적으로 알아내어, 그 구조를 모방하여 야생의 기능을 수행하는 안정된 농작물 군집을 서서히 키우는 것이다. 다음 이야기는 그런 연구가 이미 진행되고 있다는 것을 보여준다.

전 세계에서 무르익어가는 증거

• **일본의 방치 농사법** | 50년 전 웨스 잭슨 소년이 자기 집의 농장에서 잡초를 뽑고 있을 때 일본에서는 마사노부 후쿠오카Masanobu Fukuoka라는 한 젊은이가 자기의 일생을 바꿔버리게 될 산책을 떠났다. 그는 시골 길을 따라 걷다가 한 도랑에서 저절로 자라난 벼를 발견했다. 그 벼는 깨끗한 토양이 아니라 볏짚단이 뒤엉켜 있는 곳에서 자란 것이었다. 후쿠오카는 그 식물이 주변의 밭에서 자란 것들보다 더 일찍 싹이 텄고 훨씬 더 생기 있다는 사실에 깊은 인상을 받았다. 그는 이것이 그에게 어떤 비밀을 속삭여준 것으로 생각되었다.

몇 년 동안 후쿠오카는 이 비밀을 '방치 농사법Do Nothing Farming'이라 스스로 이름 붙인 한 시스템으로 발전시켰다. 노동력을 거의 투입하지 않는데도 수확량이 일본에서 거의 최고였다. 그의 비법은 시행착오를 통해 섬세하게 조정되었는데, 자연의 천이 기술과 토양 보호 기술을 모방하는 것이었다. 그는 10월 초에 벼가 자라고 있는 곳에 토끼풀 씨를 손으로 뿌린다. 곧이어 귀리와 보리 씨를 벼 속에 뿌린다. (새들이 먹지 못하게 그 위에 점토를 덮는다.) 추수할 때는 벼를 베어 타작하고 남은 짚단을 그 밭에 다시 버린다. 이때쯤이면 토끼풀이 잘 자리 잡아서 잡초를 억제하고 토양 내 질소를 고정한다. 토끼풀과 짚단이 뒤엉킨 속에서 이번에는 호밀과 보리가 싹을 틔우고 나와 태양을 향해 자라난다. 호밀과 보리를 수확하기 직전에 그 순환과정을 다시 시작한다. 즉 볍씨를 뿌려 보호받으며 성장하게 한다. 그런 주기는 스스로 비료를 주고 스스로 경작되면서 계속 돌아간다. 이런 식으로 여러 해 동안 호밀과 겨울 곡물이, 같은 밭에서 토양 생산력을 감소시키지도 않고 자랄 수 있다.

이웃 농부들은 의아해한다. 자신들은 경작하고 잡초를 뽑고 비료 주는 일로 하루하루를 보내는 반면 후쿠오카는 짚단과 토끼풀이 일을 하게 두었으니 말이다. 계절 내내 밭에 물을 대는 대신 잡초보다 일찍 싹이 트게 하기 위해 잠깐 물을 뿌릴 뿐이다. 그 후 밭에서 물을 빼내고 그다음에는 가끔 밭고랑에서 풀을 깎을 뿐 아무 걱정도 하지 않는다. 그는 1,000제곱미터에서 600킬로그램의 벼와 600킬로그램의 겨울 곡물을 수확할 것이다. 그 양은 5~10명을 먹일 수 있을 만큼 충분하지만, 손으로 씨를 뿌리고 수확하는 데는 한두 명이 며칠만 일하면 된다.

자연농법은 일본 전역에 퍼졌고 중국에서도 현재 약 40만 헥타르에서 이 방법을 이용하고 있다. 이제는 전 세계에서 농사 기술과 철학을 배우기 위해 후쿠오카 농장을 방문한다. 이 시스템의 매력은 한 땅을 소모시키지 않고 계속 사용할 수 있고, 수확량도 계속 유지할 수 있다는 것이다. 석유를 기초로 하여 만들어진 비료와 살충제의 형태로 돈과 에너지를 농장에 쏟아 붓는 대신 투자는 초기에, 농장의 설계에 대부분 들어간다.

후쿠오카는 "그런 간단한 것을 개발하는 데 30년 걸렸습니다"라고 말한다. 그는 열심히 일하는 대신 불필요한 농사일을 하나씩 줄여가면서, 자기가 할 수 있는 것보다 그만둘 수 있는 것들을 찾아냈다. 인간의 총명함에 의지하지 않고 자연계의 슬기로움과 동맹을 맺었다. 그는 『지푸라기 하나의 혁명One Straw Revolution』이라는 저서에서 이렇게 말했다. "이 방법은 현대식 농사 기술에 완전히 반하고, 과학적이고 전통적인 농사 노하우를 창밖에 던져버린다. 기계를 사용하지 않고 비료를 주지 않고 화학 약물도 이용하지 않는 농업으로 일본 농장의 평균보다 더 많거나, 적어도 같은 양을 수확할 수 있다. 바로 당신 눈앞에서 증거가 무르익어가고 있다."

• 호주의 영속 농법 | 생태계가 안정되고 효율적으로 되면 상처받기 쉬운 천이의 초기 단계에서처럼 해야 할 일이 그리 많지 않다. 호주의 생태학자 빌 몰리슨Bill Mollison은 웨스 잭슨처럼 작물을 토양에 수년간 유지하며 농사를 자연의 효율성에 가능한 한 가까이 도달할 수 있게 하자고 제안한다.

여러 해 동안 몰리슨은 소규모의 농부들이 손이 적게 가는 정원, 삼림, 동물 농장, 양식장을 마련하여, 말 그대로 그 지역의 자원으로 먹고 입고 동력을 얻어 자급자족하는 시스템을 완성하기 위해 연구해왔다. 자연의 슬기를 본받아 설계한다는 것이 영속적인 농업이라는 의미에서 영속 농업permaculture이라 불리는 농업 철학의 핵심이다. 영속 농업에서는 땅에서 무엇을 우려낼 수 있는가가 아니라 땅이 무엇을 제공해주는지를 묻는다. 내 땅의 약점과 장점과 함께 한다는 협력 정신을 가지면, 땅이 당신의 과도한 육체노동 없이도 고갈되지도 않고 풍성한 수확을 낸다고 몰리슨은 말한다. 유기농업에서 가장 힘든 부분은 시스템이 스스로 자활하도록 고안하는 것이다.

이 아이디어의 핵심은 농작물을, 집을 중심으로 동심원으로 배열하는 데 있다. 가장 자주 시찰해야 하는 농작물은 집 가까이에 두고 신경을 덜 써도 되는 농작물은 집에서 멀리 떨어진 곳에 둔다(몰리슨은 이를 농사에 적합한 조경이라 부른다). 어디에서나 식물들은 둘 또는 세 개의 캐노피canopy 구조로 되어 있어, 관목은 작은 나무의 그늘에, 작은 나무는 큰 나무 그늘에 있게 된다. 동물들은 세 개의 모든 캐노피 밑에서 풀을 뜯어 먹는다. 땅에 있는 웅덩이나 밭고랑을 이용해 빗물을 저장하고 자동 관개한다. 영속 농업을 하는 사람은 가능한 한 바람이나 홍수 같은 외부 힘을 끌어들여 실제로 일에 이용한다. 예를 들어 그들은 풍차를 세우고, 범람원에 농작물을 심는데, 이런 장소에서는 충적기 퇴적물의 연간 변동을 이용할 수 있기 때문이다.

서로 상승효과를 내는 식물을 선택해서 심는 것, 곧 '동반자 식물'을 이용하여 이들이 서로를 보완하고 서로의 최선을 이끌어내도록 하는 것이 성공적인 농장 풍광을 조성하는 열쇠다. 이런 유익한 동맹 관계를 최대화하기 위해서 영속 농업자들은 생물끼리의 상호작용이 유난히 활발한 두 서식지 사이의 경계 지역을 많이 만든다. 몰리슨은 또한, 많은 에너지나 기계를 투입하는 대신 동물 간의 상호작용을 이용하기 좋아한다. 한 예가 온실과 닭장으로, 계단식 벤치에 식물들을 놓는다. 밤이 되면 닭들이 낮 동안의 태양 방사에서 남은 온기를 즐기며 벤치에서 잠든다. 그러다가 추운 새벽이 되면 닭의 체온이 식물들을 살아남게 해준다. 아침이 되면 온실은 너무 더워 닭들은 풀을 뜯으러 숲으로 향한다. 나무 밑에 떨어진 도토리나 견과류를 찾으며 닭들이 갈퀴질하듯 땅을 긁어 토양에 공기를 공급하고 비료를 주고 동시에 나무의 해충도 잡아 먹는다. 우리는 이 닭들의 알을 먹고 언젠가 살도 먹지만, 한편으로는 닭들이 제공하는 경작자, 해충 조절자, 온실 히터, 자동 보급 비료 등의 서비스를 받는다.

몰리슨은 1960년대 말 호주의 숲에서 일하면서 이런 효율성의 예술을 직접 배웠다. 과학자로서 그는 생명계를 설명하도록 훈련받았다. 그러나 몰리슨은 거기서 그치지 않고 한 걸음 더 나아갔으며, 그것은 생체모방biomimicry의 핵심이 되는 것이었다. 그는 숲에서 창발되는 능률적인 삶에서 교훈을 얻고 그것을 새로운 종류의 농업에 적용시키기로 결심했다. 오늘날 호주의 많은 농장에서는 그가 유행시킨 영속 농업 원리에 따라 농사짓고 있고 또 국제영속농업연구소는 전 세계에 지점을 세우고 기술을 보급하기 위해 사람들을 훈련하고 있다. 자연계에서 가장 안정하고 생산적인 군집들을 본보기로 삼고 그 한가운데에 살면, 인간의 군집도 그들의 아름다움, 조화, 지구를 구하는 생산력 등에 동참할 수 있다고 몰리슨은 믿는다.

• **케이프 코드에 세운 신연금술 농장** | 현재 농업을 대신하여 싹트는 또 다른 생태 문화의 예는 매사추세츠 주에서 찾아볼 수 있다. 미국에서 가장 혁신적인 생물학적 개척자bioneer인 존 토드John Todd와 낸시 토드Nancy Todd의 사무실이 그곳에 있다. 이들 부부는 1969년 자연을 모델로 삼아 생활공간과 식량 생산 체계를 디자인하는 신연금술연구소New Alchemy Institute를 세웠다. 그들은 천이되어가는 숲을 완벽하게 자족적인 농장의 개념적 지침으로 삼았다.

토드 부부는 1994년 집필한 『생태 도시에서 살아 있는 기계까지From Ecocities to Living Machines』에서 "개념상 우리의 농장은 수많은 연못의 바닥에서 시작해서 물을 통해, 가축들이 뜯어먹는 풀들로 이루어진 땅의 덮개로 뻗어 올라간다. 그다음 관목 층으로, 다시 열매, 견과류, 목재, 사료 작물을 생산해내는 나무로 형성된 캐노피까지 올라간다. 이 흐름을 따르면서 우리는, 농장이 생태학적으로 숲을 따라 계속 진화하는 한편 현재의 역동적 생산성을 유지하기 바란다"고 썼다. 몰리슨의 영속 농업과 마찬가지로 신연금술 농장도 모든 살아 있는 구성원이 복수 기능을 하도록 설계되어 있어서, 예를 들면 먹을 것을 생산할 뿐 아니라 그늘을 만들고 비료가 되기도 한다. 기계 작업(연장하면 사람까지)은 가능한 한 생물체나 생물학적 시스템으로 대체되고 있다.

토드에게 영감을 준 것 가운데 하나는 인도네시아 자바의 농장인데, 그곳에서는 (적어도 우리가 볼 때) 보통 농업과 다른 농업이 수세기 동안 행해져 왔다. 자바의 농장은 자연의 축소판으로, 계획된 천이에 의한 복구 과정을 잘 보여준다. "생태 농법 혹은 천이 농법은 변화에 적응해나간다는 점에서 보통 농업과 다릅니다. 초기 단계에서는 일년생 작물과 물고기가 사는 연못이 주로 경관을 이루지만, 경관이 자라고 성숙함에 따라 수목 작물과 가축이 등장해 진가를 발휘하는 세 번째 차원이 발달합니다. 자연의 천이 성질을 모방하는 것이 열쇠입니다. 자연은 그렇게 천이하면서 오랜 시간에 걸쳐 공간, 에너지, 생물 요소를 효과적이고 안정되게 이용하는 생태계를 창조해냅니다."

• **코스타리카의 3층 농사짓기** | 천이는 코스타리카 식 자연계 농법 Natural Systems Agriculture에서도 핵심이다. 이곳의 열대우림은 낙원이다. 천연의 태양등과 분무기 아래에서 주체할 수 없이 자라나는 식물들과 영글어가는 식량이 풍요를 이룬다. 그러므로 이런 정글이 전통 작물을 키우기에 빈약한 곳을 만들어냈다는 것은 참으로 반어적이며 많은 것을 말해준다. 원시 숲을 완전히 벌목하거나 불로 태우고 나면 처음 몇 년 동안은 농작물 수확이 좋으나 그다음부터 수확량이 가파르게 떨어지기 시작한다. 정글을 만드는 바로 그 힘, 장대비가 정글 흙의 영양분을 고갈시킬 수 있다는 사실을 감안하면 당연한 일이다. 개간 후 노출된 정글 흙은 물을 흡수할 식물이 주변에 없기 때문에 쉽

게 영양분을 잃는다. 농작물 수확은 그 토양의 영양분을 더욱 뽑아낸다. 이렇게 몇 년 동안 영양분을 빼앗기면 토양은 빠르게 피폐해진다.

정글에서 자연적으로 나무가 없어진 곳은 완전히 다른 운명을 맞는다. 그런 곳은, 뿌리를 내리고 캐노피를 펼치고 잎을 떨구어 그곳의 비옥도를 회복시켜주는 종들이 하나씩 차례로 뒤를 이어 나타나 다시 무성해진다. 시스템 내의 영양분은 자라나는 초록의 생체량biomass과 함께 보존된다.

플로리다 주 게인스빌에 있는 플로리다 대학교의 식물학 교수인 존 이웰John J. Ewel은 야생종 대신 농작물을 사용하여 정글이 자연적으로 재성장하게 자극할 수만 있다면 비옥도가 재건되고 실제로 그 시스템을 고갈이 아니라 개선시킬 수 있을 것이라고 추측한다. 그 비결은, 천이의 첫 단계(풀, 콩과 식물)를 모방할 수 있는 작물로 시작하여 그 다음 단계(다년생 관목)를 모방하는 농작물을 더해주고, 견과류 같은 큰 나무까지 계속 더해가는 것이다.

가설을 검증하기 위해서 잭 이웰과 동료 코리 베리시Corey Berish는 코스타리카에서 두 구획을 벌목하고 자연적으로 씨에서 시작해 정글이 되도록 두었다. 한 구획에서는 정글 식물 하나가 싹틀 때마다 그것을 파내고 같은 형태의 식용 작물을 대신 심었다. 일년생 자리에는 일년생을, 초본의 다년생 자리에는 초본의 다년생을, 나무 자리에는 나무를, 덩굴자리에는 덩굴을 심어, 마치 자연이 농사짓는 사람의 손을 이끌어주는 것 같았다. 헬리코니아*Heliconia* 종, 박과*cucurbitaceous* 덩굴, 미국나팔꽃*Ipomoea* 종, 콩과 덩굴, 관목, 풀, 작은 나무 등 자연계의 자생식물 행렬이 질경이, 호박 종류, 얌 그리고 2, 3년 차가 될 때까지는 빨리 자라는 견과류나 과일나무, 브라질 견과, 복숭아, 야자수, 자단 같은 수목들로 대체되었다.

이러한 농작물을 경작하는 정글은 옆에 있는 진짜 정글 구획과 보기에도 같았고 행동도 같았다. 두 구획에서 잔뿌리의 표면적과 토양의 비옥도는 똑같았다. 두 개의 대조군 구획도 만들었다. 맨땅 한 구획과, 옥수수와 콩을 심은 다음 카사바cassava | 식용 덩이뿌리를 가진 낙엽 관목; 옮긴이를 심고 그다음 수목 작물을 돌아가며 심는 윤작 단종 재배 구획 하나를 만들었다. 맨땅 구획과 윤작 단종 재배 구획은 아주 빠르게 영양분을 상실했지만 '경작 정글'은 비옥한 상태를 유지했다.

이웰의 논문이 나오기 몇 년 전에, 영국의 영속 농업가인 로버트 하트Robert Hart도 정글 생태계를 모방하는 시스템을 구축하는 데 이용할 수 있는 종을 발표했다. 거기에는 카사바, 바나나, 코코넛, 카카오, 고무나무, 코르디아*Cordia* 종과 스위테니아*Swietenia* 종 같은 재목들이 포함되었다. 천이를 마친 하트의 경작 시스템은, 영양분 순환, 자연적인 해충 조절, 정수 기능은 물론 구조까지 정글을 빼닮아 세 층의 캐노피로 이루어질 것이다. 하트에 의하면 토양을 비옥하게 유지하는 비결은 잎과 뿌리가 무성한 다년생 농작물을 선택하는 데에 있다. 하트에 따르면 그것들은 비가 많이 와도 토양을 보호하고 생체에 영양분을 저장하며 잎이 질 때에는 토양으로 유기물을 돌려줄 수 있다. 그는 또 토양의 낮고 깊은 층 구석구석에서 영양분을 빨아올리는 뿌리가 깊은 식물뿐 아니라 공생 연합을 형성하는 식물을 사용하는 것이 중요하다는 것을 발견하였다. 이런 식으로 경작 정글의 땅은 계속 덮여 있어 1년 내내 소출이 나오고 새로운 작물 팀들이 토양을 물리적, 심지어 화학적으로 다음 단계에 맞게 준비시켰다. 일단 천이가 수목 작물까지 진행되면 농부들은 나무를 선택적으로 수확하고 몇 년에 한 번씩 다년생 초를 태워버리고 새로운 주기를 다시 시작할 수 있다. 이처럼 지속되는 유용성은 지역 농부들을 도와줄 뿐 아니라 원시 정글의 무참한 개간도 늦춰줄 것이다.

• **미국 뉴잉글랜드의 낙엽수림** | 지금은 파격적으로 보이지만 생태계 따라 하기는 새로운 개념이 아니다. 유기농법 창안자로 인정받는 앨버트 하워드Albert Howard 경은 1943년 『농업 성서An Agricultural Testament』에서, 또 1953년에는 러셀 스미스가 『수목작물: 영속적인 농업Tree Crops: A Permanent Agriculture』이란 책에서 땅에 맞추는 농사법에 대해 이야기했다. 스미스는 신대륙의 숲, 거대한 녹색 장벽이 무너진 후의 동부 산허리에는 침식을 일으키는 이랑 작물보다는 언덕에 더 잘 맞는 수목 작물들로 채워져야 했다고 생각했다.

스미스는 다양성과 안정성의 모델로 동부의 낙엽수림을 살펴보았다. 그는 관목과 초목으로 된 아래 캐노피 층뿐 아니라 다양한 나무 캐노피 층에 의해 생기는 수많은 니치에 대해 설명했다. 다양성 덕분에 해충이 조절되고 새나 어린잎을 먹는 동물이 살 수 있는 장소가 많이 제공된다고 했다. 아래층에 있는 목본류의 가는 섬유성 뿌리는 초원의 잔디 뗏장처럼 토양을 붙잡고 영양분을 지켜준다. 낙엽과 부스러기들은 천천히 그리고 끊임없이 새로운 식물로 재순환되어 중요한 영양분이 용해되고 손실되는 것을 막아준다. 또 유기 쓰레기는, 뿌리와 연합하여 물을 찾는 뿌리의 능력을 확장시키는 균류인 균근mycorrhiza의 성장을 돕는다. 때로 바람이나 질병 또는 번개가 나무를 제거하면 표층이 노출되어 이곳에서 천이와 재생의 순환주기가 다시 시작된다.

이런 토양에서 인디언들이 했던 초기 농업 또한 사실상 천이적이었다. 인디언 부족은 8~80헥타르의 땅에 콩, 호박, 옥수수, 담배 등을 작은 구획으로 나누어서 농사지었다. 8~10년 정도 지나면 원주민들은 그곳을 떠나 땅을 휴한지로 내버려두었다. 그들이 다시 돌아오기 전까지, 20여 년의 휴지기 동안 천이가 재개되고 비옥도가 회복된다. 이런 교대 농법을 위해 부족들은 유목 생활을 해야 했지만, 작은 구역에서 농사짓다가 그곳이 다시 숲이 되도록 하는 것은 자연의 숲의 역동성을 그대로 닮은 것이다.

스미스는 그의 책에서, 백인들이 한곳에 정착해서 산허리 숲을 깎아 밀어내고 줄지어 농작물을 심기 시작하면서 생산성과 토양이 손실되어 가는 것에 대해 통탄하였다. 그러한 농사법은 그 땅에 맞지 않는다고 주장했다. 그 대신 숲에 있던 것과 구조적으로 유사한 식물, 즉 숲을 키우는 땅에 적합한 유일한 작물인 견과류나 과실나무 종류를 심어야 한다고 제안했다. 그의 꿈을 실현한 한 가지 계획은, 씨앗을 수확하는 쥐엄나무honey locust를 심고 그 밑층에 싸리나무(가축의 먹이나 건초가 되기에 적당한 다년생 콩과 식물)를 심은 숲이었다. 이 시스템은 최소의 노동, 적은 관리비로 잡초를 억제하면서 농작물을 산출하고 동물을 먹여 살렸다. 그는 매년 4,000제곱미터당 건초 약 1,800킬로그램, 쥐엄나무 견과 연평균 약 1,300킬로그램, 최고일 때는 8년생 나무에서 견과 약 4,000킬로그램을 얻었다고 보고했다.

낙엽수림을 야생에서 지속가능하게 한 특징은 여기서도 반복되었다. 즉 나무 작물로 된 맨 위층, 그 아래에 땅을 보호하고 영양분, 생물학적 질소원을 보존하는 안정된 층, 그리고 풀을 뜯거나 새순을 먹는 동물로 구성되는 것이다. 스미스가 보고서를 처음 발표했을 때 불행히도 그의 권고 사항은 대체로 쇠귀에 경읽기였다. 최근 아일랜드 프레스가 웬델 베리의 서문과 함께 그의 책을 재출판한 사실은, 자연에 근거한 농사법 개념에 대한 관심이 다시 한 번 싹트고 있다는 희망적인 신호다.

• **남서부의 사막** | 초원이나 숲이 발을 내딛기 어려운 곳에서는 그런 농사 모델은 가능하지 않다. 가시 난 관목 덤불이 자라는 미국 남서부 사막들이 그렇다. 소노란 사막, 치후아후아 사막, 모하비 사막은 강수 양상이 산발적이고 매우 계절적이어서 약 1미터마다 토양이 다르다. 이렇게 조건이 불균등한 지역에서는 식생이 군데군데 이루어진다. 비옥한 충적토의 선상지에서는 밀집해 자라고 메마른 땅에서는 최대한의 물을 얻기 위해 식물들은 서로 간격을 둔다. 이들은 공간을 나눌 뿐 아니라 계절도 나눈다. 많은 종들이 물이 이용 가능할 때에만 꽃을 피우고 씨를 맺고, 햇볕이 뜨거운 여름에는 휴면에 들어간다.

식물이 일시적으로 풍성한 자원을 이용하고 나머지 긴 건조기를 견디게 하는 전략은 수천 년 동안 사막에서 번창했던 원주민들의 농사법에 그대로 반영되어 있다. 파파고 원주민과 코코파 원주민은 사막에서 오래 살아오면서 야생 식물, 경작한 사막 식물과 콩과 식물 모두에서 식량을 얻어왔다. 그 식물들은 모두 지역 토착 생물로, 제한된 자원을 최대한 이용할 수 있게 적응된 것들이다. 민속식물학자인 게리 나브한은 『사막 모음Gathering the Desert』에서 그들의 농사 관습을 일러주고 있다.

나브한에 따르면 파파고 인들은 그 지역의 계절 시계에 자신들의 농사를 동기화시킨다고 한다. 예를 들어, 작물 심기는 고마운 비가 오기 직전이나 직후 사막의 일년생식물이 나타날 때에 딱 맞춰 한다. 또 범람되는 충적토 선상지에만 작물을 심어, 물을 많이 주지 않아도 되도록 한다. 그런 기후에서 관개를 했다가는 과도한 증발로 토양의 위층에 독성 염분이 남게 될 것이다. 파파고 인들은 일년생뿐 아니라 다육 식물, 풀, 목질 식물도 파종하여 식량과 섬유를 얻는다. 농작물 사이사이에는 콩과의 야생 관목들이 섞여 있는데, 그것들이 질소를 고정하고 토양 속 깊이 저장된 양분을 수집해주기 때문에 뽑지 않고 그대로 둔다. 농경제학자들이 왜 이런 식물을 같이 심는 게 좋은지 이해하기 훨씬 전부터, 파파고 인들은 이미 '장소라는 천재'로부터 힌트를 얻어 그것을 실행하고 있었다.

• **로데일의 재생 농법** | 로데일 가족에 대해 언급하지 않고는 유기농

법에 대한 완벽하게 이야기했다고 할 수 없을 것이다. 이 집안은《유기농 재배Organic Gardening Magazine》,《새로운 농사New Farm》그리고 건강 문제를 다루는《프리벤션Prevention》과 같은 잡지를 내는 로데일 출판사를 운영하고 있다. 몰리슨의 영속농법처럼 로데일의 '재생 농법Regenerative Agriculture'도 효율과 에너지 흐름을 증대시키는 생물학적 구조를 이용한다. 그렇게 해서 저에너지 입력이 지렛대가 되어 생산성을 높인다. 또한 천이도 전략적으로 이용한다. 농작물을 선택할 때 다음 작물의 요구를 염두에 두고 미리 토양의 식물상과 동물상을 바꿔줄 수 있는 것으로 고르는 식이다. 예를 들어, 다음 작물에 문제를 야기하지 않는 잡초 군집으로 바꿔주는 작물을 일부러 심을 수도 있다. 또는 윤작 주기의 한 시기에 질소와 토양 탄소가 축적되게 하여 다음 농작물의 생산성을 높일 수도 있다. 마지막으로, 로데일의 연구원들도 잭슨처럼 밀, 쌀, 호밀, 귀리 같은 일년생식물 대신 다년생 대체 작물을 오래전부터 계속 찾아왔다.

• **중서부의 소 방목** | 농작물을 키우는 사람만 산업형 농사라는 깊은 수렁에 빠진 것이 아니다. 오랫동안 중서부 북쪽의 낙농업자들은 소가 풀을 뜯어 먹게 하지 않고 기계로 건초를 베왔다. 그들은 25킬로그램이나 되는 건초 더미를 인공조명과 난방장치가 된 흡입식 착유장까지 트랙터로 옮겨다 주었다.

이제는 그 모든 것들이 바뀌고 있다. 낙농업자들은 '초지 농업grass farming'이라 부르는, 자연에 기반을 둔 운동으로 마음과 헛간의 문을 활짝 열어젖히고 있다. 이미 초지 농업으로 바꾼 낙농업자들은 소가 건초의 5분의 3의 양만큼은 밭에서 뜯어먹게 하고 있다. 그들은 먹이를 소에게 갖다 주는 게 아니라 소를 먹이가 있는 곳으로 데려다 주는 일이 즐겁다고 말한다. 초지 농부들은 또한 소는 더 건강해지고 청구서는 더 가벼워졌음을 알게 되었다. 들판에 뿌려진 소의 분뇨는 비료값을 절감해주고 꼴을 기계를 이용해 한 해에 두 번만 베기 때문에 연료와 기계 마모에 들어가는 경비도 절약된다.

몇 년 지나면 더 많은 농부가 더욱 자연적인 주기로 전환하고 있을 것이다. 소의 젖을 1년 내내 짜는 대신, 겨울에는 '마르게' 두었다가 4월에 동시에 새끼를 낳게 하고 봄이 되면 초지로 다시 나가게 할 수 있다. 이렇게 젖을 말림으로써 초지 농부들은 옛 시스템에서는 상상도 못했던 휴가를 얻게 되었다.

초지 농업이라는 용어는 농부들이 자기 자신에 대한 생각을 바꾸고 있다는 신호다. 스테파니 리트먼Stephanie Rittmann은 "그들은 이제 자신들을, 햇빛을 풀밭으로, 그것을 다시 고기와 우유로 변환시키는 태양에너지 수확자로 생각합니다"라고 말했다. 그녀는 이 운동이 어떻게 왜 그렇게 확산되어 나가는지에 대한 연구로 1994년 석사 논문(위스콘신 대학교 매디슨 캠퍼스)을 썼다. 리트먼은 "초지 농업이 중서부 시골 사람들의 집단생활에 미친 영향에 나는 흥미를 갖습니다. 그 농부들은 완전히 새로운 것을 시도하는 중이어서 노하우 측면에서 모두들 초보자입니다. 가축을 위한 목초지를 어떻게 경영해야 하는지 아는 확실한 전문가는 아무도 없습니다. 사실 그들에게 유일한 입문서는 프랑스의 경작자인 앙드레 부아쟁André Voisin이 1959년에 집필한 『초지 생산력Grass Productivity』입니다. 그 이상을 위해 그들은 서로 정보를 나누는 원거리 도움 커뮤니티를 형성하였습니다"라고 말했다. 그들은 정기적으로 서로의 농장을 방문해서 경험으로 배운 지식을 공유하고, 월간《목장 초지 재배자The Stockman Grass Grower》를 발간한다. 그 잡지는 생산자들끼리의 솔직한 대화로 가득하다.

양질의 목초를 키우려는 초지 농부는 초원을 복구하려는 사람들이 당면한 것과 똑같은 문제를 풀어간다. 그들은 알팔파 밭에서 시작해서 약 네 종의 풀씨를 뿌린다. 해가 갈수록 야생 식물이 잠입해 들어오는데 그중에는 농부들이 전에 본 적이 없는 것도 있다. 리트먼의 표현에 의하면, 그들은 자기 땅의 천이를 관찰하고 그 기록을 비교해보면서 경작되기 전에 그 땅이 어땠을지를 알아가고 있다.

또한, 목초지의 건강을 평가하는 새로운 방법을 이용하고 있는데, 이 시점에서 농부들은 자연주의자가 된다. 한 농부는 자기 밭에서 뭔가 갈라지는 소리가 들려 의아해하다가 기쁨으로 전율했다. 그 소리는 수십만 마리의 지렁이가 비 온 뒤에 막힌 구멍을 뚫는 소리였다. 그는 리트먼에게 "마침내 깨달았습니다. 그것이 건강한 목초지가 내야 하는 소리라는 것을"이라고 말했다. 또 다른 농부는 초지 농업을 시작한 지 3년이 지나서야 마침내 자기 목초지로 돌아오는 새들의 노래 소리를 듣게 되었다고 했다. 현재 그는 목초지의 건강을 평가하는 방법으로 목장 주변에서 다양한 새들의 종 수를 세고 목록을 만들고 있다. 다른 초지 농부들은 쇠똥을 조사한다. 건강한 미세 식물군과 미세 동물균이 들어 있는 쇠똥은 한여름이라면 3주 만에 분해되어야 한다. 그보다 더 걸린다면 농부들은 걱정하기 시작한다.

리트먼은 "그들은 농약 판매원의 말만 믿고 살지 않고, 이제 자연을 읽는 법을 배우고 있습니다"라고 말한다. "내가 그들에게 '당신들은 생태학자가 되고 있어요'라고 말했더니, 그들은 그저 웃음을 머금은 채 고개를 가로저으며 '뭘요, 우린 그저 농사를 짓고 있어요'라고 말하더군요"라고 덧붙였다. 현명한 농사법이다.

혁신적인 출발: 쳇바퀴에서 어떻게 벗어날까?

초지 농업이라는 개념을 어떻게 확산시킬지에 대해서는 면밀히 연구해야 한다. 어떤 일을 하는 방법에서 이미 문화적 · 경제적으로 굳어진 집단의 상상력을 어떻게 새로운 개념이 '사로잡을' 수 있을까? 토지연구소는, 이미 뒤처지지 않고 현상 유지만 하기도 벅찬 농부들에게 어떻게 자신들의 개념을 설득할 수 있을까? 어떻게 두려움을 떨쳐버리게 할까?

웨스 잭슨은 우리 마음이 극복해야 할 그 모든 것들에 대해 잘 알고 있다. 초보자들을 위해 그는, 마음이 어떻게 환원주의 과학, 미국적 경험, 진화, 풍요의 영향을 받아 형성되는지 설명한다. "우리는 잘게 쪼개진 조각들을 통해 우주를 이해할 수 있고, 세상에는 언제나 더 첨단이 있고, 모든 새로운 기술은 적응적이며, 월리스 스테그너 **Wallace Stegner**가 말했듯이 '일단 소유하면 그것 없이는 안 된다고 생각한다'

고 스스로 확신하고 있습니다." 이러한 정신 상태가, 전체적으로 생각하거나 자연의 한계를 고려하는 것을 어렵게 하고, 기술이 약속하는 것, 즉 편의성, 부, 권력, 예측가능성, 인스턴트 음식 같은 것들을 무시하기 어렵게 한다. 그렇다면 어떻게 곡창지대를 초원식 경작지로 바꿀 수 있을까?

이에 대해 파이퍼는 "단번에 되지는 않습니다. 우리는 보전휴경프로그램Conservation Reserve Program, CRP 농지에 대한 대안으로 자연체계 농법을 제안하는 것으로 시작할 것입니다"라고 말했다. CRP는 '울타리에서 울타리까지 정책' 시대에 생긴 커다란 상처를 치유하기 위해 1985년에 시작되었다. 농부들은 침식 위험이 있는 땅을 휴식시키고 그 땅에 다년생 풀을 심는 대가로 4,000제곱미터당 평균 48달러를 받는다. 지금까지 CRP를 통해 1,477제곱미터의 땅에 풀이 심겨졌다(이전 프로그램에서 따로 떼어놓은 땅까지 합하면 풀 덮인 구릉은 4,000만 제곱미터가 넘는다). 불행하게도 이 넓은 면적의 상당 부분에 야생 생태에 별로 도움이 안 되는 외래종 풀들이 심겨져, 가축을 포기한 '집약적' 농부들에게 수입을 올려주지 못하고 있다.

이와 똑같은 땅에서 다년생을 다품종 재배하면 토양을 유지할 수 있는 데다가 덤으로 소득도 생긴다. 다음 세 가지 방법 가운데 한 가지로 소득을 낼 수 있다. 길들인 초원에서 건초를 만들거나, 사람이 먹을 수 있는 씨앗을 추수하거나, 가축이 있다면 단순히 그 가축에게 풀을 뜯게 하는 것이다. 이런 식으로 농사를 지으면 그 소득이 비료나 살충제 제조업자에게 가지 않고 농부에게 돌아올 것이다. 파이퍼는 이런 식으로 전환하기 좋은 시기가 왔다고 느낀다. 곧 CRP가 만료되고 재개되지 않을 것 같기 때문이다. 오하이오 토양및수질보전협회가 실행한 여론조사에 의하면 63퍼센트의 농부가 경제적 이유로, 보조금이 바닥나면 CRP 땅을 다시 경작할 계획이라고 한다. 아마 그들이 토지연구소의 연구에 대해 듣는다면 식량 생산하면서 토양 치유하기라는 새로운 아이디어에 손을 내밀 것이다. 훼손하기에 익숙해져 있는 문화에서 이것은 듣기만 해도 흐뭇하다.

그러나 파이퍼는 다년생 다품종 재배가 모든 땅을 덮지는 않을 것이라고 예견한다. 줄지어 심기를 해도 전혀 문제가 없는, 침식되지 않는 강변 저지대들도 있기 때문이다. 물론 그것도 유기농업 방식이어야 한다. "그러나 우리 농토의 8분의 1만이 그런 땅이고 나머지 8분의 7은 침식 위험이 있는 토양과 경사진 땅으로 이루어져 있어 줄지어 농작물을 심으면 토양이 고생합니다. 이런 땅에서는 자연 체계 농법이 생태학적으로 더 이치에 맞습니다"라고 파이퍼는 말한다. 그러나 농부들에게도 이치에 맞을까?

궁극적으로 가장 강력한 설득은 농부들의 경제 상황을 바꾸어주는 것이다. 농부들은(실제로는 어느 누구라도) 그간 해온 방법이 경제적으로 마음에 차지 않는다면 새로운 것을 적극 시도해보려 할 것이다. 화석연료가 고갈되기 시작하여 가솔린, 비료, 살충제 등 농장에 투입되는 제품들이 엄청나게 비싸져서 경비가 더 많이 들게 되면 이런 일이 일어날 것이다. 그때가 되면 변화의 압력을 받는 어떤 생물 종이라도 할 일을 우리도 하게 될 것이다. 즉 대안을 찾기 위해 주변을 둘러보고, 가장 창의적인 것을 채택하여 다음 진화 단계로 도약할 것이다.

토지연구소에서는 이 같은 다음 단계를 '빛나는 미래'라고 부른다. 질문을 하면 직원들은 빛나는 미래의 농장이 어떤 형태가 될지를 그리며 마냥 즐거워한다. 새로운 곡창지대 농부는 길들인 초원에서 토양을 낭비하지 않고 오히려 토양이 쌓이도록, 씨앗을 생산하는 다년생 초목들을 혼합해서 재배할 것이다. 그 토양의 화학 성분이 다양하기 때문에 농장은 대다수 해충의 피해로부터 자연히 보호되고 해충이 생기더라도 대대적으로 창궐하기 전에 밀도가 낮아질 것이다. 잡초는 식물 사이의 화학작용과 그늘에 의해 조절될 것이다. 영양분은 새나가지 않고 토양 내에 갇혀 있을 것이다. 살충제와 비료는 최소로 사용하고, 관리는 단순해지고, 파종 횟수도 줄 것이다. 농부는 원한다면 3~5년마다 새로운 다년생 농작물로 다시 시작할 수 있으나 꼭 그래야 하는 것은 아니다.

목축업 또한 소를 지나치게 보호하지 않아도 될 것이다. 예를 들어 이제 질긴 가죽을 얻기 위해 식용 소를 버펄로**야생 들소; 옮긴이**와 교배하고 있다. 버펄로는 겨울에도 밖에 두어도 되기 때문에 뒤뜰이 그대로 외양간이 되어 축사 지을 목재를 아낄 수 있다. 한 해 동안 이들을 개화와 종자 성숙에 해가 되지 않도록 하는 리듬에 따라 다품종 재배지에 차례로 이동시킨다. 이들의 분뇨는 토양이 적당히 부스러기 형태의 구조를 이루는 데 도움이 되고, 이것은 다시 뿌리의 작용과 함께 뗏장이 습기를 머금었다가 서서히 배분하는 것을 돕는다. 토양이 물을 수용할 능력이 좋아진다는 것은 관개가 덜 필요하다는 의미이다.

나아가서 이는 지하수를 채우고 다시 샘이 솟게 해줄지도 모른다.

잭슨은 우리가 밝은 미래에서 농사지을 때까지 토지연구소 같은 집단은 불교적으로 보자면 "길을 만들면서 걷고 있다"라고 썼다. 연구, 경제, 사회 모두가 그들의 여정이 얼마나 성공할 것인지 결정할 것이다. 다음은 한 여정을 시도한 예다.

• **장소라는 천재에게 상담 받기: 연구** | 웨스 잭슨은 전형적인 농업 연구가를, "잃어버린 열쇠를 가로등 밑에서 찾는다"는 속담에 나오는 술주정뱅이에 비교한다. 길 저기서 잃어버린 열쇠를 왜 여기서 찾느냐고 물으면 여기 불빛이 더 밝기 때문이라고 대답한다. 이런 식으로 우리의 연구 기관들도 돈이 있는 곳, 산업형 농업의 휘황찬란함에서 농업의 발전을 찾아왔다. 납세자들은 정부 출연금 형태로 미국 농무부 연구의 비용을, 20퍼센트 투자 예금의 형태로 신생 연구소들의 비용을 분담하고 있다.

우리는 무엇에 돈을 내고 있는가? 현재 대다수의 연구는 이미 제자리에 있는 농업 체계를 더 밀어올리는 데 그 목표를 두고 있다. 예를 들어 대부분의 병충해 기금은 지속적 재배, 우리가 토양 생산력의 저주로 알고 있는 시스템으로 생산되는 농작물의 병충해에만 쓰이고 있다. 우리의 경제학자들은 돌려가며 재배할 수 있는 대체 농작물에 대한 시장은 연구하지 않고, 농약과 비료를 대규모 투입해야 하는 4대 작물, 즉 밀, 옥수수, 호밀, 콩을 팔 새로운 시장만 만들어내고 있다. 그리고 물론 농약에 잘 견디는 작물 개량에 거액의 돈이 들어가고 있다.

“우리의 가치관은 어디로 갔을까요?” 아이오와 주립대학교의 철학자인 게리 콤스탁Gary Comstock은 계속해서 묻는다. “농장 우물에서 아트라진atrazine 제초제가 발견되고, 2,4-D2,4-Dichlorophenoxy acetic acid 제초제가 농부들의 비호지킨 림프종과 관련이 있음이 밝혀지고, 옥수수 제초제로 가장 많이 사용되는 알라클로르Alachlor는 발암물질로 의심되고 있는데, 정부의 토지 기금을 받는 대학들은 왜 더 독한 제초제에도 잘 자라는 농작물을 연구하고 있는 걸까요?”

연구도 사회적 계획의 한 형태라고 볼 때, 농촌업무센터의 척 하스브룩Chuck Hassebrook이 말했듯이, 이것은 우리가 하나의 사회로서 어디로 가기 원한다는 의미일까? 분명히 땅과 사람을 파괴하는 농사법에 충성을 맹세하는 대신, 작물들이 자라기를 원하는 방식으로, 예를 들어 다품종 재배나 윤작으로 작물이 자라도록 하려면 어떻게 해야 하는지의 문제에 도전해야 하지 않을까? 화학약품 회사에게 우리를 독살할 더 큰 주삿바늘을 주는 대신, 자연의 충고를 받아들이고 농부에게 지속가능한 농사를 짓는 데 필요한 도구를 주어야 하지 않을까? 토지연구소는 연방 정부의 미미한 보조금으로 20년 동안 경작지를 경작 가능하게 유지하기 위해 안간힘을 써왔다. 이제 그들은 정부의 문을 두드리고 미래를 위한 사회의 희망에 부합하게 연구비를 지출할 때가 왔다고 결론지었다.

웨스 잭슨은 때가 되기만을 기다려왔다. 토지연구소 직원들이 명성 있는 과학 잡지에 발표한 논문이 다섯 편에 이르자 그는 옷을 갖춰 입고 캔자스 주 하원 의원으로 당시 국회 농업분과위원장을 맡고 있던 패트 로버츠Pat Roberts를 찾아갔다. 잭슨은 이 나라에서 자연 체계 농법 중심지가 될만한 몇몇 장소들에 대한 계획을 펼쳐보였다. 이 네트워크는 새로운 농법의 전초 기지가 되어 각기 다른 기후대에서 15~25년간의 시험을 거칠 것이다. 잭슨은 로버츠 의원에게 "보세요, 생태학과 농업의 결혼이야말로 정부가 지지해야 할 그런 종류의 연구가 아니겠습니까" 하고 물었다. 하원 의원은 이렇게 되물었다. "대학들은 이 문제에 대해 어떻게 생각하는데요?"

잭슨은 무거운 발걸음으로 캔자스 주로 돌아갔고, 캔자스 주립대학교로부터 흡족할만한 지지를 받아냈다. 이후 그가 위원회를 여러 번 더 방문하고, 한 농부가 가마그라스를 차라리 타작해버리겠다고 위원회에 용감하게 전화를 건 후, 잭슨은 위원회로부터 "한번 검토해보겠다"라는 말을 겨우 듣게 되었다. 그 말 한마디가 이제껏 기존 농업 연구가들의 입에서 나왔던 적이 없었다. 또한 '새로운 농업 연구 패러다임이 필요하다'고 인정하는 캔자스 주립대학교의 선언도 이전에 나온 적이 없었다. 따라서 오리건 주 유진에서 열린 지속가능한농업정책학회에서 잭슨이 "1995년 9월 28일, 상하원 위원회 모두 기본적으로 농림부 장관에게 자연 체계 농법을 연구하고 지원하라는 지시를 '1995 농업법'에 포함시키는 데 동의했습니다"라고 발표하자 내 옆에 앉아 있던 사람들은 당연히 깜짝 놀랐다.

회의실에서는 환성이 터져 나왔고 우리는 웨스 잭슨에게 기립 박수를 쳤다.

• **회계 장부 만들기: 에너지학** | 모두가 자리에 다시 앉은 다음, 잭슨은 요즘의 자신의 열정에 대해 열광적으로 이야기하기 시작했다. 그는 새로운 세기에 가장 선망되는 직업은 회계학이 될 것이라고, 그의 말을 들어주는 모든 사람들에게 계속 이야기해왔다. 회계학. 우리가 웃자 그는 이어서 생태학자는 회계사와 한 족속이라고 말했다. 생태학자가 생태계의 지속가능성을 측정하고 설명하는 중요한 방법 가운데 하나는 생태계 둘레에 원을 하나 그리고, 그 원의 모든 투입량과 산출량을 합산한 다음, 원 내의 에너지 순환을 분석하는 것이다. 에너지학 측면에서, 자연계는 기적과도 같이 '수지를 맞춘다'. 즉 본전을 까먹지 않고 살아간다. 우리가 더욱더 자연 체계 농법으로 전환하기를 희망한다면 우리의 시스템이 적어도 두 가지로 수지를 맞추어야 한다고 잭슨은 말한다. 먼저 경제적으로, 농부들과 그들의 사회를 먹여 살릴 수 있어야 한다. 두 번째는 생태학적으로, 자체의 에너지 요구를 충족해야 하고 그 지역이나 지구의 자원을 줄이지 않아야 한다.

지속가능한 농업으로 가는 가장 확실한 길은, 거기에서 나오는 알짜 보상이 농부와 땅에 돌아가게 하는 것이라고 잭슨은 말한다. 농촌업무센터의 공동 감독인 마티 스트레인지Marty Strange는 이런 식으로 표현한다. "지속가능하게 되려면 농업은 경제적, 재정적으로, 그 땅을 사용하는 사람들이 땅을 잘 사용하면 이득을 보고, 실패할 경우 사회에서 문책을 할 수 있도록 조직되어야 합니다." 사회의 입장에서 이것은, 환경의 복지를 포함한 우리의 복지가 국민총생산량에 반영되도록 경제 정책을 변경하는 것이 될 수 있다. 식료품 가격에 그것의 실제

비용이 반영되도록 할 수도 있다. 또한, 자본을 노동으로 대체하고 근본적으로 불합리한 농장 확장이나 초과생산을 줄이면 세금 감면 혜택을 줄 수도 있다. 스트레인지는, 지주가 운영하고 가족이 경작하고 자체적으로 자금을 조달하는 농장과, 땅을 좀 더 잘 다루는 농부를 도와주는 정책을 고안해야 한다고 말한다. 생명력을 유지하려면 이런 농장들은 궁극적으로 석유화학 산업과 연결된 불건전한 고리를 반드시 끊어야 한다.

의존의 고리를 끊을 때마다 중독자들이 내는 금단현상의 신음 소리가 들려도 어쩔 수 없다. 대규모 농장과 석유 연료 수정안이 없어도 미국이 먹고살 수 있을까? 세계가 먹고살 수 있을까? 첫 번째 질문에 대한 파이퍼의 대답은 "그렇다"이다. "수확량이 그렇게 많지는 않더라도 자급자족하고도 조금 남을 겁니다. 이 나라에서 1930년대 이후 매년 곡물이 과잉 생산되었고 '곡물의 80퍼센트가 사람이 아닌 가축들을 먹여 살리고 있다'는 점을 생각해보세요." (우리는 소고기에 기름이 마블처럼 끼게 하기 위해 소를 먹인다. 그 지방이 미국인의 동맥을 막고 있다.) 파이퍼는 여기에 좀 더 세게 조여야 할 느슨한 부분이 있다고 느낀다. 세상을 먹여 살리는 것에 대해 말하자면, "세상이 스스로 먹고 살 수 있게 만드는 것이 더 나은 목표입니다"라고 말한다. 그러나 그것은 또 다른 과제다.

요점은, 수확량을 높인다는 신성한 임무(농경에서 금 찾기에 해당한다)에 의해 수확량을 현실적인 수준, 즉 땅이 지속적으로 부양해줄 수 있는 수준으로 대폭 낮추는 것이 사실상 이단시된다는 것이다. 토지

연구소는 전통적인 단종 재배 시 수확량에 비해 다년생 다품종 재배의 수확량이 떨어지지 않게 하려면 조건을 동등하게 해야 한다는 것을 깨달았다. 파이퍼는 그것을 이렇게 설명했다. "만일 우리가 밀밭에게 '너 혼자 자체적으로 생산하고 살충제나 트랙터, 경유 없이 자라라'라고 한다면, 수확량은 어떻게 될까요? 산업형 농업이라는 받침대를 빼앗아간다면 다년생 다품종 재배와 재래 경작 중 어느 것이 더 경제적일까요?"

파이퍼는 자신의 질문에 신중하게 대답한다. "안정된 초원을 경작하는 것과 같은 다년생 다품종 재배 방법은 투입량을 줄이기 위한 설계입니다. 관리비, 비료, 살충제를 줄이면 분명히 경비가 충분히 감소하여 연료에 의존하는 농사법만큼 경쟁력이 있을 겁니다." 잭슨은 좀 더 단도직입적으로 말한다. "다년생 다품종 재배는 지속가능한 방법으로 키운 재래 농작물을 완패시킬 것입니다. 더 말할 필요도 없습니다. 그러나 지금으로서는 그것을 증명할 자료가 필요하지요."

토지연구소 직원들은 문헌을 조사해보고 또 한 번 실망했다. 살충제를 쓰지 않은 유기농에 대한 연구는 있었지만 비료나 경유를 사용하지 않고 작물을 키운 유기농에 대한 것은 하나도 없었다. 20년이 지난 지금, 발표된 자료가 없었다는 것은 그들에게 정지 신호가 아니라 오히려 빨간 망토가 되어 있었다. 1991년 그들은 땅에 대한 몇 번의 진단을 거쳐 '햇빛농장' 프로젝트를 시작했다. 60헥타르의 땅에서, 재래 농작물이 자라고 트랙터가 식용유로 움직이고, 태양열 집광 판에서 전기가 생산되고, 말이 밭일을 하고, 뿔이 있는 가축이 분뇨와 고기를 주고, 암탉이 토양을 뒤엎고 알을 낳아주고, 식용 병아리가 알팔파를 먹고 있다. 한마디로, 생물 에너지와 태양에너지가 필요경비를 대신하는 시범 농장이다.

그 농장의 에너지 회계사인 마티 벤더Marty Bender는 "햇빛농장은 그야말로 하나의 커다란 회계 프로젝트입니다"라고 말한다. 그는 커피를 마시며 컴퓨터 자판을 두들겨 방대한 크기의 자료를 보여주었다. "우리는 마음속으로 그 농장 주위에 커다란 원을 그려 놓고, 생태학자들이 생태계 에너지 흐름을 기술하는 것과 흡사한 방법으로 농장으로 들어오고 나가는 모든 것을 일일이 계산합니다. 그야말로 모든 것의 크기, 무게, 양을 측정하지요. 담장 말뚝, 손 본 문, 닭장의 철망 하나하나, 플라스틱 들통 하나까지 빠짐없이 세는 것입니다. 사회가 그런 제품을 만들어내는 데 에너지가 얼마나 많이 드는지 산정하고 그것을 열량의 단위인 킬로칼로리로 기록합니다."

노동력을 계산하기 위해 벤더는 농장에서 수행되는 일을 분류했다. 잡초 제거, 담장 고치기, 영계 먹이 주기 등으로 분류해서, 손가락 하나 까딱하는 것까지 다 킬로칼로리 단위로 환산했다. 100원짜리 못을 사러 가게에 가는 데 드는 연료와 노동, 또 그 못을 만드는 데 사회에서 들어간 에너지는 모두 농장이 진 빚이 된다. 반대로, 농장이 생산하는 모든 것, 즉 모든 농작물, 가축, 바이오 연료 등은 자산으로 기록된다. 목적은 수지 균형을 맞춰, 농장이 지구를 밑 빠진 독으로 만들지 않게 하는 것이다.

벤더는 엄청난 양의 문헌을 조사하여 그를 토대로 에너지를 산정한 것이다. 그와 같이 있어 보면 그가 수시로 캐비닛으로 가서, '폴리에틸렌 파이프에 들어 있는 에너지의 양' 같은 제목이 붙은 수백 편의 수집된 문헌들을 꺼내 들춰보는 것을 보게 된다. 그 논문들은 모두 휘갈겨 쓴 메모(때로는 오류 교정)로 뒤덮여 있었는데 이것은 그의 트레이드마크이며 그의 총명함이 남긴 자취이다.

벤더는 이렇게 말한다. "햇빛농장의 자료는, 이를 반만큼이라도 따라올 곳이 없을 정도로 거의 완벽합니다. 현재 2,700건 넘게 작성했지만 아직 절반도 다 못한 겁니다. 이런 식의 생태학 장부 기록으로 농장이 햇빛으로 먹고살 수 있는지, 수지 타산을 유지할 수 있는지 알 수 있습니다. 즉 농장이 환경에 빚을 지지 않고 스스로 청구서에 적힌 금액들을 갚을 수 있는지 알 수 있습니다." 달리 말해, 그 농장이 자체적으로 인간과 동물을 오랫동안 먹여 살릴 정도로 식량을 충분히 만들어내고 기계에 연료를 공급하고 밭에 분뇨를 제공할 수 있을까? 이 모든 것을 이행하면서 농작물을 키워, 그것으로 농장 밖에서 구매한 물건에 들어간 에너지를 사회에 변상할 수 있을까? 이런 물음에 대한 답은 농업에 드는 경비가 정말로 얼마인지 알려주고 우리가 먹는 것에 드는 장기적 비용을 더 정확하게 알려줄 것이라고 벤더는 말한다. "그것을 아는 것이 정말로 중요합니다."

우리가 이야기를 나누는 동안, 농장 관리인 잭 워먼**Jack Worman**이 들어왔는데 챙이 넓은 그의 카우보이모자를 보자 우리가 캔자스 서부 멀리 와 있다는 실감이 났다. 그의 얼굴에 잡힌 주름살을 세어보면 이 지역의 가뭄 주기에 대해 뭔가 알 수 있을 것 같았다. 전형적인 카우

보이 매너로 모자를 손으로 만지며 그가 방해해서 죄송하다고 말하고는, 닭이나 농작물에 대해서가 아니라 태양열 전지 판 배열을 모니터하는 계기의 킬로와트에 대해 벤더에게 물었다. 나는 이런 장면은 적어도 아직은, 평범한 농장 경영에서 볼 수 있는 것이 아닐 것이라고 결론지었다.

오늘날에는 올바른 생계 수단이 선택 사항이지만 언젠가는 그것이 필수가 될 것이라고 토지연구소는 예측한다. 화석연료가 고갈되거나 너무 비싸지면 사람들은 어쩔 수 없이 햇빛농업을 해야 할 것이다. 한편, 잭슨은 햇빛농장이 단 하나의 고립된 실험이 되지 않기를 바란다. 그는 생계를 "지속가능하게 하는 물질적 증명이 충분히 여러 곳에서 나타날 때까지 우리는 어리석은 짓을 계속하고 있을 것이다. 그래서 좋은 선례들은, 유기농업을 하는 농부들 사이에서의 좋은 예든 연구에서의 좋은 예든, 아니면 단지 일상적으로 옳은 생계의 예든, 우리에게 기준을 마련해줄 것이다"라고 썼다. 자연이 기준이 되는 것이다.

• 이 장소에 토착민 되기: 공동체 | 이런 여러 일은 각기 독립적으로 일어나지 않을 것이다. 생태학적 패러다임을 우리의 연구와 경제에 접목하려면 사람들을 농촌으로 돌려보내야 한다. 자연은 우리에게, 생태계가 서식처 전문가 시스템이 어떻게 작동하는지 아는 지역 전문가로 구성되어 있다고 가르쳐준다. 지난 150년 동안 미국 평원에서 지은 농사는 지역에 대한 지식을 축적해놓았다. 사람들은 언제 작물을 심고, 날씨를 어떻게 읽는지 배웠고, 토양·곤충·질병 그리고 그것들

의 상호작용에 대해 배웠다.

문제는 시골 인구가 빠르게 줄어들면서 그 지식이 사라지고 있다는 것이다. 현재 미국 인구의 단 1퍼센트가 전체 미국인의 식량을 키우고 있는데, 그 수치도 계속 낮아지고 있다. 전체 농장의 반이 외지인 소유이며, 단지 7개의 회사가 농장의 50퍼센트를 운영하고 있다. 웬델 베리가 관찰했듯이, 그레인지 농장이 사람 부족으로 문을 닫는다는 사실에 슬퍼하는 사람은 아무도 없다. 사실, 우리는 미국의 시골 문화를 상실하는 것보다는 토착 열대우림 문화를 상실하는 것에 더 분개한다.

잭슨은 농부들을 잃는 것이 이번이 처음이 아니라 두 번째라고 말했다. 미국 원주민들은 역사가 훨씬 더 긴 문화의 보고였는데 일찌감치 우리는 그들을 이 땅에서 이주시켰다. 그리고 지금 '남아돌아가는' 사람들의 두 번째 물결을 타고 있다 **자동화로 인력이 덜 필요해졌다는 것을 뜻함; 옮긴이**. 자연 체계 농법이 성공하려면 귀향하여 기꺼이 '그곳의 원주민'이 되어 자신들의 감각을 지역 조건에 조율하고 지속가능한 방식으로 농사를 지으려는 사람들이 필요하다고 잭슨은 강조한다. 그러나 사람들이 그저 작은 농장을 사서 시골에 모인다고 해결될 일은 아니다. 도시에서 멀리 떨어진 시골에서도 생계를 유지하고 충족된 삶을 살 수 있어야 하는데, 그러려면 지역 공동체가 복원되어야 한다. 향수 때문이 아니라 '킬로미터당 더 많은 눈'이 실질적으로 필요하기 때문에 공동체를 이루어야 한다고 잭슨은 말한다.

이런 믿음으로 잭슨은 지방 공동체에 대해 무엇을 할 수 있는지 알아보기로 했다. "왜 인간 공동체는 햇빛에 의존해 먹고살 수 없고 자연 집단이 하는 것처럼 물질을 재순환시킬 수 없을까요? 왜 우리의 고향은 추출 산업 경제**현대 산업은 암석에서 추출한 광물을 기본으로 한다는 뜻; 옮긴이**에 의해 채굴되고 버려지는 채석장이 아니라 지속가능한 곳이 될 수 없을까요? 또 원주민들은 수백 년 동안 일부 지역에서는, 오늘날 시골의 삶보다 훨씬 더 밀집해서 살았습니다. 땅이 어떻게 그들을 지속가능하게 부양할 수 있었을까요?"

잭슨은 그 대답을 얻기 위해 아직 남아 있는 한 채석장의 주민들과 잠시 함께 지내기로 했다. 그곳은 캔자스 주의 체이스 카운티에 있는 매트필드 그린(윌리엄 리스트 히트문William Least Heat-Moon이 집필한 『심장지대PrairyErth』라는 책의 배경)으로, 주민이 50명 정도 되었다. 1980년대 후반과 1990년대 초반에 그는 폐쇄된 초등학교(1938년에 세워진 아름다운 벽돌 건물로 면적은 약 1,000제곱미터)를 5,000달러에, 철물점을 1,000달러에 샀고, 친구들과 함께 일곱 채의 폐가(한 채는 은퇴 후 거주할 예정이었다)를 4,000달러도 주지 않고 샀다. 그의 조카는 5,000달러에 은행을, 토지연구소는 4,000달러에 고등학교 체육관을 사들였다. 그때부터 토지연구소 직원과 친구들이 이사를 오기 시작했고 중고 목재와 재활용 기술로 집을 고치기 시작해서, 학교는 교육 센터 및 그곳에 정착하려는 예술가, 학자, 교사들을 위한 회의 장소로 변모했다.

매트필드 그린 프로젝트를 수행하는 관리자는 똑똑하고 열정적인 에밀리 헌터다. 그는 "파리 같은 도시는 잊어버리세요"라고 말한다. "지속가능하게 살 수 있는 문화적 역량이 바로 여기 있습니다. 매트필드 그린의 주민들, 즉 성공과 실패를 겪은 후 이곳에 정착하기로 결정하고 어떻게 살지 아는 사람들에 있습니다. 우리는 이 아름답고 키 큰 초원에서 그들과 합류하고 싶다면, 추출자들의 실수를 되풀이해서는 안 된다는 것을 깨닫습니다. 프린트 힐 지역의 생태적 자본을 써버리지 않는 방법으로 살아야 합니다. 오늘날 이 억세게 뿌리내린 마을에 의해 표현되는 지혜는 무엇일까 생각해봅니다. 이곳은 화석연료 경제에 의해 잘리고 불타버렸고 아마 뿌리만 남았는지도 모릅니다. 거기에 안전하게 접목시킬 수 있는 것은 무엇일까요? 어떻게 다같이 지속가능성의 패턴을 창조할 수 있을까요? 달의 주기 중 어떤 시기에 감자를 심는 것이 최상인지 아는 에비 메이 라이델Evie Mae Reidel과 같은 매트필드 사람들은 우리가 그러한 패턴을 발견하도록 도울 수 있을 것입니다. 그들의 도움으로 우리는 다른 귀향자들도 가르칠 수 있습니다."

현재는 복원된 목공소에서 커피를 마시면서, 개조된 학교에서 집회를 하면서 교육이 이루어지고 있다. 매월, 초원에서 가축을 먹여 키우는 일에 헌신하는 협동체인 톨그라스 초원 생산자Tallgrass Prairie Producer들은 천장이 높은 옛 교실에 모여서 전략을 짠다. 특히 여름에는 시골 아이들을 위해 지역 특성에 맞는 교육 과정을 고안하는 교사들에게 워크숍을 열어준다.

그사이 토지연구소 직원들은, 10년 간격으로 토지 사용이 어떻게 바뀌는지를 보기 위해 그 지역의 환경 역사를 만들고 있다. 이는 생태학적 공동체 회계 프로젝트의 첫 단계로, 한 장소의 인간 부양 능력을 평가하기 위해 고안되었다. "우리는 우리가 적자 상태라는 것을 알고 있습니다. 우리가 할 일은, 어떻게 그 장소를 파산시키지 않고 그곳에서 지속될 수 있는지 알아내는 것입니다. 우리의 스승은 초원과, 여러 세대 동안 초원에 적응해온 사람들입니다"라고 말한다.

이에 대해 잭슨은 이곳이나 이와 비슷한 공동체의 주민들은 "다음 세기를 위해 가장 중요한 일, 자연과 문화의 취약하지만 꼭 필요한 부분을 구해내기 위해 엄청난 구조 사업에 정성을 쏟는 새로운 선구자들이고 귀향자들입니다"라고 말한다.

소용돌이 속으로 건너가기

매트필드 그린, 햇빛농장, 그 외 세계적으로 바르게 살기 프로젝트는 '선조의 참되고 예술적인 본보기를 지키고' 추출 경제학에 대조되는 것을 만들려는 시도들이다. 나는 이것들을 사납게 흐르는 급류에 생기는 소용돌이라고 생각한다.

소용돌이란 물이 바위 주위를 돌아내려갈 때, 물의 흐름을 따라 내려가다가 다시 위로 구부러져 올라가면서 만들어내는 고요한 물주머니로 바위의 그늘 안에 형성되는 마술과 같은 안식처이다. 이곳은 카약을 타는 사람들이 쉬고 기댈 수 있는 곳이고 조종이 잘 되지 않는 보트를 재난에서 구조할 수 있는 곳이기도 하다.

소용돌이 속으로 보트가 들어가게 하는 것은 어렵다. 하류를 향한 급류와 상류로 올라가려는 흐름 사이에 형성되는 장력선, 격랑을 건너야 한다. 이 소용돌이 선을 선회해서 고요한 수면 안으로 들어가는 데에는 약간의 추진력과 적절한 위치의 튼튼한 노 버팀대가 필요하다. 마찬가지로 지속가능성으로의 전환도 추출 경제의 큰 물결을 떠나 순환적이고 재생 가능한 경제로 들어가겠다는 신중한 선택에 의한 것이어야 한다.

웨스 잭슨은 농업을 우리가 들어가는 첫 번째 소용돌이라고 보면 맞다고 생각한다. 그는 농업을 가리켜 종종, 자연과 멀어진다는 의미에서 "추락"이라고 명명하고, "그렇게 보면 문화의 치유는 농업에서 시작된다는 말은 온당하다"라고 말한다. 비행기가 기차와 다른 것처럼 자연 체계 농법은 재래식 농법과는 다르다. 이는 기술 혁신에서 일어난 진화적 도약이다.

토지연구소의 파이퍼는 우리가 지금 하는 일에서 다른 점은, 아무도 당장은 그것으로 이익을 얻을 수 없다는 것이라고 말한다. 무엇보다도, 종자나 화학물질이 필요 없는 경작 시스템이라고 하면 종자 회사나 화학 회사는 이에 합류하기보다는 대항해 싸우려 들 공산이 크다. 논리적으로 볼 때 이 혁명의 승자는 식량이 어떻게 자라는지 관심을 갖는 소비자, 소규모 자작 농부, 그들을 대표하는 조직이다. 잭슨은 그러한 변화는 서서히 시작될 것이며, 운이 좋다면 순환적 재생가능한 경제의 예들이 산발적으로 추출 경제 옆에 나란히 나타나서 사람들이 자신들에게 선택권이 있음을 문득 깨닫게 될 것이라고 예측한다.

이미 사람들은, 적어도 살충제와 과잉 경작이 우려되는 곳에서는, 석유 연료와 잿떼기를 시도하는 농업을 지지하고 있다. 인증받은 유기농 식품, 제철 음식을 제공하는 식당, 공동체 지원농업Community Supported Agriculture, CSA의 인기는 강에 형성되는 소용돌이의 한 예다. CSA를 통해서 도시인들은 농사철이 시작될 때 지역 유기농부들과 계약하여 여름 내내 매주 봉투 하나 가득 신선한 농작물을 가져간다. 농부는 일찍이 선금을 받고, 도시인들은 농사가 잘된 것만 먹고 안 된 것은 포기한다고 약속함으로써 위험을 분담한다. 이런 식으로 소비자들은 그 지역 경관의 주기에 따라 먹어야 한다는 것을 알게 되고 자기들이 먹는 음식이 인근에서 양심적으로 키워진다는 것을 알고 흡족하게 된다.

메인 주의 유기농부이자 정원사협회의 회장인 러셀 어비Russell Ubby에 따르면, 북미 523개 농장이 이렇게 '선금-위험 분담' 시스템으로 농사를 짓고 있다고 한다. 위스콘신 주에 가장 많고 그다음이 뉴욕 주와 캘리포니아 주 순서이다. 그들 가운데 가장 큰 농장에서는 매년 200호 이상에 농작물을 공급하고 있다.

더 많은 사람이 삶의 이런 양상에 관심을 갖기 시작했다는 점에 나는 놀라지 않는다. 식량은 일용품 이상이라는 생각은 우리 마음속에 깊이 자리 잡고 있어서 사각형 토마토와 같은 아이디어는 터무니없을 뿐 아니라, 많은 사람들에게 불쾌감을 유발한다. 우리는 농장의 규모는 더 작고 더 개인적이어야 하며, 여섯 개의 모니터로 관리하는 거대한 트랙터가 아니라 농부에 의해 이끌어지는 게 땅에 더 좋다는 것을 안다. 소설가 조지프 콘래드Joseph Conrad는 우리에게 정말 중요한 것은 몇 안 되고 또 우리는 이미 그것을 모두 알고 있다고 말했다. 우리는 농부가 추수하기 전 옥수수 알이 영글었는지 옥수수의 껍질을 벗기고 알을 맛보기를 원한다. 우리는 본능적으로 농부가 흙을 집어 들어 냄새를 맡고 무엇이 잘되었는지, 무엇이 못되었는지 알기를 원한다. 나는 그러한 본능이 살아남으려는 생물학적 욕구에서 나온다고 생각한다. 그러한 본능적 감각으로 우리는 매해 피어나는 수선화를 보면 기쁨에 젖고 미국의 표토 수 톤이 멕시코만으로 쓸려간다는 소식을 들으면 반감이 들게 된다.

식량은 우리가 돌봐야 하는 무엇이라고 우리의 유전자에 써 있는데, 우리는 너무 오랫동안 그런 보살핌을 멀리해왔다. 우리가 다시, 경작 행위를 살아 있는 모든 생물과 우리를 연결하는 신성하고 생물학적인 행동으로 여기게 된다면, 공동체를 건설하고 해충 밀도의 균형을 유지하고 강으로의 토양 유출을 막고 우리 몸에 이질적인 화학물질을 밀거래하지 않는 농사 시스템을 열렬히 원하게 될 것이다. 웨스 잭슨, 빌 몰리슨, 마사노부 후쿠오카의 농법처럼 실질적으로 존경할 수 있는 예들을 찾아낼 것이다.

겉으로만 볼 때 이 사람들은 '예전부터 해온 방식'의 막강한 조류에 맞서고 1만 년 전에 수립된 습관에 면박을 주면서 하잘것없는 일로 길을 돌아가는 것 같다. 현실에서 그들은 보수주의자들로, 자기들의 생태 모델이 농업보다 더 오래되었으며 기름으로 하는 농업이 추억으로 사라진 후까지 오랫동안 여기에 남을 것이라고 확신한다. 잭슨은, 사실 이것이 우리가 발명해낸 최첨단의 것이 아니라고 강조한다. 우리가 하는 일은 이미 있는 것을 발견해내어 모방하는 것뿐이다.

대체로 나는 자연에 근거한 농업은 말 그대로 우리가, 모든 생명을 연결시키는 먹이사슬 안에 자리를 잡게 되는 정직하고 명예로운 길이라고 생각한다. 우리는 너무 오랫동안 이 땅에 파괴적인 패턴을 부과하고 동그라미를 네모로 만들면서 오만에 차서 살아왔다. 한 국가로서, 혹은 전 지구적 공동체의 연결망으로서 우리가 진심으로 모든 면에서 지속가능성을 원한다면, 농업은 우리의 의제 가운데 첫 번째, 새 시대의 첫 식사가 되어야 한다. 이 원대한 변화에는 우리 모두의 협력 의지가 필요하며 그것은 우리 모두가 공유하는 한 가지 특징, 즉 근본적으로 먹어야 할 필요성에 기반을 둔다. 우리가 자연에 근거한 농업을 고집하기 시작한다면(아니면 잭슨이 말했듯이, 유행의 첨단을 걷는 사람들이 식당에서 "아무개는 아직도 일년생을 먹고 있다는 걸 믿을 수 있니?"라고 속삭이기 시작한다면), 이미 환경적인 재앙의 급류를 거슬러갈 튼튼한 노 받침대를 설치한 셈이다. 세상 사람들과 우리 자신에게 변화는 가능하다는 것을 보여주면서 소용돌이 속으로 건너간 것이다.

제3장

어떻게 에너지를 활용할까?

빛에서 생명으로: 나뭇잎처럼 에너지 모으기

‘연못의 녹색 찌끼’는 ‘원시적’이라는 단어와 동의어로 여겨지지만, 그것을 이루는 조그만 생물들은 태양에서 에너지를 포획하는 기술에서 인간의 기술을 능가한다. 이렇게 소박한 설명에 덧붙이자면, 어떤 홍색 박테리아purple bacteria는 빛에너지를 거의 95퍼센트 효율로 사용한다. 그것은 인간이 만든 최고의 태양전지의 네 배 이상 되는 효율이다.

_남가주 대학교 뉴스, 1994년 8월 22일자

산업화 사회에서 에너지 부문은 전 지구적 환경 파괴의 가장 큰 경제적 원인이다.

_에너지와 환경에 대한 환경보호국 EPA의 전문가 워크숍, 1992년 7월 21일

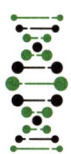

처음 이 책에 대한 구상을 시작했을 때, 나는 몬태나 주의 우리 집 연못가에 앉아서 구름이 수면에 거꾸로 비치는 것을 바라보곤 했다. 밤에는 달이 장대높이뛰기를 하는 것이 비쳤다. 좀개구리밥이 연못으로 이주해와 멋있는 하늘 쇼를 훔쳐가기 이전까지의 일이었다.

좀개구리밥은 둥근 잎사귀의 부유식물로 잎의 두께는 종이처럼 얇고 크기는 연필 지우개보다 작다. 겨울에도 죽지 않고, 언 연못의 바닥에 가라앉아 저장된 녹말을 소비하면서 동절기를 난다. 그러다 5월의 활기찬 어느 날, 마치 약속 시간에 도착이라도 한 듯 튀어나와, 점잖게 말하자면, 증식한다. 수주일 내에 수면 위 라임 초록색 잎의 살아 있는 덮개가 구석구석 뻗어나간다. 8월이 되어 버들개지와 사시나무 잎사귀가 짙어지며 회색으로 변해갈 때도 좀개구리밥은 여전히 원기 왕성한 초록색으로, 지나가던 사람들이 차를 멈추고 바라볼 정도로 봄날의 연두색이다. 마치 젖은 페인트 같다고 그들은 표현한다.

전반적으로 좀개구리밥은 햇빛이 비추는 데를 따라 놀랍게 퍼져 나간다. 폭이 불과 0.6센티미터밖에 되지 않는 실물 하나가 빛에너지를 받아 증식하면 서너 달 내에 축구장을 다 덮을 정도가 된다. 그런 식물이 연못에 하나만 있는 게 아니라 수백만 개나 된다. 그 막을 거둬내면 마법사의 빗자루에서 나오는 파편처럼 소리 없이 증식이 시작된다. 이것은 눈앞에서 햇빛이 수 헥타르의 초록색 조직으로 변환되는 한바탕의 광합성으로, 나에 대한 복수 그 이상이다. 그것은 기적이다.

18세기 후반 과학자들이 '잎의 신비로운 자양물이 어디서 오는지'를 알아내기 위해 잎을 가지고 실험을 시작하기 전까지, 사람들은 그것을 기적이라고 생각했다. 이 시기는 넝마 더미에서 생쥐가 자연발생한다고 믿던 시절이었다. 1771년 영국의 아마추어 화학자인 조지프 프리스틀리Joseph Priestley가 그의 유리병 실험 결과를 출판하자 더욱 수수께끼가 되었다. 병 속에 생쥐 한 마리와 촛불 하나를 함께 넣고 봉했더니 생쥐가 '손상된 공기'로 질식사했다. 그러나 병 안에 다른 생쥐와 초 외에 박하 식물을 함께 넣었더니 기적과도 같이 그 생쥐는 살았다는 것이다. 그 결과로 그는 식물이 모종의 방법으로 공기를 정화한다고 세상에 선언했다.

그러나 광합성에 대한 연구가 진행되고 있는 것처럼 보이는 가운데, 도깨비장난처럼 수년 동안 반복 실험에 실패하면서 그는 괴로워했다. 역사가들은 그가, 박하 잎에서 산소가 방출되는 데 빛이 중요한 역할을 한다는 것을 모르고 병을 실험실 어두운 구석에 놓았으리라고 생각한다. 계속해서 생쥐들이 죽어나갔다. 그 후 네덜란드 의사이며 화학자인 얀 잉엔하우스Jan Ingenhousz가 햇빛이 드는 창가에서 똑같은 실험을 하고서 반짝하는 깨달음을 얻는 데 8년이 걸렸다.

그 나머지는 역사 그대로다. 광합성이란 '빛으로 합성한다'는 뜻으로, 녹색식물, 일부 조류와 박테리아가 이산화탄소, 물, 빛을 취해서 에너지가 풍부한 당류와 산소로 변환하는 과정이라고 우리는 잘 알고 있다. 한편, 사람과 같은 동물은 그 산소와 당류를 취해서 그것을 이산화탄소, 물, 에너지로 다시 전환시킨다. 태양 덕분에 박하도 생쥐도 그리고 인간도 살아가는 것이다.

지구라고 불리는 병 안에 있는 우리가, 하늘 위에서 매일, 온종일 일어나는 경이로운 폭발**태양은 수소폭탄과 같은 방법으로 빛을 낸다; 옮긴이**에 그렇게 가까이 있다는 것은 행운이다. 태양의 수소 융합은, 기름 한 방울 태우지 않고 우리가 필요한 에너지 전부를 얻을 수 있을 만큼 충분한 빛에너지를 공급하고 있다. 우리가 그것을 얻어낼 수만 있다면 말이다.

아직 우리는 녹색식물의 은총으로 살고 있고 우리의 생명과 생활방식까지도 그들에게 빚지고 있다. 당근에서부터 후추 열매 요리까지, 우리가 먹는 모든 것은 햇빛을 화학에너지로 전환하는 식물이 만들어낸 산물이다. 자동차, 컴퓨터, 크리스마스트리 불빛도 모두 광합성으로 먹고산다. 왜냐하면, 그것들에 들어가는 화석연료는 과거에 6억 년 동안 햇빛으로 자란 동식물의 압축된 잔존물이기 때문이다. 석유에서 만들어진 플라스틱 제품, 의약품, 화학약품 등 우리가 사용하는 모든 것은 고대 광합성에서 생겨난 것이다. 사실 바위나 금속을 빼고는, 우리가 사용하는 원자재는 모두 한때 살아 있던 것, 궁극적으로 식물에서 온 것이다.

식물은 우리에게 태양에너지를 모아 연료로 저장해준다. 그 에너지를 방출시키기 위해서, 우리는 내부적으로 우리 세포 안에서, 혹은 외부적으로 불로 식물과 식물이 만든 산물을 연소시킨다.

나는 불의 발견이 요란스럽게 선전되지만, 과대평가되었다고 생각한다. 한동안 불은 좋았다. 우리를 따뜻하게 해주고 고기를 익혀주었다. 문제는 우리가 불 이상을 써본 적이 없다는 것이다. 난로나 엔진에서 일어나는 연소가 아직도 에너지를 생산하는 가장 기본적인 방법이며, 그 방법은 우리를 지속가능한 삶에 조금도 가까이 데려다주지 않았다. 그 대신 고대의 연료를 태우는 것은 대기의 이산화탄소를 증가시키고 남극의 빙산을 붕괴시키고 대양의 수위를 높였으며 최근 10년 동안 가장 높은 기온을 기록하게 했다.

오일, 가솔린, 석탄 등을 태우면 백악기 동안 압축되어 가둬진 상당한 양의 탄소가 방출된다. 그 시대에 살았던 거대 고사리나 공룡은 산소가 결핍된 조건에서 썩었고 따라서 부패 주기가 완성되지 못했다. 그것을 현재 우리가 화톳불로 완성하고 있는데, 10만 년이 걸린 유기 성장을 1년 안에 소비해버리는 중이다. 거대한 노호처럼, 우리의 모닥

불은 산소를 들이쉬고 섬뜩한 양의 온실가스, 즉 이산화탄소를 내뱉는다.

우리의 생물권 같은 닫힌 시스템closed system에서 이렇게 극단적인 유출은 집 안에서 창문을 닫고 가구를 태우는 것과 같이 위험하다. 최근 100년 동안 우리는 바로 그렇게 하고 있었다. 지금 햇빛이 모든 창문으로 흘러들어오고 있다는 사실을 무시하고, 고대의 햇빛으로 만들어진 가보를 태우는 중이다. 그동안 불 속에 죽은 식물을 던져 넣을 게 아니라 살아 있는 식물을 연구하고 그들의 마술을 조심스럽게 모방했어야 했는지도 모른다.

태양에 연결된 탯줄

아직도 뿜어져 나오는 석유 굴착장의 그늘에 가려, 태양이 만든 에너지는 대중적이지도 않고 이익을 내지도 못하지만, 오랫동안 위대한 지성들 사이로 덩굴손을 뻗어나갔다. 1912년에 벌써 이탈리아의 화학 교수인 자코모 차미치안Giacomo Ciamician은 《사이언스》에, 맑은 유리관 같은 숲을 위해 굴뚝을 넘어뜨려, 그 숲이 '식물의 일급비밀'을 모방하여 우리에게 필요한 연료를 광합성해내는 세상에 대해 썼다.

우리는 차미치안의 꿈에 얼마나 가까이 갔을까? 그로부터 80년 후, 수 헥타르의 땅이 실리콘으로 만든 태양전지 판으로 반짝이지만, 실리콘은 녹색식물의 청사진에는 없는 것이다. 우주선에서 그 판을 처음 테스트해보고, 현재는 광전지photovoltaic, PV를 사용하고 있다. 그것으로 물을 끌어올리고, 가정의 전등을 켜고, 휴대용 개인 컴퓨터를 작동시키고, 배터리를 충전하고, 전기를 보충한다. PV는 지붕을 덮을 수도 있고 초소형 계산기의 디지털 숫자를 춤추게도 하지만, 식물이 하듯 실제 화학반응(빛으로부터 저장 가능한 연료를 만드는 일)을 하는 것은 아니다. 또한 광전지는 처음 나왔을 때보다는 크기가 작아지고 값도 적당해졌지만, 아직 조금도 식물이 만드는 유기 모듈**엽록체를 의미; 옮긴이**만큼 간편하거나 효율적이거나 값싸지 않다. 이는 우리의 또 다른 선망의 대상이다. 매일 아침 기술자들이 하얀 우주복과 정전기가 나지 않는 달 탐사용 부츠로 무장하고 독소로 꽉 찬 공장에서 최첨단 광전지를 조립하는 동안, 창밖의 나뭇잎이나 양치식물 잎사귀나 풀 잎사귀는 조용히 몇 조 단위로 자가조립을 하고 있다.

그렇게 수많은 세월이 흐르고 전 세계에서 매주 광화학에 대한 논문들이 쏟아져 나오는데도 광합성의 비밀은 아직 밝혀지지 않고 있다. 그 과정을 단편적으로는 이해하지만, 주요 이론 모델은 아직도 블랙박스(설명할 수 없는 부분들)와 Q와 Z라는 기호를 붙인 신비의 분자들로, 구멍투성이다.

문제의 일부는, 에너지로 충전된 입자(광자)를 모으는 일이 우리가 눈으로 볼 수 있는 거시적 수준에서 일어나는 것과 같은 기계적 과정이 아니라는 데 있다. 우리가 가지고 있는 가장 강력한 전자현미경으로도 광합성이 어디에서 일어나는지는 알 수 있지만 어떻게 일어나는지는 알 수 없다. 광합성의 '구동장치'는 분자로, 우리가 가진 최고의 현미경의 감지 수준 아래에서 돌아다니는 원자들로 이루어져 있다.

내 연못 위에 떠 있는 작은 좀개구리밥에는 1제곱밀리미터마다 5만 개의 엽록체(광합성이 일어나는 방, 세포 내 소기관)가 있다는 것을 생각해보시라. 각 엽록체에는 막으로 된 복잡한 네트워크가 들어 있고, 그 막에는 색소 분자와 단백질이 모두 환상적으로 정교하게 배열되어 있다. 적어도 이것이 우리가 최대로 추측해낸 구조이다. 좀개구리밥 같은 고등식물에서의 전체적 실제 그림은 아직 나오지 않았다. 그사이에 우리는 그 과정을 추론하고 이론을 세워보고 증거를 찾아 헤매야 한다.

우리의 미미한 지식에도 불구하고 차미치안의 정신은 아직 인공 광합성 연구자 집단 안에서 불타고 있다. 이 연구자들은 우리가 그 비밀을 알 만큼 충분히 알고 있어서, 적당한 모사품, 즉 빛에너지를 전기나 저장 가능한 연료로 바꾸거나 혹은 상온이나 수중에서 화학반응을 일으키는 데 필요한 불꽃으로 바꾸어주는 분자들로 이루어진 태양광 전지solar cell를 조립할 수 있다고 확신한다.

각 실험실마다 그 비밀을 보는 시각이 다르고 모방하는 방법이 약간씩 다르다. 어떤 연구자들은 '전하 분리!'라는 외침을 따른다. 다른 편에서는 '안테나를 세워야 한다'고 말한다. 또 다른 사람들은 유기 구성 성분을 피하고 대신에 자연의 디자인을 무기 성분으로 다시 만든다. 아메리카 컵 대회에 나온 다른 디자인의 보트들처럼 각 연구실은 다른 항로를 택해 거대한 희망의 바다를 건너가고 있다.

1990년 애리조나 주의 어떤 팀이 선두를 달린다는 기사를 읽고 매우 기뻤다. 그들은 식물의 광합성반응센터를 모델로 삼아 유기 분자를 함께 묶었는데, 그것은 광합성의 양자 생산에 필적했다! 명성 있는 과학 잡지 《사이언스》와 《네이처》에 논문이 실렸고, 그들은 소리치고 경적을 울리며 흥분했다. 1994년 3월, 나는 그들의 보트에 다가가 올라탔다.

태양을 끌어 쓸 곳을 꿈꾼다면 템페 시에 있는 애리조나 주립대학교 캠퍼스가 완벽한 무대다. 몬태나 주의 겨울에서 막 벗어났지만 나는 아직 입고 있던 파카를 벗으면서 남서부 캠퍼스에서 들리는 소리, 테니스공이 튀는 소리, 꽃이 만발한 돌집에서 터져 나오는 웃음소리, 야자수에서 쉴 새 없이 재잘대는 새들의 노랫소리에 도취되었다. 크루저 갑판에 난생처음 오른 승객처럼 미소 지으며 광합성초기과정연구센터에 들어섰다.

그러나 디벤스 거스트 2세J. Devens Gust, Jr.와 동료들은 휴가와 거리가 멀었다. 그들은 막 국립과학재단 연구비 보고서 마감일이 다가왔다는 말을 들은 참이었고, 보고서 초고들은 사무실과 사무실 사이를 날아다니고 있었다. 그런 압박에도 불구하고 센터의 리더이자 화학자이자 교수인 거스트는 내가 그 팀의 여러 분야의 전문가들, 즉 실제 광합성 발전소를 분해하는 연구자에서부터, 바닥에서부터 하나하나 모사물을 조립하는 연구자까지 모두 만날 수 있게 스케줄을 짜주었다. 거스트의 설명대로 그 팀은, 한 사람의 과학자가 다 알기에는 부담스러운 것들, 예를 들면 '빛의 적색에 가까운 스펙트럼에서 움직이는 전자의 양자 불확실성'에서부터 '인디애나 주의 옥수수가 얼마나,

왜 그 땅을 좋아하는가'에 이르기까지의 지식들을 종합한다. 어떤 층의 실험실에는 세상에서 가장 오래된 박테리아가 담긴 빛이 나는**발광성 박테리아를 뜻함; 옮긴이** 병이 있고, 지진에도 견딜 수 있는 지하실에는 최첨단 레이저가 윙윙거렸다. 그 사이 층에는 평범해 보이는 유기화학 실험실이 여태까지 만든 그 어떤 것보다도 자연의 태양 집광기를 더 닮은 분자들을 만들어내고 있었다.

센터 방문은 일종의 정신적 10종 경기였다. 나누는 대화마다 이런 종류의 모방에 포함된 모든 것에 대한 나의 이해를 확장시켜주었다. 팀 구성원 각자는 자신의 수준**분자, 세포, 유기체 등의 연구 수준 의미; 옮긴이**, 분야, 측정 방법에서 광합성을 알고 있었지만, 전체적으로 그들은 하나의 유기체처럼 일하고 있었다. 나는 그 유기체가 생명의 경주를 하고 있다는 독특한 인상을 받았다.

생화학자 토머스 무어**Thomas Moore**는 장난꾸러기 작은 요정 같은 베이비 붐 세대로, 내가 방으로 들어섰을 때 컴퓨터 스크린을 들여다보면서 얼굴을 찡그리고 한껏 심술궂은 표정을 만들고 있었다. 부드러운 텍사스 억양으로 욕도 퍼부었다. 그 말에 반응이라도 하듯이 그의 매킨토시 컴퓨터가 기타 선율을 냈다. "설마 그날이 오랴. 당신이 안녕이라고 말하는 때가-아-아-아/설마 그날이 오랴…." 그가 투덜대자 노랫소리는 작아졌다.

"이 녀석이 나더러 일하러 가라고 하지만," 그는 여기까지 말한 뒤 속삭이는 시늉을 하며 나에게 "무시할 겁니다"라고 했다.

그는 이것을 재미있어했다. 무어는 토론이나 맛있는 식사나 까다로운 과학적 질문 등 무엇인가에 몰입하기 시작하면 두 손을 비비는 습관을 가진 사람들 중의 하나였다. 그가 생명을 잘게 조각내어 잘근잘근 씹는 데는**환원주의적 연구를 의미; 옮긴이** 어떤 예술적 품격이 있었다. 광합성에 대해 설명해달라고 하자 그는 당장 기운이 솟구쳐서(얼마나 오래 강의를 해왔겠는가?) 말 그대로 하얀 칠판을 향해 달려가 그림을 그리기 시작했다. 그는 내게 "기막힙니다. 이런 과정의 미세한 부분까지도 모방할 수 있다니, 광합성 과정은 결코 마술이 아니라고 스스로 말하곤 합니다"라고 말했다.

마술이건 아니건 모방할 수 있다는 사실이 무어가 느끼는 경이를 감소시키는 것은 아니다. 그는 화학 공식이나 세포, 박테리아, 잎을 열정적으로 쓰고 그리다가 중간 중간에 "곧 가야 하는데"라고 계속 말했다. 하지만 시곗바늘은 계속 돌아갔고 나는 태양이 어떻게 빛을 생명으로 전환하는지 배웠다.

전자 핀볼

무어에 따르면 햇빛은 에너지 입자가 쏟아져 내리는 것 같아서 녹색식물, 남조류, 광합성 박테리아가 할 일은 이런 입자를 잡아서 일을 시키는 것이라고 한다. 그 확률을 높이기 위해 광자 포획자는 빛에 민감한 색소인 엽록소 a와 엽록소 b 그리고 카로티노이드를 쫙 펼쳐 배열해서, 이들이 태양에너지를 포획하는 안테나 역할을 하게 한다. 각 색소 내 원자는 손잡이 끝에 공이 달린 막대 사탕 모양이다. 수백 개의 막대 사탕이 액체로 가득 찬 주머니인 틸라코이드thylakoid의 외막에 박혀 있다. 수백 개의 틸라코이드는 각 엽록체 내부에 물 풍선처럼 쌓아올려져 있다. 녹색식물을 녹색으로 보이게 하는 엽록체는 아무리 작은 잎사귀라도 하나에 많게는 백만 개, 적게는 수십만 개가 들어차 있다.

햇빛이 이 엽록체들을 때리면 틸라코이드 외막에 있는 막대 사탕 안테나가 에너지 다발을 잡아서, 역시 틸라코이드 외막 안에 묻혀 있는 '광합성반응센터' 중의 하나로 모아 보낸다. 각 반응센터는 1만 개의 원자들이 그 자체의 200개의 막대 사탕 안테나 세트와 함께 조립된 것이다. 그 중심에는 실질적으로 빛을 흡수하는 고도로 민감한 색소 분자 한 쌍이 있다. 이것을 광합성 센터Photosynthesis Central라 한다. 여기가 빛이 생명의 식량으로 변하는 곳이다.

이제 자세히 살펴보자. 엽록소 주변에(사실 모든 분자 주변) 궤도를 따라 질주하는 전자들이 있는데, 꼭 1950년대의 아토믹 세제 로고와 같은 형상이다. 이 전자들은 음전하를 띤 입자들로, 이들이 협동하여 흐르면 전류가 되어 토스트를 구워준다. 광합성을 머릿속에 그려보려면 마음의 눈을 이 움직이는 전자구름에 두어야 한다. 나뭇잎이 태양에너지를 흡수하면 한 쌍의 엽록소 주변에 돌진해 돌아다니는 전자의 일부가 흥분하여 다른 분자로 이동하면서 연쇄반응을 촉발한다. 즉 물 분자가 쪼개지고 산소가 방출되고 이산화탄소가 당으로 전환된다. 좀개구리밥 같은 잎에는 이 같은 태양 연금술을 시행하는 데 필요한 두 종류의 광계photosystem, 곧 광계 I과 광계 II가 있다.

각 광계는 빛스펙트럼에서 자신이 담당하는 부분이 있다. 예를 들어 광계 II는 680나노미터(붉은빛)에서 빛을 흡수하는데, 이 빛의 흡수로 마치 핀볼이 튀어올라 게임을 시작하듯이 중앙의 엽록소 주위를 도는 전자 하나가 더 높은 에너지 준위로 도약한다. 그 전자가 에너지를 쓸모없는 열로 방출해버리고 원래 휴식 상태로 돌아가기 전에, 근처에 배치되어 있던 '전자 수용체' 분자가 그 전자를 낚아챈다. 그런데 그 수용체 바로 옆에는 더 강력한 수용체 분자가 있어서 그 전자를 다시 획 채간다. 전자는 뜨거운 감자처럼 이 분자에서 저 분자로 튀어가면서 엽록소에서 멀어져간다. 수백조 분의 1초 안에 음전하는 수용체 분자와 공여자 분자로 된 체인의 한끝에 도달하고, 양전하는 다른 끝에 있게 된다. 그 양전하는 사실 중앙 엽록소에 난 '구멍'으로, 전자를 빼앗겨 생긴 것이다.

자연은 이런 종류의 구멍을 싫어하기 때문에, Z라는 기호가 붙은 근처의 분자가 전자 하나를 제공해주어 엽록소를 초기 상태로 되돌린다. 마치 핀볼 기계에 새 공이 충전되는 것과 같다. 엽록소는 곧 다시 다른 광자를 낚아채고 새로운 전자가 궤도에서 튀어나와 게임을 시작한다.

한편, 이 수용체에서 저 수용체로 여행하던 첫 번째 뜨거운 감자인 전자는, 이제는 핀볼 테이블을 완전히 뛰어넘어 다른 광계인 광계 I로 간다. 거기서 다른 광자(파장 700나노미터)를 최근에 흡수하여 자신의 전자를 튀어나가게 한 중앙의 엽록소를 만난다. 이 엽록소 역시 전자가 튀어나가 구멍이 있는데 광계 II에서부터 뛰어넘어온 전자에 의해 편리하게 초기 상태로 되돌려진다. 다시 한 번, 전자가 한 수용체 분자에서 다른 수용체 분자로 이동하는 뜨거운 감자 주고받기가 진행된다. 전자는 결국 틸라코이드 막 외부로 나가고 양전하(광계 II의 Z 입자에 있는)는 막 안쪽 가까이 남는다.

이 시점에서 무어는 몸을 돌려서 자신이 해놓은 표시를 보라고 했다. "막 한쪽에 양전하가 있고 다른 쪽에 음전하가 있으면 무엇이 되지요?" 그는 마치 열광적인 게임 쇼 사회자 같았다. 나는 생각이 나지 않았다. "막 전위!" 그는 마치 우리가 TV의 더블 제퍼디 프로그램에서 정답을 맞힌 것처럼 소리를 질렀다.

우리는 종종 과학자들이 진짜 집착하는 것, 그들을 완전히 꼼짝 못하게 하는 개념을 발견하게 된다. 그것에 대해 초보자에게 설명할 기회를 주면 과학자들은 잠시 멍해진다. 설명할 게 너무나 많은데 어떻게 시작하겠는가?

그래도 그는 인내심을 갖고 천천히 설명해주었다. "죽은 박테리아와 살아 있는 박테리아의 차이는 막 전위입니다." 살아 있는 세포에서는 세포를 둘러싼 막의 내부에 있는 화학물질이나 전하의 농도가 막 외부 농도와 다르다. 엔트로피 법칙은, 모든 시스템은 더 낮은 에너지 상태로 가려고 한다고 우리에게 말해준다. 온도나 농도의 차이를 없애고 균등하게 하려는 것이다. 물에 떨어진 잉크 한 방울이 물에 퍼지는 이유도 그것이다. 농축된 잉크 분자는 물로 확산해나가고 물 분자는 잉크 안으로 확산해나간다. 일단 농도가 같아지면 시스템은 쉴 수 있게 된다.

"광합성과 같은 과정은 농도 구배gradient를 만들어냅니다. 광합성이 음전하를 틸라코이드 막의 외부로 내보내면 내부에는 양전하가 쌓이게 됩니다. 이는 막을 분극화시켜서 주머니의 내부와 외부 상태가 달라집니다. 막의 안과 바깥에 있는 전하는 재결합하고 에너지를 방출하여 안정되고 싶어 합니다. 그것은 내리막 반응으로, 세상에서 가장 자연스러운 일입니다. 그러나 막이 가로막고 있기 때문에 전압은 높은 상태로 남아 있습니다. 자동차 배터리도 똑같은 일을 합니다. 전하를 분리해 에너지를 저장하는 것입니다. 자동차뿐 아니라 살아 있는 세포도 이 위치에너지를 이용할 수 있습니다. 그 에너지를 이용해 영양분을 세포 안으로 들여오고 신경세포를 점화시키고 세포들끼리 서로 대화하며 근육을 움직입니다. 세포 수준에서 생명은 농도 차, 전하 차 사이에서 발생하는 팽팽한 긴장tension으로 살아갑니다. 막 전위는 화학적, 전기적 위치에너지이며 생명 그 자체입니다."

이 시점에서, 여러 해 동안 세포생물학 교과서를 펴보지 않았던 나는 그 개념을 잡는 데 약간 흔들렸다. 유능한 교사인 무어는 화제를 나뭇잎으로 다시 돌렸다.

막 전위는 식물에서 할 일이 많은데, 그렇게 해서 지구 전체를 먹이고 연료를 준다. 먼저 물의 분해가 일어난다. 광계 II 엽록소가 전자를 잃을 때마다, Z 분자가 자신이 가진 전자 가운데 하나를 주어 엽록소가 '다시 시작'하게 한다. Z는 결국에는 네 개의 전자를 광계 II에 준다. 양성 구멍들이 '다시 시작'하도록 하기 위해서 물에서 네 개의 전자를 떼어내는 물 분해 복합체와 팀을 이룬다. 이것은 산소와 수소이온을 유리시키는데, 산소는 잎으로 빠져나가고 수소이온은 틸라코이드 막 안에 갇힌다. 양전하를 띤 수소이온은 균형을 잡기 위해 음전하가 있는 밖으로 나가려 한다.

한편, 막의 외부에서는 운반된 전자들이 $NADP^+$라 부르는 분자로 차례차례 전달된다. 이 과정에서 $NADP^+$가 전자전달자인 NADPH가 되는데, 이것은 강력한 '환원력(전자를 다른 화합물에 주는 능력)'을 가지고 있다. 그래서 소위 암반응이라 불리는 광합성의 다음 단계에서 NADPH는 전자들을 이산화탄소에 줄 수 있고, 따라서 이산화탄소를 당CH_2O으로 '환원'시킨다. 그러나 이것은 조수가 없으면 불가능한데 그 조수란 에너지를 공급해줄 분자다.

무어는 "그리고 여기가 막 전위가 생기는 곳입니다"라고 말한다.

붙잡힌 수소이온들이 틸라코이드 주머니 밖으로 나올 수 있는 유일한 방법은 결합 인자라 부르는 효소 '통로'를 통해서다. 교과서에 나오는 결합 인자 그림들은, 막을 관통하는 줄기와 바깥으로 내민 불룩한 머리가 꼭 버섯처럼 보인다. 양전하가 이 결합 인자를 통해 밖으로 빠져나갈 때 결합 인자는 통행료를 뽑아낸다. ADP라는 화합물에 세 번째 인산기를 붙여서 ATP로 전환하는 것이다. ATP에는 세 번째 인산기가 고에너지 결합으로 두 개의 다른 인산기에 연결되는데, 바로 이 결합에 태양에너지가 저장된다. 암반응에서 이 결합이 끊어지며, 이때 나오는 에너지가 이산화탄소를 당으로 전환시킨다.

이렇게 에너지를 저장하는 화학은 양전하와 음전하, 즉 마당에 비치는 일반 햇빛에 의해 막의 양쪽에 나누어진 전하들이 없으면 불가능하다. 그렇게 양전하와 음전하가 분리되면 기본적으로 전지가 된다. 태양의 힘으로 만들어진 전지다.

무어는 또다시 깊은 숨을 쉬었다. "우리는 혹시 태양에 민감한 색소를 일련의 공여자와 수용체 분자로 된 끈에 연결하면 태양전지를 만들 수 있지 않을까 생각했습니다. 우리가 바라는 것은 두 가지에요. 첫째로 양전하는 끈 한쪽에, 음전하는 다른 쪽으로 전하를 분리하는 것이고, 두 번째는 그 전하들이 우리가 일을 마칠 수 있도록 충분히 오랫동안 분리되어 있는 것입니다."

'일'은 여러 가지 형태가 될 수 있다. 1) 전깃줄을 분자 끈의 끝에 연결하여 전류를 얻고, 2) 물을 분리하여 청정 연료 수소 가스를 만들어 내고, 3) 태양에 기반한 제조에 에너지 팩으로 사용하고, 4) 광속에 가까운 계산에서 스위치로도 사용할 수 있다.

무어는 말한다. "언젠가 우리는 우리의 분자 끈을 인공 세포의 막에 들어가게 할 수도 있을 겁니다. 플라스틱이나 기타 제품을 만들기 위해 독성 용액에서 몇 시간 동안 화학물질을 끓이는 대신, 초소형 반응용기를 만들고 에너지 팩을 연결하고 햇빛을 가리지 않도록 뒤로 물러나 있기만 하면 됩니다." 햇빛의 청정 연료와 화학은 우리에게는 공상 과학이지만 식물에게는 일상이다. 누군가 아리스토텔레스에게, 알고 보니 신은 부엌에 있다고 말해야겠다.

태양 연금술

추측하는 일은 즐겁지만, 그 센터의 과학자라면 모두 '공여자-색소-수용체' 장치의 원형原型을 종이에 그리는 것과, 전자를 전달할 수 있도록 실제로 분자들을 함께 엮는 일은 완전히 별개라고 말할 것이다. 이론을 실천으로 옮긴다는 것은, 기껏해야 개략적인 지도를 가지고 지도에 표시되지 않은(적어도 사람에 의해) 미지의 영역에 발을 내딛음을 뜻한다. 그러나 광합성은 1년에 3,000억 톤의 당을 생산해내고 있다는 사실을 볼 때 세상에서 가장 커다란 화학 공정임이 틀림없다. 솔잎 하나, 야자수 잎 하나도 그 일을 할 수 있다. 생각하면 할수록, 아무도 차미치안의 도전에 응하지 않았다는 것에 더욱 놀라게 된다. 전자를 전달하는 부분인 처음 몇 피코세컨드를 복제하는 일이 얼마나 어려울까? 그리고 왜 전에는 그 일을 시도한 적이 없을까?

그것은 내가 광합성반응센터의 분자 지도를 보기 전의 일이었다. 디벤스 거스트는 사무실에 홍색 박테리아 반응센터의 총천연색 복제품을 비치하고 있어서 우리는 한동안 그것을 보며 감탄만 했다. 그 그림은 여러 해 동안 광합성을 연구했던 사람에게는 상당히 새로운 것이었다. 그것을 살피는 거스트의 까만 눈은 땅다람쥐 구멍에 초점을 맞춘 매의 눈 같았고, 잠시 동안 그는 완전히 거기 빠져 있었다.

디벤스 거스트는 침착함을 그의 등록상표로 하는 깊은 강물 같은 남자로, 톰 무어의 성미 급한 열정과 잘 어울렸다. 톰과 그의 연구 동료인 아나(톰의 부인이기도 하다)는 저녁 식사 후에도 오래 연구실에 머물지만 거스트는 5시가 되면 연구실 문을 닫고 나가고 주말에도 실험실에 나타나는 일이 거의 없다. 톰은 "디벤스는 1주에 40시간 일해서 우리가 1주에 70시간 일해서 이루는 것보다 더 많은 일을 해낼 수 있습니다"라고 말했다. 내가 그곳을 떠나기 전 거스트는 지도를 꺼내 애리조나를 가로질러갈 계획을 세우는 나를 도와주면서, 관광객들이 들르는 근처의 아나사지 인디언 옛터를 찾아가는 길도 알려주었다. "디벤스답네요. 그는 하이킹할 시간이 있으니까요!"라고 톰은 말했다. 시간 있기로 말하자면, 그는 정말 마감 시간이 촉박했는데도 그의 연구팀의 핵심 내용을 내게 보여주었다.

반응센터는 기막히게 아름다운 장치다. 보조인자라 부르는 몇몇 화학 그룹으로 구성되어 있는데, 단백질이 새집처럼 엉켜 있어 과학자들이 단백질 주머니라 부르는 둥지 안에 보석처럼 들어 있다. 보조인자들을 점으로 연결하면 새의 Y자형 가슴뼈 비슷한데, 중앙에 엽록소 한 쌍이 있고 보조인자들이 Y의 윗부분처럼 벌어져 거울 대칭을 이룬다. 1만 개의 원자들도 막에서 위치가 결정되어 있는데, 그 기하학적 배치는 전자전달의 핀볼 게임을 할 수 있게 되어 있다. 이렇게 복잡한 청사진을 들고 '태양 전지를 처음부터 만들어나가려면 어떤 단계를 거쳐야 할까?

거스트는 "우리는 이처럼 복잡하고 정교하게 진화된 어떤 것이라도 모사를 시도하는 것은 바보 같은 짓임을 알고 있었습니다. 자연은 여기 우리보다 30억 년이나 먼저 시작했으니까요"라고 말한다. 우리가 감탄하는 홍색 박테리아는 광합성에 대한 실마리를 얻으려는 사람들이 연구 대상으로 삼는 햇빛 포획 미생물이다. 이들은 광합성 연구의 초파리나 대장균생물학 연구에서 가장 애용되는 실험 생물; 옮긴이이다. 녹색식물보다 구조가 간단하고 배양하기 쉬우며 유전적으로 해독하기 쉽기 때문이다. 이들은 오늘날의 녹색식물보다는 30억 년 전에 생겨난 최초의 광합성 미생물과 더 가까운 혈족이라고 거스트는 생각한다. 홍색 박테리아는 두 개의 광계 대신 광계 II와 유사한 하나의 광계로 같은 일을 해낸다. "홍색 박테리아에 대해 워낙 집중적으로 연구해왔기 때문에 그 반응센터에는 다른 어떤 시스템보다 블랙박스가 적습니다. 우리 팀이 가진 청사진에 가장 가까운 생물이죠."

"우리의 목표는 반응센터의 껍질을 벗겨내고 그 속의 정수만 모방하는 것이었습니다. 보기에는 전혀 다르지만 작동은 그렇게 하는 장치를 만들려는 것입니다." 자연의 반응센터는 낱개로 돌아다니는 보조인자들을 붙잡아 고정시키기 위해 단백질 얼개를 이용한다. 그러나 연구 팀은 단백질 주머니처럼 복잡한 것을 모방하려 씨름하지 않고 대신 다른 길을 택했다. 그들의 장치에서는 보조인자들이 유기화학 기술을 통해서 조심스럽게 결합되어 비커의 액체 속에 떠 있다.

거스트는 "그 결합들은 단백질 얼개의 마술을 모사해야 합니다. 보조인자 간의 거리와 기하학적 배치를 정확하게 유지하여 적절한 전자 전달 경로를 제공하는 것입니다. 이러한 모방의 위업을 달성하기 위해서 우리는 자연을 어깨너머로 자세히 들여다보고 뭔가 시도해보고 또다시 들여다보고 또 흉내 내보았습니다. 최근에 우리는 닐을 자주 찾아가고 있어요"라고 말했다.

닐 우드베리Neal Woodbury는 화학자에서 광합성 추적자로 전향한 사람이다. 그는 유전공학적 가위, 유전학적 풀, 레이저 망원경, 수백만 개의 박테리아 등을 사용하여 탐정 같은 일을 한다. 우드베리가 복도 맞은편의 박테리아 실험실로 나를 데리고가면서 "그들을 본 적이 있습니까?"라고 물었다. 그 실험실은 마치 여느 대학교 실험실과 같아서 긴 실험대가 펼쳐 있고 머리 앞 선반에는 분젠 버너와 초자기구들이 꽉 채워져 있었다. 그가 구부리고 앉아 실험대 아래의 이중문을 여니 따뜻하고 환하게 밝혀놓은 배양실 안에 큰 병들이 가득 들어 있는 것이 보였다.

그 병들은 시골 술집에서 흔히 볼 수 있는, 식초에 달걀이 둥둥 떠 있는 병을 연상시켰다. 어떤 병에는 갈색 찌꺼기 같은 것이, 다른 병에는 초록색 이끼 같은 물질이 담겨 있었다. 그는 그것들을 옆으로 치우고, 부활절 달걀용 염료보다 짙은 홍색 박테리아가 들어 있는 병을 찾아냈다. 그 병을 들어 빛에 비추어 보아도 노를 젓거나 회전하는 채찍 **박테리아 편모를 의미; 옮긴이** 같은 움직임은 전혀 없었다. 박테리아는 맨눈에는 보이지 않기 때문으로, 우드베리가 들고 있는 병 안에는 수십억 마리가 들어 있을 것이다. 우리가 말하는 동안에도, 그 집단은 증식과 소모로 불거나 줄어든다.

우드베리는 오랫동안 그들은 추론만 가지고 일해야 했다고 말했다. 그 반응센터에 대한 분자 수준의 그림이 없었기 때문에 보조인자들이 어떻게 자리 잡고 있는지 추측만 했다. "광합성에 관해 20세기에 이룩한 가장 극적인 발전 가운데 하나는, 박테리아 반응센터의 분자 하나

하나를 파악하고 마침내 명확한 사진을 얻게 된 것입니다. 그렇게 오랜 시간이 걸린 이유는 우리가 다루는 이러한 복합체가 너무 작기 때문입니다. 광선같이 큰 것으로 분자 사진을 찍는 것은 양귀비 씨에 테니스공을 때리는 것과 같아요."

그래서 과학자들은 그 사진을 찍는 데 소형 엑스선을 사용해야 했다. 그 기술을 엑스선 결정학이라 부르는데, 사진 '찍히는' 분자가 먼저 결정화되어야, 즉 분자들이 모두 열병식을 하는 것처럼 완벽하게 같은 방향을 보고 정렬되어 있어야 한다. 엑스선은 분자를 뚫고 지나가며 이때 엑스선이 회절된 패턴이 사진 건판에 점들로 기록된다. 이 패턴을 보고 과학자들은 분자 내 원자가 어떻게 정렬되어 있는지, 무엇 옆에 무엇이 있는지 알게 된다. 이 과정에서 가장 어려운 부분은 분자를 결정화하는 것으로 단백질 결정학자 한 사람이 한 종류 분자를 가지고 좋은 결정체와 사진을 얻는 데 8년에서 15년이 족히 걸릴 수도 있다.

좋은 결정체를 얻는 열쇠는 먼저 그 분자를 물에 완전히 녹이는 것이다. 막에 있는 단백질을 가지고 이런 일을 한다는 것은 보통 재주가 아니다. 막단백질은 물이 아닌 지방에 친화성이 있기 때문에(막은 지질의 이중 층이다) 물에 녹지 않고 비커 바닥에 덩어리를 이룬다. 과학자들이 그 단백질에 친수성 보조 분자를 붙여주는 법을 배우고 나서야 반응센터가 물에 풀어졌고 결국 사진을 찍을 수 있게 되었다.

이러한 위업을 달성한 과학자(독일의 화학자인 하르트무트 미헬Hartmut Michel, 요한 다이젠호퍼Johann Deisenhofer, 로베르트 후버Robert

Huber)는 1988년 노벨화학상을 받았다. 우드베리는 "그때까지 우리는 그 반응센터에 어떤 요소들이 있고 서로 어떻게 배열되어 있는지 추측만 했습니다. 그런데 그 사진들은 전자전달을 향상시키기 위해서 자연의 기하학이 어떻게 작동하는지 정확하게 보여주었습니다. 이제 우리는 우리를 분발시키는 명확한 계획들을 가지고 있습니다"라고 말한다.

우드베리가 이 박테리아를 바라볼 때 그의 마음의 눈이 보는 그림은 세상 사람들이 새로 작성된 분자 지도에서 보는 것보다 훨씬 더 상세하다. 그 지도가 그려지기 전에도 그와 다른 유전학자들은 나름대로의 도구를 이용해 홍색 박테리아를 조사하고, 단백질 서열을 결정하고, 조심스럽게 계획된 돌연변이를 통해 추론하고 있었다. "나는 그 단백질 주머니에 있는 모든 아미노산을 꿰뚫고 있습니다. 그러나 그것이 무엇인가를 아는 것은 그것이 무엇을 하는가를 아는 것과는 별개입니다. 요즘은 단순히 구조 이상을 밝혀내려 합니다. 구조가 기능에 어떻게 영향을 주는지, 그토록 잘 작동하게 하는 게 무엇인지 알고 싶은 겁니다. 나는 그것을 '돌연변이 유발'이라 부르는 기술을 통해, 즉 구조의 한 부분을 차례로 망가뜨리거나 '작동을 멈추게' 해서 알아냅니다." 간단히 말해, 우드베리는 생명공학 기술을 이용해, 반응센터에 특정 결합을 가진 돌연변이 박테리아를 만들어낸다. "우리가 알고 싶은 것은 이러한 변화가 광합성 능력에 어떤 영향을 주는가 하는 것입니다. 이것이 우리가 반응센터에서 어느 부분이 가장 중요한지 알아내는 방법입니다."

홍색 박테리아는 연구하기에 특별히 좋은 생물이다. 단 한 종류의 반응센터로 시스템이 단순하게 이루어졌을 뿐 아니라 주변에서 에너지를 끌어내는 방법에서 양손잡이다. 광합성을 하다가 다음 순간 우리처럼 호흡으로 음식을 산화시킨다. 우드베리는 그에 대해 다음과 같이 말했다. "이러한 유연성으로 우리는 이 박테리아를 죽일 염려 없이 광합성 메커니즘을 엉성하게나마 개선시키거나 살짝 손상시켜볼 수 있습니다."

나는 우드베리로부터 그 박테리아의 길이가 1~3미크론에 불과하다는 이야기를 듣고 그런 박테리아의 막 내부에 박힌 반응센터의 크기를 상상해보려고 했다. 수천 개의 박테리아가 이 문장 끝에 있는 마침표 안에 들어갈 수 있다. 이제 박테리아에 있는 반응센터 하나가 가로 세로 각각 약 30옹스트롬, 80옹스트롬에 불과하다고 상상해보자. 1옹스트롬은 100억 분의 1미터에 해당한다. 1옹스트롬짜리 구슬로 목걸이 1센티미터를 만들려면 1억 개의 구슬이 필요하다. 그 구슬을 앞에서 30개 빼낸 정도가 반응센터의 폭이다. 80개를 빼내면 반응센터의 끝에서 끝까지 길이 정도가 된다.

그는 이어 "전자는 Y자형의 반응센터 한쪽 가지에서 놀라운 속도로 아래로 이동합니다. 1초의 1조 분의 1인 피코초단위의 속도지요"라고 설명했다. 이것이 얼마나 작은지 느껴보기 위해 피코초는 10^{-12}초이고 지구의 나이는 약 10^{12}일이라는 것을 생각해보자. 1피코초와 1초의 차이는 하루와 지구의 나이의 차이에 해당한다. 전자 하나가 막의 안쪽에서 바깥쪽으로 가는 데는 불과 몇백 피코초밖에 걸리지 않는다. 여러분이 어떤 생각을 하나 형성할 즈음이면 신경세포막에서는 벌써 수백만 번의 전하 분리가 일어난다. 그렇게 작은 분자 복합체를 어떻게 조사하고 그렇게 빠른 과정을 어떻게 포착할 수 있을까?

크기 문제에 대한 해결책은, 분자 복합체 하나가 아니라 시험관에 들어 있는 반응센터 전체를 한꺼번에 조사하는 것이다. 그렇게 하는 비법은, '출발' 섬광을 주어서 동시에 광합성이 일어나게 하는 것이다. 그런 식으로 한 집단에서 어느 순간 일어나는 반응이 하나의 반응센터에서 일어나는 것이 되게 할 수 있다.

시간 문제는, 초고속 레이저 섬광을 주어 전자전달의 여러 단계에서 반응센터의 '사진'을 찍는 방법으로 해결하고 있다. 이 초고속 사진술을 직접 보기 위해, 우드베리가 레이저 광선을 회전시키는 장치를 설치해 놓은 레이저 방으로 갔다. 장난감 기차 세트를 연상하면 되는데, 이 장치에서는 기차 대신 빛이 돌아간다. 광 분배기, 거울 그리고 정제된 광합성 반응센터가 든 유리병에 초점을 맞춘 다양한 색깔의 레이저 광선이 있었다. 출발 섬광은 완벽하게 같은 위상과 파장으로 진동하는 빛, 즉 레이저다. 그 빛에 의해 반응센터가 흥분되어 전자들을 놓아주기 시작한다. 그러는 동안 우드베리는 두 번째 광선 빛으로 그 작은 병을 조사했다.

"휴지 상태에 있는 분자는 모두 하나의 특정 파장의 빛을 흡수하고, 에너지를 방출하면서 그 빛을 다시 내는데 그 빛이 형광입니다. 그러나 그 분자가 햇빛을 받아 흥분될 때는 형태가 변하고 빛을 흡수하고 다른 파장의 형광을 발합니다. (이것이 기분에 따라 색이 변한다는 무드 링의 과학적 바탕으로, 화학물질이 열을 받아 모양이 바뀌면 여러 가지 색깔의 빛을 흡수하고 반사한다.) 이런 '스펙트럼 특징'은 분자가 이동하고 광합성에 참여함에 따라 계속 변하고, 전자는 여기에서 저기로 뛰어다닙니다. 스펙트럼 특징의 이런 변화를 추적함으로써 분자들이 하는 일을 조사할 수 있습니다."

반응센터 안의 유리병에 '출발' 신호를 주고 나서 우드베리는 레이저를 새로운 파장에 맞추고 광선을 조사하기 시작했다. 그는 일정 시간 간격으로 피코 사진을 찍으면서 형광을 찾았다. "분자는 그 반응이 진행됨에 따라 모양을 바꿉니다. 우리는 분자들이 언제 조사 광선을 흡수하고 빛을 발하는지 조심스럽게 관찰하고 그 시간을 기록합니다. 그러면 그 분자가 1.3피코세컨드에 어떤 스펙트럼을 가졌고 반응의 어떤 단계에 있었는지 알 수 있습니다. 그다음에 여러 가지 다른 파장의 빛으로 조사를 반복하여, 분자가 시간에 따라 어떻게 변하는지에 대한 완벽한 사진을 얻습니다. 사실은 영화에 더 가깝습니다만. 돌연변이 박테리아의 반응센터는 정상 박테리아의 반응센터와는 다르게 작동할 것입니다. 따라서 두 반응센터의 영상을 비교하면 돌연변이에 의해 광합성에 어떤 변화가 일어났는지 추측해낼 수 있습니다."

우드베리는 DNA 유전 청사진을 고쳐 써서(염기 서열을 수정함으로써) 반응센터에 돌연변이를 유도한다. 그는 "광합성이 완전히 중지되는 돌연변이가 생기면 나는 돌연변이가 생긴 그 부분이 뭔가 중요한 부분이라는 것이라고 알고 디벤스와 톰에게 알립니다." 이에 대해 디벤스는 이렇게 설명했다. "우드베리가 하는 일은, 컴퓨터 안에 파고들어가 소프트 프로그램의 부분들을 무작위로 제거하는 것과 같습니다. 예를 들어 문서 처리 기능을 하는 것이 무엇인지 알고 싶다고 합시다. 어느 날 우드베리가 글자체를 없애면 글자를 쳐 넣을 수 없게 되고, 우리는 글자체가 중요하다는 것을 알게 됩니다. 그리고 그것을 모델로 삼는 거지요."

아무도 어느 날 아침 일어나, 반응센터만 한 크기의 것을 모델로 삼기로 작정하는 사람은 없다. 탐구는 훨씬 소박하게 시작되어 유기적으로 자라나고 있다. 몇 년 전 톰과 아나 무어 부부는, 식물의 빛을 받는 범위를 확장시켜주는 위성접시라 할 수 있는 안테나의 기능 추적에 대해 높은 관심을 기울였다. 톰은 대학원에서 카로티노이드(안테나에 있는 색소)에 대해 연구했는데 당시에 그것은 그런대로 잘 규명되어 있는 상태였다. 톰과 아나는 살아 있는 시스템에서 카로티노이드를 분리하여 어떻게 작용하는지 보려 했으나 그것은 만만치 않은 일이었다. 한편, 디벤스 거스트는 포르피린이라 부르는 분자들에 대해 연구하고 있었다. 그것은 엽록소의 사촌들로 역시 안테나에 있다.

어느 날 점심 식사 때, 함께 일한 적이 없었던 거스트와 톰 무어는 각자의, 그러나 공통의 관심 과제인 안테나에 대해 이야기하기 시작했다. 그들은 카로틴을 포르피린에 붙여서 단순화된 안테나 모형을 만들면 좋겠다는 생각을 했다. 그러나 그 당시에는 이런 성분들이 살아 있는 생명체에서 서로 어떤 위치에 있는지 알려진 바가 없었다. 그래서 무어와 거스트는 아는 한도 내에서 추측하고 그들의 가설을 검증하기 위해 이 분자들을 화학적으로 결합해보기로 했다. "이는 엄청나게 힘든 작업으로 대학원생마다 모두 좌절하며 포기했습니다. 마침내 몬태나 대학교의 박사과정 학생인 게리 덕스Gary Dirks를 투입했는데 그는 투견처럼 충실하게 이 일에 매달렸습니다. 그는 실험실에서 먹고 자고 살면서 이것들을 정확한 방향으로 올바르게 합칠 방법을 찾아나갔습니다. 그래서 드디어 방법을 찾아냈고, 그것이 작동했습니다!" 그들은 카로틴과 포르피린의 전자궤도가 어느 정도 중복되어 있어서, 안테나 식으로 에너지가 한쪽에서 다른 쪽으로 공명하는 것을 도울 것이라고 추측했다. 하지만 이런 생각은 자신들에게는 이치가 맞았지만, 당시의 개념에는 어긋났다. 그러나 무어는 "홍색 박테리아 사진이 처음 나왔을 때, 우리가 만든 인위적 장치의 안테나 성분들이 진짜 안테나와 그 각도와 거리에서 거의 똑같이 일치하는 것을 보고 전율을 느꼈습니다. 우리는 정확히 맞추었습니다"라고 즐거워하며 이야기했다.

• **2개조** | 그러나 에너지 전달은 전자전달이 아니었다. 한 번 성공하고 나니 또 다시 성공하고 싶어졌다. 그 경주에서 이미 다른 배들은 앞서 가고 있었다. 노스웨스턴 대학교의 폴 라오치Paul Laoch와 일본의 한 그룹이 2개조dyad를 만들었는데 이것은 흥분된 상태의 포르피린에서 전자 하나를 퀴논이라고 하는 수용체로 전달하는 것이다. 포르피린의 이전 궤도로 돌아가 안정화되는 대신 흥분된 전자는 더 좋은, 퀴논의 궤도 형태인 '경쟁 경로'와 갑자기 각축전을 벌인다. 이런 두

번째 궤도가 특히 좋은 것은, 그것이 당장 쓸 수 있고 에너지 지형에서 분지처럼 에너지가 약간 낮기 때문이다. 문제는 전자궤도가 겹치도록 공여자와 수용체를 결합하는 것이었다.

"2개조를 만드는 것은 마치 두 분자 사이에 하천 바닥을 파는 것과 같습니다." 불행하게도 그 하천 바닥의 '경사도'가 충분히 가파르지 않아 전자가 양쪽으로 흘렀다. 양전하와 음전하로 잠깐 동안 분리되었다가, 전자들은 곧바로 돌아가는 길을 찾아, 폭발적으로 열을 내며 재결합하였고, 에너지가 사용되기도 전에 소모되어 버렸다. "수득률(전하를 성공적으로 분리시키는 광양자의 비율)은 아주 좋았지만, 전하가 분리된 상태는 1~10피코세컨드 정도로 순간적이었습니다." 화학적 일이 이루어지기에는 그 시간이 너무 짧아 광합성을 제대로 모방한 것은 아니었다.

"우리의 목표는 전하를 신속하게 분리시키고 그 상태로 잡아두고, 재결합을 늦추는 것이었습니다. 양전하와 음전하 사이에 물리적인 거리를 두는 것이 좋은 지연작전일 것 같았습니다. 그래서 우리는 공여자-수용체로 구성된 2개조에 또 한 분자를 더해서 공여자-공여자-수용체로 구성된 3개조triad로 만들면 어떻게 될까 생각해보았습니다." 거스트와 무어는 이미 공여자-수용체 쌍에서 카로틴과 포르피린을 연결하는 행운이 있었다. 수용체로 퀴논을 더하면 3개조를 만들게 될 것이었다. 1979년, 그들은 항해를 시작했다.

• **3개조** | 계획상으로는 순항할 것 같았다. 그러나 실험실에서는 바람이 변덕스럽고, 전혀 생각대로 순항하지 못했는데 특히 미지의 바다에 있을 때는 더욱 그랬다. 아나 무어 박사가 힘든 유기 반응을 하나씩 수행하여 그 분자를 만드는 실무자로, 실험실의 수장이었다.

거스트가 횃대에 앉아 있는 매의 눈이라면 아나 무어의 눈은 갈까마귀 눈으로 호기심이 많고 예리했다. 토머스처럼 그녀도 자기 일에 몰입해 있어서, 잘 때도 엉킨 문제를 해결하는 꿈을 꾸고, 목욕하다가 갑자기 착상이 떠오른다고 했다. 우리는 대화를 나누기 위해서 들어오다 보았던 테라코타 벤치가 있는 곳으로 나갔다. 애리조나의 순수한 햇빛으로 일광욕하면서 그 햇빛을 근처의 덩굴식물에게만큼이나 우리에게도 유용하게 해줄 과정에 대해 곰곰이 생각했다. 아나 무어는 자기가 그린 미래를 설명하면서 내 노트에 화학 낙서를 채워놓았다.

누구보다도 더, 아나 무어는 엔지니어의 감각을 가지고 말했다. 화학 반응기들이 이음새와 경첩으로 연결되는 뼈와 벽돌이라도 되듯 말했는데 나는 도저히 상상이 되지 않았다. 그녀는 강한 아르헨티나 억양으로 합성 과정에 대해 나에게 이야기해주었는데 흥분할수록 말이 점점 빨라져 마치 꼭대기까지 높이 올라갔다 내려오는 롤러코스터 같았다.

"우리는 아미노산을 연결하는 아미드 결합으로 기들을 연결하기로 했습니다. 아미드 결합은 안정되어 있으면서도 자유자재로 응용할 수 있습니다. 이 결합은 분자를 한 줄로 엮인 상태를 유지하고, 그것이 뒤로 꺾여 전하들을 재결합시켜버리지 않을 만큼 강할 거라고 생각했습니다. 문제는 이런 종류의 연결을 형성하려면 수많은 단계를 거쳐야 한다는 데 있었지요."

그녀는 유기 합성은 일종의 예술로 미식가 요리 같다고 말했다. 반응들을 언제, 어떻게, 어떤 순서로 해야 하는가에 대한 감, '손맛'은 누구한테서 배울 수 있는 게 아니다. 그저 오랫동안 수없이 하고 또 해봐야 한다. 그 과정을 통해 훌륭한 유기합성 화학자 한 명이 키워진 것이다. 애리조나 주립대학교 그룹 같은 팀도 만일 이런 탁월한 합성 화학자가 없었다면 이론만 가지고 꼼짝도 못했을 것이다.

애리조나 주립대학교 팀의 다른 구성원은 무어를 가리켜 요술쟁이, 마술사, 기적의 일꾼이라 부른다. 그녀에게 이 말을 하자 그녀는 뭘 그렇게 야단이냐는 듯 웃었다. "내가 왜 이 일을 하는지 아세요? 나는 분자 조립을 좋아해요. 자연에 존재하는 어떤 화합물을 알게 되면 나는 그저 내가 그것을 만들어낼 수 있는지 꼭 해봐야 해요. 그런데 그 분자가 무슨 일인가 하는 것이라면, 그건 더 좋은 일이지요."

분자를 합성, 조립한다는 것은 수개월 동안 그 실험실 전체에서 수행되는, 비커 안에서 일어나는 수많은 반응들을 계속 지켜봐야 한다는 뜻이다. 화학 반응기들을 결합시키려면 먼저, 다른 반응기들이 들어와서 결합할 수 있도록 화학적 손잡이를 붙여주어야 한다. 그 일이 일어나는 동안, 다음에 첨가하고 싶은 그룹을 위한 손잡이도 더해 주어야 한다. 원하는 반응만 얻기 위해서는, 반응기들의 특정 부위를 덮어씌워서 보호해야 한다. 일단 모든 것이 덮이고 손잡이가 생기면 첫 번째 결합을 단조한다. 첫 번째 결합이 성공적이면 가렸던 자리를 노출하고 처음부터 다시 시작한다. 이러한 각 단계마다 특정 반응물질이 필요하다. 적정 시간 동안 적정 온도에서 끓는 듯이 반응하는 화학 욕조다. 분자 조립이 완성되기까지는 수십 개의 단계가 있는데, 한 번에 한 단계씩 더해나가야 한다.

그녀는 "한 단계가 실패하면 비커를 깨끗이 비우고 처음부터 다시 시작해야 합니다"라고 말한다.

"한창 3개조를 조립하는 중간에 톰이 안식년을 맞아 파리로 떠나게 되었고 나는 프랑스 자연사박물관에 일자리를 잡았어요. 디벤스도 폴 매시스Paul Mathis라는 우리의 동료와 일했습니다. 그들은 모두 프랑스 사클레이에서 일했는데 그곳은 핵 시설로, 마침 파리에서 가장 커다란 광합성연구소가 진행되고 있었습니다." 광합성과 핵의 연관성은 그렇게 엉뚱하지 않다. 광합성에 대해서 알려진 것 대부분은 이산화탄소에 방사성 지시제를 붙여서 탄소가 잎에서 생산물까지 흘러가는 것을 추적해서 알게 된 것이기 때문이다.

무어는 분자에 대한 계획을 파리까지 들고 가서 그 박물관의 빈약한 실험실에서도 분자를 조립하기 시작했다. "매일 밤마다 나는 하던 일들을 집으로 싸들고 와서 냉장고에 넣어두곤 했습니다. 당시 나는 어린 두 아이를 모두 유치원 종일반에 맡기고 소중한 유리병을 들고 지하철을 다섯 번이나 갈아타면서 사무실에 출근하곤 했어요. 마침내 우리의 예상대로 작동하는 분자를 조립하는 데 1년 반이 걸렸습니다. 박물관에는 검증에 필요한 분광기가 없어서 유리병을 사클레이에 보내 토머스와 디벤스에게 검증을 부탁했습니다."

톰 무어가 그 이야기의 뒤를 이었다. "빛을 비추었을 때 그것이 정확하게 작동한다면 음전하가 한쪽으로 흘러가 다른 쪽에는 양전하만 남겨 놓는다는 것을 우리는 알고 있었습니다. 한쪽 끝에 남아 있는 양전하는 그 복합체가 특정 파장의 빛을 흡수하게 할 것입니다. 그래서 최종 산물(전하가 분리된 상태)이 얻어지면 탐지 기구에서 큰 도약을 보게 될 것입니다. 아니나 다를까, 어떤 한 파장으로 그것을 조사했더니 엄청나게 큰 신호를 보게 되었습니다. 우리가 팔짝팔짝 뛰면서 아나에게 막 전화하려고 하는데 실험 조수가 얼굴을 붉히며 나타나 탐색 파장이 틀리게 맞춰져 있어서 우리가 지금 본 것이 정확하지 않다고 말했습니다. 너무나 실망스러웠고 우리는 '그러면 그렇지' 이렇게 생각했어요. '될 리가 없어.' 그러나 잠시 후 그것을 정확하게 맞춰보았는데, 이건 또 어찌 된 일인지 되는 것이었어요. 신호가 오히려 더 강해졌습니다! 아나는 기차를 타고 사클레이까지 왔습니다. 그리고 나를 의심하면서 자기가 직접 다시 해보고 싶어 했지요."

아나 무어는 "내 눈으로 직접 보니 확실했어요"라고 맞장구쳤다.

가장 놀라운 것은 양전하와 음전하가 3개조에서 얼마나 오랫동안 분리 상태로 유지되었는가 하는 것이었다. "지금까지 가장 긴 전하 분리는, 그것도 2개조를 사용하여 열을 발산하며 붕괴하기 전까지 10~100피코세컨드였습니다. 그동안은 전위를 붙잡아놓을 방법이 없었습니다. 그러나 3개조를 통해 우리는 그 시간을 측정했고 시계가 똑딱거리며 가는 것을 믿을 수 없었습니다. 200~300나노세컨드를 기록했는데 이것은 2개조보다 1만~10만 배나 더 긴 시간이었습니다! 처음으로, 끝부분에 뭔가 화학반응을 일으킬 수 있을만한 충분한 거리와 유지 시간을 갖게 된 것입니다."

고향에서 수천 마일 떨어진 프랑스의 사클레이에서 광합성 모방자들은 그 기계를 뚫어져라 쳐다보다가 서로를 바라보다 다시 기구를 바라보기를 반복했다. 드디어 해낸 것이다! 전 세계의 광화학이 주시하고 있는 경주에서 그들은 멋지게 부표를 돈 것이다. 거스트는 1983년 고든연구학회에서 논문을 발표하면서, 다음 10년을 이어갈 다른 연구자들의 배가 나아갈 길을 마련해주었다.

• 5개조 | 그 후 온갖 형태의 3개조와 설명이 개발되었다. 모두들 거스트와 무어의 분리 시간과 수득률을 능가하려고 했다. 그들 삼인방 역시 3개조를 넘어 전하를 한층 더 멀리 분리하는 방법을 이미 생각하고 있었다. "고향에 돌아오자마자 우리는 당장 착수했습니다. 4개조 분자를 조립했고 마침내 5개 분자로 된 공여자-공여자-공여자-수용체-수용체 5개조pentad까지 조립했습니다. 그것이 현재까지 우리의 최선의 결과입니다. 5개조로 우리는 83퍼센트의 양자 수득률을 달성했습니다. 이는 그 시스템에 넣어준 100개의 광양자 중 83개는 전하분리를 일으킨다는 뜻입니다. 광합성은 95퍼센트로 작동되는데 우리는 살금살금 거기에 다가가고 있어요. 무엇보다 중요한 것은 5개조의 전하 분리가 3개조보다 길다는 것입니다. 우리는 그것을 향상시키기 위해 자나 깨나 묘안을 짜내고 있습니다."

5개조의 화학적 표기는 $C-P_{Zn}-P-Q-Q$다. 제일 왼쪽부터 카로틴,

아연이 붙어 있는 포르피린 분자, 일반 포르피린, 나프토퀴논과 벤조퀴논 순이다. 공여자(D)-수용체(A)가 D-D-D-A-A 순서로 나열되었다. 각각의 분자는 고유의 모양과 전자적 '성격', 즉 전자를 주거나 받는 고유한 친화력을 가지고 있다. 올바른 방향으로 기울어지게 만들어 전자가 너무 빨리 제자리로 돌아갈 길을 찾지 않도록, 왼쪽에서 오른쪽으로 점점 더 나은 수용체 순으로, 에너지 지형에서 낮게 위치하는 순으로 배열한다. 가장 왼쪽에 있는 카로틴이 제일 좋은 공여자로 에너지 지형에서 가장 높아서 자기 전자를 남에게 다 줘버린다. 가장 오른쪽에 있는 퀴논은 에너지 지형에서 가장 낮은 지점에 있으며 가장 좋은 수용체다. 전자는 계단을 튀어 내려가는 공처럼 한 분자에서 다음 분자로 이동하여 결국에는 제일 아랫단에 있는 퀴논에서 멈춘다.

인공 광합성 제조자들은 5개조에서 순수한 전자전달 외에 또 하나의 차원을 더했다. P_{Zn}-P 쌍에 잎의 안테나를 흉내 내는 아주 작은 모방자를 넣은 것이다. 빛이 P_{Zn}을 때리면 전자가 아니라 에너지가 P쪽을 향해 간다. 그러면 P는 이 에너지에 대한 반응으로 흥분된 전자를 첫 번째 퀴논에게 공여하고, 이것은 다시 두 번째 퀴논에게 전달한다. 남아 있는 양전하 각각 또는 '구멍'은 왼쪽에 있는 분자의 전자에 의해 중성화되거나 채워진다.

더 많이 의인화하여, 다섯 개의 화학 그룹(5-4-3-2-1)을 야외 콘서트의 관객이라고 하자. 그들은 모두 무릎 덮개를 덮고 있다. 바람이 불어 3번의 덮개가 벗겨진다. 2번은 무릎 덮개를 하나 더 갖는 게 소원이어서 그것을 훔치고 둘을 겹쳐 두른다. 1번은 덮개 하나 더 갖는 데 안달이 나서 2번에게서 여분의 것을 훔친다. 한편, 불쌍한 3번은 덮개를 잃어버려서 춥다. 그의 왼쪽에 있는 동정심 많은 4번이 자기의 것을 준다. 5번은 더 동정심이 많아 4번에게 자기의 것을 준다. 이제 5번이 덮개가 없고(양전하) 1번은 여분의 덮개(음전하)를 갖게 된다.

화학적 어법으로 말하자면, 무릎 덮개의 이동은 이렇게 된다. 빛에너지가 왼쪽에서 오른쪽으로 이동하고 전자가 왼쪽에서 오른쪽으로 이동해 전자가 공여되고 뒤에 남은 구멍을 중성화시킨다.

1단계. 빛이 P_{Zn}을 흥분시킨다.	$CP_{Zn}^{*}PQQ$
2단계. 에너지가 P_{Zn}에서 P로 이동한다.	$CP_{Zn}P^{*}QQ$
3단계. 전자 하나가 P에서 Q로 전달된다.	$CP_{Zn}P^{+}Q^{-}Q$
4단계. 전자 하나가 P_{Zn}에서 P로 전달된다.	$CP_{Zn}^{+}PQ^{-}Q$
5단계. 전자 하나가 C에서 P로, Q에서 Q로 전달된다.	$C^{+}P_{Zn}PQQ^{-}$

(*)=에너지의 흥분, (-)=여분의 전자, (+)=전자 공여 뒤 남은 구멍

어떤 분자가 어떻게 전자를 주고받는지는 분자의 모양과 이웃 분자와의 상호작용에 의해 결정되기 때문에, 5개조 제작자들은 전자전달 속도를 증가시키기 위해 미세 조정해볼 수 있는 다양한 '손잡이'를 가지고 있다. 그들은 분자의 화학구조, 분자들 사이의 거리, 심지어 이 시점에서 액체 용액인 주변 배양액과의 상호작용까지도 변화시킬 수 있다. 닐 우드베리는 언젠가 그 5개조를 막 속에 끼워넣어 전자전달

속도를 가속하거나 감속하는 단백질 골조에 둘러싸이게 할 수 있을 것이라고 추측한다.

거스트는 5개조를 미세 조정하려면 광선을 사용하는 것이 요령이라고 말한다. "단계 사이의 에너지 차이가 너무 크면 안 되는데 왜냐하면 각 단계마다 그 시스템으로 들어온 최초의 빛에너지가 약간씩 소실되기 때문입니다. 차이가 너무 많이 나면 에너지를 많이 잃게 됩니다. 에너지가 각 단계에서 약간씩만 떨어지는 일련의 얕은 계단이 필요합니다. 2볼트의 태양에너지로 시작한다고 합시다. 최대한 잘해서, 집어넣어준 광자 하나에서 나오는 에너지의 50퍼센트까지 보존할 수 있었습니다. 2볼트를 넣어줄 때 일련의 전자전달 과정 끝에 일을 할 수 있는 1볼트가 아직 남아 있는 겁니다. 그것이 바로 광합성에서 일어납니다."

5개조를 만듦으로써 애리조나 주립대학교 팀은 중요한 원리를 증명했다. 전하들을 자연적으로 재결합되는 힘보다 더 큰 힘을 가진 단계들을 통해 공간적으로 멀리 떨어뜨릴 수만 있으면 그 전하들은 분리된 상태로 오래 남아 있다는 것을 보인 것이다. 더 나아가 만일 그 단계 사이의 차이를 적게 만들 수 있다면 시간뿐 아니라 에너지도 벌 수 있음을 증명했다. 문제는, 무엇을 하기 위한 에너지와 시간인가 하는 것이다.

막 관통하기: 전원 함 촉매

거스트를 비롯한 과학자들은 아무도 그것의 응용에 대해서는 열정이 없었다. 그들은《디스커버》에 실린 기사에서 마지막으로 이름을 알린 후, 분자 배터리를 월마트에서 언제 살 수 있느냐고 묻는 사람들의 전화를 받기 시작했다. 애리조나 주립대학교 팀은 즉시 자기들의 연구는 오로지 기초 영역에 국한되어 있고 실질적인 응용 작업은 기꺼이 공학자들에게 넘기겠다고 강조하였다. 거스트는 공식적으로 "센터에서 우리는 장비를 만드는 것보다는 자연의 메커니즘에 대한 우리의 이해를 완벽하게 하는 데 훨씬 더 관심이 많습니다"라고 말했다.

"그럼요"라고 나는 맞장구를 쳤다. 그러나 혹시 누군가가 무엇인가를 만들어낸다면 그것은 어떤 것이 될까? 기권자들을 밀치고 우리는 억측을 시작해본다.

이들 과학자들은 빠른 시일 안에 지붕 위 태양전지가 5개조로 만들어질 것이라고는 생각하지 않는다. 현재의 형태로는 고온에서는 약해지고 저온에서는 얼게 되므로 지붕 위에서 20년 동안이나 버티지 못할 것이다. 나는 영하의 온도에서 광합성을 할 수 있는 조류를 포함하고 있는 지의류lichen나 데스밸리미국 캘리포니아 서부의 국립공원; 옮긴이의 지옥 같은 온도에서도 잘 살아가는 사막 식물에 대해 생각해본다. 그에 대해 거스트는, 살아 있는 식물에서는 한 부분이 닳으면 새로 만들어진다는 사실을 상기시켜 주었다. 기능은 매우 비슷하지만 5개조는 그것을 할 수 없다. 게다가 현재의 추세라면 실리콘 태양전지가 값이 점점 내려가 지붕 위에 놓을 정도로 경제적이 될 가능성이 크다.

그러나 5개조가 실리콘 전지와 다른 점은 크기가 80옹스트롬으로 아주 작다는 것이다. 5개조는 빛에 의해서 활성화되는 극초소형 AA 건전지다. 기계들이 모두 분자 크기로 빠르게 소형화되는 세상에서 극초소형 전지에 대한 필요성은 충분히 크다. 5개조를 격자에 붙일 수 있는 방법만 있다면 수십억 개의 5개조를 페인트 통에 담아, 집을 그것으로 칠하면 집이 광수집기로 완전히 한 겹 씌워질 것이다! 혹은, 고속도로를 그것으로 칠한다고 생각해보라! 무어는 "지붕 위 태양전지로 그렇게 한다고요"라며 웃었다. 그리고 한쪽 눈썹을 치켜 올리고 양쪽을 살피며 나를 향해 몸을 기울였다. "진짜로 놀랄만한 일이 무엇인지 아십니까? 이것을 인공 막 안에 끼워 넣는 방법만 알아내면, 그때는 뭐든지 할 수 있어요."

"지금 우리가 가진 것은 기본적으로 전자전달 장치뿐입니다. 우리가 다음에 할 일은 광합성이 하는 일이에요. 즉 전하 분리를 막 전위로 전환하는 일입니다(그는 이것을 화제로 삼을 기회를 놓치지 않았다). 그렇게 하려면 인공 세포를 만들고, 분자를 막에 넣고 거기에 빛을 비추어야 합니다. 그것만 할 수 있다면 빛을 막 전압으로 전환하는 게 됩니다. 그러면 전위를 이용하는 생물학적 과정은 어떤 것이든 활용할 수 있게 됩니다. 분자를 막 속에 집어넣는 방법만 안다면, 이온을 퍼내고, ATP(생명의 가솔린이라 할 수 있는)를 만들고, 당을 들여보내는 등 전위를 이용하는 생화학적 과정은 뭐든지 활용할 수 있게 됩니다."

과학자들은 이미 인공 세포 만드는 방법을 알고 있다. 지질(세포막을 구성하는 분자)을 물에 넣고 흔들면 자동으로 리포솜이라 불리는 공이 조립된다. 거스트와 무어가 이런 기포의 막에 그들이 만든 광합성 분자를, ATP를 만드는 버섯 모양의 결합 인자와 함께 설치할 수만 있다면 거기에 빛을 비춰 생명의 연료를 만들 수 있을 것이다. "생각해 보세요. 광유도계에서 ATP를 생산해내는 거예요"라고 토머스 무어는 말한다.

그것으로 무엇을 할까? 무어는 한숨을 쉰다. "글쎄요, 먼저 한발 뒤로 물러서서 오랫동안 감탄할 것입니다. 그다음 단백질 조립처럼 에너지가 필요한 오르막 반응을 모방할 수 있겠지요. 세포가 단백질을 만드는 데 필요한 모든 것, 즉 리보솜계, DNA, 아미노산 등을 넣고 거기에 빛을 비추면 인슐린 같은 단백질이 척척 만들어져 나오는 것을 보는 것입니다." 현재 인슐린은 대장균 박테리아를 유전공학적으로 처리해서 만들어내고 있다. 언젠가, 먹이를 주고 일정한 온도로 유지해줘야 하는 박테리아도 대신하고, 표면에 전원 함이 들어 있는 주머니, 곧 작은 무생물 공장을 가동하는 날이 올지도 모른다. 아무리 박테리아라고 해도 유전자 조작을 탐탁치 않게 생각하는 나는 이 무생물 대안을 좋아한다.

공학자인 아나 무어는 세부 계획을 가지고 있다. "현재 우리의 5개조는 막을 가로질러 넣기에 너무 길어요. 막은 30옹스트롬 정도 길이가 들어갈 공간밖에 안 되는데, 5개조는 80옹스트롬이나 됩니다. 막만 보자면 길이가 더 짧은 3개조가 최상이지만 우선 우리는 수득률과 전하 분리 시간을 늘려야 합니다. 그런 다음에 그 분자가 막을 인식하고 안으로 들어가 올바른 방향으로 정렬되도록 해야 합니다. 물론, 현재는 3개조가 수용액에 떠 있지만, 3개조와 막에 있는 단백질 사이의 상호 계면 관계도 고려해야 할 것입니다." 나는 그녀가 이 말을 할 때 이미 그녀의 마음이 윙윙 소리 내며 연구비 계획서를 작성하고 있음을 알 수 있었다.

토머스 무어는 "내년에 다시 오세요. 어떻게 되었는지 알려드릴게요"라며 여운을 남겼다.

닐 우드베리는, 세포 안을 떠다니며 분자들을 합쳤다 쪼갰다 하는 일꾼 단백질인 촉매제에 5개조를 붙이는 방법만 알아낸다면, 막이 없는 화학 세상이 될 것이라는 상상을 좋아한다. 용접공처럼 촉매제는 매우 특이하게 작용하며, 엄청나게 긴 진화 과정을 통해 연마되었다.

생화학자들은 선반에서 쉽게 꺼내 쓸 수 있는 온갖 자연계의 촉매제들을 갖고 있다. DNA 중합효소 같은 것은 수천 가닥의 DNA 복사본을 순식간에 만들어낸다. 이런 생화학 반응은 대부분 열역학적으로 내리막 반응이다. 촉매제를 넣어주기만 해도 대단한 에너지 투입 없이 반응은 진행된다. 생화학은 이런 식이다.

불행하게도 우리가 제조하는 많은 화학물질과 의약품은 오르막 반응으로 고농도의 화학물질 용액, 고열, 극도의 고압 등으로 억지 반응시켜 만들어낸다. 40단계나 50단계로 된 대형 화학반응 대신 선반에 가서 전원 함(5개조)이 있는 맞춤형 용접공(촉매)을 골라 꺼낼 수 있다면 어떨까? 전구물질 A와 B를 함께 잘 섞고 빛을 쪼여주면 오르막 반응이 일어나 자연이 만들어내는 것과 똑같은 특성을 지닌 AB를 형성해낼 수도 있다. 이러한 식으로 우리는 햇빛을 에너지원으로 사용하여 독성 부산물을 만들어내지도 않으면서, 화학물질을 물속에서 효과적이고 깨끗하게 만들어낼 수 있다. 지금 뒤로 한 걸음 물러서서 한동안 감탄할 수 있는 것이 있다.

수소에 대한 꿈

녹색식물이 이 행성에서 거둔 진짜 대성공을 모방하고 싶다면 햇빛에너지를 이용하는 방법을 찾아서, 그 에너지로 저장할 수 있는 고에너지 연료를 만들어내는 화학반응을 할 수 있어야 한다. 식물에게는 지당하지만, 당과 녹말은 인간이 마음에 두고 있는 것이 아니다(식물이 이미 우리를 위해 잘 만들어주고 있다). 우리가 관심을 두는 것은 햇빛과 물에서 수소 가스를 만들어낼 가능성이다.

수소는 세상에서 가장 깨끗하고 저장 가능한 연료다. 물에서 만들어낼 수 있고 태우면 다시 순수한 물을 방출한다. 또 수소는 연료전지 기술에서 선호하는 연료다. 연료전지는 휴대용 장치로 수소 가스를 취해, 예를 들면 바로 자동차에서 전기를 생산해낸다. 현 시점에서 연료전지 기술은 아직 달성하기 어려운 목표로 몇 시간 이상 작동하는 화학반응을 얻을 수 있는 사람은 아무도 없다. 그 장애만 극복하면 수소 가스에 대한 수요는 엄청날 것이다.

물 분자를 '깨서' 수소 가스를 추출해내는 연금술은 이론적으로는 어렵지 않다. 자연은 수소화효소의 도움으로 노상 하는 일이다. 수소화효소는 수소이온(H^+)을 취하고 전자를 더하면서 수소(H_2) 가스를 만들고 가스는 용액에서 기포로 나온다. 광합성은 필요한 모든 성분을 생산해낸다. 물에서 수소이온을 방출하고, 전자를 전기전달자 $NADP^+$의 손으로 옮겨주어 NADPH로 만든다. 수소이온과 전자들이 이렇게 계속 있는 한 수소화효소를 넣어주기만 하면 수소 가스를 공짜로 얻을 수 있을 것이다. 그렇지 않을까? 그러나 불행히도 그렇게 간단하지 않다. 수소화효소는 산소가 있으면 편안하지 않아서 몇 시간 동안 생산물을 쏟아내고 나면 산소에 져서 반응이 서서히 멈춘다. 그러나 전문가들은 누군가가 부가 반응들을 완성하는 것은 단지 시간문제라고 예상한다. 그렇게만 되면 전하 분리를 제공하는 집광 전원함에 의존하는 세상이 올 것이다. 승산은 5개조에 있거나, 혹은 반응센터에 근거한 전혀 새로운 개선된 모델이 최종 후보에 오를 것이다.

빛의 속도로 계산하기

한편, 가장 실현이 임박한 것은 마음속으로 그리기도 어려운 융합이다. 예를 들면, 세상에서 가장 오래된 생물을 흉내 내어 전혀 새로운 차세대 컴퓨터에 생명을 불어넣어주는 기술이 있다. 이러한 유기-실리콘 하이브리드는 분자의 크기를 변화시켜 펜티엄 PC를 50년대 진공관으로 된 에니악처럼 굼떠 보이게 할 것이다.

오늘날의 컴퓨터는 0과 1의 전자 비트를 저장하고 전송하는 일련의 스위치를 사용한다. 그 스위치들은 기찻길에 있는 것처럼 작동한다. 올바른 신호를 받으면 열려 전자라는 기차를 통과시킨다. 반대로 어떤 스위치는 닫혀서 전자의 흐름을 막을 수도 있다. 우리는 이 과정이 실제로 얼마나 느리고 힘든지 잘 모른다. 일렬로 늘어선 스위치를 가지고 컴퓨터는 한 번에 한 가지만 순차적으로 계산할 수 있다. 미래의 컴퓨터는 인간의 뇌를 닮아 3차원의 스위치 망을 갖게 될 것이다. 신호는 전자의 흐름을 통해 여행하는 게 아니라 아마 광속으로 여행하는 빛 파동으로 암호화될 것이다. 총 서른 권의 『브리태니커 백과사전』을 보스턴에서 볼티모어까지 보내고 싶다고 치자. 이것을 오늘날의 구리 전선과 28.8바우드 모뎀에 구겨 넣는다면 전화선을 반나절 동안 붙잡고 있어야 할 것이다. 같은 분량을 머리카락 하나 굵기의 광섬유 안으로 광파를 통해 전송한다면 1초도 걸리지 않는다.

이러한 광학 귀재들을 탑재하려면 공학가들은 빛에 민감한 스위치가 필요한데 크기는 작을수록 좋다. 5개조와 같은 장치, 즉 빛의 특정 진동수에 반응해서 전하의 분배를 바꾸는(전자와 구멍의 위치를 잡는) 장치는 이상적인 스위치가 된다. 빛을 쬐면 음전하와 양전하는 5개조의 반대 끝으로 순식간에 이동한다. 그 스위치가 이런 전하 분리 상태에 있을 때 실제로 모양을 바꾸어서 빛스펙트럼의 여러 부분에서 나오는 빛을 흡수한다(무드 링 현상). 이것은 5개조가 조절될 수 있다는 뜻이다. 그것은 빨간빛만을 흡수하는 상태에서 초록빛만을 흡수하는 상태로 앞뒤가 뒤집힐 수도 있다. 컴퓨터 용어로 이런 상태를 0과 1 또는 점멸on and off이라고 한다.

거스트와 토머스 무어는 내구력이 좋은 재료에 5개조 스위치를 수백만 개까지 설치할 꿈을 공공연히 꾸고 있다. 컴퓨터 잡지들에 낸 그들의 글에 분자의 'OR' 게이트와 'AND' 게이트의 정확성에 대해 요약, 설명하고 있다. 다음은 한 가지 시나리오다. 전하가 분리된 상태($C^{+}P_{Zn}PQQ^{-}$)에서 이 5개조는 960나노미터 파장의 빛을 흡수할 것이다. 960나노미터 빛이 스위치에 돌진하면, 전하가 분리된 5개조는 그 빛을 흡수하고 전달을 중단시켜 빛을 차단한다. 흐름의 스위치가 완전히 꺼지는 것이다. 반대로 휴식 상태의 5개조는 960나노미터의 빛을 흡수하지 않으므로 빛을 통과시킨다. 준비된 광선으로 이런 분자 스위치들을 때려서 휴지 상태와 전하가 분리된 상태를 교대로 바꿀 수 있는데 이는 근본적으로 비트나 바이트의 전송 게이트를 열거나 닫는 것과 같다.

이 마지막 응용 과정은 광합성의 응용과 동떨어져 보이지만, 궁극적으로 광합성 기계 장치의 새로운 사용법을 찾는 것이 생체모방이므로 그렇지도 않다. 토머스 무어는 "자연은 기존의 기술을 개조하여 다른 많은 일을 하는 것으로 유명합니다"라고 상기시킨다. 이산화탄소와 물과 에너지가 당과 산소로 전환되는 과정은 우리가 채소샐러드나 쇠고기 음식을 먹을 때마다 약간의 변형으로 간단하게 역으로 일어난다고 말한다. 우리는 당과 산소를 먹고 에너지와 이산화탄소와 물로 분해한다. 이런 거울상처럼 반대되는 반응이 공통으로 갖는 특징은, 식물계와 동물계를 막론하고 일어나는 막 분극이라는 기적 같은 현상이다. 사실상(나는 딱 토머스 무어처럼 말하고 있다) 이는 사고를 비롯한 모든 생물학적 기능에서 보이는 공통된 주제다. 이 문장을 읽을 때 당신의 신경세포에 있는 막 전위가 신호를 보내고 정보를 처리하여, 간단히 말해, 연산을 하고 있다. 갑자기 인공 광합성 컴퓨터에서 테트리스 게임을 하는 것이 그렇게 이상해 보이지 않는다. 이것은 단지 땅에 떨어진 또 하나의 도토리이며 나무에서 그렇게 멀리 떨어져 있지 않다.

그 주말에, 디벤스 거스트가 바람을 넣은 대로 아나사지 인디언 부족의 폐허 한가운데를 지나가면서, 이 모든 것들을 생각하자 나는 미소가 지어졌다. 수많은 세월을 보낸 뒤 우리는 이제야 나뭇잎들을 영감의 원천으로 바라보고 있다. 아나사지와 달리 우리는 너무 많은 실험실을 잘못된 방향으로, 즉 태양을 등지게 세웠다. 나는 그에게 "연구비를 받게 되기 바라요"라고 크게 말한 뒤 인디언 유적지의 원형 벽에 등을 기대고 부드러운 햇살을 받으며 잠에 곯아떨어졌다.

광효소

그로부터 몇 개월 후, 애리조나 주립대학교의 5개조 집광 연구에 대해 토론토 대학교의 제임스 길릿James Guillet에게 말했더니 그는 고개를 끄떡였다. "멋지군요. 아주 잘하고 있어요." 그는 공손하게 말을 이었다. "레이저를 꽂을 수 있는 것이 있는 한 그렇습니다. 그러나 밖으로 나가 그것을 캐나다 북부의 보통 햇빛에 비추면 어떻게 될까요? 전류를 얻을 수 있을까요? 더 좋기로는 연료를 얻을 수 있을까요? 그것이 바로 내가 하고 싶은 일입니다."

그 일을 하기 위해서 길릿은 광합성 장치의 다른 부분을 공략하고 있었다. 거스트와 무어가 반응센터 모델을 만들 때 그는 모든 반응센터에 궁극적으로 필요한 것, 가랑비처럼 분산되어 쏟아지는 햇빛이 집을 때리게 하는 방법을 구축하고 있다. 식물에서는 그 일을 색소 안테나가 하고 있는데 길릿이 성공한다면 애리조나 주립대학교 팀은 제대로 된 안테나를 5개조에 연결할 수 있고 물에서 화학반응을 수행할 수 있게 될 것이다. 그러나 이 이야기는 너무 앞서 간 것이다.

현재로서는 길릿이 인공 광합성이라는 성배에서 자기만이 할 수 있는 부분을 찾는 데는 다 이유가 있다. 사실 그 자신이 춥고 음산한 시골에 살면서 세상 어느 곳보다도 1인당 에너지를 더 많이 소모하고 있기 때문이다. 맑은 날이 별로 많지 않기 때문에 그는 태양에서 온 저장 가능한 연료, 겨울 내내 태울 수 있는 수소 같은 것을 짜내는 방법을 찾고 싶어 한다. 그는 자신의 계획에 대해 마음을 졸이는지 모르지만 내가 보기에 그는 무엇인가를 해낼 것 같다. 그의 지난 업적, 즉 논문, 상, 특허, 사업 등을 보면 그는 좋은 아이디어에 먼지가 앉게 하는 사람은 아니다.

길릿은 비록 몇 년 전 정년 퇴임했지만, 아직 토론토 대학교에 연구실을 두고 정기적으로 출퇴근한다. 그는 한 발은 학계에, 다른 한 발은 자신의 경력을 시작했던 개인 사업체에 걸치고 있다. "나는 실용성이 최고의 가치인 사업체에서 훈련받았습니다. 그런데 대학교로 옮겼더니 내게 사적인 것은 모두 포기하라는 겁니다"라고 말했다. 그때는 과학의 진짜 귀족은 물리학이었고 정교한 이론과 통일된 개념만이 빛나는 배지이던 시절이었다. 소위 '물리학 선망'이 한창일 때, 그가 속했던 과의 학과장이 실제로 그를 불러 특허 받을 수 있는 것은 만들어서는 안 된다고 말해주었다. 기특하게도 그는 그런 충고는 귓등으로 흘려버리고 계속 발명 특허들을 내고 회사를 성장시켜왔다.

그가 발명한 것 가운데 에코라이트Ecolyte라는, 햇빛이 비치면 작은 조각으로 분해되는 플라스틱이 있다.

길릿은 "나는 벤저민 프랭클린Benjamin Franklin보다 발명품이 네 배나 더 많습니다. 100개를 목표로 정진하는 중이죠"라고 말했다. 현재와 100개 사이 어느 지점에서 그가 태양에너지를 자동차를 움직일 수 있는 연료로 바꾸어주는 장치를 발명할지도 모른다. 그것이 출품되면 남쪽에 있는 그의 경쟁자들에게 살그머니 다가갈 것이다. 길릿의 표현에 의하면 그와 남쪽 연구자들은 전혀 다른 기본 규칙으로 나란히 경주하고 있다.

미국에서는 정말 큰일을 하려면 군사적인 접근법을 적용해야 하며 맨해튼 프로젝트가 바로 그런 경우라고 길릿이 말했다. 그러나 그는 이번에는 효과가 없으리라 내다봤다. "첨단 레이저(닐 우드베리의 기차 세트를 획획 도는 것과 같은)를 사는 것은 항상 태양에너지 연구의 기본이 되어왔습니다. 그러나 나는 태양에너지 장치가 그렇게 값비싼 접근법을 통해 태어날 것이라고 생각하지 않습니다. 자연은 그러한 규모로 작동하지 않을 것입니다."

우리는 대학교 구내에 있는 프랑스 식당으로 걸어가고 있었다. 그는 걷다가 멈추고 그 좁은 길에 늘어선 나무들에서 잎사귀 하나를 뽑았다. "이것이 모든 이들이 모방하고 싶어 하는 태양에너지 장치입니다." 꽃 한 송이를 주듯이 그 잎을 나에게 건넸다. "그리고 이 장치는 그렇게 집약된 레이저 빛 아래서 화학반응을 하는 게 아닙니다. 레이저는 매우 강렬하지만, 햇빛은 소나기가 아니라 가랑비처럼 퍼져 있는 빛입니다."

이때 그는 발길을 멈추고 태양을 바라본다. "햇살이 지구 위로 무한히 쏟아져 내리지만 그것을 모으는 것은 힘들기로 악명 높아요. 문제는 시간이지요. 녹색식물 광합성에는 하나가 아닌 두 개의 광자가 두 광계의 반응센터를 연속으로 빠르게 때립니다. 이 '두 개의 광자 사건'은 흥분된 상태 동안 일어나야 합니다. 그렇지 않으면 부가 반응들이 일어나다 말게 됩니다. 광자 하나로는 그 과정을 유도하는 데 에너지가 충분치 않아요." 통계적으로 두 개의 광자가 거의 동시에 잎의 1제곱센티미터 면적을 내리칠 확률에 돈을 걸 사람은 세상에 없을 것이다. 자연은, 물론 이렇게 희박한 승산에 돈을 걸었고 확실하게 땄다.

잎도 하고 바닷말도 한다. 심지어 광합성 박테리아도 한다. 그들은 광양자가 그냥 지나칠 수 없는 안테나를 펼친다. 광합성 생명체들은 엽록소를 듬뿍 투자해서, 반응센터마다 약 200개의 색소 분자가 쫙 배열되어 있다. 막대 사탕 모양의 각각의 안테나 분자는 들어오는 광양자를 향해 해바라기처럼 포르피린 고리를 돌린다. 광자 하나가 이들 배열의 어디라도 치면 포르피린 내의 전자 하나가 흥분되어 더 높은 궤도로 올라가게 되고 전자가 원래 궤도로 떨어지기 전에 그 에너지(전자 자체가 아니라 에너지만)는 에너지를 받을 준비가 되어 있는 옆의 포르피린 고리로 이동한다. "에너지 이동은 마치 소리굽쇠를 쳤을 때 나는 음파와 같습니다. 궁극적으로 방 저쪽에 있는 소리굽쇠가 에너지를 '받아' 동일한 진동수로 공명합니다."

잎사귀에서 에너지는 안테나에서 안테나로 이동하면서 종착지까지 빠르게 흘러간다. 에너지를 찾는 이런 고리 모양**포르피린의 형태; 옮긴이**의 색소를 배열하는 것은 단지 빗물 통의 문을 여는 게 아니라 지붕 전체가 비를 모으는 것과 같다고 길릿이 말한다. "사실, 하나가 아니라 200개의 색소 분자로 된 안테나를 들고 있다면 두 번째로 투입된 광양자 에너지가 표적을 맞출 확률은 4만 배로 커집니다."

길릿은 광합성과 비슷한 일을 조금이라도 해보려면, 예를 들어 햇빛을 이용해서 물을 분리하여 수소 연료를 얻으려면 두 번째 광양자 투입이 필요하다고 주장한다. "일단 레이저하고 결별하면, 거의 같은 시각에 도착하는 두 개의 광양자가 필요하다는 것을 알게 됩니다. 반응센터가 아무리 훌륭해도, 광양자를 수집해줄 수 없다면 반응센터는 일을 할 게 없습니다." 그 사실에 직면하고 길릿은, 전하 분리는 다른 사람들이 하게 두고 그동안 그는 인공 안테나 제작법을 연구하기로 작정했다.

"나는 에너지가 한 줄로 된 민감한 색소의 사슬을 따라서도 큰 배열에서처럼 이동하는지 알고 싶었습니다. 나는 염료와 용매를 만드는 유기 발색소인 나프탈렌을 선택했습니다. 나프탈렌은 엽록소 분자의 빛에 민감한 부분과 유사하기 때문입니다. 수천 개의 나프탈렌을 반복적으로 꿰어 폴리머(같은 분자들이 이어진 것)라 불리는 긴 사슬을 만들었습니다. 구부러지는 줄에 꿴 긴 진주 목걸이라고 생각하면 됩니다. 이것을 용액에 넣었더니 둘둘 말렸습니다. 거기에 빛을 쪼였더니 나프탈렌 발색소 하나가 에너지를 받아 여행을 시작했는데, 사슬을 따라 바로 옆 진주알로 갈 뿐 아니라 근처의 다른 사슬로도 건너뛰어 갔답니다." 길릿은 이런 에너지의 무작위적인 건너뛰기를 '술 취한 선원의 걸음'에 비교했다.

길릿은 또 잎에서는 자연이, 마치 술 취한 선원을 경사진 하수로로 보내 결국 밑에까지 가게 하듯, 무작위적인 걸음을 부드럽게 유도한다는 것을 알아챘다. 식물의 '밑'은 반응센터의 엽록소로, 작동이 시작되는 곳이다. 그 길을 따라가는 각 걸음 혹은 각 안테나는 에너지가 약간씩 낮은 단계에 있다. 에너지가 높은 곳에서 낮은 곳을 향해 가는 것은 경사면을 따라 내려가는 것과 같다. 에너지는 다른 길로는 갈 수가 없기 때문에 결국 중앙의 엽록소에 갇히게 된다.

길릿은 자기의 단일 사슬로 자연의 묘책을 모방하고 싶었다. "가랑비 같은 햇빛에서 광양자를 낚아챈 다음, 모든 에너지가 그 사슬의 한쪽 끝, 즉 에너지 지형에서 분지에 해당되는 점으로 가기를 바랐습니다." 일단 중앙의 한곳에 에너지가 갇히면 화학결합을 만들거나 깨고 물을 분해하고 의약품을 만들며 모든 종류의 화학반응을 일으키는데 그 에너지를 사용할 방법을 고안할 수 있을 거예요.

안트라센이 완벽한 분지로 판명되었다. 길릿은 사슬의 한쪽 끝에 안트라센을 놓고 나프탈렌 목걸이에 빛을 쪼이고 나서 에너지가 움직였다는 표시로 스펙트럼의 신호가 바뀌도록 했다. "그 신호를 보는 것은 감격적이었습니다. 나는 즉시 대부분의 빛에너지가 나프탈렌을 떠나 안트라센에 도달했음을 알았습니다. 게다가, 그 과정은 효율적이기까지 했습니다. 빛의 광양자 100개 가운데 95개가 안트라센에 전달된 겁니다. 95퍼센트의 전환율은 광합성에 맞먹어요. 이것은 우리가 광양자 수집을 위해 자연만큼 좋은 안테나를 만들 수 있다는 사실을 말해줍니다."

자, 이제 에너지를 가둘 수 있게 되었으니, 그것으로 무엇을 할 수 있느냐고 그에게 물었다. 길릿은 이 대목에서 표정이 밝아졌고 나는 그 순간이 과학자가 자신의 생각을 숨김없이 말하는 순간임을 알았다. 토머스 무어에게 그것은 막 전위이고 제임스 길릿에게는 물에서의 화학반응일 것이다. "생명은 매우 보편적이고 공통된 전략을 씁니다. 그 전략은 너무나 잘 작동하기 때문에 전방위적으로 사용됩니다. 이 중 한 가지가 수중에서 화학반응을 일으키는 것이에요. 나무, 옥수수, 뇌세포 모두에서 선택된 용매는 물입니다." 우리는 물론 다른 길을 추구해왔다. 플라스틱, 합성섬유, 피복제, 의약품, 농업용 화학물질 그리고 석유제품들을 만들 때 유기용매를 사용한다. 이것은 독성 물질을 방출하고 안전하게 보관하기도, 폐기하기도 어렵다. 길릿은 일단 에너지 목걸이가 작동하자, 이런 유기용매들을 필요 없게 만드는 공상을 하기 시작했다. "자연을 모방하여 화학반응 용매로 생명이 사용하는 온화한 용매를 사용하면 안 될까 하는 생각이 들었어요."

길릿은 자신의 폴리머 안테나를 통해 화학물질 생산 공장들이 식물같이 되는 새로운 시대가 열리는 꿈을 꾸기 시작했다. "딱 한 가지 문제가 있었습니다. 나프탈렌이 물을 싫어한다는 거예요." 나프탈렌은 막 단백질처럼 물을 두려워해서 물과 오래 섞여 있지 않는다. 그의 해결책은, 친수성 분자를 그 사슬에 붙여서 지킬 박사와 하이드처럼 이중성격을 갖게 하는 것이었다. 친수성 그룹은 물과 잘 섞이고, 나프탈렌은 가운데 모여서 편안한 소수성 주머니를 형성한다.

지킬 박사와 하이드 같은 이중성은 화학반응에서 많이 사용되며 옷을 세탁하는 방법과도 관련이 있다. 우리가 옷을 깨끗이 빨 수 있는 것은 비누 분자의 이중성격 덕이다. 비누 분자를 북극과 남극을 가진 막대'자석'이라고 생각해보자. 한쪽 극은 물을 좋아하고 다른 쪽은 물을 싫어한다. 물에 작은 막대자석들을 넣으면 물을 싫어하는 끝끼리 서로 떼를 지어 모이고 반면에 물을 좋아하는 쪽은 물을 향한다. 세탁기 안에는 근본적으로 교질입자라고 부르는 비누 분자로 된 공들이 떠 있는 것이다. 각 공의 중앙에는 물을 싫어하는 '주머니'가 만들어져 근처에 있는 물을 싫어하는 분자들, 예를 들면 기름때를 잡아끈다. 일단 물을 싫어하는 분자들이 청바지의 섬유에서 빠져나오면 세제 공을 만나는 것은 이제 시간문제다. 기름때가 교질입자 안의 주머니라는 피난처를 찾아내면 그 안으로 잠수하여 더러운 비눗물과 함께 씻겨나간다.

같은 종류의 이야기가 길릿의 새로운 폴리머에서도 펼쳐진다. 길이가 긴 목걸이 같은 폴리머 각각은 가운데 소수성 주머니가 있는 위교질입자라 부르는 것을 만든다. 길릿이 만들어낸 것은 에너지, 그리고 근처의 물을 싫어하는 분자들 어느 것이든 들어가는 구멍이 있는 구형의 안테나다. 물을 싫어하는 분자들이 화학반응의 전구물질이라면 물속에서 화학반응이 일어날 준비가 된 것이라고 길릿은 말한다. 전구물질이 중앙으로 들어가면 햇빛 에너지가 그것을 때려서 결합이 형성되거나 끊어진다.

여러 면에서 닐 우드베리가 전원 함이 있는 촉매제를 설명할 때 마음속에 그리고 있던 것은 이런 것이다. 길릿은 물에 떠다니며 촉매제나 효소처럼 작용하는 극소형 반응기를 만들어냈다. 이것은 소수성의 활성화된 주머니 속에 기질을 '붙잡아놓고', 태양에서 오는 에너지를 이용해 결합을 형성하거나 끊는다. 그는 이것을 광효소라 부른다.

길릿의 연구 대부분에서 중점을 둔 광효소는 발음하기도 어려운 PSSS-VN이라는 별칭으로 불린다. 이것은 소듐 스티렌설포네이트 **SSS**와 2-비닐나프탈렌**VN**, 두 개의 화합물로 되어 있다. PSSS-VN을 처음 테스트하기 위해 그는 물과 함께 발암물질인 피렌**pyrene**을 비커에 넣었다. 물을 싫어하는 피렌은 비커에 넣자마자 폴리머 코일의 중앙 주머니 속으로 들어갔다. 피렌은 그 안에서 빛에너지를 받는 배열의 끝이 될 것이다. 태양 광선이 폴리머를 일광욕시키면 에너지는 코일의 중앙을 때려 극도로 빠른 광화학적 반응을 일으키면서 피렌을 덜 위험한 분자들로 분해했다.

길릿은 자신의 이론을 대중에게 설명하기 위해 사람들의 관심이 높은 것을 선택했는데, 바로 폴리염화바이페닐 PCB이다. 이런 일반 산업용 화학물질은 지금은 어디서나 볼 수 있다. 전기 기구의 40퍼센트에 들어 있고 심지어 북극의 물에서도 발견된다. PCB가 이렇게 많이 쓰이는 이유는 햇빛에 의해 분해되지 않기 때문이다. 기존 정화 방법으로는 PCB와 다른 오염 물질들을 제거하기가 어려운데 다량의 물에 극미량으로 희석되어 있기 때문이다.

광효소는 PCB가 몇 ppm백만분의 1의 농도; 옮긴이밖에 안되어도 찾아내 빛에너지의 도움으로 PCB에서 유해한 염소를 떼어내 무해하게 만들 수 있어, PCB를 제거하는 이상적인 방법이라 할 수 있다. 길릿은 그 과정을 다음과 같이 설명한다. PCB 분자 하나가 교질입자 속으로 끌려가 빛에너지를 받으면 염소 결합 하나가 끊어진다. 그러면 교질입자가 잘린 PCB를 방출하고 또 다른 PCB 분자를 들인다. 1~2주 동안 중앙에서 여섯 번의 염소 제거가 일어나고 나면 모든 PCB 분자는 염소가 없고 생분해 가능한 상태가 될 것이다.

나는 그에게 무엇인가 분해하는 대신 광효소를 사용하여 무엇인가를 만들어낼 수도 있는지 물어보았다. "물론입니다! 열, 압력 또는 독한 화학약품 대신 빛으로 수행할 수 있는 반응이 얼마나 많은지 알면 놀라실 걸요. 예를 들어, 광효소와 비타민 D 전구물질을 섞고 태양에너지만 있으면 지금처럼 여러 단계가 아니라 단 한 단계로도 만들 수 있다는 것을 이미 증명했습니다. 태양의 호의지요. 물론 대량의 에너지가 필요합니다. 그러나 우리의 과정 효율성만 가지고도 캐나다인의 연간 비타민 D 총소비량을 뒷마당 수영장 크기에서 만들어낼 수 있습니다."

광효소로 광화학은 굉장히 정확해졌다. 원치 않는 산물을 만들어내는 부가반응이 일어나지 않기 때문이다. 또한, 그 과정을 조정할 수도 있다. 광효소의 분자량을 조절할 수 있고, 주머니를 적절하게 제작하여 특정 소수성 분자만 들어갈 수 있게 하고, 안테나의 에너지 수준을 특정 기질 분자에 맞춰 많은 분자들 가운데서 올바른 기질을 '찾아서' 그것만 흥분시키도록 할 수도 있다. 광효소는 효율적이고 또 무한한 태양에너지를 사용할 뿐 아니라 튼튼한 사역마이기도 하다. 용액에서 비타민 D나 원하는 것을 일단 뽑아내고 나면 폴리머는 다시 사용할 수 있다.

길릿은 '자연의 화학'이 만병통치약은 아니라고 말한다. 그 자체가 문제를 불러일으키기도 하는데 자연의 생물이 직면한 바로 그런 문제다. "자연의 햇빛을 이용해서 물에서 화학 실험을 할 때는 늘 여러 층으로 해야 합니다. 최상의 빛은 제일 꼭대기에 있고 밑으로 내려가면서 포화도가 낮아집니다. 나의 문제는, 사실 기술적인 문제인데, 어떻게 반응이 항상 꼭대기에서 일어나고 햇빛에 최대로 노출되게 하느냐는 것입니다. 나는 생각하고 또 생각하고 있었는데, 어느 날 스토니 호수에 있는 주말 별장에서 산책하다가 조용한 골짜기에 앉아 있게 되었습니다. 거기서 바로 눈앞에서 광화학을 위해 빛을 모으는, 세상에서 가장 좋은 전략이 펼쳐지고 있었습니다. 당신에게도 보여줄게요."

그는 뒤에 있는 플라스틱 용기를 가져와 내용물을 내 손에 흔들어 부었다. 종이에 구멍을 뚫는 펀치만 한 반투명한 플라스틱 원반들이 손바닥에 쌓였다. "솔라론 구슬입니다. 폴리에틸렌이라 부르는 교차결합된 폴리머로 만들어졌습니다. 지금은 마른 상태지만 액체에 담그면 마치 흡수력 좋은 기저귀처럼 재빨리 액체를 흡수합니다. 솔라론 구슬로 광화학반응을 일으키려면, 먼저 솔라론이 액체로 된 비타민 D의 전구물질을 빨아들이게 합니다. 적셔진 구슬을 연못에 쏟아 부으면 한 층으로 고르게 퍼지고 태양을 흡수하여 전구물질에 중대한 화학반응을 일으킵니다. 구슬을 제거하려면 한꺼번에 골라내거나 천천히 움직이는 장치로 조금씩 밀어내면서 새로운 것들로 채우면 됩니다. 비타민 D를 '수확'하려면 구슬을 물에 씻으면 되고, 그 구슬은 다시 한 번 전구물질에 담근 후 도로 연못에 던져 넣습니다."

길릿은 "이것은 여러 면에서 산업용 화학 과정보다는 농업을 더 닮았습니다"라고 말한다. "아닌 게 아니라, 우리는 곡물을 취급하는 장비인 운반 장치 에어베이어, 고속 송풍기, 창고 등을 이용해 구슬을 저장하고 수송할 수 있습니다. 내가 세운 솔라켐이라는 회사에서 이미 이런 식으로 몇 가지 제품을 만들고 있습니다. 이 초소형 태양-화학 실험실로 1제곱미터를 덮는 데는 500센트 정도 듭니다. 1제곱미터당 5달러에서 200달러가 드는 태양전지와는 대조되지요."

나는 이야기를 들으며 계속 원반들을 손에서 굴리고 있었다. 그러다 그것을 자세히 들여다보았다. 타원형이고 약간 오목했다. 그는 "내가 어디서 영감을 얻었는지 알겠어요?"라고 물었다.

나는 작은 원반들이 수면에 떠서 얼마나 촘촘히 전체를 잘 덮을지 상상할 수 있었다. 어느 순간 갑자기 답이 떠올랐다. 나의 탐색전은 빙 돌아 제자리로 왔다. 잡초이며 귀찮은 것이고, 효율성과 우아함을 간직한 훌륭한 모델이며, 배워야 할 교훈이 한꺼번에 모두 물가로 떠올랐다. 길릿의 영감은 내가 도저히 따라잡을 수 없는 체셔 고양이로, 우리 주변에 있는 불가항력적인 천재성의 일부다.

나는 그에게 "이게 무엇인지 정확하게 알겠어요"라고 말했다.

"기막히지요?" 그 말을 하며 그는 내 손에 구슬을 한 줌 부어주었고 우리는 서로를 바라보며 미소 지었다.

인공 좀개구리밥. 특허 번호 84번.

제4장

어떻게 물건을 만들까?

기능에 형태를 맞추다: 거미같이 실잣기

환경 정책 입안자들은 점점 불어나고 있는 쓰레기와 오염에 초점을 맞추고 있지만, 대부분의 환경 피해는 사실 물건이 소비자에게 도달하기 전에 일어난다. 연구자들에 따르면 단 네 종류의 주요 제품, 즉 종이, 플라스틱, 화학물질, 금속 생산 업체가 미국 내 제조업에서 배출되는 독성의 71퍼센트에 책임이 있다고 한다. 종이, 강철, 알루미늄, 플라스틱, 음식 보관 통 유리의 다섯 가지 재료 생산에는 미국 내 제조업에서 사용되는 에너지의 31퍼센트가 소모된다.

_존 영John. E. Young과 애런 색스Aaron Sachs, 『차기 효율성 혁명: 지속가능재료 경제를 위하며The Next Efficiency Revolution: Creating a Sustainable Materials Economy』의 저자

우리는 철기시대나 산업혁명에 버금가는 재료혁명의 시작 직전에 있다. 우리는 새로운 재료의 시대로 도약하고 있다. 다음 세기 내에 생체모방학은 우리가 살아가는 방식을 크게 바꿀 것이다.

_메메트 사리카야Mehmet Sarikaya, 워싱턴 대학교 재료공학과 교수

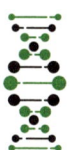

"그것이 바로 아기의 머리가 부드러운 이유입니다." 에스컬레이터를 타고 위로 올라가고 있는데, 아래로 내려가던 한 남자가 말했다. "아기의 머리는 아직 완전히 광물화되지 않았어요." 아기의 머리? 나는 에스컬레이터를 걸어 올라가서 그 남자를 따라 내려가는 에스컬레이터를 탔다. 그는 내가 가려던 곳으로 가고 있었다.

해마다 보스턴 시내에서 열리는 재료연구학회**The Materials Research Society, MRS**는 참석자 수가 커다란 호텔 세 개를 꽉 채울 정도로 많다. 어디를 봐도 과학자들 천지로, 3,500명은 족히 되는 과학자들이 모두 두께가 5센티미터나 되는 재료과학 세미나 초록집을 들고 있는데 우리 대부분이 들어보지 못했던 학문 분야다. 이상한 일이다.

왜냐면 재료과학은 글자 그대로 우리가 만지는 모든 것을 의미하며, 우리가 걷고 타고 파고 입고 붓는 모든 물체는 하나 이상의 재료로 되어 있기 때문이다. 그러나 파손 내성, 인장강도, 표면 화학 등을 고려하는 도예가, 유리 기술자, 금속학자, 폴리머 과학자들은 전혀 이름을 알리지 못하고 있다. 나는 이다음에 자라서 재료과학자가 되겠다는 아이를 만나본 적이 없다.

아마 이 분야는 아직 신생 학문이라 그럴 것이다. 과거에 물질은 오로지 자연만이 제조해왔고 우리는 자연이 주는 것, 즉 나무, 짐승 가죽, 견사, 양털, 뼈, 돌만 써왔다. 결국 사람들은 점토를 가열해 도자기를 만들고, 흙에서 철을 뽑아내는 법을 터득했다. 역사를 통해 인간의 진보는 우리가 사용했던 재료의 종류에 따라 시대가 구분되어 석기시대, 청동기시대, 철기시대, 플라스틱 시대를 거쳐 현재는 누군가 말했듯이 실리콘 시대에 이르렀다. 각 문명의 시대를 따라 우리는 생물에서 유래한 재료와 그것들이 우리에게 주는 교훈에서 점점 더 멀어져가고 있는 것 같다.

심포지엄 S(그 학회의, 생물에서 영감을 얻는 재료 분과)에서 보여주는 생생하고 열정적인 슬라이드를 통해 나는 자연이 물건을 만들어낼 때 적어도 다음 네 가지 작업 기법을 가지고 있음을 깨닫기 시작했다.

1. 생물친화적인 제조 공정
2. 위계 구조 체계
3. 자가조립

4. 단백질 결정체 주형 뜨기

나에게는 그 기법 하나하나가 새로웠는데, 아마 학회에 참석한 대다수 참가자에게도 그랬을 것이다. 생체모방학이 여타 분야와 다른 점은, 자연의 규범이 그 학문의 규범이 된다는 데 있다. 만일 생체모방학에 나름대로의 방식이 있다면, 그것은 재료공학자를 위한 모든 교육의 골격이 될 것이다. 이 장의 목적을 위해서는, 우리는 단기 과정을 밟겠다.

가열하고, 때리고, 다듬기

재료연구학회의 중심에는 심포지엄이라 불리는 소규모 회의 40개가 동시에 열린다. 각 심포지엄에서는 1주일 내내, 정해진 15분 안에 새로운 발견에 대한 논문들이 소개되었다. 대부분의 발표는 새로운 연금술, 즉 불가능할 정도로 높은 온도, 압력, 농도에서 이루어지는 새로운 합금, 세라믹, 플라스틱의 합성에 초점이 맞추어져 있다. '가열하고, 때리고, 다듬어라'는 사실상 산업 시대의 슬로건이 되었다. 우리는 거의 모든 것을 이런 방법으로 합성하였다.

반면에, 자연은 이런 전략을 따를 수 없다. 생물은 자기 공장을 마을의 변두리로 보낼 수 없다. 공장이 가동되는 바로 그곳에서 살아야 한다. 결과적으로 자연의 첫 번째 작업 수칙은, 자연은 생물친화적인 조건, 즉 물에서, 실온에서 유독한 화학물질이나 고압 없이 필요한 물질을 제조해낸다는 것이다.

우리가 '한계'라 부르는 것에도 불구하고 자연은 복잡하면서 기능이 훌륭한 물질을 만들어내어 부러울 따름이다. 전복이라는 바다 생물의 껍데기 안쪽은 인간이 최첨단기술로 만들어낸 세라믹보다 두 배나 강도가 크다. 거미줄은 같은 무게의 강철보다 다섯 배나 더 강하다. 홍합의 접착성은 수중에서도 효과적이며 초벌 칠 없이도 어디에나 달라붙는다. 코뿔소 뿔은 살아 있는 세포가 없는데도 스스로 보수된다. 뼈, 나무, 피부, 엄니**코끼리나 물소의 어금니; 옮긴이**, 뿔 그리고 심장근육은 모두 기적의 물질로, 사용 가능한 수명이 다할 때까지 사용되다가 쇠퇴하며, 분해되어 다른 생명의 구성 성분이 되어 다시 죽음과 부활의 커다란 재순환 주기를 이어간다.

다른 분야에서 온 일반 과학자들이 심포지엄 S의 문 안으로 고개를 기웃거리는 것을 보는 것은 재미있다. 보통 이런 학회에서는 대부분의 방들이 기발한 합성물에 대한 발표로 현란한데, 심포지엄 S는 산호초, 키 큰 나무, 가문비나무, 습지, 이슬 맺힌 거미줄 등에 대한 슬라이드를 주로 보여주었다. 이 동네에서는 가장 첨단 물질이 실험으로 고안된 것이 아니라 지구에서 수백만 년 동안 시험되고 검증된 고대의 생물학적 발명품들이다. 우리와 우리의 물질들이 생존을 위해 애쓰고 있는 바로 그 지구 말이다.

심포지엄 S에 온 사람들은 가열하고, 때리고, 다듬으라는 목표에는 관심이 없다. 그들은 기름 보유량 감소, 우리 스스로 만들어내는 끔찍한 독성물질들, 대다수 물질의 높은 실패율(깨지거나 금 가거나 모양이 일그러진) 등이 크게 쓰인 칠판을 본다. 그렇게 많은 에너지를 소비하면서도 우리는 아직 자연이 만들어내는 물질들처럼 정교하고 견고하게 또 환경적으로 합당한 물질을 만들어내지 못하고 있다. 슬라이드에 나오는 코뿔소, 홍합, 거미들은 모나리자의 미소를 띠고 있는 듯 보였다. 탄소, 칼슘, 물, 인같이 세상에서 가장 흔한 화학물질로, 어떻게든 그들은 세상에서 가장 복잡한 물질을 제조해낸다. 그 방에서 소개되는 생체모방은 모두, 심포지엄 S에서 S는 놀라움의 첫 글자라고 말해준다.

단단한 것부터 먼저

그 주에 발표된 논문은 두 종류로 나뉘는데, 대체로 무기물(단단한)인 것과 대체로 유기물(부드러운 물질)인 것들이다. 자연의 무기물질은 질겨서, 골격 구조나 보호 껍질, 조개껍데기, 뼈, 가시, 이빨에 이용된다. 그것들은 말하자면 석회, 인, 망간, 규소, 하물며 철과 같은, 지구에서 나온 물질이 결정화한 것이다. 생물은 자기 자신의 몸 안에서 이런 무기 광물을 만들어내지 않기 때문에, 지구의 입자들을 시험해보고 길들여서 적절한 장소에 안착시켜 결정화하는 방법을 찾아야 한다. 예를 들어, 당신이 조수가 들락거리는 연안대에 사는 부드러운 몸을 가진 연체동물이라면, 조개껍데기를 결정화시키기 가장 좋은 장소를 생각해낼 수 없을 것이다.

• **선망의 대상, 굴** | 리치 험버트Rich Humbert의 잠수복은 체온을 그리 유지해주지는 못한다. 또 수염 난 얼굴에 합성고무인 네오프렌으로 만든 마스크를 대는데 이것을 졸라매도 앞을 볼 수는 있게 해야 한다. 그런데 공기를 마시려고 올라올 때마다 얼굴에 공기가 통하지 않아 고무 마스크 밑의 피부가 보라색으로 고통스러워 보였다. 이런저런 이유들 때문에 워싱턴 주의 산후안 섬에서 전복을 따기 위해 잠수하는 것은 외로운 작업이다.

그는 "많은 사람이 전복을 특산물 가게에서 사는 것을 더 좋아하지요"라며 내게 말을 걸었다. "하지만, 나는 직접 들어가서 그것들이 사는 곳을 보는 게 더 좋아요." 그는 손짓 발짓으로 전복 사냥하는 법을 설명했다. "탁한 조류 속에서 손을 아래로 집어넣어 감촉으로 전복을 찾아야 해요. 껍데기 바깥쪽은 따개비들이 붙어 있어 칙칙한 색에 울퉁불퉁합니다. 그 안에 그처럼 매끈하고 영롱한 진주층이 있다고 믿기 어렵지요. 중요한 것은, 일단 전복이 만져지면 바위에 빨판처럼 달라붙기 전에 재빨리 움켜잡아야 한다는 겁니다."

전복은 건드리면 귀신처럼 빠르게 반응한다. 만일 그 순간을 놓치면 전복의 흡입력이 너무 강력해서 타이어를 갈 때 쓰는 지렛대로 떼어내야 할 정도다. 험버트 같은 전복 애호가들에게 전복을 떼어내는 것은 해커나 하는 짓으로, 차라리 얼굴이 완전히 보라색이 되더라도 그는 절대 떼어내지 않고 관찰한다.

전복을 사냥하는 사람들은 대부분이 살을 먹고 껍데기는 팔지만 험버트는 잠수해 들어가 그가 배울 수 있는 것을 찾는다. 사실 그는 전복의 진주층을 연구하는 워싱턴 대학교 연구 팀의 일원이다. 진주층은 매끄러운 안쪽의 코팅으로, 섬세한 색이 영롱하고, 무엇보다도 세라믹을 연구하는 사람이 탐내듯이, 못으로도 긁히지 않을 정도로 단단하다. 그는 내게 "전복 껍데기 위에서 뛰어본 적 있으세요?"라고 물었다. "자동차가 그 위를 지나가도 끄떡없습니다." 실험실에서 그는 껍데기와 진주층을 분리하기 위해 공업용 기계를 써야 한다. 20센티미터 접시 크기의 아름다운 껍데기 하나면 한 연구자가 1년 내내 연구하기에 충분하다.

험버트가 나에게 건네준 진주층 조각은 맨눈으로 보면 매끄럽고 별 특징이 없다. 그다음 그는 같은 조각의 횡단면을 전자현미경으로 찍은 사진을 보여주었다. 뚜렷한 흑백 양각에 의해 정교한 결정체 구조물이 돋보이는데, 그것이 조개껍데기가 압력을 견디는 능력의 비밀이다. 옆에서 보면 탄산칼슘의 육각 디스크가 벽돌처럼 쌓여 있다.

벽돌 사이를 자세히 살펴보면 물렁한 폴리머의 좁은 층이 있다. 폴리머는 껌을 얇게 펴놓은 것과 같은 역할을 한다. 판을 잡아당기면 인대같이 늘어나고, 바로 위에서 오는 압력에는 미끄러지면서 빠져나간다. 혹시라도 금이 가면, 금이 벽돌 벽 패턴을 따라 구불구불하게 진행하다 멈춘다. 결과적으로 "전복은 알려진 그 어떤 세라믹보다 두 배나 강합니다. 인간이 만든 세라믹처럼 깨지지도 않고 압력을 가하면 껍데기가 변형되면서 금속처럼 행동하는 거예요"라고 메메트 사리카야가 말해주었다. 메메트는 아름다운 전복 전자현미경 사진을 많이 찍었다.

진주층을 위에서 찍은 사진은 더 복잡한 구조를 드러낸다. 벽돌로 된 벽의 모든 층에 있는 육각형 디스크는 쌍을 이루고 있다. 모양이나 위치는 마치 사이에 거울이 놓인 듯 서로 대칭을 이룬다. 각 디스크는 쌍으로 된 '영역'으로 되어 있는데 이 또한 거울상을 이룬다. 각 영역 안에 있는 입자 하나하나도 쌍을 이루고 있어 자연의 형태가 가진 수학적 반복과 아름다움을 보여준다.

좀 더 가까운 예로, 우리 몸에 있는 부드러운 물질 하나가 다양한 규모에서의 반복이라는 개념을 대표하는 조직이 되었다. 그 학회에서 스크린에 많이 띄워진 '풀어진 힘줄' 그림은 믿을 수 없을 정도로 정확한 다단계 체계를 보여준다. 팔의 힘줄은 현수교에 사용되는 케이블같이 케이블들이 꼬여 다발을 이룬 것이다. 각 케이블 자체도 더 가는 케이블들이 꼬여 있는 다발이다. 더 가는 케이블 각각도 다시 분자가 꼬여 있는 다발이며, 이 분자들은 물론 원자들이 나선형으로 꼬여 있는 다발이다. 이렇게 수학적 아름다움이 거듭 거듭 나타나는데, 이것은 천재적 공학이 보여주는 자기 참조적**self-referential**, 프랙탈적**fractal** 구조다.

사람의 힘줄, 전복 껍데기, 합판처럼 쌓인 구조의 쥐 이빨 등, 학회에서는 '기능을 주는 구조'라는 주제가 거듭 전면에 대두되었다. 이런 물질들의 다단계적 복잡성은 질서 있는 위계 구조라고 하는데, 이는 자연의 두 번째 작업 비법인 것 같다. 원자 수준에서 거대 규모에 이르기까지 정확성이 내재되어 있고 강도와 유연성이 그 뒤를 따른다.

그런데 자연이 어떻게 그런 미세구조를 만들어낼까? 어떻게 하면 우리도 그렇게 할 수 있을까? 이런 질문에 대한 답이 바로 생체모방학이 시도하는 핵심이다. 투손에 있는 애리조나 대학교 재료연구소의 세라믹 학자인 폴 캘버트Paul Calvert는 "우리는 그저 자연의 관점이나 자연이 설계한 구조를 그대로 모방하고, 자연의 형상대로 물질을 만드는 일 이상을 하고 싶습니다"라고 말한다. "우리가 진짜로 하고 싶은 것은 제조 과정을 흉내 내는 일입니다. 즉 생물이 어떻게, 예를 들면, 완벽한 결정체를 키워서 작동 가능한 구조를 만들어내는가 하는 점입니다."

내가 이야기를 나누었던 모든 재료과학자들은 캘버트의 주장에 동의했다. 그들은 사열식처럼 완벽한 격자를 키우고 세라믹 세계에서 결정체의 크기, 모양, 방향, 위치를 조절하기를 갈망하고 있었다.

우리에게 가장 친근한 세라믹은 유리, 자기, 콘크리트, 회반죽, 벽돌, 플라스틱 등이지만, 폴 캘버트의 말대로 "세라믹은 변기나 식기" 훨씬 이상의 것이다. 현재는 세라믹은 모든 종류의 첨단기술에 적용되고 있다. 보온재, 유도 장치, 베어링, 닳지 않고 온도 변화에 내성을 주는 코팅, 가스에 대한 민감성이나 화학반응을 촉진하는 기능처럼 광학적, 전기적, 심지어 화학적 특징이 요구되는 장비에 사용된다. 우리가 세라믹을 이용해 하려는 항목들을 볼 때, 세라믹을 제조하는 과정은 여전히 석기시대의 기술을 사용하고 있어 모순이다. 근본적으로 우리는 흙의 무기 입자들을 열과 압력으로 뭉쳐서 단단한 물질로 만든다. 그는 "가장 큰 문제는 세라믹이 금이 가고 잘 깨진다는 거예요. 최근 수년 동안 입자를 더욱 더 미세하게 만들어 꾸준히 발전해왔습니다.

드디어 나노 크기까지 작게 만들었는데, 그래도 부서지기 쉬워 골치입니다"라고 말했다.

몇 년 전 캘버트는 상상력에 활기를 불어넣을 때가 되었다고 생각했다. 그래서 그와 생체모방학자들은 자연의 설계를 살펴보기 시작했다. 그들은 전복처럼 무기 광물과 유기 폴리머의 혼합물로 만들어진 단단한 신체 부분을 과시하는 생물의 예를 충분히 찾아냈다. 예를 들면, 사람의 뼈는 폴리머 기질에 인산칼슘 결정이 축적된 것이다. 살아 있는 눈송이처럼 보이는 미세한 해양 생물인 규조류diatoms의 골격은, 몸체의 유기 막에 의해 형성된 규소 유리로 되어 있다. 치아는 성게의 가시나 달팽이 껍질처럼 무기 결정체다. 칠성장어의 '이빨'에 있는 초고강도 결정체는 바위도 갈 수 있다. 자연은 광물화 과정에서 하물며 자석 물질도 활용할 수 있다. 예를 들어, 70년대 후반에 발견된 어떤 박테리아는 몸 안에 있는 소낭(풍선)에 산화철의 결정체인 자철석을 키운다. 자철석이 가득 찬 소낭들은 염주 알처럼 줄지어 있어서, 박테리아가 지구 자성 중심을 향해 방향을 잡도록 돕는다. 이 방향이 먹잇감이 있는 혐기성 지역을 향하는 것이기 때문이다.

이 모든 경우에서 자연의 결정은, 인간이 사용하는 세라믹과 금속보다 더 정교하고 더 밀도가 높고 더 복잡한 구조로 되어 있으며, 기능에 더 적합하게 되어 있다. 생체모방학은 지금이야말로 어떻게 그런지 그 이유를 찾아 나설 때라고 결론 내렸다.

지혜의 진주 | 생물이 어떻게 이런 재주를 부리는지 이해하려면 혼합

된 구성물의 유연한 성분 쪽을 먼저 이해하는 게 좋다. 이를 위해 우리는 분자 수준, 즉 사리카야의 전자현미경이 드러내는 것보다 더 미세한 수준으로 가야 한다. 험버트는 "얇게 발라진 폴리머는 벽돌을 붙여주는 접착제 이상입니다. 이는 다당류(근본적으로 당)와 단백질로 되어 있으며, 실제로 쇼를 진행하는 주인공입니다"라고 말한다. 사실상 전복이 진주층을 만들기로 '결심'하면 폴리머 접착제를 먼저 조립하고 그다음에 벽돌을 만들어낸다.

직관에 반하는 이러한 순서는 생광물화하는 많은 유기체에서 일어난다. 먼저 유기체의 세포들은 단백질, 다당류, 지방(종에 따라)을 주위의 액체로 분비한다. 이런 '뼈대' 폴리머는 3차원(육면체, 직사각형, 구 또는 관)적으로 자가조립되어 광물화될 공간을 구획한다. 험버트는 "뼈대 폴리머는 광물 결정으로 채워질 방의 마룻바닥, 천장, 벽이라고 생각하면 됩니다"라고 말한다. 전복의 경우 방 하나가 아니라 아파트 빌딩 전체를 만든다. 방을 한 층 한 층 쌓아 짓는데 각 층을 조금씩 엇갈리게 해서 벽돌 벽들이 서로 맞물린다.

각 방의 내부에는 칼슘 이온과 탄산염 이온으로 포화된 바닷물이 들어 있다. 이 전하를 띤 입자들은 결국 응집하여 탄산칼슘(백악) 결정체를 이루고 가라앉을 것이다. 이 이온들은 전하를 띠기 때문에 용액에서 무작위로 침전되지 않고 방의 벽에서 돌출된 반대 전하를 띤 화학 그룹에 이끌린다. 일단 그 이온들이 가라앉아 첫 번째 층을 이루면 나머지 결정들의 성향이 마련된다. 고등학교 화학실험실에서 해본, 아주 차가운 비커 속의 먼지 조각처럼 그 첫 번째 이온은 씨앗 같은 결정핵으로 행동하여 나머지 이온들이 주변에 정착하여 특정한 모양의 결정체로 자라게 한다. 결정체의 강도와 기능은 모양에 따라 결정되므로, 이온이 착지하는 위치가 가장 중요하다.

진화적으로 헤라클레스와 같은 강도의 껍질을 열망했던 연체동물은, 이 이온들을 특별히 강한 모양으로 안착시키는 영리한 방법을 찾아냈다. 그 방법은 다음과 같다. 방의 뼈대를 조립하고 나서 주형이 되는 단백질을 안쪽 방으로 분비한다. 이 단백질은 일종의 '벽지'로 자가 조립되어 방을 음전하를 띤 착지점들로 뒤덮는다. 만일 우리가 원자 크기라면 화학 그룹 사이를 걸어 다니면서 그들의 정전기 인력을 느낄 수 있고 바닷물에서 칼슘처럼 양전하를 띤 이온을 유인할 수도 있을 것이다.

이 특별한 벽지 단백질을 설명하려면 간단한 생물학적 지식이 필요하다. 단백질(모든 세포의 건조 무게의 50퍼센트 차지)은 커다란 3차원 분자로, 아미노산이라 부르는 몇십 개에서 몇백 개의 화학 반응기가 긴 목걸이처럼 연결되어 만들어진다. 각 아미노산은 전하가 달라서, 사슬이 세포액에서 만들어지면 곧 특정한 방법으로 접혀진다.

접히는 패턴은 아미노산이 물에 반응하는 방법과 주로 관련 있다. 중성과 소수성 아미노산은 단백질 덩어리의 안쪽 주머니 속에 숨을 것이고 반면에 전하를 띤 친수성 아미노산은 단백질의 바깥쪽에 위치할 것이다. 아미노산들은 상호작용하기도 한다. 어떤 것들은 이웃을 배척하여 멀리 밀치지만, 또 어떤 것들은 만나서 서로 결합하기도 한다. 결과적으로 3차원 모양으로 기능에 딱 맞는 형태가 된다. 단백질은 몸에서 구조적 역할을 한다. 조직이나 골격으로 조립되기도 하고, 또 '작업'을 하기도 한다. 헤모글로빈, 인슐린, 신경세포의 수용체, 항체, 효소(화학반응을 지휘하고 속도를 높이는)는 모두 단백질로 그 모양에 따라 특정 기능을 한다.

전복의 경우 주형 단백질은 사슬이 지그재그 모양으로 접혀서 다른 지그재그 모양을 한 단백질과 나란히 결합하여 아코디언처럼 주름 잡힌 형태(벽지)를 만든다. 이 구조에는 두 '얼굴'이 있어서 어떤 아미노산들은 방 안쪽으로 고개를 내밀고 다른 아미노산들은 벽 안, 마루, 천장에 닻처럼 묻혀 있다. 샌타바버라에 있는 캘리포니아 대학교 해양생물공학센터의 연구소장인 대니얼 모스Daniel Morse는 벽에 닻을 내린 아미노산 그룹은 중성(주로 글리신과 알라닌)이고 방 안으로 돌출되어 있는 그룹(주로 아스파르트산)은 음전하를 띠고 있음을 밝혀냈다.

아코디언 주름의 착륙 지점도 무작위적이지 않다. 지그재그 단백질 각각이 정확하게 형성되어 있기 때문에(DNA 주형에 따라) 아미노산은 표면을 따라 예측되는 대로 박혀 있다. 이들은 몇 나노미터마다 자리 잡고 있다가 용액에서 근처에 떠다니는 양이온을 잡아챈다.

첫 번째 층에서 이온이 어떻게 정렬되는가가 결정체 전체의 형태와 기능을 모두 결정한다. 한 가지 패턴은 진주층에 있는 것과 같은 능면체 결정이고, 다른 패턴은 전복의 단단한 껍데기처럼 사방정계 결정이다. 여러 가지 모양, 방향, 크기가 그 결정의 광학적 질, 전기 전도성 또는 경도를 결정한다. 자연에서 얻을 수 있는 결정은 모두 열네 가지다.

그러면 이 열네 가지 결정 가운데 어느 한 가지라도, 다른 단백질 장인을 이용해서 본뜰 수 있다면 어떻게 될까? 단백질 막으로 물체를 코팅해서 바닷물에 담가 진주층이 단단한 껍데기로 자가조립되게 할 수 있다면 어떻게 될까? 그것은 꿈이겠지만 그것을 가능하게 해주는 한 가지 사실이 있다. 단백질이 반드시 살아 있는 세포 안에서만 그런 일을 하는 것은 아니라는 것이다.

살아 있는 세포 밖으로 분리된 단백질도 여전히 단백질이다. 전부 전하를 띠고 있고 결정화될 수 있다. 사실 그것이 전복에서 일어나는 일이다. 단백질은 세포 밖으로 펌프질되어 부드러운 몸 조직과 단단한 바깥 껍데기 사이의 해수로 찬 틈으로 내보내진다. 그 말은 이론적으로 우리가 비커에 단백질과 바닷물을 채우고, 단백질이 방과 벽지로 자가조립되고, 이온이 결정핵이 되어 결정체로 자라기 시작하는 것을 관찰할 수 있다는 의미이다.

이렇게, 자가조립은 자연이 물질을 다루는 세 번째 비결이다. 우리는 많은 에너지를 써서 톱다운top-down 방식으로 큰 재료를 깎아서 모양을 만들지만 자연은 그 반대로 보텀업bottom-up 방식으로 물질을 성장시켜나간다. 제조하는 게 아니라 자동적으로 자가조립된다.

자가조립은 고전물리학과 양자물리학으로 규정되는 힘을 따라 일어난다. 같은 전하끼리는 서로 밀쳐내고 다른 전하끼리는 끌어당긴다. 약한 정전기적 결합은 분자들을 살짝 잡고 있어 환경 조건이 바뀌면 따라서 쉽게 바뀌고 적응한다. 더 강하고 더 영구적인 결합은 효소라 불리는 촉매의 자물쇠-열쇠 방식으로 일어난다.

그러나 어떤 종류의 결합이라도 형성되려면 떠돌아다니는 분자는 칵테일파티에 온 손님들처럼 먼저 접근해야 한다. 분자가 섞여 있게 해주는 에너지는, 19세기 초 로버트 브라운Robert Brown의 이름을 따서 브라운운동이라 부르는 것으로, 그는 "꽃가루가 물속에서 스스로 떠 있는 것을 알아차린 적이 있는가?"라고 세상에 질문을 던졌다(그 당시에는 이런 관찰로도 유명해졌다). 한 세대가 지난 후 알베르트 아인슈타인은 꽃가루가 떠 있는 이유는, 눈에 보이지 않는 물 분자가 계속 꽃가루에 충돌하기 때문이라고 설명했다. 이런 범퍼카 같은 분자의 행동은 공기 중에서도 쉼 없이 일어나, 빛에 비친 먼지 입자들이 마치 춤추듯 보이는 것이다.

일단 분자가 서로 충돌했을 때 레고 블록처럼 모양이 서로 들어맞으면 찰칵 결합한다. 우리의 조립 공정과는 달리, 이러한 조립의 모든 과정은 에너지 측면에서 '내리막'이다저절로 일어난다; 옮긴이. 거저 얻는 부존질서다. 단백질은 그 모양이나 '전기적' 성질(전하가 분포된 양상) 때문에 이런 종류의 자가조립이 잘 된다. 이런 정확한 특성은 유전자에 의해 결정되는데 유전자는 단백질을 만드는 정보의 주형이다. 일단 유전자 주형에 따라 만들어진 단백질이 아코디언 종이같이 자가조립되면 그들 자체가 우아한 조개껍데기의 주형이 된다. 주형에 따라 만들어진 것이 다시 주형이 되는 것이다.

이것이 자연의 네 번째 작업 비결, 즉 주형을 사용하여 주문 제작하는 능력이다. 우리의 산업용 화학반응에서는 폴리머 사슬의 크기가 대부분 너무 길거나 너무 짧아서 우리가 이상적으로 사용할 수 없는 산물들이 뒤범벅으로 섞여 있지만, 자연은 원하는 곳에서 원하는 때에 원하는 것만 만들어낸다. 그 덕분에 자연의 편집실 바닥에는 쓰레기가 없다.

자연의 제조 과정을 모방하려면 우리는 무대 뒤로 가서 체온과 같은 온도에서 정확한 조립을 가능하게 하는 주형인 단백질과 인터뷰해야 한다. 단백질의 아미노산 서열을 알아야 하고 상업적으로 그것을 어떻게 대량 생산해낼 수 있는지도 알아야 한다. 이런 '보이지 않는 손'의 도움으로 생체모방은 '가열하고, 때리고, 다듬는' 과정을 배제하고 기하학적 정밀도로 조각할 수 있을지도 모른다.

단백질 서열 대탐사 | 메메트 사리카야의 짙은 커피색 눈은 생체모방팀의 구성원들에게 훈계를 하면서 빛나고 있었다. "무엇보다도 먼저, 그 단백질의 서열을 찾아내야 하네." 그는 말 그대로 조급해서 그 단백질 서열 데이터를 찾는 첫 번째 팀에 합류하기로 작정했다. 그는 오찬회의에서 내게 "그것을 연구하는 팀이 우리만 있는 것은 아니지만 올바른 방향으로 가고 있는 실험실은 우리뿐입니다"라고 자신했다. 그의 표현에 의하면 뼈대와 벽지 단백질을 얻기 위한 경쟁이 장난 아니게 심하지만, 사리카야는 팔까지 들썩거리며 이기고 싶다고 말했다. 나는 그가 결승선을 넘어 그 분야를 바이오메메틱스Biomehmetics | 메메트의 이름을 따서 철자를 바꾸었다; 옮긴이로 이름을 바꾸는 것을 잠시 상상해봤다. 훗날 그의 밑에서 연구하는 누군가에게 이런 농담을 했더니 그는 메메트가 이미 그렇게 해 놓았을 거라고 말했다.

지금 사리카야는 아주 저기압이다. 그의 팀이 제자리걸음을 하고 있다고 느끼기 때문이다. 나는 지금 팀 연구원들이 자신의 연구를 발표하는 과학 학회를 위해 여는 예비 모임에 와 있다. 바닷속에 잠수하여 전복을 연구하는 과학자 리치 험버트가 자신의 최근 실험을 사진으로 보여주고 있다. 지금까지 험버트는 무작위로 혼합된 전복 단백질을 이용하여 시험관 안쪽 면에 '인공 진주'를 형성했다. 그 진주를 잘라서 확대하면 단백질(오렌지색으로 염색된)이 둥근 층을 이룬 것을 볼 수 있다. 이렇게 "치아로 깨물 수 없을 만큼 딱딱한' 층은 진짜 진주층에 있는 절묘한 벽돌과 접착제 구조는 갖고 있지 않지만, 적어도 단백질이 방향 인도 기능을 한다는 것을 보여준다. 이것으로 험버트는 진주층이 어떻게 진화되었는지에 대해 깊이 생각하게 되었고 그에 대해 논문으로 쓰고 싶어 한다. 그러나 사리카야는 그 일에 시간이 오래 걸릴까 봐 화가 나서 씩씩대고 있다.

그는 험버트가 전복에서 결정핵 역할을 하는 단백질을 찾아내기를 원한다. 그래야 그의 팀이 물체의 표면에 그 단백질을 붙이고, 그것을 바닷물에 담가 진주층이 결정화하는 과정을 살펴볼 수 있기 때문이다. 빠르면 빠를수록 좋다. 군대에서도 강력한 코팅에 관심을 가지고 있다. 왜냐하면, 이것은 전복에서도 그렇듯이 심하게 마모되고 손상되는 부위에 필요한데, 파쇄 저항성은 큰 장점이 된다. 그런 목적으로 해군연구소는 워싱턴 대학교 팀이 전복을 조사, 연구하는 데 3년짜리 연구비를 지원해주었다. 그 연구는 '층이 진 나노 구조'라 부른다.

워싱턴 대학교 팀은 다른 분야와 훌륭하게 연계되어 있어 나는 생체모방의 장래를 점칠 수 있는 곳이 바로 그곳이라고 생각한다. 공학자들과 재료공학자들이 미생물학자, 단백질 화학자, 유전학자 그리고 클레망 펄롱Clement Furlong 같은 르네상스 식 사고를 가진 사람들과 함께 일하고 있다.

사리카야의 격렬함과 균형을 이루는 것이 바로 클레망 펄롱의 평정과 인내심이다. 클레망 펄롱은 리치 험버트의 상관이며 의학유전학과의 수장이다. 거대한 빌딩의 미로 깊숙한 곳에서, 주변에 쌓여 있는 것들이 무너져 그의 머리 위로 떨어질 것 같은 연구실로 들어가는 그를 발견했다. 논문들이 캐비닛 위에 천장에 닿을 정도로 높게 쌓여 있었다. 책상 위에는 대여섯 분야에 관한 잡지들이 쌓여 있고 컴퓨터들은 케이스를 떼어내 속이 그대로 보이는 상태인데 회로 판들이 마치 침대 매트리스 내부를 채운 재료들처럼 들어 있었다. 펄롱과 학생들은 이번 주에 우편으로 주문한 부품들로 다섯 대의 컴퓨터를 조립했는데, 그는 페라리 급의 기계를 손쉽게 조립할 수 있다는 데 정말 기뻐하고 있었다. 그는 빈 종이 한 장을 찾아서(그 사무실에서는 쉬운 일이 아니다) 나에게 부품 리스트를 작성해주면서 금액까지 정확하게 기억해 적었는데, 마치 자기가 좋아하는 전채 요리법이라도 적어나가는 것 같았다. 생각건대, 펄롱에게 과학은 이런 땜질 비용을 대는 수단도 된다.

펄롱은 천장 가까이 먼지가 수북한 그 더미 어딘가를 가리키며 그의 발명 특허증들이 거기 있다고 했다. 그가 의학유전학 분야에서 발표한 논문 수 역시 수두룩하다. 그러나 그는 자기가 만든 것들을 가장 자랑스러워하는 것 같았다. 사실, 새로운 펄롱의 발명이 전복 껍데기를 모방하는 팀의 연구에 꼭 필요할 것이다.

그는 “일단 단백질 서열을 알아내면 그것을 대량으로 만들 방법을 찾아야 합니다. 계속해서 껍데기를 부수고 있을 수는 없으니까요”라고 말한다. 조개껍데기를 갈아서 재료를 얻는 일은 여러 종의 것이 섞일 뿐 아니라 그 과정에서 단백질이 중간에 끊어지거나 파괴될 위험이 있기 때문이다.

또 다른 대안은 사람을 위해 그러한 단백질들을 만들어내는 대장균 박테리아(사람의 장에서 발견되는)를 이용하는 일이다. 제품 생산에 박테리아를 이용하는 일이 처음은 아니다. 몇천 년 동안 우리는 맥주, 포도주를 만들고 빵, 치즈를 발효시키는 데 효모, 박테리아, 곰팡이를 이용해왔다. 오늘날에는 큰 통에서 박테리아를 길러 식품 첨가제, 항생제, 산업적인 화학약품, 비타민 등을 만들게 하고 있다. 우리는 이 작은 미생물을 가축처럼 서로 교배시켜 인위적인 선택 과정을 통해 개량해왔다.

그러나 이런 종류의 생물 처리 과정과, 생물공학이라 부르는 현대식 과정 사이에는 차이가 있다. 생물공학에서는 다른 종의 유전자를 잘라서 박테리아에 끼워 넣어 박테리아를 유전적으로 변형시킬 수 있다. 예를 들어, 인슐린을 만들기 위해 사람의 인슐린을 만들어내는 유전자를 잘라내 대장균 박테리아에 끼워 넣는다. 유전공학자들은 절단과 끼워 넣기 기술은 박테리아가 오랫동안 스스로 실행해온 방법으로 자기들은 이를 단순하게 모방하는 것뿐이라며 나를 안심시킨다. 한 종의 박테리아에서 온 유전자는 전혀 다른 종의 박테리아에 자유롭게 옮겨질 수 있다. 그것이 바로 전 지구적 박테리아 세계가 대격변에 신속하게 적응할 수 있었던 방법이다. 하지만, 사람의 유전자를 박테리아에 집어넣는다고? 전복의 유전자를 박테리아에 끼워 넣는다고?

물론 과학적으로는 안전하다고 여러 번 들었지만, 한 동물에서 유전자를 꺼내 다른 부류에 삽입하는 일은 분류학상 다른 문phylum 사이의 경계를 넘는 것으로, 지나친 오만이라는 느낌을 떨쳐버릴 수 없다. 나는 그들에게, 커다란 통 안에서 전복의 세포 전체를 배양하고 그 세포가 단백질을 자아낼 수 있다면 더 안심이 될 것이라고 말했다. 그러자 그들은 여러 가지 이유로 아직은 그렇게 할 수 없노라고 말했다.

그래서 나는 이 책을 쓰기 위한 조사에서 종종 나타나는 딜레마를 안고 그곳을 떠났다. 유전공학에 대한 공포를 가라앉히는 것은 더 순한 제조 방법을 찾아야 한다는 나의 희망이다. 귀를 열고 주의를 기울여, 나는 이 기술에 대해 내가 배울 수 있는 것은 모두 배웠다. 전복 세포 배양의 문제들이 머잖아 해결되기를 내내 희망하면서.

일단 단백질의 서열이 밝혀지면(곧 그렇게 될 것이라고 험버트는 말한다) 진주층을 만드는 침적, 도장 과정은 절반 정도 목표에 도달한 것이다. 단백질의 구성을 알게 되면 팀원들은 기계를 사용해서 '진주층 단백질을 만드는 법'을 이용해 주형이 되는 DNA 단편을 합성할 것이다. 이 DNA를 대장균 박테리아 안으로 삽입하고 희망을 건다. 운이 좋으면, 그 대장균 박테리아가 암호화된 지시를 따를 것이고 자신의 세포 내 장치를 이용하여 주문된 단백질을 만들어낼 것이다. 이는 근본적으로 농장 운영과 같다. 여기서는 많은 우유를 생산해내는 소처럼 박테리아가 세라믹을 만드는 단백질을 계속 생산해낼 것이다.

클레망 펄롱의 최신 장비가 유용하게 쓰이는 시점이 바로 여기다. 펄롱의 생물반응기는 대장균 박테리아에게 집이 되어 먹이, 물, 공기를 공급하여 단백질의 자동 생산이 이루어질 것이다. 샘플 생물반응기는 유리로 된 작은 신발 상자 같다. 이 상자는 마치 식빵이 조각나 있는 것처럼 10~12개의 투명한 칸막이로 나뉘어 있다. 각각의 유리 칸막이에는 단백질들이 차례대로 완벽하게 만들어낼 수 있는 수천, 수백만 개의 대장균이 고정되어 있다. 영양 배양액이 둘레에 흐르고 산소 방울이 바닥에서 올라오고 있다. 펄롱은 이렇게 설명했다. "영양분을 전달하는 바로 그 배양액이 상자의 다른 쪽 끝에서 만들어진 단백질들을 쏟아냅니다. 단백질 A라 부르는 이 단백질은 비커 안으로 흘러들어갑니다. 하지만, 두 단백질을 조합하고 싶다고 합시다. 한 대장균이 단백질 A를 만들고 또 다른 대장균은 단백질 B를 만들도록 조작하고 그 대장균들을 유리 슬라이드에 1 대 1의 비율로 놓을 수 있을 겁니다. 그다음에 단백질 A와 B가 용액 안으로 흐르게 하고 서로 만나게 하여 비커 안에서 자가조립되게 합니다. 다른 조합의 단백질을 원하면 다른 단백질 공장을 넣으면 됩니다."

그 단백질은 생체모방이 상상할 수 있는 어떤 것도 될 수 있다. 전복보다도 더 단단한 코팅제의 결정핵이 될 수 있는 단백질, 혹은 전기적 또는 광학적 특성이 있는 결정 박막도 될 수 있다. 펄롱이 생물반응기를 어떻게 사용할지 꿈을 꾸는 동안, 험버트 일행은 시험 항해를 떠날 전복 단백질을 찾고 있다.

리치 험버트는 이 단백질의 규명, 서열 결정, 클로닝 전략을 마치 요리법을 알려주듯이 설명해주었다. 먼저 진주층의 중간층에서 단백질 즙을 추출한다. 그리고 될 수 있는 대로 많은 단백질을 분리해내고 규명하라. 대부분은 불용성(용액에 잘 녹지 않는)으로 판명된다. 따라서 유리병 바닥에 가라앉으며 따로따로 이름을 붙이기 어렵다. 초산 용매에 녹는 것들만 실험에 사용할 수 있다. 그것들을 분리하기 위해 먼저 겔 전기영동을 한다.

겔 전기영동을 위해 단백질에 세제를 넣어 전하를 중성화시키고 모양을 일률적으로 만든다. 그다음에 폴리머 겔 판의 꼭대기 작은 홈에 단백질 용액을 소량 넣고 스위치를 켜서 전하가 겔을 통과하게 한다. 단백질은 흔들거리며 겔을 통과해 아래로 내려가는데 단백질의 무게에 따라 속도가 다르다(가벼울수록 더 빨리 이동한다). 잠시 후에 그 단백질들이 겔상의 어딘가에 띠를 형성한다.

띠 각각은 별개의 단백질로 이루어진 것이다. 이 띠를 종이같이 얇은 판으로 옮기고, 정제된 단백질의 띠를 잘라내 각각 작은 유리병에 담는다. 유리병에 있는 각각의 단백질에 아미노산 서열 결정법이라 부르는 또 다른 실험 기법을 적용한다. 한 번에 한 가지 아미노산을 잘라내는 특별한 효소를 이용해서 각 단백질의 아미노산 서열을 분석할 수 있다. 그다음 스스로 자축하고 심호흡을 한 뒤 커피를 컵에 더 따라두라. 아직 앞으로 갈 길이 멀기 때문이다.

주형 찾아내기 | 분자생물학의 핵심 발견 중 하나는 특정 단백질을 만

드는 유전자나 유전자 일부를 찾아내는 방법이다. TV의 제퍼디 게임 프로그램에 나오는 참가자들처럼 유전자를 찾는 사냥꾼들은 거꾸로 일한다. 답(단백질)을 알고 그 답을 이끌어내는 질문을 찾는 것이다.

그 질문(단백질 코드)은 전복 세포에 들어 있는 정교하게 만들어진 DNA 절편이다. 전복의 방대한 유전체에서 특정 핵산 가닥을 찾기 위해 탐침자를 만들어야 한다. 찾기 원하는 DNA에 맞아 달라붙는 DNA 조각이 탐침자이다.

탐침자는 DNA를 이루는 구성 성분인 핵산 염기들을 우리가 설정한 순서에 따라 자동으로 연결하는 기계를 사용해서 만들 수 있다. 단순히 A(아데닌), T(티민), G(구아닌), C(시토신) 다이얼을 돌려 맞추면 기계가 유리병에서 염기를 한 방울씩 떨어뜨려 올리고라고 하는 줄의 끝에 핵산 염기를 하나씩 붙인다(과학자들이 단백질을 암호화하는 염기 다이얼을 어떻게 맞출지 안다는 것이 놀랍다. 모든 생명체에서 자연적으로 존재하는 아미노산 각 스무 종류를 나타내는 공통 DNA 코드를 우리가 이미 알고 있기 때문이라고 험버트는 설명한다. 이 유전암호는 이 시대 최대의 발견의 하나로, 약 8×8센티미터 도표로 인쇄할 수 있을 정도로 간단하다. 대부분의 실험실에서 올리고 머신 바로 위에 이 DNA 코드 표를 붙여놓고 있다). 그 외에 거짓말처럼 간단한 유전공학 기술을 사용해 이 탐침자를 수백만 개 복제할 수 있다. 자, 이제 낚시 갈 준비가 다 되었다.

이 과정의 또 다른 부분은 전복의 상보적 DNA라는 낚시장을 만드는 것이다. 이것을 cDNA 도서관 만들기라고 한다. cDNA 도서관 제조 세트는 큰 과학 용품 회사에서 주문할 수 있다. 기본적으로 이 세트는 전복의 조직을 취해 mRNA를 추출하고 mRNA에 상보적인 DNA를 합성한다. 이 cDNA 집합체 연못에서 탐침자가 돌아다니면서 상보적인 가닥을 찾을 때까지 낚시질한다.

이런 기술은 상보성의 법칙 때문에 가능하다. DNA 가닥이 염기 A를 가지고 있다면 항상 cDNA의 염기 T하고만 맞고, C는 항상 G하고만 결합하게 되어 있다. 상대적으로 짧은 낚시 탐침이 더 긴 cDNA 절편에 결합할 것이므로 전복 껍데기 단백질 제조 방법에 대한 지시를 가지는 전체 유전자를 알 수 있게 된다. 이 모든 것이 잘 이루어지면 전복 유전자를 찾아내서 대장균에 넣어주고, 대장균이 그 단백질을 생산해주기만을 기다린다.

대장균 박테리아가 협력했는지 여부를 알려면 세균 배양용 접시에 자라난 수천 개의 콜로니 **박테리아로 이루어진 군체; 옮긴이** 가운데 전복 단백질을 만드는 균체를 찾을 방법이 있어야 한다. 제일 나은 방법은 또 다른 생물학적 탐침으로 다시 한 번 낚시하는 것이다. 이번에는 단백질을 인식하는 데 탁월한 분자로서 항체를 사용한다. 우리의 면역계는 외부 분자의 침입을 받으면 수백만 가지의 항체를 생산해낸다. 공격부대처럼 항체는 외부 물질의 겉모양을 인식하고 껴안아서 기능하지 못하게 한다. 험버트와 동료들이 필요한 것은 대장균 배양접시에 있는 조개껍데기 단백질을 움켜잡을 항체이다. 항체를 만들기 위해 그들은 토끼를 선택했다.

험버트는 진주층에서 단백질을 정제하여 이 연체동물의 단백질을 토끼에게 주사했다. 토끼의 면역계는 연체동물 단백질을 경험한 적이 없어서 이것을 외부 물질로 인식하고 그 모양에 들어맞는 항체를 만든다. 험버트는 토끼 혈액에서 이 항체를 추출한 다음, 여기에 꼬리표를 부착하여 이것이 단백질에 붙으면 붙었다는 것을 기구로 확인할 수 있게 한다. 다음에, 꼬리표가 달린 항체 액을 대장균 접시 위에 흘리면, 전복 단백질이 있는 곳에 바로 가서 결합한다. 결합을 확인하는 도구를 이용하여 연체동물 단백질을 발현하는 대장균 콜로니를 도려내고, 그 콜로니 군체가 내용물을 맘껏 생산하도록 유도한다. 그 대장균 군집과 후손들은 펄롱이 만든 바닷가 콘도, 생물반응기에서 살게 될 것이다.

우리가 맘껏 전복 단백질을 만들어내는 방법을 찾아낸 다음에는 어떻게 될까? 전복의 결정처럼 우리의 결정도 잘 자랄 수 있을까? 약간 다른 단백질을 사용하여 약간 다른 맞춤형 결정을 만들 수 있을까? 이런 질문에 대한 답은 단백질이나 단백질 유사 화합물이 결정체를 직접 자라게 해봐야 알 수 있다.

• 자연의 방법대로 결정체 키우기 | 캘리포니아 대학교 샌타바버라 캠퍼스 화학과의 갈렌 스터키Galen Stuckey와 세포분자발생학과의 대니얼 모스Daniel Morse는 전복 단백질에 관해서 알아야 할 만큼 많이 알아냈지만, 앞으로 계속 나아가고 있다. 워싱턴 대학교 팀처럼 그들은 물과 섞이지 않고 비커의 바닥에 뭉쳐 있는 불용성 단백질의 아미노산 서열은 난공불락이라 어렵다는 사실을 알았다. 물에 용해되는 단백질조차도 아미노산 서열을 완벽하게 결정짓기 어렵다. 스터키와

모스는 그들이 측정할 수 있는 모든 단백질에는 산성 아미노산이 풍부하다는 중요한 사실을 발견하고 이를 힌트로 삼기로 했다. 그들은 실제 단백질을 대신할, 산성 아미노산으로만 된 단순한 사슬의 단백질을 만들었다.

광물화가 진행되는 과정을 보기 위해 그들은 우선 전복 비계의 벽, 마룻바닥, 천장과 같은 역할을 하는 표면에 단백질 유사 화합물이 자연적으로 박히는 것을 확인했다. 그들이 선택한 표면은 랑미에르-블로젯 박막, 즉 L-B 박막이라고 부르는 것이다. 근본적으로 이것은 접시 물에 떠 있는 올챙이 모양의 분자들이다. 각 분자의 둥근 머리는 전하를 띤 그룹이고 지방으로 된 꼬리는 중성이다. 물은 약하게 전하를 갖기 때문에 전하를 띤 머리를 끌어당기고 중성인 지방성 꼬리는 밀친다. L-B 박막을 만들려면 얕은 쟁반에 물을 담아 그 위에 이 분자들을 퍼뜨리고, 분자들이 표면을 따라 떼 지어 모이게 한다. 그 과정에서 친수성 머리 부분은 표면에 묻히고 꼬리 부분은 위로 향해 분자들은 '서 있는' 형상이 된다. 과학자들이 나에게 그려준 그림에는 L-B 박막이 골프장의 퍼팅 그린처럼 생겼다.

이러한 분자 천장에서 결정체가 자라게 하기 위해 모스는 아코디언판 모양 단백질을 물이 들어 있는 쟁반에 부었다. 단백질 판의 중성 부분은 화학적 갈고리를 이용해 지방성 박막 천장 안에 묻힌다. 반면에 음전하를 띤 주름 부분은 물속으로 늘어져, 전복의 '방들'에서와 같은, 착지점의 벽지가 된다. 그다음 물에 광물 이온을 더해주어 천장에서 종유석처럼 결정체가 자라게 한다. 모스는 결정핵이 만들어지는 위치를 조절하여 어떤 종류의 결정체가 형성될지 유도할 수 있음을 알게 되었다. 현재 그는 2막에 들어가서, 전복의 '방들' 주변에 떠돌며 결정의 성장을 종료시키는 것으로 보이는 '가지치기' 단백질을 찾아내는 중이다.

지금까지 스티키와 모스는 전복이 선택한 탄산칼슘(백악)만을 사용해왔다. 자연에 있는 다른 생물광화를 하는 생물(지금까지 60종이 발견되었다)은 더 많은 색다른 재료들을 쓴다고 알려졌다. 이 다른 재료들에 대한 호기심으로 태평양북서연구소의 피터 리키Peter Rieke는 바위를 찾아 나섰다.

• 자동차 앞 유리창의 코팅 | 등산가이며 재료과학자인 피터 리키는 스포츠에서나 연구에서나 극한까지 가는 사람이다. 그를 만나기 위해 워싱턴 주 리치랜드에 있는 실험실을 방문했을 때 그는 눈 오는 어느 날 밤에 요세미티국립공원 바위에 매달려 있다가 얻은 지독한 감기에 걸려 있었다. 반년 후 보스턴에서 열린 재료연구학회에서 다시 만났을 때는 장애인 시설이 갖추어지지 않은 연단 위로 휠체어와 함께 올려지고 있었다. 등산하다가 떨어져 죽을 뻔했다 살아나 목뼈와 다른 뼈들이 부러진 것이다. 그는 재료연구학회장의 많은 청중들에게 "여기 오게 되어 기쁩니다"라고 의례적인 인사를 한 뒤 잠시 쉬었다가 "진심으로요"라고 덧붙였다.

피터 리키도 모스처럼 얇은 박막에서 결정체를 키우는 연구를 하고 있는데 L-B 박막을 사용하지 않고 대신 자가조립 단층self-assembled monolayer, SAM이라 불리는 박막을 실험실에서 만들고 있다. SAM은 물 표면에 앉혀지는 것이 아니라 용액이 들어 있는 쟁반 바닥의 유리 슬라이드를 코팅한다. 모스와 스터키의 방법처럼 박막에 벽지를 부가하지 않고, 대신 SAM의 전하를 띠는 화학 그룹들 자체가 박막의 일부가 되게 하는 것이다. 그렇게 하면 리키는, 모자이크 예술가들이 타일로 작품을 창작해내듯이, SAM을 다룰 수 있게 된다. 그는 "박막을 만들 때 우리는 원하는 대로 작용기를 놓을 수 있어서, 음전하나 양전하의 모자이크를 만들 수 있습니다"라고 말한다. 이온들은 착지점에 안착하여 거기서부터 결정체의 꽃을 피운다. "궁극적으로는 같은 패턴의 박막에서 여러 종류의 결정체를 키워낼 수 있을 것입니다."

리키의 연구는 전복 같은 조개껍데기의 주형에서 영감을 받았지만 조금도 그만큼 복잡하지 않다고 인정한다. 그는 "얇은 박막으로는 단지 이차원상으로만 일할 수 있다는 것을 기억하세요. 자연은 전복의 몸통과 바깥의 조개껍데기 사이에 아파트 단지 전체를 짓지만, 우리는 그저 결정체 막 하나, 그 아파트에 들어갈 양탄자나 만들고 있는 거예요"라고 말한다.

리키의 실험실에서 나는 첫 번째 실험의 일부를 보았다. 그것은 혁명적인 작업이지만, 보기에는 믿을 수 없을 정도로 평범했다. 물병, 병뚜껑, 유리컵을 만들 때 사용하는 것과 똑같은 재료, 폴리스티렌에 담가 코팅한 단순한 현미경용 유리 슬라이드들이 전부였다. 폴리스티렌을 사용하는 이유는, 그것이 연체동물이 사용하는 생물 폴리머 박막과 유사한 폴리머(스티렌 분자가 반복되는 사슬)이기 때문이다. 그는 폴리스티렌을 황산염으로 '장식'해서 연체동물의 결정핵과 연관된 산성 황산염과 비슷하게 했다. 시간적인 여유가 있을 때 그는 다른 기질과, 단단한 몸을 가진 다른 동물에서 발견되는 여섯 개의 작용기를 가지고 실험을 해보았다. 이 작용기들을 지나가게 한 광물 이온으로는 칼슘과 탄산염뿐 아니라 요오드화 납, 요오드산 칼슘, 산화철 등이 있었다.

아무 것도 아닌 것처럼 보이는 이 얇은 박막 코팅이 현실에서는 다양하게 응용될 수 있다. 제너럴모터스는 리키의 연구비 일부를 지원하고 있는데, 전기 자동차의 앞 유리창을 단단하고 투명하게 코팅하는 것에 관심이 있어서다. "전기 자동차가 상용화되지 못하는 이유 중 하나는 경량 플라스틱 창문으로 빠져나가는 열기와 냉기를 가두는 방법을 찾지 못했기 때문입니다. 현재로선 차가 안락하면서도 엔진에 힘을 유지하려면 너무 많은 에너지가 필요합니다. 박막으로 유리창을 단열하는 법만 찾는다면 전기 자동차 개발의 큰 걸림돌 하나를 제거하는 게 될 거예요."

자동차 회사들은 구동용 기어를 위한 코팅제도 필요한데, 제2의 피부처럼 얇으면서도 닳지 않을 연마제 물질이면 더 좋다. 현재, 복잡한 모양의 기어는 '제한적 대량 전달'이라 부르는 기법으로 코팅제가 스프레이된다. 이는 말 그대로 제한적인데, 스프레이가 기어 구석구석의 틈에는 닿지 못하기 때문이다. "이상적인 방법은, 플라스틱 부품을 유기 분자 용액에 통째로 담가 유기 분자를 모든 틈새에 부착시킨 다음, 연마제 광물의 전구물질 농축액에 담그는 것입니다. 유기 분자들이 유인제로 작용하여, 결정화를 위한 결정핵 자리가 될 것이고 아주 조밀하고 완벽하게 정렬된 질서 있는 박막이 최종적으로 얻어질 것입니다." 같은 종류의 박막을 전기 자동차의 깃털처럼 가벼운 플라스틱 연료 탱크나 부품의 안쪽 면을 코팅하는 데도 사용할 수 있을 것이다.

연마에 견딜 수 있고 부식에도 버틸 수 있는 보호용 코팅제 외에도, 빛 또는 전자신호를 저장, 전송, 중계할 정밀하고 작은 결정체가 필요한 전자 장비, 자기 장비, 광학 장비를 만드는 산업체들은 박막을 조금이라도 더 얇게 만들려고 애쓰고 있다. 박막은 매우 얇아서 심지어 반도체 층, 산화 유전체 층, 자석 층, 전기광학 장비에 필요한 강유전체 층 등으로 구성된 다층 장비에도 넣을 수 있다. 사용하는 광물의 종류에 따라, 결정화된 코팅제를 센서, 촉매제, 심지어 이온 교환 장치로도 사용할 수 있다.

처음에 주형 분자에 담그고 그다음에는 결정체 전구물질 욕조에 담그는 간단한 2단계 방식은, 비용과 시간이 많이 드는 현재의 고밀도 정밀 박막 제조 방법에서 해방시켜줄 것이다. 리키는 "단백질로 광물화 주형을 뜨는 자연의 방법은 박막 공학 기술에 혁명을 일으킬 것입니다"라고 말한다. 오디오 카세트나 컴퓨터 디스크같이 간단한 것도 엄청나게 개선될 수 있다. 자성 박테리아나 달팽이 같은 복족류 이빨에 흔한 산화철 결정체가 자기 매체의 0과 1을 담는다. 현재는 한마디로 그것들을 무질서하게 표면에 쌓는다. 이 결정체들을 단백질 주형으로 질서 있게 배열되도록 잡아주면, 더 많은 결정체가 디스크에 들어갈 수 있으므로 비트와 바이트가 늘어날 것이다.

궁극적으로 리키 팀은 어떤 결정체가 어떤 농도로 어떤 기질에서 자라나는지를 보여주는 광물화 체계의 목록을 만들고 있다. "우리는 계속 결정의 원리를 배워나가고 있습니다. 아직은 거의 마술입니다. 산화철 체계를 배우기까지 3년이란 세월을 소비했지만, 이제 그 비법을 알게 되었고 아무도 그것을 재발명할 필요가 없습니다. 미래의 재료공학자들은 2차원 코팅이 필요할 때마다 바닥에서부터 시작할 필요가 없을 겁니다. 키트를 사서 다음과 같은 지시사항만 따르면 되는 거예요. 'SAM을 이 용액에, 이 농도로, 이 정도 시간 동안 이용하시오.'"

• **3차원 결정체 용기** | 그러나 왜 2차원에서 멈추겠는가? 영국 바스 시의 생광물화biomineralization 전문가 스티븐 만은 작은 입자를 광물화하기 위해 초소형 주머니 같은 통을 이용하는 3차원 단백질 덮개를 재창조하고 있다. 그는 살아 있는 세포에 있는, 이온을 가두고 광물을 침전시키는 소낭에서 그 영감을 얻었다. 예를 들어, 단세포 주자성magnetotactic 박테리아는 유기 막에 싸인 믿기 어려울 정도로 작고 완벽한 결정체를 만들어낸다. 기술자들은 그렇게 작고 완벽하게 형성된 독자적인 결정체를 사용하는 횟수를 고려하지 않을 수 없다. 예를 들어, 화학반응을 가속하기 위해 촉매제로 자철석을 사용할 때 커다란 구 100개보다는 작은 구 100만 개(반응에 노출되는 표면적이 훨씬 더 넓다)가 더 좋다. 불행하게도 자철석이 주머니 속에 격리되어 미리 조직화되지 않으면 대부분의 처리된 입자들이 입자들 사이의 자력 때문에 같이 들러붙어버린다.

이를 개선하기 위해서 스티븐 만은 박테리아가 하는 식으로, 실험실에서 만든 소낭 안에서 결정체들을 성공적으로 키웠다. 그는 유기 주머니를 여러 가지 크기와 모양으로 만들기도 해서, 곡선으로 된 유기 표면이 작은 결정체의 모양을 정밀하게 만드는 데 도움이 됨을 보였다. 최근에 스티븐 만은 페리틴(우리 몸에 있는 산화철을 격리시키는 단백질로, 세포가 녹슬지 않게 유지한다)이라는 새장 같은 단백질로 만든 더 작은 칸막이 방을 활용했다. 하나의 단백질 안에서 하나의 결정체를 키우는 것은 주형 만들기 분야에서 최고의 신기록(크기 면에서는 최저 신기록)이다.

3차원으로 결정화되는 구조를 '키우는' 또 다른 방법은 무기 광물이 박혀 있는 떨리는 젤리 같은 폴리머 조각으로 시작하는 것이다. 그 젤리가 굳음에 따라 안쪽의 미네랄이 결정화되고 그 결과 하나의 혼합물이 생긴다. 그것은 무기 결정체 무리에 의해서 단단해진, 유연성 있는 폴리머다. 재료과학자들은 이 같은 단단함과 유연성의 조합을 우주선에서 가정용 전기 제품에 이르기까지 모든 용품에 편리하게 이용할 수 있다고 말한다. 거실의 유리창이 유리처럼 단단하지만 구부러질 수 있어서 동네 꼬마가 던진 야구공이 유리창에 맞았다 다시 튕겨나가는 것을 상상해보라.

현재는 그 혼합물을 섬유나 결정체를 층층이 더해서 만든다. 이 방법은 느리고 비용이 많이 든다. 폴리머 내부에서 스스로 자라는 결정체는 생산 비용과 오염을 크게 줄이고 주형은 쉽게 뜰 수 있는 혼합물(자동차 차체처럼)을 만들게 해줄 것이다.

• **패버** | 한결 더 정확한 결정 구조를 가진 3차원의 물질은 어떻게 해야 할까? 컴퓨터 모니터 전체를 벽돌담 구조의 결정체로 만들고 싶다면 어떻게 해야 할까? 그것이 바로 자가조립되는 단백질을 골격으로 이용하는 3차원 주형 뜨기가 할 일이라고 과학자들은 말한다. 한편, 현재 자연의 청사진대로 일하기를 원하는 사람들을 위한 중도 기술이 있는데 이것으로 우리는 미래의 복잡성을 맛볼 수 있다. 그 기술을 자유형 제조라고 부르는데 컴퓨터의 도움으로 한 번에 한 층씩 밑에서 위로 3차원의 물체를 구축한다.

기술자들은 디자인 초안에 따라 플라스틱 원형을 뜨는 데 이 기술을 오래 사용해왔다. 디자인을 CAD 소프트웨어를 이용해 3차원으로 디지털화하고 그다음, 자기공명영상에서 보는 것과 같이, 전자적으로 그 디자인을 매우 얇은 횡단 층으로 자른다. 각 조각은 그 층에 대한 완벽한 청사진으로 크기는 물론 어떤 재료로 만들어야 할지도 포함하고 있다. 소프트웨어는 이 좌표를 신속한 조형기 또는 '패버'의 잉크제트 같은 헤드로 보내, 한 층 한 층 3차원의 완성품이 만들어질 때까지, 바닥에서부터 위로 물체를 '복사'한다. 종이에 잉크로 쓰는 대신 헤드가, 레이저를 쬐면 단단해지는 액체 폴리머 통에 레이저 빔을 쏜다. 다음은 인터넷에서 찾은 '패버 페이지'에 대한 설명이다.

> *예를 들어 커피 컵을 복사하려면, 패버는 컴퓨터로 조종하는 레이저 빔을 액체 폴리머가 든 통에 맞춘다. 레이저는 먼저 액체의 표면에 원형 부분을 주사하여 그것을 원판으로 굳힌다. 그것은 컵의 밑바닥이 된다.*

그러면 통 안의 플랫폼에 놓인 그 바닥은 약 1,000분의 25밀리미터 정도 낮아져 액체 폴리머의 얇은 층이 그 위로 밀려올 수 있게 한다. 레이저는 이 액체 위로 속이 빈 원형을 스케치해서 컵 벽면의 바닥 층을 형성하고, 이것은 바닥과 융합된다. 한 층 한 층 레이저가 컵의 횡단면을 스케치해서 바닥에서부터 위로, 손잡이도 포함하여, 만들어간다. 패버는 한 번에 횡단면 하나만을 복사하기 때문에 커피 컵보다 훨씬 더 복잡한 물체도 얼마든지 만들 수 있다.

조개껍데기 또는 치아 형성 기술을 연구하는 생체모방학에서 패버의 이동 전선 기술moving-front technique은 낯익다. 자연은 한 가지가 아니라 두 가지 이상의 재료를 사용하는 버릇이 있다. 예를 들면, 분필층이 단백질 층에 의해서 분리되어 있는 식이다. 폴 캘버트는 현재 애리조나 주에 있는 한 회사와 일하고 있는데, 패버를 개조해 한 가지 이상의 재료로 된 (생물에서 영감을 얻은) 혼합물을 만들 것이다.

폴 캘버트는 그 가능성에 대해 이야기를 시작하면 평소의 냉정함을 잃는다. "예를 들어, 주형뜨기 단백질을 한 층 놓고 그 앞을 따라 광물 전구물질을 한 층 놓을 수 있습니다. 그 재료를 놓기 위해서 잉크제트 헤드를 사용할 수도 있습니다. 결정체는 자연적으로 자라게 할 수도 있고 여러 방법으로 처리하여 성장을 촉진할 수도 있습니다. 다음 층은 전혀 다른 광물로 구성할 수도 있습니다." 한 층 안에도 두 개 이상의 혼합된 재료를 사용할 수 있어, 재료와 재료를 점차적으로 혼합할 수도 있다. 그는 또 "한 재료가 다른 재료로 점진적으로 변화하면 더 강한 결합을 만들어 접착제나 연결 장치가 필요 없게 됩니다. 자연은 항상 절대 계면을 피하고 경계를 흐리게 합니다. 절대 계면은 깨지기 쉬워 어떻게든 함께 붙들어 맬 방법이 필요합니다"라고 말한다.

이런 식의 층층 성장으로 한 부분 안에서도 크기를 다양하게 할 수 있다. 뼈는 전체 길이를 따라 방향이나 강도가 다양해 어디는 두껍고 어디는 얇다. 패버를 사용하면 우리가 여태까지 할 수 있었던 것보다도 훨씬 더 자연의 설계에 근접할 수 있을 것이다.

현재 캘버트와 동료들은 두 가지 재료로 만든 고리 모양이나 원통보다 더 복잡한 것은 시도해보지 않았다. 한번은 4월달을 위한 장식으로 최첨단 부활절 토끼 상을 만든 적이 있다. 3차원으로 한 층씩 만들어지는 부활절 토끼에 재료 혁명은 들어 있지 않았는데, 비행기의 날개나 자동차의 차체 역시 마찬가지다. 고열이나 화학물질을 사용하지 않고, 가볍고 튼튼한 합성피혁으로 태양 동력 자동차를 만들 수 있다고 상상해보라. 또는 멀리 떨어져서도 분필이나 모래 같이 흔한 재료를 사용하여 차의 예비 부품을 만들어낼 수 있다고 상상해보라. 영화 『스타트랙』같이 들리는가? 기다려보자. 자연의 청사진과 폴 캘버트의 기계로 공상과학 소설이 현실로 물질화될지도 모른다.

재료과학의 부드러운 측면 - 첨단 유기화학

생물학적으로 만들어내는 모든 물질 가운데 광물은 일부에 불과하다. 생명은 탄력성이 좋은 유기물질, 즉 피부, 혈관, 힘줄, 견사, 몰타르,

셀룰로오스 등도 만든다. 재료연구학회에서 이런 유기 조직의 팬들은 생광물학자들과 연구 자금 경쟁을 하고 있다.

자연의 작업 비밀에서는 유기 그룹과 무기 그룹이 멀리 떨어져 있지 않다. 생광물화된 구조처럼 유기 물질도 위계 구조가 있다. 유기 물질의 구조 역시 기능에 딱 맞게 되어 있다. 그것도 주문대로 주형이 떠져 유독성 뒷맛을 남기지 않고 생물친화적인 온도와 압력에서 자가조립된다.

부드러운 것과 단단한 것의 유일한 차이는 전구물질이나 구조 성분이 어디서 유래하는가이다. 방탄 피복제가 필요하면 지구의 무기 광물이 있다. 그러나 뭔가 더 유연한 것이 필요할 때 생물은 모든 것을 (탄소에 기반을 둔) 유기 성분으로부터 만들어낼 수 있다. 여기서 단백질은 감독관이나 뼈대 이상이 되며, 실제 재료가 된다.

재료과학의 더 부드러운 면을 찾기 위해, 동부 해안의 움푹 들어간 지역으로 여행을 떠났다. 그곳에서 나는 작은 홍합**blue mussel**이 소용돌이치는 해류 속에서 자기 몸을 다른 물체에 단단히 고정하기 위해 방수 접착제를 어떻게 사용하는지 알아보았다. 동부 델라웨어 대학교의 연구자 허버트 웨이트**Herbert Waite**는 원래 끈기가 있지만 즐겁게 홍합**Mytilus edulis**에 집착하고 있었다. 30년에 걸친 연구 끝에 그는 단백질로 만든 진짜 살아 있는 슈퍼 접착제의 비밀을 풀어내기 시작했다.

• **역시 홍합의 족사** | 허버트 웨이트는 목소리를 최대로 높여 "배트맨과 슈퍼맨이 있잖아요"라고 소리쳤다. 그가 소리를 지른 이유는 12월

대서양 바람이 매우 사납게 부는 습지의 풀밭에 연결된 부둣가로 나와 있었기 때문이었다. 우리는 델라웨어 대학교 해양과학연구소 소속의 녹슨 낚싯배 옆에 쭈그리고 앉아 있었다. "홍합은 어느 모로 보나 그에 못지않은 재주꾼이에요. 그런데 홍합 슈퍼 영웅이 없다는 게 이상하잖아요."

웨이트는 영국식 운전사 모자에 구레나룻이 나고 어깨가 넓어 헤밍웨이와 같은 분위기를 풍겼다. 그는 굵고 미끈거리는 밧줄을 한 손 한 손 잡아당기며 무엇인가 무거운 것을 감아올리고 있었다. 마침내 어두운 물속에서 폭이 1미터쯤 되는 우리가 올라왔다. 옆에는 짙은 청색의 홍합이 뒤덮여 있었다. 염분이 있는 습지에서 흔히 발견되고 애피타이저로 많이 먹는 쌍각류 조개다. (점심을 먹은 식당에서 홍합을 주문하지 않은 것이 다행이라는 생각이 든다. 홍합의 훌륭한 점에 대해 너무 많이 이야기하고 있었다.)

"홍합이 어떻게 이렇게 꽉 잡고 있을까요?" 그가 소리를 지르지만 나는 쌍각류에 대해 잘 모른다. 나는 수백 개의 작고 투명한 실들이 플라스틱 밧줄처럼 쌍각류에서 우리로 뻗은 것을 자세히 살펴보았다.

"이 밧줄들을 족사足絲라 부르는데, 상상도 할 수 없을 정도로 놀라운 물질입니다. 이 안에 산업에서 원하는 네댓 가지 특허거리가 들어있어요." 다행히도 웨이트가 입을 벌리는 홍합을 보면서 계속 서 있기에는 너무 춥다고 말했다. 우리는 그 우리를 물속에 내려놓고 캐논 홀 해양 실험실로 돌아갔다. 그 건물은 배처럼 온 세상을 돌아다니며 조사한다. 건물 창문이 배의 창문 모양으로 생긴 것도 있었다.

들어가자마자 그는 수백 마리의 홍합이 자라는 탱크로 향했다. 유리를 통해, 부드러운 몸에서 뻗어 나온 약 2센티미터의 투명한 세사들을 가까이 살펴보았다. 세사의 끝마다 플라크라 부르는 작은 판이 있어 천연 접착제로 유리에 붙어 있었다.

웨이트가 탱크에 손을 넣어 몇 마리의 홍합을 떼어내 그것들이 다시 새로운 밧줄을 만들어내는 것을 보여주었다. 그는 "쌍각류는 조수 지역에서 먹이를 얻으려면 정착하는데 (꼭 혀처럼 생긴) 통통한 발을 내밀어 실-플라크-접착제 콤보를 만들어냅니다"라고 말했다. 그 전체를 족사 복합체라 부르는데, 이것이 만들어지는 과정은 한마디로 환상이다.

먼저 발끝을 접착 부위에 대고 누른다. 특수화된 샘에서 콜라겐(사람의 힘줄에 있는 것과 같은 단백질)을 발에 있는 세로의 긴 홈 안으로 분비하는데 이것이 주형으로 기능한다. 실과 플라크는 그 홈 안에서 자가조립되고 단단해진다. 그다음에 발끝 부위에 있는 접착제 샘에서 플라크와 표면 사이로 접착제 단백질이 분출된다. 접착제가 경화되는 것을 포함하여 전체 과정은 난 3~4분밖에 걸리지 않는다.

파도의 힘에 따라서 두세 개 이상의 밧줄을 내는데 모두 직접 스트레스에 맞선다. 일단 자리를 잡으면 껍데기를 열고 난류turbulence에서 먹이를 여과한다. 조수의 흐름은 컨베이어 벨트같이, 먹이를 들여오고 배설물을 쓸어내간다. 생식세포, 배우체조차 조류에 의해 운반되어 멀리 떨어진 홍합끼리 서로 데이트하고 짝짓기를 할 수 있다. 족사로 홍합은 닻, 구명 밧줄, 니치를 스스로 만들어간다고 웨이트는 말한다.

그것은 우리가 하는 것과 다를 바가 없다. "자연도 발명하고 우리도 발명합니다. 사실상 인간과 여타 모든 생명은 같은 점을 향해 진화해왔는데, 다른 생물들이 우리보다 먼저 시작한 거지요. 그들은 현재 우리가 고심하는 문제에 일찌감치 직면했고 또 그것을 해결했습니다. 예를 들어, 조수 지역에서 먹고사는 홍합은 수중 무엇인가에 부착할 수 있는 접착제를 만들어내야 했습니다. 그것이 얼마나 힘든 일인지 우리도 잘 압니다. 산업체 역시 습기가 있는 조건에서도 아무것에나 달라붙는 접착제를 찾기 위해 오랫동안 고군분투하고 있기 때문입니다. 그러나 아직도 멀었지요. 홍합은 우리보다 수 광년이나 앞서 있습니다."

웨이트는 자기의 관점을 증명하기 위해 페인트 초벌 칠을 예로 들었다. 우리는 페인트를 칠할 때 페인트가 잘 접착하도록 초벌 과정을 거친다. 그러나 우리의 초벌 칠은 신뢰할 수 없기로 악명 높다. 결국에는 물이 페인트와 초벌 칠 밑으로 스며들어 페인트가 일어나고 믿을 만한 자동차 도요타에도 녹이 슬게 한다. 또 물은 마감 단계에서도 적이 된다. 그래서 어떤 것이든지 붙이기 전에는 항상 표면을 완전히 말려야 한다. 배를 건조한 부두에서 수리해야 하고 수술 후 접착제 대신 바늘로 꿰매야 하는 이유이기도 하다. 솜씨 좋은 홍합은 접착제를 바닷속 깊은 곳, 즉 물속에서 분비하고, 젖은 상태로 경화시켜 어느 것에나 부착할 수 있다는 사실을 알면 당황스럽다. 홍합은 과연 어떻게 하는 것일까?

이에 대해 웨이트는 "홍합은 화학을 통해 그렇게 합니다. 그게 어떤 종류의 화학인지 알아내는 일에 나는 빠져 있고요"라고 말했다. 유리를 통해 들여다보았지만 족사를 만드는 홍합은 하는 일 대부분을 발 속에 숨기고 '포커 게임을 한다'. 웨이트는 그 과정의 각 부분을 정탐하기 위해 분자 탐침자와 기타 정교한 기술을 사용해왔다. 웨이트는 그 발에서 어떤 일이 일어나는지, 그와 비슷한 묘기를 부리려면 어떻게 해야 하는지 설명해주었다. 그것은 전형적인 '생물과 우리'의 차이 이야기로 생체모방학이 전문으로 하는 것이다.

표면 청소하기 | "좋아요, 내가 홍합이라 칩시다." 웨이트가 말했다. 그는 팔을 뻗어 홍합에서 뻗어나온 발 흉내를 내면서, 손으로 실험실 책상의 표면을 기기 시작했다. "홍합은 발을 사용해 마음에 드는 표면을 찾아다니다가 좋아하는 곳을 찾아내면 벌레처럼 꿈틀거리며 청소를 시작합니다."

우리도 표면을 청소한다. 주로 접착에 도움이 되기 때문이다. "이 책상은 반반해 보이지만 분자 수준으로 본다면 언덕과 계곡, 양전하와 음전하로 형성된 융기가 있을 것입니다. 양전하 같은 종류로 코팅하려면 이상적으로는 표면이 모두 음전하를 노출시키고 있어야 합니다. 표면이 울퉁불퉁하고 음전하 일부는 계곡에 숨어 있다면 결합을 형성하기가 쉽지 않을 것입니다. 인간의 접착제는 재주가 별로 좋지 않기 때문에, 표면을 완벽하게 준비하는 데 시간이 많이 듭니다. 우리는 여기저기 울퉁불퉁하면 안 됩니다."

초벌 칠하기 | 대체로 간단히 청소하고 나서 홍합은 배관 청소구처럼 발끝을 표면에 대고 눌러서 물을 밖으로 밀어낸다. 그리고 가장자리에 점액성의 물질을 축적한다. 그다음에 발 근육을 수축하여 흡착판을 들어 올려 그 안에 종 모양의 진공 공간을 만든다. 진공 과정을 흉내 내기 위해 웨이트가 손바닥을 펴서 실험실 책상 위를 눌렀다가 찻잔 모양으로 들어 올렸다. "이제 실과 디스크를 만들고 접착제로 표면에 붙일 준비가 된 겁니다."

우리도 그렇게 쉽게 할 수만 있다면 얼마나 좋을까. 우리는 접착제를 바르기 전에, 결합의 방해꾼인 물을 물리칠 수 있는 모종의 초벌제가 대개 필요하다. 대부분의 표면 분자들은 다른 것들보다는 물과 더 잘 결합한다. 그래서 일단 표면에 물이 있으면 접착제는 들어갈 자리를 잃는다(포도주 병의 라벨을 떼려면 물에 담가야 하는 것도 그 이유다).

초벌제는 물을 물리치기 위한 것이다. 초벌제는 페인트칠하려는 표면의 화학 그룹을 덮어서, 물 분자와 반응하여 결합하는 '갈고리'를 숨기는 것이다. 유리 표면에 (물을 사랑하는) 실란silane이라는 물질로 초벌 칠을 하는데 실란은 유리에서 발견되는 결합을 흉내 내는 화학물질이다. 실란의 한쪽은 유리를 덮고, 바깥쪽은 접착제나 페인트 같은 다른 폴리머 재료와 결합할 수 있는 화학적 갈고리를 제공한다.

그러나 우리의 전문적 초벌제는 완벽하지 않다. 물 분자가 (수증기나 물로) 갈라진 틈이나 긁힌 자리로 들어가기만 하면 접착제나 페인트 밑으로 스며들어가 초벌제와 경쟁하면서 유리와 결합할 것이다. 홍합은, 성능 좋은 접착제가 있으면 초벌제가 필요하지 않다고 알려준다. 그리고 우리는 페인트칠이 벗겨지거나 차가 녹슬 걱정을 할 필요가 없게 될 것이다.

접착제 바르기 | 홍합의 발에 있는 종 모양 공간의 윗부분에는 과립을 뿜어내는 분출구가 있다. 1, 2미크론의 구형 액상 단백질이 우선 큰 덩어리로 뭉치고, 그런 다음 경화되거나 엉킨 단백질 가닥 사이의 교차결합을 통해 접착제가 된다. 홍합의 경우 단백질 가닥의 교차결합 고리는 두 가지로 이용된다. 서로 교차결합하여 응집(함께 달라붙음)하고, 또 하나는 부착이라 불리는 것으로 표면과도 결합한다. 편리하게도 이 고리들은 단백질로 바로 만들어진다.

교차반응에는 또 다른 필요한 품목이 있다. 화학반응 개시자와 속도를 높이는 촉매제로, 역시 쉽게 얻을 수 있다. 이 화학반응 개시자는 산소로, 바닷물에서 공짜로 얻는다. 촉매제 역시 공짜로, 홍합 단백질 분자들과 한 꾸러미로 만들어진다. 촉매는 교차결합의 속도를 높여주고는 편리하게 접착제의 구조 일부가 된다.

우리의 접착제는 거기에 비하면 애통할 정도로 미흡하다. 반응을 시작하는 개시자(산소로는 충분하지 않다)와 속도를 높이는 촉매제뿐 아니라 별도의 교차결합용 화학물질도 첨가해야 한다. 그래서 한 단계가 아니라 세 단계다. 이런 모든 노력에도 불구하고, 응집력과 부착력이 모두 좋은 제품은 아직도 꿈에 지나지 않는다.

발포성發泡性 플라크 만들기 | 다음에 홍합은 실 끝을 단단히 고정해주

는 고형 발포foam 판을 만들어낸다. 이 플라크는 종 모양 공간에 있는 구멍에서 뿜어 나오는 여러 단백질로 만들어진다. 일단 방출된 단백질은 면도 크림 정도로 굳어졌다가 스티로폼같이 공기 방울을 포함하는 단단한 고형 발포제가 된다.

나는 "왜 구멍이 난 물질입니까? 완전한 덩어리가 더 튼튼하지 않은가요?"라고 물었다.

"그럴 수도 있어요"라고 말하고 웨이트는 그러나 홍합이 필요한 것은 단단한 성질만이 아니라고 덧붙인다. 유연성 역시 중요하다. 발포제는 고체보다 쉽게 변형된다(약간의 유연성이 있다). 이는 홍합이, 조수의 주기에 따라 수축, 확장하는 말뚝이나 금속 기둥 표면에 플라크를 자리 잡을 수 있다는 뜻이다. 홍합이 태양 아래에서 구워지든, 차가운 물에 목욕을 하든 플라크는 유연성이 있어 부서지지 않을 것이다.

마찬가지로 중요한 점은 고형 발포제가 유연성을 발휘하지 말아야 할 때를 안다는 것이다. 웨이트가 설명한 대로 "예를 들어, 유리 같이 단단한 물질에 V자 흠집을 내고 힘을 주면 재료과학자들이 표현하듯 '파국적으로' 금이 퍼져나갑니다. 고형 발포제처럼 구멍이 많은 물질에서는 빈 거품 공간까지만 금이 가고 끝날 겁니다. 이를 파열 방지 전략이라 부릅니다. 나무에서 빈 공간은 수액이 지나가는 세로의 관들입니다. 그것이 나뭇결을 가로질러 통나무를 자르려면 계속 쳐야 하고, 나무를 세워서 쪼개야 하는 이유입니다."

예를 들어, 스티로폼같이 구멍이 난 고체를 만들 때는 팽창제라 부르는 것을 사용하여 굳어져가는 폴리머 혹은 플라스틱에 거품을 불어넣는다. 불행히도 팽창제로 선택된 것은 염화불화탄소CFC로, 공기 중에 방출되면 대기와 반응하여 오존층에 구멍을 낸다. 남극의 대기에 생긴 구멍 때문에 세계의 지도자들은 CFC의 생산 및 사용을 금지하기 시작했다. 미국에서 취한 단계적인 조치 중 첫 번째는 1996년에 시작되었는데, 오존층 파괴 물질에 관한 몬트리올 의정서 및 1989년의 개정판 대기정화법에 따른 것이다.

점점 현실화되고 있는 CFC 사용 금지로 산업에서는 오존을 파괴하는 화학물질 없이 스티로폼을 만들 방법을 열망하게 되었다. 특히 군대에서는 정기적으로 약 9미터 두께에 해당하는 재질 판으로 폭탄물을 시험하기 때문에 여기에 관심이 집중되었다. 주요 소비자인 뉴저지 주의 피카티니 아스널은 CFC를 사용하지 않는 과정 연구에서 앞서 있다.

그들의 연구에서 웨이트는 고군분투하고 있던 문제에 대한 우아한 해결책을 얻었다. "내가 감을 잡을 수 없었던 것은, 홍합이 팽창제를 사용하지 않고도 어떻게 고체 거품을 만드는가 하는 것이었습니다. 가스가 나오지 않는 새로운 과정에 대해 읽고서 나는 '이것이 바로 홍합이 해내는 방법이구나!'라고 알았습니다. 시상식에서 신형 스티로폼을 발명한 자가 상패를 들고 있지만, 홍합은 수백만 년 동안 똑같은 일을 조용히 해오고 있었다는 것을 알지 못하는 거지요."

스티로폼을 만드는 재래식 방법은 스티렌 분자를 유기용매에 부어서 수천 개의 단량체가 폴리머로 길게 연결되도록 기다리는 것이었다. 사슬이 연결되어감에 따라 그 용액은 점점 더 걸쭉해지고 결국에는 빵에 바르는 땅콩버터 정도가 되었다가 땅콩사탕이 된다. 그 과정 중 어느 단계 전에 가스를 불어넣어 공기 공간을 만든다. 이것을 기술적인 용어로 '액상에 가스 주입하기'라고 한다. CFC만큼 이 일을 잘 하는 가스는 없다.

마침내 그 문제를 곰곰이 생각하던 한 사람이, 가스 대신에 액체를 액체에 주입하면(기름을 물에 넣는 것처럼) 어떨까 생각해보았다. 그래서 한 액체가 응고되는 동안 나머지 액체가 증발하게 하는 것이다. 문제는, 스티렌 분자가 기름 같아서 물을 싫어하고, 물이 증발하기 전에 비켜 바닥에 뭉쳐서 가라앉는다는 것이다.

이 문제를 연구하던 화학자들은 잠시 쉬면서 그 도시에서 가장 큰 샐러드 바로 갔어야 했다. 물에 기름기의 액체를 부유시키는 난제는 실제로 양상추에 뿌리는 드레싱을 만드는 방법으로 간단히 해결됐다. 콜로이드 화학자들은 그것을 '샐러드드레싱 모델'이라 부른다.

시판되는 드레싱은, 식품 가공업자들이 달걀노른자를 넣어 기름방울들이 식초 속에 고루 퍼져 있는 이멀젼 상태를 유지시켜 병을 흔들지 않아도 된다. 달걀노른자 단백질은 친수성 머리와 소수성 꼬리를 가진 분자이기 때문이다. 물로부터 도망가려는 지방성 꼬리 부분은 모두 기름방울을 향하고 있고 친수성 머리 부분은 식초 쪽으로 내밀고 있다. 기름을 한 방울씩 떨어뜨리며 저으면 각 방울은 달걀노른자 분자가 만드는 껍질로 둘러싸인다. 이 밀사들이 기름방울의 부유 상태를 유지해준다.

신형 스티로폼을 연구하는 사람들은 스티렌 단량체를 보호하기 위해 달걀노른자 대신 세제 분자를 사용한다. 이 분자 역시 물을 만나면 이중성을 보인다. 그 지방성 꼬리 부분은 스티렌 단량체의 작은 그룹을 원형으로 빙 둘러싸서, 스티렌이 안에 들어 있는 소형 반응 용기, 즉 '교질膠質입자'가 형성된다. 말 그대로 수천 개의 이 세제 교질입자들이 비커 안에 형성되기 시작한다. 각 교질입자 안에서 스티렌 단량체들은 사슬로 연결되기 시작한다. 이웃하는 교질입자들끼리 충돌하면, 한 교질입자에서 굳어져가는 스티렌이 세제 벽 밖으로 흘러나와 이웃 교질입자 안의 자라나는 폴리머와 연결된다. 모든 교질입자들이 연결되고 굳어져 하나의 거대한 그물망으로 될 때까지 이 과정은 반복된다. 어느새 국면이 일변하여, 한때 스티렌을 둘러쌌던 물이 이제는 굳어가는 격자 안에 서서히 갇히게 된다. 피카티니의 연구자들은, 고형 격자를 집어서 건조대에 놓으면 물을 전부 빼낼 수 있다는 사실을 발견하였다. 자 어떤가! CFC 없이도 고체 안에 공기를 넣을 수 있다. CFC 없이도!

이는 기술적인 용어로 위상 반전이라 부른다. 물 안의 스티렌이 폴리스티렌 안의 물이 된다. 웨이트의 이론은, 똑같은 위상 반전이 홍합의 종 모양 병 속에서도 일어난다는 것이다. 플라크 단백질이 물 안으로 분비되면 그 물은 두꺼워지는 플라크 단백질들의 교차결합 안에 갇히게 된다. 물이 빠져나가면, 공기 방울이 들어 있는 고형 발포성 플라크가 되고, 그것은 밀폐제로 싸인다.

나는 저 비천한 홍합이 얼마나 많은 다른 비법들로 우리를 능가하고 있는지, 그리고 우리가 배울 수 있는 새로운 것은 무엇인지 궁금해졌다. 그는 살며시 미소 지으며 "우리는 홍합의 족사까지 아직 가지도 않았어요"라고 말했다. 홍합에 푹 빠져 있는 나를 보고 즐거워하며 그는 조심스럽지만 아주 흥분해서 이 쌍각류에 대해 이야기하고 있다. 그의 실험실은 한참 전에 텅 비었고 주차장에는 불빛만 깜빡거렸다. 우리 둘만이 오랜 시간 움직이지 않고 있었다.

자가조립되는 족사 | 족사는 투명한 단백질 섬유로, 홍합의 부드러운 몸을 발포성 플라크에 연결해준다. 웨이트는 "그러한 실을 만들기 위해서, 발 전체가 길이를 따라 홈을 형성하고, 혀를 말아 올리듯이 안쪽으로 말아 올립니다. 홈의 바깥쪽 가장자리는 봉해져 있고, 발에 있는 근육들은 부풀어 올라 홈 안에 진공 상태의 공간을 만들어냅니다. 발을 따라 있는 수많은 분출구가 실 단백질 과립들을 분사하는데, 분출구마다 약간 다른 단백질들을 분비해서 필요에 따라 적절히 섞이는 맞춤생산이 이루어집니다. 이 단백질들이 근육에 의해 제자리로 유도되고, 가만히 두면 자가조립되고 교차결합이 형성됩니다"라고 설명한다.

교차결합된 폴리머로 섬유를 생산할 때 우리도 원재료를 분출구에서 사출한다. 지름이 큰 스크루가 통 안에서 회전하면서 전구물질들을 틀 die 쪽으로 천천히 돌린다. 틀은 섬유가 사출될 때, 파스타 기계가 페투치네를 만드느냐, 리가토니를 만드느냐를 결정하는 것과 똑같은 식으로, 일종의 질서나 모양을 부여한다. 우리의 제품과 홍합의 제품과의 차이는 우리가 만든 섬유는 일률적이라는 것이다. 즉 사슬의 소단위들에 다양성이 거의 또는 전혀 없어서 전체가 균일하다.

한편, 족사는 다중 성격을 지니고 있다. 웨이트는 그 실을 분석하여 구성 성분이 모두 약간씩 다른 단백질 분자 수백 가지로 되어 있다는 것을 알아냈다. 그 핵심은 우리의 힘줄처럼 콜라겐 단백질이지만 각 분자는 자연산 고무처럼 탄력이 있거나 자연산 견사처럼 단단하기도 하다. 탄력성과 뻣뻣함의 비율은 그 실의 어디에 어떤 단백질이 자리 잡고 있느냐에 따라 달라진다. 연체동물 몸체 쪽에 있는 분자는 더 탄력적이고 플라크 가까이에 있는 것은 더 뻣뻣한데, 이는 아마도 소용돌이치는 집에서는 탄력성과 뻣뻣한 성질의 실이 둘 다 필요하기 때문일 것이다. 이런 맞춤 단백질이 족사를 순수한 콜라겐보다 훨씬 더 강하고 뻣뻣하고 탄성 있게 만들어준다는 것을 웨이트는 실험을 통해 알아냈다.

그러나 실의 탄력성과 뻣뻣함 사이에는 점차적 차이가 있지 급격히 변하지 않는다. 그 둘 사이에 경계면이나 그어진 선 같은 것은 없다. 폴 캘버트가 나에게 말했듯이 자연은 구속을 싫어한다. 그 대신에 섬유가 단 하나의 취약점도 갖지 않도록 구성 요소들을 섞는다. 웨이트는, 그런 이중 기능 실은 인공 보철물이나 로봇의 힘줄을 만드는 데도 사용할 수 있을 것이라고 생각한다. 즉 로봇 팔의 팔꿈치 부분은 탄력이 있는 조각들을 포함하고 아래팔과 위팔 부분은 더 뻣뻣한 특성을 가질 수 있다. 그 모두를 코팅하는 것도 홍합에서 온 밀폐제sealant가 될 수 있다. 곧 밀폐제는 더욱 놀라운 물질이다.

족사 밀폐하기 | 웨이트는 말한다. "제가 보기에, 족사를 코팅하고 보호하는 투명한 밀폐제야말로 진짜 특별한 것입니다. 족사는 결국 먹이, 즉 단백질입니다. 바닷속에서 족사가 탐욕스런 미생물에 먹히지 않게 해주는 것도 바로 그 밀폐제입니다."

실과 플라크가 형성되고 나서 전체 구조는 또 다른 단백질로 코팅된다. 단백질 과립은 서로 뭉치면서 골고루 퍼져 래커 칠 같은 마감을 한다. (여기서 이 과정은 희한하게도 우리가 초소형 타임캡슐을 코팅할 때 사용하는 것과 같다). 마지막으로 홍합은 방사제를 모든 것 위에 분비하는데, 이는 새 실과 새 플라크들을 주형에서 분리시키는 점액성 물질이다. 마치 큐레이터가 새로운 그림의 포장을 벗기듯, 홍합이 발을 떼면 밀폐된 족사가 바닷물의 불빛에 반짝거리는 것이다. 밀폐제 자체도 단백질이지만, 그 구조상 적어도 처음 얼마 동안은 미생물들로부터 피해를 당하지 않는다.

"그 밀폐제의 매력은, 보호 역할이 영원하지 않다는 것입니다. 홍합은 몇 시간 또는 며칠 동안 그 족사를 이용하다 이동할 때가 되면 족사를 버리고 떠납니다. 2, 3년 내에 밀폐제는 떨어지고 미생물에게 포식됩니다."

웨이트는 덧붙였다. "내가 이것에 열광하는 이유는, 우리에게는 잠깐 쓰고 버리는 소모품이 많기 때문입니다." 그는 실험실 서랍으로 가서 수백 개의 피펫 팁 상자를 꺼낸다. 그것을 슬레이트 판 위에 쏟아부으니 다 흩어진다. "이처럼 석유화학적으로 만들어진 플라스틱은 쓰레기 매립지에서 사실상 영원히 갈 겁니다. 우리의 가장 큰 죄는 이러한 과잉 공학이지요. 인간은 영원히 살 수 없지만, 인간이 만들어낸 쓰레기는 영원할 것입니다."

웨이트의 주장은 꼭 필요한 동안만 지속되는 일회용품을 만들자는 것이다. "우리는 콜라겐, 견사, 고무, 셀룰로오스, 키틴(게 껍데기에서 나옴) 같은 자연의 재료로 섬유나 용기 또는 그 무엇이든 만들어내고, 홍합 식 밀폐제로 그것들을 밀폐할 수 있습니다. 2, 3년 후에는 그 밀폐제가 분해되고 매립지에 사는 미생물들이 그 밑의 분해성 물질을 공략할 겁니다. 그렇게 하여 그것은 다시 먹이사슬로 되돌아가게 됩니다."

"자연의 폴리머를 그보다 훨씬 천천히 분해되는 자연의 폴리머로 코팅하면 현대 기술에 거스르지 않는 이상적 디자인을 향해 가는 것입니다. 우리는 여전히 쓰고 버리는 품목들이 많겠지만, 그것들을 태우거나 묻지 않고 분해할 수 있는 겁니다. 분해가 지연되더라도, 현재처럼 무기한으로 지연되지는 않을 겁니다."

누군가가 '홍합'을 슈퍼 영웅으로 치켜세우기를 웨이트가 바라고 있다는 것은 놀라운 일이 아니다. 이처럼 평범해 보이는 동물 하나에서 나오는 특허들이 산업 전체를 지탱해줄 것이다. 혁신가들이 홍합을 관찰하기까지 그렇게 오래 걸린 한 가지 이유를 와이오밍 대학교의 견사 연구가인 랜돌프 루이스Randolph Lewis가 제안했다. "자연의 물질은 밝혀내기 어렵습니다. 그것들은 흔히 불용성인데, 분리해내기가 어렵다는 의미에요. 대개는 거대분자지만 아주 최근까지도 눈으로 볼 방법은 없었습니다. 가장 관심을 끄는 것 중 일부는 고도로 반복적인 서열로 되어 있어서 일단 조각들로 부서지면, 한 가지 색으로만 된 퍼즐 조각 같아서 다시 맞추기가 어렵습니다. 결과적으로 연구비를 지원하는 기관은 견사나 생물 접착제가 흥미로운 재료라는 점에는 동의하더라도, 당신이 그 진상을 규명할 수 있다고 확신할 수는 없을 것입니다. 그들은 대개 승산이 큰 쪽에 돈을 겁니다."

웨이트는 누구보다도 오랫동안 천연 재료의 진상을 규명해왔다. 그가 규명해야 할 족사 단백질이 얼마나 더 많이 남았는지 물었더니, 그는 조심스럽게 말했다. "글쎄, 지금까지 우리는 홍합 발 단백질 MEFP1에서 4까지, 네 종류의 단백질의 특성을 밝혔습니다. MEFP1은 밀폐제이고, MEFP2는 발포제를 구성하는 분자이고, MEFP3은 발포제 계면에 나타나는 것 같은데 아직은 우리 기술에 한계가 있어 잘 모릅니다. MEFP4는 무엇인지 아직 모릅니다. 실에서 두 종류의 콜라겐도 얻었는데, 하나는 도파DOPA(3, 4 디히드록시페닐알라닌)를 세 개 포함하는 단백질이고 다른 하나는 효소입니다. DOPA를 포함하는 또 다른 단백질과 중요도에서 다소 떨어지는 10여 종류의 단백질들과 효소 하나에 대한 연구가 남아 있습니다." 그는 세다가 갑자기 멈추고 손을 좌우로 흔들며 그만둔다. "나는 할 일이 얼마나 많이 남아 있는지에 그리 신경을 쓰지 않습니다. 그것은 산을 오를 때 산을 올려다보며 갈 길이 얼마나 멀었는지 알고 싶지 않은 것과 같습니다. 전혀 도움이 되지 않거든요. 도움이 되는 것은 한 발 한 발 앞으로 나아가는 것뿐입니다."

"말하자면." 그렇게 말하며 그는 담담한 허버트 웨이트 식 미소를 지어 보였다.

한편, 산업계에 이 보편적인 초강력 접착제에 대한 소문이 퍼지자 앨라이드 시그널 같은 회사들은 웨이트의 연구를 주시하고 있다. 그들이 흥미를 느끼는 점은 홍합 접착제가 우아한 이중적 화학반응에 의해, 내부적으로 교차결합하면서 표면과도 결합하여, 어느 것에도 잘 들러붙는다는 사실이다.

웨이트가 교차결합의 화학반응을 밝혀내자, 앨라이드 시그널은 접착 단백질 유전자라고 생각되는 것을 클로닝해서 대장균이 그 단백질을 만들어내도록 했다. 웨이트는 또 그 화학반응은 단백질을 교차결합시키는 촉매제에 의존한다는 이야기도 그들에게 해주었다. 촉매제는 티로신 잔기를 도파 잔기로 전환한 다음 산소와 함께 오소퀴논으로 바뀌는데, 이것이 교차결합의 기초가 된다. 그는 촉매제가 하는 일은 알지만, 그것이 어떻게 생겼는지는 확신하지 못하고 있었다. 웨이트가 고지를 정복하기를 기다리는 대신에, 앨라이드 시그널의 과학자들은 그냥 버섯에서 추출된 평범한 촉매제를 썼다. 웨이트는 말한다. "그들은 요점을 놓친 것입니다. 홍합의 촉매제는 교차결합을 먼저 돕고 그다음에 그 접착제 구조의 일부가 됩니다. 그래서 단백질과 1 대 1의 비율로 포장되어 있는 거예요. 비구조적인 촉매제를 사용할 수 없고 그것 없이 어떻게 되기를 바랄 수도 없습니다. 그건 퍼즐의 핵심을 무시한 것입니다."

당연하게도, 몇 년 동안 클로닝을 시도한 후 그 회사는 접착제 단백질을 만들어냈지만 그것은 붙지 않았다. 그 연구를 진행했던 아이나 골드버그는 "그 촉매제는 도파를 퀴논으로 전환했지만 코팅이나 접착제까지 가지는 못했습니다. 우리가 얻은 것은 갈색의 찌꺼기(비커의 바닥에 깔리는 털 뭉치 같은 것)가 전부였습니다"라고 말했다. 그들은 촉매제가 완벽하게 밝혀질 때까지 기다릴 수는 없다고 결정하고 연구를 접었다.

그 사이, 콜레보레이티브 리서치라 불리는 매사추세츠 주의 한 연구진은 단순히 홍합의 발을 잘게 다져서 추출해낸 단백질을 세포나 조직을 접착하는 제품으로 만들어, 셀택Celltak이라 명명했다. 이것은 보편적인 접착제는 아직 못되지만, 배양용 접시를 코팅해서 세포들이 접시 바닥에 얇게 붙어 자라나게 해준다. 그 회사가 곧 셀택과 비슷한 상품을 재조합 DNA 기술로 만들어 시장에 내놓는다는 말이 들리고 있다. 그들은 미리 코팅된 접시 자체를 판다. 한편, 칠레에 있는 한 회사도 구두 크기로 자라는 커다란 홍합을 잘게 다져 단백질을 분리해 배양용 접시 코팅제로 판매한다.

홍합 발에 있는 무가공 전구물질이 우리에게 있다고 홍합이 그 전구물질을 가지고 하는 일을 할 수는 없다. 홍합이 실 같은 섬유, 플라크, 접착제, 밀폐제 등을 만들어내는 과정을 복제해낸 사람은 아직 아무도 없다. 웨이트는 단기적으로는 홍합이 지닌 많은 재주 중 다른 것을 연구하면 더 운이 따를지도 모른다고 생각한다. 바위나 칸막이 말뚝에 있는 금속에 아주 잘 결합하는 접착 단백질이, 홍합이 먹이로 섭취하는 중금속에도 잘 달라붙는 것 같다. 이런 식으로 홍합은 자기 몸이 아니라 족사에 독소를 저장한다. 그러다 더 나은 환경으로 이동하면 족사를 내버려 중금속을 폐기한다.

미국 환경보호국은 버려진 족사에 남아 있는 축적된 금속에 대한 기록에 관심을 갖고 있다. 홍합 관찰이라고 부르는 이 프로그램에서 환경보호국은 체사피크 만에 남겨진 족사들을 긁어모아서 오랜 기간 분석하여 만에 금속 잔기들이 늘어나는지 줄어드는지 보고 있다. 웨이트는 그 단백질을 만드는 유전자를 클로닝(그 단백질을 대량으로 만들기 위해)하여 여과 시스템의 거름망으로 사용하는 꿈을 꾸고 있다. 단백질 여과기는 배에 설치할 수 있어서 한동안 끌고 다니며 금속 잔기를 분석할 수 있을 것이다.

웨이트는 말한다. "이것은 홍합 레퍼토리에서 나올 수 있는 많은 실용적인 발명품 중 하나일 뿐입니다. 우리의 기술이 발전해가면서 홍합이 하는 다른 과정들이나 디자인들도 찾아내게 될 것이라 확신합니다. 이 접착제는 여러 가지 중에 단 한 가지 특허에 불과할 뿐입니다."

물론 홍합은 바다에 사는 많은 해양무척추동물 중 단 한 종류의 쌍각류에 지나지 않는다. 갑자기 단백질뿐 아니라 허버트 웨이트도 복제하면 좋겠다는 생각이 든다.

랜돌프 루이스가 들었던 그 이유들 때문에, 웨이트처럼 자연의 재료들에 도전하겠다고 결심한 사람들은 많지 않다. 많은 공학자가 이러한 연구에 장점이 있다고 인정하지만, 장기간 머리털을 쥐어뜯는 노력을 쏟아야 하는 연구라는 게 문제다. 루이스는 "그 재료는 진짜로 가치 있다고 확신할 수 있는 것이어야 합니다"라고 말한다. 루이스를 포함하여 많은 연구자가 관심을 두는 한 가지 재료는 3억 8,000만 년이나 된 섬유로 21세기 미래에 밝혀질 것이다. 그것은 거미의 견사로 워싱턴 대학교의 크리스토퍼 비니는 거미의 견사를 만드는 일은 꿈이라고 말한다.

• 거미가 나타나다 | 크리스토퍼 비니Christopher Viney의 시애틀 실험실에서는, 길이가 15센티미터 되는 황금무당거미*Nephila clavipes* 티니를 위해 30여 도의 실내 온도를 유지하고 있다. 거미는 지금 등을 대고 뒤집어 누워 견사를 자아내면서 귀뚜라미를 먹고 있다. 거대한 복부에서 섬세한 거미줄 실이 일정한 속도로 나오고, 모터로 돌아가는 물레에 감긴다. 이번 한 번에 티니는 '견인줄'을 약 30미터나 만들어낼 텐데, 견인줄은 거미가 높은 곳에서 하강할 때와 거미줄의 살과 둘레를 만들 때 쓰는 특수한 견사다.

견인줄은 다리가 8개 달린 공장이 만들어낼 수 있는 6종류의 실 중 하나이다. 견사 각각은 분비샘에서 혼합되고 출사 돌기를 통해 나오는데, 모두 거미가 생존하는 데 필요한 화학적 · 물리학적 성질들을 가지고 있다. 작고한 거미 연구자 시어도어 세이버리Theodore H. Savory는 생전에 "견사는 거미 인생의 기초다"라고 말했다.

많은 거미는 견사로 폭 싸인 알에서 인생을 시작하여, 가는 실에 매달려 기류를 타고 첫 번째 여행을 떠나 멀리 떨어진 새 고향으로 날아간다. 배가 고프면, 어떤 거미는 거의 눈에 보이지 않는 덫을 잣고, 어떤 거미는 촘촘하고 끈적끈적한 얇은 막을 쳐서 끈끈이처럼 곤충들을 붙잡는다. 그런가 하면 거미줄 만들기를 아예 하지 않고 단순히 견사 한 줄에 끈적끈적한 공들을 매달아둔다. 곤충학자 메이 베렌바움May R. Berenbaum은 『살아 있는 모든 것의 정복자 곤충Bugs in the System』에서 "그 공은 카우보이처럼 나는 곤충에게 올가미를 던져 잡는다"라고 기록한다. 거미의 성생활에서도 견사를 빼놓을 수 없다. 구애할 때 견사에는 페로몬(이성을 유혹하는 물질)이, 마치 손수건에 향수를 뿌린 것처럼 뿌려져 있다. 일단 구애가 시작되면, 수컷은 (짝짓기 하는 열성만큼이나 구혼자를 먹어버릴 듯한) 암컷을 꼼짝 못하게 하려고 더 많은 견사를 뽑아낸다. 그렇게 하고도 암컷과 너무 가까워지지 않으려고, 수컷은 정자를 특별히 작은 거미줄로 만든 주머니에 사출한 다음 그것을 암컷에게 삽입한다. 베렌바움이 쓴 대로 "거미는 죽어서도 견사에 묶여 있다". 어떤 거미 종은 죽은 동료의 시체를 특별히 짠 수의로 싼다고 알려졌다.

최근에 이 신비스런 물질은 소수의 재료과학자들의 삶에서도 중요해졌다. 크리스토퍼 비니가 귀뚜라미 한 마리를 티니 앞에 던져주며, 자신의 경력이 여기까지 왔다는 데 나보다 더 놀란다. 비니는 방어하는 몸짓으로 말한다. "나는 금속학자에요! 정말이에요! 나는 면허 받은 물리학자라고요! 나는 고등학교 이후 생물학 수업은 들은 적도 없습니다!" 나는 방에 늘어져 있는 자잘한 소지품들을 집어 들기 시작했다. 고무로 만든 거미, 매듭실 장식으로 된 거미줄, 민달팽이스프 깡통('소금을 넣지 마시오'라는 경고가 써 있다), 생물학 잡지, 그를 스파이더맨이라고 설명하는 기사들이었다. "맞아요." 그는 큰 손을 벌리고 어깨를 으쓱했다. "난 삼천포로 빠졌어요."

'삼천포로 빠지기'는 비니가 남아프리카에 있는 고등학교에 다닐 때, 박물관의 큐레이터 일을 보던 생물 선생님으로부터 시작되었다. "그는 수업 계획서에서 과감하게 벗어나, DNA 코드 해독 이야기와 그 당시에 진행되고 있던 흥미로운 연구들에 대한 이야기로 우리를 이끌었습니다. 그의 열정은 전염성이 대단했습니다. 그 결과 케임브리지 대학교 입학시험에서 내가 지원했던 물리나 화학보다 생물학에서 더 좋은 점수를 받았다니까요. 대학에서는 결국 자연과학 프로그램에서 금속학을 전공하게 되었는데, 그 프로그램은 당시로서는 가장 학제적인 것이었습니다. 나는 금속학에서 용접하는 법이 아니라 원자와 분자에 대해 배웠어요."

비니가 이 분야 저 분야 돌아다니며 수강했던 과목 중 가장 중요한 선택과목이 하나 있었는데, 바로 후에 사용하게 될 결정학이었다. 결정학은 유기물질과 무기물질이 어떤 조건에서 결정체라는 극도로 질서 정연한 모양과 구조를 나타내는지 연구하는 학문이다. 결정체 내 원자들은 예측가능한 간격으로 정렬되어 그 상태를 유지하기 때문에, 말하자면 사방으로 반복되는 패턴을 가진 3차원 벽지가 됩니다. 액체는 분자들의 정렬이 고체보다 훨씬 자유롭다. 분자들이 정확하게 어디 있는지 예측이나 설명을 해주는 패턴은 아무것도 없다.

결정의 질서와 액체의 무질서 중간에, 두 가지 성질을 모두 가지는 액정이라 부르는 물질이 있다. 이것은 분자들의 위치가 아니라 배열이 질서있는 액체이다. 즉 분자는 어느 정도로 모두 정렬되어 있지만(모두 같은 방향을 보고), 예측가능한 패턴으로 위치해 있지는 않다. 그 당시에는 비니도 몰랐지만, 초창기에 이렇게 반쯤 정렬된 결정체의 매력에 푹 빠져들면서 결국 티니의 거미줄에 대해 연구하게 된 것이다.

"모든 일은 소파에 앉아 시시한 물리학 잡지를 뒤적이던 어느 토요일 밤에 시작됐습니다. 로버트 그린러Robert Greenler(위스콘신-밀워키대학교의 물리학 교수이자 당시 미국광학협회 회장)가 새벽이나 황혼녘에 거미줄에서 무지개를 볼 수 있는 이유에 대해 쓴 기사를 우연히 읽게 된 겁니다. 거기에는 내가 사랑하는 광학과 내가 거의 알지 못하는 견사가 혼합되어 있었습니다. 사실, 이 두 가지를 모두 아는 사람은 아무도 없습니다. 우리는 4,000년 동안 누에를 쳐왔는데도 그린러가 거미줄의 굴절지수(아주 평범한 측정치)가 필요했을 때, 추측을 해야만 했습니다."

"그것이 내가 견사의 굴절지수에 관심을 두게 된 동기입니다. 실험으로 굴절지수가 매우 높다는 것을 알게 되었습니다. 보통 굴절지수가 높으면 어느 정도 결정성이 있음을 뜻하는데, 그것이 바로 우리가 거미줄에서 발견한 것입니다. 고무 성질의 유기 폴리머 기질 내에 작은 미세 결정들이 묻혀 있었습니다. 거미는 어떤 식으로든 혼합물(두 종류의 물질이 하나로 합쳐진 것) 생산 방법을 터득했어요. 그것도 우리가 그것에 열광하기 3억 8,000만 년이나 앞서…."

금속학자인 비니는 이렇게 진기한 구조에는 반드시 진기한 기능이 있을 것이라고 짐작했다. 아니나 다를까, 거미줄의 화려한 장기는 재료학자들이 타이핑 실수라고 의심하기에 충분했다. 강철과 무게로 비교하면 견인줄 견사가 5배나 더 강하고, 케블러 합성섬유(방탄조끼에서 사용되는)와 비교해도 훨씬 더 질기며, 충격 흡수도가 5배나 더 커 잘 부서지지 않는다. 한 가지 물질이 보기 드물게 매우 강하고 질길 뿐 아니라 고도로 탄력적이기까지 해서, 모자 마술과 같다. 굵기가 같은 강철선과 거미줄에 분동의 무게를 점점 늘리면서 매달면 끊어지는 점이 거의 같다. 그러나 강풍이 분다면, 강철선이 절대 할 수 없는 것을 거미줄은 할 수 있다(무게로 볼 때 거미줄이 5배나 가볍다). 거미줄은 원래 길이보다 40퍼센트나 더 늘어났다가 새것처럼 원래 상태로 복원된다. 또 거미줄은 가장 잘 늘어난다는 나일론보다도 30퍼센트나 더 많이 늘어난다.

에너지를 흡수하는 이러한 탄력성은 나방이나 다른 '날개 달린 먹잇감'들이 최고 속도로 거미줄로 돌진해올 때 유용하다. 거미줄은 끊어지지 않고 늘어나 충격 에너지 대부분을 열로 발산한다. 열이 다 사라지면 거미줄은 아주 부드럽게 복원되어서 나방을 밖으로 튕겨버리지 않는다. 비니는 "인간이 만든 어떤 금속이나 고강도 섬유도 이런 강도와 에너지 흡수성 탄력의 조합에 가까이 간 것은 아무것도 없습니다"라고 말한다. 《사이언스 뉴스》의 기자인 리처드 리프킨Richard Lipkin은 1995년 1월 21일 기사에서 이렇게 적었다. "거미줄은 너무 강하고 내구성이 좋아서 거미줄을 인간의 규모에서 보면, 어망으로 날아가는 여객기도 잡을 수 있다."

거미줄 자체의 또 다른 특징은 유난히 낮은 유리 전이 온도다. 이는 거미줄이 아주아주 차가워져야 쉽게 부서질 정도로 약해진다는 뜻이다. 예를 들어 낙하산이 접하게 될 영하 온도에서 거미줄은 이상적인 경량급 줄이 될 수 있다. 거미줄처럼 강한 섬유는 이외에도 방탄 섬유, 현수교 케이블, 인공 인대, 수술용 봉합사 등에 사용할 수 있다. 문제는 그렇게 많은 기능을 어떻게 그렇게 작은 꾸러미에 다 넣느냐 하는 것이다.

거미의 견사는, 비니가 마치 "백파이프의 끝 부분"같이 생겼다고 말하는 분비샘에서 나오는 액체 단백질 원액 저장고에서 시작된다. 이 견사 원재료(액체 단백질)는 분비샘에서 좁은 관을 따라 내려가, 등 쪽 꽁무니에 난 6개의 작은 출사돌기에서 쥐어짜내진다. 불가사의한 것은, 출사돌기 안으로 들어간 수용성(물에 잘 녹는) 액체 단백질이 어떻게 해서 불용성의 방수에 가까운, 고도로 조직화된 섬유가 되어 나오는가 하는 것이다. "섬유 제조업자들이 질투할 만하다."

비니는 견사 원재료가 어쨌든 출사돌기를 통해 압착 분출되기 직전에 액정 상태가 될 것이라고 추측했다. 그럼으로써 분자가 정렬되고 급속히 조직화된다. 비니는 이러한 액정 상태가 되려면 단백질 소단위들이 구조적으로 '이방성anisotropic'을 가져야 한다는 것을 알아냈다. 그는 "이방성 물질은 명확한 방향성을 가지고 조직된 것입니다. 상자 속에 들어 있는 요리되기 전의 스파게티 국수 가락들은 이방성을 가집니다. 국수는 옆에서 보느냐 끝에서 보느냐에 따라 달리 보입니다. 이방성의 반대는 익힌 스파게티 국수들이 가지는 등방성isotropic으로, 어느 방향에서 봐도 다 똑같습니다. 대부분 사람들이 수용성 거미 단백질은 등방성일 거라고 생각했지만 나는 일종의 이방성 막대를 기대했습니다"라고 말했다.

이방성을 검증하는 가장 좋은 방법은 편광현미경으로 견사 원재료를 관찰하는 것이다. 편광현미경은 100년 전에 발명되었는데 현재는 그 사용법을 아는 사람이 갈수록 줄고 있다. 비니는 이 기기의 사용법을 아는 정도가 아니라 전문가가 다 돼서 현대적인 사용 설명서를 쓰기도 했다. "편광현미경은 편광 선글라스와 같은 원리를 사용합니다. 다른 점은 필터를 하나가 아니라 두 개 쓴다는 것뿐입니다. 하나는 수직으로 진동하는 빛을 제외한 모든 빛을 걸러내고, 다른 하나는 수평으로 진동하는 빛을 제외한 모든 빛을 걸러냅니다. 이것은 모든 빛을 의미해 대부분의 물체는 그 현미경 아래서 까맣게 보입니다. 그러나 이방성 물질은 빛의 편광 상태를 변화시킵니다." 말라가고 있는 액체 거미줄을 특히 슬라이드의 가장자리에서 보면, 분명히 필터를 통해 들어오는 빛을 볼 수 있었고, 그것은 분명히 이방성이라는 신호였다. "사실 현미경에서 관찰된 패턴은, 폭보다 길이가 30배 긴 막대기 모양 같았습니다."

그의 예측을 조사하기 위해서 비니는 와이오밍 대학교의 랜디 루이스Randy Lewis와 미국 육군의 데이비드 캐플런David Kaplan이 발표했던 단백질 서열 데이터를 참고했지만, 좌절감만 더욱 커졌다.

구슬 목걸이와 슬링키 | 액체 견사 원액의 아미노산 서열은 막대기 형태로 접히는 다른 단백질들과 달랐다. 사실 반복 서열을 보면, 분비샘 안에 있을 때는 '고양이가 갖고 노는 실 뭉치같이' 엉킨 공 모양의 단

백질이기 쉬웠다. 사슬 내 소수성 아미노산들은 아마도 공의 안쪽에 감추어져 있을 것이고, 반면에 친수성 아미노산들은 바깥쪽에 나와 있을 것이다. 이러한 정렬은 공이 출사돌기에 의해 물리적으로 끊어지기 전까지는 변하지 않을 것이다.

이것은 일견 이치에 맞다. 물속에 떠 있는 공 모양의 분자는 분비샘 안에 단백질들을 저장하기 좋은 방법이다. 거미가 항상 몸을 뒤틀고 급히 기어가더라도 공들 역시 부딪히며 구를 것이다. 따라서 거미는 액체 단백질이 실 형태라면 조각이 나 '자기 자신의 견사로 막힐' 염려를 하지 않아도 된다. 그러나 비니는, 만일 둥근 분자들만 있다면, 왜 편광현미경이 부정할 수 없는 막대기 구조의 증거를 보일까 의구심이 들었다.

그는 이어 "생물공학과에 있는 동료가 했던 한 강연을 듣고 그 불가사의가 풀렸습니다"라고 말했다. 그 연사는 근육 형성을 돕는, 자가조립되는 단백질, 액틴에 대해 이야기했다. 액틴은 근본적으로 구형 단백질이지만 그 구형들이 서로 연결되어, 어린이용 장난감 구슬 목걸이 같이, 하나의 사슬을 형성한다. 그 그림을 보는 순간 비니의 무의식에서 무엇인가가 반짝했다.

그는 "내 막대기가 바로 그거였어요!"라고 외쳤다.

비니가 컴퓨터를 켰고 우리는 함께 그가 진화시켜가는 중인 거미줄 형성 이론을 설명하는 그림을 봤다. 견사 액 원재료는 분비샘에서 나와 분사 출구로 나가기 직전까지 가느다란 관을 흐른다는 것이 그의 가설이다. 압착되면서 그 관을 통과할 때, 물이 단백질에서 빠져나오고 칼슘이 더해진다(칼슘은 액틴 공들이 연결되도록 하는 물질로, 비니는 칼슘이 견사에서도 작동하리라고 생각한다). 단백질 공들은 구슬 목걸이 식으로 연결되어, 용액의 점성을 1,000배나 떨어지게 한다. 막대기 형태로 조립되어 이제 서로 밀리며 미끄러지기 때문이다. 이는 마치 고속도로에서 차선이 서로 미끄러지듯 지나가는 것과 같아, 차선도 법도 없는 맨해튼의 체증과 대조적이다.

연결되어 정렬된 분자들은 출사돌기를 통해 빠져나가기가 더 쉬울 뿐만 아니라 액체 단백질을 섬유로 만들어가는 절삭 작용도 더 수월하게 해준다. 공들은 굴러나갈 수 없기 때문에, 출사돌기에서 압착되면서 바깥쪽의 친수성 잔기들이 파열되고 소수성 부분이 드러나게 된다.

비니는 "이런 소수성hydrophobic 부분들은 'ARRRGG! 알라닌-아르기닌-아르기닌-아르기닌-글리신-글리신; 옮긴이'로 되어 있고 가능한 한 단단하게 뭉칩니다"라고 말했다. 그리고 지그재그 모양, 아코디언 주름 모양으로 접힌다. 주름 모양 판들은 물에 닿지 않도록 가능한 한 최대로 서로 빽빽하게 겹쳐진다. 친수성 부분은 단백질 가장자리에서 느슨하고 꼬불꼬불한 채로 탄력성 있는 기질이 되고, 여기에 아코디언 모양의 결정체 부분들이 박히는 것이다.

비니의 모델은 만족스러울 만큼 단순하고 완벽하다. 공 모양의 단백질은 구슬 목걸이처럼 한 줄로 연결되어 출사돌기를 통해 압착되어 나가면서 견사가 된다. 최종 산물은 강화된 슬링키용수철 장난감; 옮긴이처럼 유연하면서 딱딱하다. 무형적 부분은 구부러지고, 뻣뻣한 결정체 영역은 그렇지 않다. 따라서 섬유에 흠집이 나도 금이나 균열이 결정체 영역에서 막혀 더 이상 진행되지 않는다. 이 모델은 또한 원료가 어떻게 수용성 액체에서 불용성 섬유로 되는지 설명해준다. 일단 그 단백질의 소수성 부분들이 함께 모이면, 물에 저항하여 명주실이 흩뜨려지지 않게 해준다.

그렇지만, 이는 단지 모델에 불과하다. 명주실 연구가 랜돌프 루이스는 이 주장에 동의하지 않는다. 루이스는 거미줄을 만드는 단백질은 하나가 아니라 두 개라는 증거를 가지고 있다고 한다. "두 단백질 가설로 보면 비니의 구슬 목걸이 모델은 이치에 맞지 않습니다." 그러나 비니를 비롯한 다른 연구자들은 두 종류의 단백질이 있다고 믿지 않는다. 평결은 아직 내려지지 않았고 논쟁은 활발히 진행되고 있으며, 거미줄 연구자들은 서로 격려하며 이론을 정립해나가고 있다. 지속가능한 섬유 제조 방법은 어떤 것일까 생각한다면 이 연구는 매우 힘든 것이지만 분명히 가치 있다.

생각해보자. 명주실의 품질에 근접한 것은 현재 총탄도 막을 수 있을 만큼 강한 폴리아라미드polyaramid 케블라Kevlar가 유일하다. 그러나 케블라를 만들기 위해, 우리는 석유에서 나온 화학물질을 고농도 황산이 들어 있는 압력 통에 쏟아붓고 수백 도로 끓여 액체 결정체 형태로 만든다. 그다음에 고압을 줘서 뽑아내면서 섬유들이 정렬되도록 한다. 들어가는 에너지가 엄청나고 독성 부산물도 끔찍하다.

거미는 고압, 고열, 부식성의 산 없이도 같은 강도의 훨씬 더 질긴 섬유를 체온 상태에서 만들어낸다. 무엇보다도 거미는 명주실을 만들기 위해 바다에 기름구멍을 굴착할 필요가 없다고 비니는 말한다. 거미는 몸의 한끝으로 파리나 귀뚜라미를 먹으면서 다른 쪽 끝으로 첨단 소재를 척척 뽑아낸다.

거미가 하는 일을 우리가 배울 수만 있다면, 무제한으로 재생 가능한 수용성 원재료로부터, 거의 미미한 에너지를 투입하여 독성 부산물이 없는 초강력 불용성 섬유를 만들어낼 수 있을 것이다. 그런 전략은 얼마든지 다른 많은 섬유 전구물질들에도 적용시킬 수 있다. 현재 거의 석유에만 의존하고 있는 섬유 산업에 원재료와 공정 두 측면에서 이것이 어떻게 이용될 수 있을지 상상해보라! 석유 의존에서 벗어나기 위해 우리는 거미의 제자가 되어야 한다고 비니는 주장한다. "거미줄만큼 좋은 무엇인가를 만들고 싶다면 거미의 공정을 그대로 따라 해야 합니다. 전구물질을 섞어주고, 분비샘에서 나와 분사 출구로 들어가는 물리적 여정을 그대로 복제해야 합니다. 섬유에 미세구조를 부여해주는 것이 바로 그 여정입니다."

"이 과정을 산업적으로 규모를 확장하려면, 제조업자들에게 정확한 방법을 줄 수 있어야 합니다. 단백질 농도는 어느 정도로 하고 액정 안 막대기는 얼마나 커야 하며 칼슘은 얼마나 많이 필요하고 물은 어느 정도나 뽑아내야 하는지 그리고 원하는 특성의 명주실을 얻으려면 섬유를 얼마나 빨리 돌려야 하는지 등의 설명서들 말이지요. 이런 변수들을 미세 조정해서 용도에 맞는 명주실을 맞춤 제작할 수 있을 거예요. 그런 공정이 사실 나에게는 이 연구에서 가장 흥미로운 부분입니다."

비니가 한쪽에서 이 공정을 대규모로 키우는 방법을 연구하는 동안, 그 모든 것을 가능하게 해주는 단백질 전구물질들을 조사하는 과학자들은 또 따로 있다. 명주실은 결국 생물학적 물질로서 부드럽게 다듬는 힘에 의해 섬유로 자가조립된다. 내가 만난 단백질 사냥꾼들은 무당거미의 분비샘에 상당히 깊이 들어가 명주실의 원료를 규명하고 거미 티니 없이도 명주실을 생산해낼 방법을 찾고 있었다.

명주실 조작하기 | 내가 처음으로 데이비드 캐플런을 주시하게 된 것은 그의 진면목을 보여주는 흔치 않은 사진 한 장을 통해서였다. 그 사진에서 그는 유리 전시장 뒤에 서 있었는데 사진을 찍는 카메라를 보지 않고 길이가 15센티미터나 되는 거미를 바라보고 있었다. 그의 눈은 완전히 무아지경에 빠져 있었다. 마치 동물원에 온 아이처럼, 유리 속의 동물을 바라보고 있었는데 그 동물 역시 그를 바라보고 있었다.

캐플런은 매사추세츠 주의 네이틱에 있는 미국육군연구소의 발달 및공학센터에서 하루에 거의 14시간씩 신바람이 나서, 다른 직원들보다 훨씬 먼저 출근하고 모두 퇴근한 지 한참 후에야 집으로 향하곤 했다. 그는 "절대 지루하지 않아요. 자연에 대해 한 가지를 배우면 해야 할 일이 열 가지 이상 수면으로 떠오릅니다. 우리는 선례가 전혀 없는 너무 너무 많은 일에 직면해 있습니다"라고 말했다.

캐플런은 늘 움직이고 있고, 항상 그를 만나고 싶어 하는 사람이 한두 명씩 뒤따르고 있다. 그는 총 45명(내가 그에 대해 묻느라 이야기를 나누었던)의 연구 팀을 이끌고 있으며, 네이틱에 있는 생물분자재료분과에서 진행되고 있는 모든 연구의 기술적 측면을 감독하는 책임을 지고 있다. 그가 가장 좋아하는 프로젝트 중 하나는 명주실 같은 단백질을 만들어내는 유전자를 합성하는 연구이다.

군은 케블라보다 보호성이 뛰어난 섬유를 필요로 하기 때문에 자연에서라도 그러한 용도로 쓸 소재가 없는지 찾는 중이다. 공기같이 가벼워야 하고 현수교 다리에 또는 전투기를 항공모함의 비행갑판 위로 끌 때 필요한 번지용 케이블 다발을 만들 수 있을 만큼 충분히 강한 섬유가 필요하다. 그리고 물론 제조 과정이 친환경적이라면 더 멋있으리라 생각하고 있다. 캐플런은 자기 팀이 수행하는 계획을 설명해주었다.

"우리는 먼저 거미의 분비샘에서 명주실로 변하지 않은 상태의 액체 단백질을 효과적으로 빼낼 방법을 찾아내야 했습니다. 우리는 결국 그 일을 해냈지만 양이 아주 적었습니다. 그래서 이 물질을 상품으로 생산하려면 유전학적으로 접근해야 한다는 것을 알게 되었죠."

"첫 작업은, 거미의 몸통에서 유전자를 잘리지 않은 상태로 분리해내는 일이었습니다. 그것은 9,000~1만 개 염기나 되는 엄청나게 큰 유전자로, 고도로 반복적이고 대장균에 클로닝해 발현시킬 때 결실과 재조합이 잘 일어나 악몽이었습니다. 우리는 아직 자연 상태의 유전자를 가지고 일하고 있기는 하지만, 이제 깨달았습니다. 차라리 유전자를 하나 단순하게 합성하는 편이 명주실 전구물질을 만들어낼 가능성이 더 크다는 것을…."

"자연의 DNA만큼 긴 DNA를 합성할 기술은 아직 없습니다. 그 대신에 (올리고 DNA 합성 기계로) 짧은 DNA 절편을 합성하고, 이것들을 증폭시키고, 리가아제(절편들이 연결되도록 도와주는 효소)로 서로 붙일 수 있기를 바랄 뿐입니다. 긴 유전자 서열 중에서 어느 부분을 합성할 것인가 결정하는 것은 경험을 토대로 합니다. 우리는 결국 경험에서 배우고 궁극적으로 내 직관을 따라갑니다. 과학이 예술로 승화되는 점이 바로 그 지점입니다. DNA 절편들을 어떻게 붙일 것인가 하는 것 역시 경험으로 압니다. 대장균에서 가장 선호되는 코돈으로 맞추고, 그다음이 힘든데, 우리가 인공적으로 만든 DNA를 대장균이 받아들여서 우리를 위해 단백질을 만들어내도록 유도하는 것입니다."

그는 마지막으로 "한마디로 그 실험은 잘됐습니다. 대장균이 단백질을 발현시켜서 우리가 검증하고 연구할 재료를 주었습니다. 우리는 그 단백질의 특성이 무엇인지, 그리고 또 왜 그런지 알고 싶습니다. 우리가 찾고 있는 것은, 그 단백질의 구조(어떤 아미노산 서열을 가지고 있는가)와 기능 사이의 상관관계입니다. 우리는 어떤 큰 경향을 찾고 있습니다. 궁극적으로 섬유 디자이너들에게 '탄성을 원한다면 이 반복 서열 뒤에 그 반복 서열이 오게 해보세요'라는 식으로 말해줄 수 있어야 하니까요. 느리지만 분명히 우리는, 자연이 만들어내는 방식대로 물질을 만들 수 있게 해줄 지식 기반, 정보 인프라를 구축하는 중입니다. 거미에게서 배운 지식은 모두 폴리머 공정에 도움이 될 것입니다. 우리만 연구하고 있는 것은 아닙니다. 랜돌프 루이스도 자연 상태의 유전자를 가지고 시도하는 중입니다."

와이오밍 주의 바람이 센 도시 라라미에서 연구하는 랜돌프 루이스는 거미의 분비샘에서 작용하는 것으로 생각되는 두 개의 단백질 서열을 파악했다. 그의 와이오밍 대학교 팀은 전복 껍데기 연구에서와 같은 유전공학적 '탐침' 기술을 이용하여 실을 생산하는 단백질을 암호화하는 두 개의 유전자를 찾아냈다. 그다음 이 유전자 단편(각각은 실제 유전자의 약 3분의 1만을 나타낸다)을 대장균에 삽입하여 단백질을 발현시키는 데 성공했다. "우리는 섬유를 만드는 단계까지 갔는데, 섬유가 거미의 견인 줄만큼 품질이 좋지 않았습니다. 우리의 토막 난 유전자에는 중요한 무엇인가가 빠져 있는 거죠." 캐플런 팀과 마찬가지로 루이스 팀도 재료과학자들이 찾는 품질에 가까운 유전자를 합성하려고 노력하는 중이다.

루이스는 여러 다른 종류의 거미에서 나온 다른 종류의 견사를 분석하여 캐플런이 말한 구조와 기능의 관계를 더 많이 알아내는 연구의 지원금을 신청하는 중이다. 그 역시 궁극적으로 섬유 제조업자들이 견사 단백질에서 어떤 특성을 원할 때, 그에 맞는 아미노산 서열 비법을 알려주는 최종 요리책을 만들 수 없을까 노력하고 있다. 더 나은 섬유가 필요하면 더 나은 단백질에서 시작해서 취향대로 섬유를 만들 수 있다.

루이스가 여러 종의 거미와 여러 가지 견사로 확대하는 것을 보면, 현재의 연구가 최상의 모델을 다루고 있지 않을 수도 있다는 생각이 든다. 현재 우리가 가진 모든 지식은 15종도 안 되는 호랑거미orb weaver들이 잣는 단 두 종류의 실에서 얻은 것이다(호랑거미과는 알려진 3만 종의 거미 중 3분의 1에 불과하다). 어디엔가 더 나은 본보기가 기다리고 있지는 않을까?

시애틀로 돌아가, 평소에는 명랑하고 장난기 가득한 크리스토퍼 비니에게 이 같은 질문을 던졌더니 그의 얼굴에 구름이 꼈다. 그는 신중하게 생각하고 나서, 모든 생물학에서처럼 모형 시스템을 선택하는 이유는 연구를 진행하기 쉽기 때문이고, 또한 다른 사람들이 당신을 위해 이미 길을 닦아 놓았기 때문이기도 하다고 설명한다. 그렇다. 바로 이 순간에 우리가 전혀 모르는 어떤 거미가 더 질기고, 더 튼튼하고, 더 뻣뻣한 섬유를 만들어내고 있을지도 모른다. 그 거미의 서식지가 연기 속에서 사라지고 있는지도 모른다**불로 개간되는 열대우림을 뜻함; 옮긴이**.

"그래서 이런 모델 생물들이 멸종되기 전에 배워야 한다는 위기감을 느끼냐고요?" 그는 잠시 자기 사무실을 둘러보다가 창밖을 내다보고, 잠시 후에 여태까지 본 그의 모습대로 진지하게 나를 보았다. 그는 영국인들이 흔히 어떤 화제에서 뒤로 물러설 때 하듯 말한다. "글쎄요, 내 야금술이 몇 년 더 늦어진다고 큰일 날 거야 없겠죠." 그도 서 있었고 나도 서 있었으며 우리는 그날 처음으로 시계를 보았다.

• 진퇴양난에 빠진 코뿔소 | 코뿔소 같은 종들의 멸종은 단지 추측이 아니라 지금 이 순간에도 진행되고 있는 현실이다. 아프리카 전역에 검은코뿔소는 1970년대에는 6만 5,000마리였는데 현재 단지 2,300마리로 줄었다. 짐바브웨의 야생동물 집단은 1991년 중반 1,400마리

로 집계됐는데 지금은 놀랍게도 250마리로 줄어들었다. 아시아 코뿔소도 사정이 좋지 않다. 수마트라에 사는 코뿔소 집단은 지난 10년 동안 반으로 줄어들어 현재 총 600마리도 남지 않았다.

코뿔소가 줄어드는 이유는, 2~5킬로그램의 단백질로 만들어진 유니콘 형태의 한 개(또는 두 개)의 뿔 때문이다. 밀렵꾼은 총에 맞을 위험을 무릅쓰고 코뿔소들을 눈에 띄는 대로 죽이는데, 그 뿔을 가지고 도망만 칠 수 있다면 1년치 봉급과 맞먹는 돈을 벌 수 있기 때문이다. 암시장에서 뿔 하나에 수만 달러에 팔리므로 진짜 돈벌이가 된다. 뿔의 반은 예전에는 중동에서 거래되었다. 주로 예멘인들이 종교적인 성인식을 할 때 몸에 묶는 단도의 손잡이로 뿔이 쓰였다. 단도 하나가 3만 달러까지도 하며 그것을 차는 사람의 지위를 나타내기 때문에 그만한 가치가 있다. 그러나 요즘에는 대부분의 뿔이 동양의 약재로 쓰인다. 코뿔소의 뿔 가루는 위장병과 피부 질환을 치료하는 데 도움이 되고 정력에도 좋으며 음치를 고치는 데에도 쓰인다고 한다.

1977년, 국제적으로 코뿔소 뿔 판매 금지령이 발효된 이후 공식적인 판매는 감소했지만, 코뿔소는 계속해서 줄고 있으며 뿔은 암시장으로 흘러들어간다. 나미비아에서는 밀렵이 극심해서 공식적으로 뿔을 자르는 프로그램이 시작되었을 정도다. 동물을 살리기 위해 뿔을 잘라주는 것이다. 그런데 어처구니없게도 뿔이 없는 코뿔소까지 사살되고 있다. 버지니아 주 올드도미니언 대학교의 코뿔소 연구가인 조 대니얼Joe Daniel은 "뿔 밀렵꾼들은 코뿔소가 멸종되어가는 것을 은근히 기대하는 것으로 생각됩니다. 그렇게 되면 그들이 모아놓은 뿔의 가치가 그만큼 높아질 테니까요"라고 말한다.

나는 올드도미니언 대학교로 갔다. 그곳에서 훈련받은 동물학자인 대니얼이 앤 반 오던Ann Van Orden이라는 과학자와 팀을 이루어 도살을 막을 어떤 계획을 짜고 있다는 소식을 들었기 때문이다. 그 계획은 아마도 생체모방일 것이다.

세상이 필요로 하는 것은 비용이 많이 들지 않는 모사 뿔이다. "시장을 이 뿔로 넘쳐나게 하고, 모사품이라고 확인시키고, 다른 문화들이 이것을 받아들이는 것, 그것만이 우리의 유일한 희망입니다. 아니 코뿔소의 유일한 희망입니다. 뿔 밀렵꾼이 뿔을 대량으로 팔아야만 이익을 낼 수 있게 만들 수 있다면, 더 이상 밀렵을 무릅쓸 가치가 없다고 판단할 것입니다."

역사가 이를 증명해준다. 선망의 물질에 대한 대체품이 나오면 언제나 원 물질의 보존을 도와주었다. 예를 들어, 인공 고무 대체품이 나오고 난 뒤에는 고무나무에서 그렇게 다량으로 수액을 받아내지 않게 되었고, 진주를 위해 그렇게 조개를 게걸스럽게 잡지도 않게 되었다. 핵심은 모사품이 진짜 고무만큼 탄력 있고, 진주만큼 광택이 나야 한다는 것이다. 그러면서 가격이 더 싸다면, 서서히 원래 생물들은 우리의 굶주린 손아귀에서 벗어나게 된다.

그러나 코뿔소의 뿔은 자연모방자들에게 유별나게 어려운 경우이다. 코뿔소의 뿔에는 마술적이면서도 의학적인 품질이 숨어 있기 때문에 소비자들은 어떤 대체물도 받아들이지 않고 있다. 뿔이 무엇으로 만들어졌는지 물어봤더니, 앤 반 오던은 손톱으로 책상을 두드렸다. "케라틴입니다. 당신의 머리나 손톱에 있는 것과 똑같이 강한 섬유성 단백질입니다. 코뿔소의 뿔이 특별한 일을 하고 있다는 증거는 하나도 없어요. 당신의 다듬어진 손톱이 할 수 있는 일 이상이 아닙니다. 그러나 문제는 케라틴 성분 자체가 아니라 코뿔소 뿔에서 선망의 대상인 강도와 광택을 주는 독특한 구조입니다. 케라틴을 그러한 구조로 자가조립되도록 유도할 수만 있다면 우리가 필요로 하는 실용적인 대체품이 됩니다."

이러한 일을 해내고 싶어 하는 두 공동연구자는, 우연히 서로 만나게 되었는데, 올드도미니언 대학교의 물리학자인 반 오던의 남편이, 대니얼이 관련된 코뿔소와 청외저주파음에 관한 점심 세미나에 참석했을 때였다. 대니얼이 현미경용으로 코뿔소의 뿔 표본을 준비하는데 도움이 필요하다고 말하자 앤의 남편은 자기 부인을 추천했다. 반 오던이 당시의 이야기를 들려줬다. "나는 그때 랭리연구센터에서 부식에 대해 연구하고 있었기 때문에 말할 것도 없이 코뿔소는 그해 계획에 없었습니다. 그래서 루퍼스(버지니아동물원에 부서진 뿔 조각을 기증한 황소)라는 코드명을 붙인 폴더에 보관만 하고 있었습니다."

점심 식사 때 반 오던이 윤을 내지 않은 루퍼스의 뿔 한 조각을 내 손바닥에 올려놓았다. 그러고는 "조심하세요. 지금 1만 달러짜리 물건을 손에 들고 있는 거예요"라며 농담을 했다. 잘린 모서리에서 침골spicules이라 불리는 섬유가 삐져나와 있는 것을 볼 수 있었다. 마치 고슴도치 가시처럼 각 섬유의 끝이 뾰족했다. "천재적인 설계입니다. 이 침골 중 하나가 끝으로 갈수록 점점 가늘어지면서 또 다른 것이 시작될 공간을 만들어주는 겁니다. 이런 식으로 섬유들이 서로 맞물려 있기 때문에 뿔을 부서뜨리면 뾰족한 끝들이 삐져나오고 구멍들이 뒤에 남으면서 지그재그로 부서지는 겁니다."

그럼 털은 어디에 있을까? 나는 그녀에게 물었다. 거의 모든 책에서(내가 쓴 책에서도) 코뿔소 뿔은 털들이 뭉쳐 단단하게 굳은 것이라고 설명되었다. 그녀는 미소 지었다. "나도 알아요. 그러나 뿔을 잘라보면 그게 아니에요." 거의 틀림없이 어떤 생물학과에서도 뿔을 앤 오던처럼 잘라서 현미경으로 관찰한 적이 없었을 것이다. 그녀는 뿔을 부식된 금속 조각처럼 다루었다. 톱으로 단면을 자르고, 거친 300그리트 사포에서 시작해서 고운 1,200그리트 사포까지 점진적으로 올려가며 다듬어, 최종적으로 다이아몬드 슬러리와 산화알루미늄 광택제로 긁힘이 하나 없이 윤을 냈다. 그다음에 금속 조각을 보듯 편광현미경(비니가 거미줄을 관찰했던 것과 같은 종류)으로 관찰했다. 횡단면을 찍은 컬러사진이 파란 리본을 달고 연구실에 걸려 있었다. 폴라로이드 과학 사진 경연대회에서 1등을 한 것이었다.

뿔의 횡단면은 정말 아름다웠다. 구릿빛의 단단한 가시를 다발로 묶은 후 그 단면을 자른 것 같았다. 그 결과 나온 것은 작은 방들처럼 보였다. 침골의 부드러운 중심 부분이 사포에 갈려나가, 각 방의 가운데가 오목하게 들어가 보였다. 오목하게 들어간 부분이 침골의 중심 부위인데, 그 중심부가 코뿔소 뿔 기저의 샘에서 자라나는 섬유다. 그 주변에 케라틴 생성 세포들이 동심원상으로 둘러 있는데 지금은 죽어서 납작해지고, 피부 세포처럼 각질화되어 나무의 나이테같이 보인다. 그 세포들이 각 섬유를 둘러싼 단단한 다층의 케라틴 관을 만든다. 이 관 바깥쪽 주변에는 또 다른 섬유성 케라틴이 있다. 이는 침골들 사이의 기질이나 회반죽 역할을 한다. 모든 교과서들이 말하는 것과 달리, 뿔은 절대 털이 아니었다. 뿔은 두 가지 형태의 케라틴으로 이루어진 혼합물이었다.

앤 오던은 재료과학자의 눈으로 뿔의 단면을 확대해서 보는 순간 즉시 그 패턴을 알아차렸다. "스텔스 폭격기 표면에 쓰이는 탄소섬유 graphite fiber 강화 복합물처럼 보였습니다! 매우 빳빳하고 유연하지 않은(구부러지기 전에 부러진다) 흑연 섬유를 유연한 수지(부러지기 전에 구부러진다)로 감싸면 부러지기 전에 휘어집니다. 그렇게 해서 딱딱한데도 잘 부러지지 않는 것을 얻습니다. 이것이 바로 복합재료가 좋은 점이죠. 부분들을 합치면 단순한 합 이상의 무엇인가가 되는 겁니다."

스텔스 폭격기 외에도 탄소 강화 복합물은 아메리카 컵 요트 대회의 돛대, 포뮬러 원 경주 자동차, 최고급 기타, 테니스 라켓, 그리고 보잉 사의 경량급 777 비행기 등에 쓰이는데, 이것은 적은 연료로 더 멀리, 더 빨리 날 수 있게 해준다. 앤 오던은 "이러한 복합물을 만드는 기술과 함께 우리도 공진화한 것 같습니다. 우리는 자연이 이미 6,000만 년 동안 사용해온 것을 발견한 것뿐입니다"라고 말한다.

그다음 그녀는 나에게 또 다른 복합물, 산화알루미늄(세라믹 기질)에 박혀 있는 탄화규소 섬유의 사진을 보여주고 차이점들을 설명했다. "이 복합물은 섬유들을 내려놓고 그 위에 세라믹 블록을 놓아서 만듭니다. 압력과 열을 주어 이 둘을 결합시키면 세라믹이 섬유 안과 주변에서 다시 굳어집니다. 이때 섬유들 사이 거리가 유지되도록 조심해야 합니다. 이런 극한 조건에서 서로 붙으면, 파손 내구성이 떨어지는 복합물이 만들어지기 때문이지요."

우리는 열과 압력 처리 과정을 아직 섬세한 수준으로 조절하지 못하기 때문에, 자연만큼 최적화하지 못한다. 안에서부터 자가조립하는 코뿔소의 뿔은 조밀하게 침골들을 꾸리면서 조심스럽게 거리를 두어 서로 닿지 않게 한다. 이렇게 더 높은 '충전 밀도'에 의해 뿔은 더 강해진다. 기질 재료와 섬유 또한 화학적으로 비슷해서 결과적으로 서로의 계면이 잘 붙을 수 있다.

우리의 복합물과 자연의 복합물 사이의 또 다른 점은 섬유의 모양이다. 횡단면으로 자르면, 탄소 복합물의 합성섬유는 균일하게 둥글지만, 코뿔소의 섬유는 크기나 모양이 다 다르다. 어디서나 균일한 것은 모르타르mortar, 즉 케라틴 기질 농도이다.

앤 오던은 "이것 역시 재료과학의 관점에서 볼 때 이치에 맞습니다"라고 말한다. "손상을 방지하는 완충제로 일정 농도를 가진 기질이 있어야 하기 때문일 것입니다. 만일 섬유들이 완충제 없이 함께 이웃하고 있다면, 하나가 부러지면 나머지도 다 부러질 수 있겠지요." 이런 방식으로, 케라틴 기질이 홍합 껍데기에 있는 모르타르처럼 작용하여 옆으로 금이 가는 것을 막고, 응력을 재분배하여 뿔에 비틀림 강도를 준다.

그러나 이러한 설계가 코뿔소에게 어떤 장점이 되는가? 대니얼이 말하기를, 암컷 코뿔소는 새끼들이 공격받으면 뿔을 흔들거나 창 시합 자세를 취하거나 찌르기도 한다. 수컷은 영역 싸움에서 침입자를 몰아내는 데 사용하고, 암수 모두 땅을 파는 데도 사용한다. 이 모든 일을 하기 위해서 코뿔소의 뿔은 끝에서 가해지는 힘이나 옆에서 가해지는 힘에도 모두 견뎌낼 수 있어야 하는 것이다. 정면에서 오는 힘을 압축강도라고 하는데, 이를 위한 최상의 방법이 고슴도치의 가시처럼 생긴 침골을 만드는 것이라고 한다. 앤 오던은 나에게 부러진 면을 가까이 보게 해주었는데, 가시같이 생긴 침골의 끝이 모두 부러져 있었다. "여기가 압축강도 힘이 작용하는 곳입니다. 끝이 납작해서 에너지를 전부 직접 받는 게 아니라 끝이 뾰족해서 끝 부분만 단순히 부러지고 힘이 밑에까지 전달되지 않습니다. 압축강도와 비틀림 강도를 동시에 갖기 매우 어려운 우리의 복합물에 응용할만한 사실입니다."

정말로 대니얼과 앤 오던을 흥분시킨 것은 코뿔소 뿔의 세 번째 특징으로, 인간이 만든 재료에는 없는 자가 치유 능력이다. 자가 치료의 증거는 아름다운 폴라로이드 사진 속에 숨겨져 있었다. 대니얼은 "자세히 보면 금이 난 것들을 볼 수 있어요. 폴리머로 충전된, 즉 상처가 치료된 것입니다"라고 말했다. "생물학자로서 그것은 불가능하다고 생각했습니다. 우리가 아는 한, 뿔은 살아 있는 세포들이 없는 단지 죽은 조직이니까요. 그래서 우리는 생각했어요. 뿔 안에 살아 있는 무엇인가가 있을 수도 있다고. 그 세포들을 찾아내 조직배양 기술로 살려서 뿔을 체외에서 키워낼 수 있을지도 모릅니다."

대니얼은 살아 있는 세포를 얻을 목적으로, 코뿔소에서 조직을 생검하기 위해 텍사스에 있는, 외국산 동물을 번식시키는 한 기관으로 갔다. "수의사가, 자신이 동물을 정기 검사할 때 나를 부르겠다고 했거든요. 왜냐하면, 그들은 동물들을 자주 마취시키는 것을 좋아하지 않기 때문입니다. 연락이 오자 나는 거기로 날아가서 뿔 표본을 얻어 배양액에 넣었습니다. 케라틴 형성 세포들이 존재한다면 배양액에서 자라나겠지요. 그러나 불행하게도 그런 일은 일어나지 않았습니다. 지금은 또 다른 코뿔소가 마취 주사를 맞을 날만 기다리고 있는 중이에요. 그러면 또 한 번 생검을 하러 날아가야죠."

한편, 대니얼과 앤 오던은 뿔의 모사품을 만들 수 있는 다른 방법들을 연구하고 있다. "코뿔소의 자가 치유 현상이 살아 있는 세포에 의해 일어나는 것이 아니라고 합시다. 그 대신에 충전되는 재료가 근처에서 온다고 합시다. 뿔이 단위체로 분해되어(구성 단위체로 나뉜다) 금을 따라 흐르다가 중합체polymer로 굳어 그 틈을 채우는 거지요. 그렇다면 우리도 비슷한 일을 할 수 있을지도 모른다는 생각이 들었습니다. 코뿔소의 케라틴을 단위체로 분해시켰다가, 코뿔소 털의 중심부에서 중합되도록 유도할 수 있을지도 모릅니다."

대니얼의 생각은 말의 털 같은 것을 가지고 시험해보는 것이었다. 말에는 두 종류의 털이 있는데, 바이올린 활에 쓰이는 거친 꼬리털과 좀 더 부드러운 가죽 털이다. 먼저 가죽 털을 단위체로 분해해 액체로 만들고, 꼬리털을 액체 용액 안에서 가지런히 한 다음 압력을 준다. 그러면, 희망하건대, 케라틴이 큰 섬유들의 핵 주변에서 중합되고 모든 털들을 함께 뭉치는 연결자가 될 것이다.

앤 오던에 따르면 같은 종류의 기술이 이미 뼈에 적용되고 있다.

"치과의사는 뼈에 단지 수산화인회석만 남도록 처리할 수 있습니다. 예를 들어, 임플란트 밑에 턱뼈 기초를 만들기 위해서 환자의 턱을 절개하여 이 수산화인회석을 넣어줍니다. 환자의 뼈세포들이 수산화인회석과 접촉하면 '어, 이 녀석을 석회화하는 것을 잊었네!'라며 그 자리에 새로운 뼈를 만듭니다. 우리의 액화된 말 털 세포들도 꼬리털을 보면 '오, 털 조직, 이것들을 함께 모으는 것을 잊었네'라고 말하길 바랍니다. 말 털로 이게 된다면 코뿔소의 케라틴으로도 될 겁니다. 털과 케라틴과 제대로 된 조건을 주고 나서 '너 스스로 구조를 조직하라!' 고 하는 거죠."

이런 식으로 바닥에서부터 코뿔소의 뿔을 자라게 하는 것은 허황된 꿈처럼 보일 수도 있지만, 그렇지 않을 수도 있다. "알 수 없어요! 30년 전에 누가 수지 기질 재료에 흑연섬유를 넣어야 한다고 하면, 터무니없다고 생각했을 것입니다. 오늘날 우리는 이런 복합물과 복식 테니스를 치고 있어요." 앤 오던은 그녀 특유의 열의를 가지고 이야기한다.

30년 전에는 코뿔소 수가 오늘날보다 훨씬 더 많았다. 이 연구가 얼마나 허황되든, 복합물 혁신의 측면에서 무엇을 이 연구에서 얻게 되든, 코뿔소의 밀렵을 막을 수 있다면 어떤 시도라도 노력할만한 가치가 있을 것이다. 사실 이것은 내가 상상할 수 있는 가장 훌륭한 생체모방 이용의 하나다. 이번에 우리는 우리 자신을 보호하기 위해서(직접적으로)가 아니라 '멸종 위기'에 처한 다른 종을 살려내기 위해 동물을 모방하는 방법을 배우고 있는 것이다. 이것은 생체모방이 한 바퀴 빙 돈 것으로, 우리가 마음만 먹으면 이 새로운 과학으로 좋은 일들을 할 수 있음을 보여준다.

그러다보니 어떤 기관이나 재단이 이런 종류의 연구를 후원하려는 선견지명을 가지고 있을까 궁금해졌다. 대니얼과 반 오던에게 물어보니, 그들은 책상 너머에 시선을 고정하고 아무도 없다고 동시에 손을 젓는다. 그들의 코뿔소 뿔 연구는 공식 연구비를 받아보지 못했다. 지금으로서는 그들의 탐구는 애정과 양심만으로, 또 그렇게 강한 뿔을 가지고도 자신들을 지킬 수 없어 사라져가는 루퍼스와 그의 무리들을 위한 선행으로 하는 것이다.

제5장

어떻게 우리를 치유할까?

전문가 침팬지에게 배우기

자연은 최고의 화학자다. 화학자들의 총명함에는 물론 존경을 표하지만, 인간 화학자는 항암제 택솔Taxol 같은 분자는 꿈에서라도 만들어낼 수 없을 것이다.

_고든 크랙Gordon Cragg, 메릴랜드 주 프레더릭 시 미국 국립암연구소 자연물분과장

중요한 것은 우리가 오만함을 버리고 동물에게서 배워야 할 면이 많다는 사실을 깨닫는 것이다.

_동물생약학 개척자 리처드 랭햄Richard Wrangham, 마이클 허프만Michael Huffman, 카렌 스트라이어Karen Strier, 엘로이 로드리게스Eloy Rodriguez

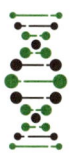

노스캐롤라이나 주 더럼 시 듀크 대학교 영장류센터 내 케네스 글랜더의 연구실은 완벽한 원형으로, 천장은 높은 돔 식이라서 마치 초가지붕 같은 느낌이 나고, 밖으로 나가면 바로 아프리카 마을이라도 있을 듯하다. 하지만, 뒷문으로 나가면 캐롤라이나 주의 소나무 숲이 있으며, 침엽수 잎들이 솔향을 풍기며 가습기 역할을 하고 있다. 글랜더는 아침에 내린 이슬비에 젖은 머리를 뒤로 젖히고 콧수염에서 반짝이는 물방울을 털어냈다. 캐노피 꼭대기에는 작은 털 뭉치들이 비를 맞으며 웅크리고 있다. 이들은 500여 마리의 여우원숭이**lemur**들로, 세상에서 가장 높은 멸종 위험에 처한 영장류 중 하나다. 아이아이**aye-aye**, 시파카**sifaka** 등 다른 원원류**원숭이와 유인원을 제외한 영장류; 옮긴이**

들이 야생에서 완전히 멸종될 것에 대비해 이 수목 방주에서 기르고 있는 것이다. 이 방주의 감독관으로서 글랜더의 임무의 일부는 동물들이 스스로 건강을 양호하게 유지하는 방식을 관찰하는 일이다.

그러나 이 숲은 마다가스카르 섬에 있던 여우원숭이들의 서식처와 지구 반 바퀴나 떨어져 있고 식생도 다르다. "이 동물들을 이 숲에 마음대로 돌아다니게 두어도 버섯을 먹고 중독되는 일은 없을 거라고 사람들을 설득하는 데 5년이나 걸렸습니다. 사람은 버섯을 잘못 먹어 죽기도 하지만, 이 영장류들은 그렇게 어수룩하지 않을 거라는 생각이 들었습니다."

영장류는 실제로 영리하다. 코끼리, 곰, 새, 곤충도 마찬가지다. 야생동물은 화학물질로 가득 차 있는 세상에 살고 있어서, 그들 삶의 목표는 독이 있는 미로 속에서 길을 제대로 찾고 에너지 덩어리먹잇감; 옮긴이나 치료약 한 줌을 찾아내는 것이다. 우리 인간도 한때는 그 동물들처럼 잡식성이었으므로 좋은 것, 해로운 것, 쓴 것을 구분해낼 수 있었다.

요즘에 와서 우리는 신약이나 새로운 작물(또는 우리의 오래된 작물들에 생기를 불어넣을 야생 유전자)을 찾으러 다시 야생 들판으로 나가기 시작했다. 그러나 이미 우리의 후각과 미각이 무뎌지고 길들여졌음을 생각할 때, 유망한 식물을 찾아 숲을 뒤지는 우리의 방법은 시간 소모적이다. 우리는 본능으로 최상의 것을 찾는 게 아니라, 일단 몽땅 채집한 후 힘들여 분류해나가고 있다. 식물의 멸종 속도가 가속되고 있음을 감안할 때, 이런 방법으로 찾기에는 시간이 부족하다.

의약품이나 식량으로 활용할 수 있는 가능성이 있으나 아직 조사하지 못한 식물만도 40만 가지 이상이고, 독특한 화학물질도 그 수만큼 많다. '생물학적으로 합리적인' 약품이나 작물을 발견하는 일에 종사하는 생체모방학자들은, 식물이 모두 사라지기 전에, 야생의 미식가들과 털에 덮인 약사들의 뛰어난 미뢰에 자문을 구할 필요가 있다고 말한다. 무엇보다도 동물들은, 가장 기민한 농경자들이나 주술사들보다 더 오래, 수백만 년 동안 '이 땅의 원주민'이었다. 무엇을 먹어야 하고, 무엇을 먹지 말아야 하는지, 무엇이 병들게 하고, 자손의 출생을 늦추고, 에너지를 주고, 설사를 멈춰줄지를 동물들은 알고 있다. 그들은 전문가지만 우리가 너무 건방져서 그들과 상담도 하지 않고 지내왔다. 현재 이렇게 막대한 손실을 보고 찾아 나설 시간도 많지 않은 시대가 되어서야 우리는 털로 덮여 있고, 비늘이 나고, 깃털로 뒤덮이고, 외골격을 가진 생물들의 어깨를 톡톡 치며 "너 먹고 있는 것이 뭐니?"라고 묻기 시작했다.

화학전, 시계풀 스타일

야생의 전문가 식물들이 지닌 화학적 재능을 헤아리기 위해서는, 다음과 같이 상상하면 도움이 될 것이다. 자신을 한 자리에 뿌리를 내린 식물이라고 생각하자. 꼬리도 움직일 수 없고 옆구리도 씰룩거릴 수 없다. 식물은 영양 즙을 많이 보유하고 있어, 광합성을 하지 못해 스스로 식량을 해결할 수 없는 동물이나 수없이 많은 미생물 그리고 곤충들의 먹잇감이 된다. 그들의 공격에 가죽같이 질긴 잎사귀나 가시, 쐐기로 대응할 수도 있겠지만, 식물이 선택한 전략은 바로 화학물질이다.

식물이 만들어내는 소위 '이차 화합물'은, 초록 세상에 맛, 향기, 조미, 약품, 독 등을 부여해준다. 식물은 이 화학물질들로 대항할 수 있어서 감히 한 식물을 너무 많이 먹은 자들을 얼얼하게 만들거나 구역질나게 하거나 중독시키거나 죽이기까지 한다.

이제 또 다른 상상에 집중해보자. 이번에는 방어적인 식물들로 가득한 정글에 사는 초식동물을 상상해보자. 각 식물은 동물들의 큰 앞니에 대항하기 위해 최선을 다할 것이다. 실제로 이것은 재미있는 컴퓨터 게임도 될 수 있다. 게임의 규칙은 이렇다. 감각, 관찰력, 기억 등으로만 무장하고 동물은 식량을 모아야 한다. 게임의 다음 단계로 넘어가기 전에(다음 세대에 유전자를 물려줄 수 있을 만큼 오래 생존해야 한다) 생존을 위해 적당량의 비타민, 필수아미노산, 단백질 그리고 다른 영양분도 모아야 한다.

에덴동산처럼 보일 수도 있지만, 자연이라는 메뉴는 일종의 지뢰밭이다. 어떤 먹잇감이 동물을 당장 죽이지는 않는다 하더라도 그 이차 화합물이 영양분을 빼앗아갈 수도 있다. 식물의 독소로는 알칼로이드**alkaloid**, 석탄산**phenol**, 타닌산**tannin**, 청산배당체**cyanogenic glycoside**, 테르페노이드**terpenoid** 등이 있는데 이들 모두 지독하게 소화를 방해한다. 예를 들어 니코틴이나 모르핀 같은 알칼로이드는 신경계를 방해한다. 시안화물**cyanide**(타닌산)과 강심배당체**cardiac glycoside**는 근육으로 곧장 들어가 심장의 박동을 엉망으로 만든다. 시계풀에 있는 호흡 억제제(청산배당체)는 말 그대로 숨을 거두게 할 것이다. 그래도 동물이 마다하지 않고 계속 먹는다면, 식물 환각제는 동물의 분별력만을 흐리게 해서 위기를 면할 것이다(생태학자 폴 에를리히Paul Ehrlich는 "환각 식물을 핥아먹은 사슴은 행복하게 퓨마의 품속으로 들어가기 때문에, 다시 돌아와 그 식물을 괴롭히는 일은 없다"고 말했다).

다른 독소들도 영양분을 볼모로 삼아 소화불량을 일으킨다. 예를 들어, 타닌산은 펩타이드 결합(단백질을 구성하는 아미노산들의 연결 방식)을 단단하게 강화시켜서, 소화효소들이 정상적으로 음식물을 잘게 분해하지 못하게 막는다. 또 다른 독소들은 이런 소화효소들의 팔이 움직이지 못하게 작용한다. 어떤 식으로든지 단백질은 분해되지 않아 동물은 배가 고파진다. 소화 억제제의 능력을 해제시키는 유일한 방법은 그 불쾌한 식물을 섭씨 100도까지 가열하는 것이다. 불의 발견으로 초기 인류는 진정한 프로메테우스의 힘을 갖게 되었다. 그러나 야생 초식동물이 의심이 가는 식물을 접했을 때마다 가열을 할 수는 없다. 몸의 화학 실험실을 써서 식물 독소를 내부적으로 해독해야 한다. 결국, 영양분을 두고 식물의 화학적 내용물과 동물의 생리학적 능력 사이에 시합이 벌어질 것이다.

그 식물이 화학적 내용을 바꾸면 게임이 흥미로워진다. 예를 들어, 토양이 척박하거나 또는 습기가 부족해 스트레스를 받으면 식물은 화학 창고를 보강해 단 하나의 잎사귀라도 잃지 않으려 할 것이다. 그래서 지역에 따라 어떤 나무는 먹어도 되지만, 같은 종이라도 척박한 토양에서 자라면 쓴맛이 더 날 것이다. 잎사귀에 구멍만 나도 나무는 독소를 더 많이 생산하려고 노력하고, 나머지 잎들을 보호하기 위해 40분 정도의 짧은 시간 안에 화학적으로 변한다. 나무들의 성분은 숲에 따라 다르고, 나무에 따라 다르고, 한 나무에서도 이쪽과 저쪽이 다르다.

동물의 시스템에 독소를 제거하는 기제가 있더라도, 간 밖으로 불쾌한 분자들을 내쫓고, DNA를 수선하고, 항산화 대포를 장착하고, 입·위·식도·장 등에서 중독된 세포들을 떨어내려면 에너지가 필요하다. 음식물에서 양분을 얻는 것보다 독소를 씻어내거나 분해할 때 에너지를 더 많이 소모한다면 전체적으로 손해다. 그렇다고 이차 화합물을 해독하지 못하면 곧 독이 동물의 소화계로 침입할 것이다. 그러므로 두 가지 경우 모두, 포식하는 것처럼 보이지만 사실 계속 굶는 양상이 될 수도 있다. 자연선택은 어리석은 유전자와 어리석은 선택을 가혹하게 다루며, 그런 일이 오래 진행되게 방치하지 않는다. 균형을 잃은 식사를 계속하는 동물은 결국 약해질 것이고, 그런 유전자(당신의 유전자!)는 집단에서 제거될 것이다.

글랜더는, 유전자 풀 안에 자리를 유지하기 위해 채택할 수 있는 섭식 전략이 적어도 세 가지는 있다고 말한다. 먼저, 유칼립투스를 씹어 먹는 코알라처럼 전문가가 되는 방법인데, 한 가지 식물만 먹어 소화계 전체가 그 식물의 해독에 전념하게 하는 것이다. 또는 만능선수가 되어 많은 종류를 조금씩 먹어서 신체가 소량의 독소만을 해독하게끔 위험을 분산시키는 것이다. 마지막으로 영장류 조상이 했던 대로 할 수도 있다. 즉 식물들의 일부만을 고르고 골라서 까다롭게 먹는 방식으로, 독소보다는 영양분을 더 많이 얻도록 한다.

영양학자나 미국 농무부 안전 검사관이 등장하기 전, 먼 옛날 우리의 영장류 조상은 안전한 식사를 현명하게 구성하는 법을 알고 있었다. 어떻게 해서인지 평지, 정글, 바다라는 슈퍼마켓에서 쇼핑하는 법을 배웠는데, 소화할 수 있는 영양분 덩어리를 이용하면서도 위험은 피했다. 해마다 음식 섭취와 영양에 관한 조언을 얻기 위해 수백만 달러를 쓰는 나라에서, 우리는 왜 스스로 영양 전문가로서 생존을 유지해가는 포유류, 조류, 곤충들과는 상담하지 않았을까? 그들이 선택한 것을 보면, 순수하게 생물학적 의미에서 우리가 원래 무엇을 먹도록 되어 있는지 알 수 있지 않을까?

현명한 섭식: 야생의 감식가들

아주 이상하게도, 동물의 먹이 선택에 대해 화학적 복잡성 측면에서 연구한 사람은 많지 않다. 소수의 영장류 동물학자 중 한 명으로 그 주제로 논문을 발표했던 글랜더는 자기의 영장류센터에 새로 들어온 손님인 갈색여우원숭이*Lemur fulus*의 영양 습성을 밝히는 방법을 고안했다. "숲으로 내보내기 전에 여우원숭이에게 열 개의 잎을 주었습니다. 그 잎들은 그들이 전에는 전혀 본 적이 없는 그 지역의 식물 이파리인 풍향수sweet gum 같은 것이었습니다. 독소가 없다는 것을 확인한 뒤(멸종의 위험성을 없애려고), 소화 억제제가 들어 있는 잎 다섯 개와 없는 잎 다섯 개를 주었습니다. 훈련된 감식가처럼 원숭이들은 코를 킁킁거리거나 잎을 찢어보더니 나쁜 것은 빼고 좋은 것만 삼켰습니다. 그들의 메뉴에는 소화력이 높고 영양분도 매우 높으면서 타닌산은 가장 적게 들어 있는 잎들이 균형 있게 섞여 있었습니다. 이런 일을 그들보다 더 잘할 수 있는 영양사는 없을 것입니다."

영장류의 미각에 대한 글랜더의 예감은 코스타리카, 파나마, 멕시코 등이 원산지인 나무에 사는 망토고함원숭이*Alouatta palliata*의 뛰어난 미각에 대해 연구하면서 생겨났다. 그는 날마다 고함원숭이들을 따라다녔다. 원숭이들은 정글을 온통 휘젓고 돌아다니며, 저녁 뷔페에서 까다롭게 골라 먹는 사람같이, 같은 종의 나무가 옆에 있어도 무시하고 특정 나무의 잎사귀 또는 잎사귀의 특정 부분만을 먹었다. 그 이유를 찾아내려고, 글랜더는 원숭이가 먹은 나무와 그냥 지나친 나무들을 화학적으로 분석했다. 그 결과 원숭이가 피한 나무는 알칼로이드가 많거나 타닌산(그중에서도 독이 있는 단백질을 저장하는)이 농축되어 있거나 단백질 양이 현저하게 낮거나 아미노산이 불균형적이라는 사실이 드러났다. 그는 논문에 다음과 같이 결론을 내렸다. "고함원숭이는 화학적으로 영악하다. 언제나 영양가가 높은 것만 선택했고 이차 화합물이 있고 영양 가치가 낮은 것은 지나쳤다."

캘리포니아 대학교 버클리 캠퍼스의 인류학과 교수인 캐서린 밀턴Katherine Milton이라면 이 말에 동의했을 것이다. 그녀는 파나마에 있는 바로Barro 콜로라도 섬에 사는 고함원숭이들을 연구하면서, 원숭이들이 좋아하는 나뭇잎의 나이를 조사했다. 1979년 연구에서, 고함원숭이들이 늙은 잎보다는 어린잎을 압도적으로 선호한다는 사실을 발견했는데, 이는 아마도 어린잎이 단위 무게당 에너지를 더 많이 주기 때문일 것으로 추정했다.

1978년 연구에서 도일 매키Doyle Mckey와 그 동료들은 카메룬의 두알라에덴 보호구역에 서식하는 검은콜로부스원숭이*Colobus satanus*에서도 비슷한 조심성을 목격했다. 이 보호구역에 사는 원숭이들은, 그 나라의 다른 지역에 사는 콜로부스원숭이들이 즐겨 먹는 나무를 조심스럽게 회피했다. 매키는 그 보호구역의 토양이 척박하기 때문에, 토착종들이 어렵게 키운 모든 잎사귀를 보호하기 위해 독소를 갖게 되었으리라 추측했다. 그 잎사귀들을 분석해보니 소화 억제제인 석탄산이 들어 있었다. 콜로부스원숭이들이 그 나무에서 먹는 유일한 부분은 씨앗이었는데 분석 결과 여기에는 역시 단백질이 풍부하여 독소를 해독해가며 먹을 가치가 있었다.

또 다른 현명한 섭식의 예는, 아직 연구 중이지만, 하버드 대학교의 인류학자인 리처드 랭햄과 동료인 피터 워터먼Peter Waterman이 아카시아 잎을 먹고 사는 버빗원숭이를 관찰한 것이다. 버빗원숭이는 두 종의 아카시아*Acacia tortilis, Acacia xanthophloea*에서 아직 덜 자란 잎사귀나 씨앗, 열매, 꽃들을 왕성하게 먹어치웠다. 그러나 나무 진gum을 먹을 때는 까다로웠다. *A. xanthophloea*의 나무 진만 먹었고, *A. tortilis*의 적갈색 나무 진은 거들떠보지도 않았다. 분석 결과 외면당한 나무 진에는 타닌산이 고농도로 들어 있었고 단백질이 충분하지 않았다. 한편, 잘 먹는 나무 진에는 수용성 탄수화물이 많았고 타닌산은 없었다. 탈 없이 얻을 수 있는 에너지 뭉치였던 것이다.

아프리카에 사는 야생의 비비*Papio anubis*도 급식비 아끼는 법을 아는 것 같다. 스코틀랜드의 성 앤드루 대학교의 연구원 앤드루 화이튼Andrew Whiten과 딕 번Dick Bryne은, 비비가 단백질이 많고 소화하기 어려운 섬유소나 알칼로이드 독소가 적은 식물이나 식물의 일부분을 선호한다는 사실을 발견했다. 어쩔 수 없이 독소가 많은 음식을 먹어야 한다면 단백질도 풍부한 것을 선택했다. 즉 고민할 가치가 없을 정도로 단백질 함량이 낮은 식물은 그냥 지나쳤다.

현명한 섭식은 고약한 독소와 마주칠 기회를 최소화하거나 피하는 것만을 의미하지 않는다. 신체에 필요한 영양소나 성분이 적당하게 함유된 것을 찾아내야 한다. 동물은 자기들에게 좋은 것이 무엇인지 알고 사실 그것에 탐닉한다.

• **먹고 싶어 하는 것** | 존스 홉킨스 대학교의 커트 릭터Curt P. Richter는 반세기 전에 수행했던 유명한 연구인 '카페테리아'에서, 쥐 사료를 단백질, 기름, 지방, 당분, 소금, 이스트의 성분으로 나누어 각각 열한 개의 접시에 놓았다. 양을 무제한으로 줄 경우 쥐들은 여러 가지를 골고루 섞어서, 칼로리가 적으면서도 일반 사료를 먹고 자란 쥐들보다도 더 빨리 자라도록 골라먹었다. 사실상 영양학자들은 쥐들의 선택에 놀라지 않을 수 없었다. 쥐들이 쥐 사료를 만든 사람들보다 더 영양가 있는 식사를 만든다는 사실을 인정해야 했다!

과학자들은 완전한 식사에 대한 갈망이 거대한 버펄로 무리가 아메리카대륙을 따라 이동하는 경로에 영향을 주었을 것으로 생각한다. 버펄로들이 다니던 전통적인 경로에는 핥을 수 있는 소금과 기타 신뢰할만한 중요한 무기물들이 많았을 것이라는 게 한 학설이다. 이들은 계속 이동을 함으로써 울타리에 갇힌 가축들이 걸리는 봄철 질병인 목초강직증grass tetany도 피해갈 수 있었을 것이다. 목초강직증은 봄철 들판에 파릇파릇 돋아나는 어린잎을 먹는 말이나 소들이 잘 걸리는데, 어린잎에는 질소와 칼륨은 풍부하지만, 마그네슘은 낮기 때문인 것으로 판명되었다. 들판에서 마그네슘을 섭취할 수 없게 된다면, 봄철의 '향연'으로 가축들은 비틀거리다 숨을 거두게 된다. 그러나 방목하면 동물들은 영양에 균형을 맞추어 목초강직증에 걸리지 않는다. 마찬가지로 흰꼬리사슴도 열성적으로 균형 잡힌 식사를 찾아, 숲이나 들판을 체계적으로 이동하며 필요한 영양의 조화를 어떻게든지 이룬다. 수사슴은 암사슴보다 더 까다롭게, 환상적인 뿔을 만들어낼 원료 조달을 위해 칼륨, 칼슘, 마그네슘 등이 풍부한 식물을 찾아다닌다. 미국 국립과학원의 행동생태학자이며 식품영양위원회의 부위원장인 버너데트 매리엇Bernadette Marriott은 "특정 영양분에 맞추어 섭생하다니, 아주 영리하지요. 우리가 배울 게 있어요"라고 말했다.

매리엇은 조지타운 시의 커넬 공원에 있는 근사한 사무실 빌딩에 있었다. 그곳은 국립과학원이 있기에 아주 좋은 장소였다. 보안이 유난히 엄격했지만, 매리엇은 반갑게 맞아주었다. 작은 몸집, 검은 머리에 기품이 있는 그녀는 인상적이었다. 젊어서는 수줍음을 탔을 것 같았는데, 현재는 그 수줍음을 큰 소리로 말하지 않아도 귀 기울이게 하

는 개성으로 바꾸었음을 알 수 있었다. 사무실 한쪽 면 전체를 차지하는 창문에서 오후의 햇살이 그녀의 머리를 감싸며, 어둠이 내리는 사무실에 비쳐들고 있었다. 그녀의 뒤에 있는 장식장에는 히말라야 봉우리 사진과 팔이 여러 개 달린 무용수들의 바틱**batik | 말레이의 옷; 옮긴이** 사진들이 있었다. 책상에는 그녀가 연구했던 인도 붉은털원숭이**rhesus monkey** 인형이 방문자를 위해 그녀의 명함을 들고 있었다.

내가 이야기를 나눴던 다른 많은 생체모방학자와 마찬가지로 매리엇 역시 두 분야에 걸쳐 있는 영역에 끌려 있었다. 생물학과 심리학 양쪽의 관심을 충족시키기 위해 그녀는 동물들이 왜 특정 먹이를 선택하는지, 그리고 이것이 사회 진화에 어떤 영향을 미치는지 연구하기로 했다. "나는 식성이 엄청 까다로운 붉은털원숭이***Macaca mulatta***를 연구했습니다. 이 원숭이들은 식사를 준비하는 데 오랜 시간을 들입니다. 나뭇잎의 가장자리를 다 잘라내고 잎의 주맥만을 먹습니다. 나는 궁금했어요. '원숭이들이 어떤 음식이 안전하고 영양가가 많은지 어떻게 배우고 기억할까? 색깔, 모양, 조직으로 아는가, 아니면 그 밖에 또 다른 무엇이 있을까?'"

"행동 패턴을 관찰하고 분석해보니, 내 생각과는 달리 모양은 통계적으로 보아 중요하지 않았습니다. 그래서 화학 실험실에서 원숭이들이 먹는 모든 것을 영양학적으로 분석하게 되었지요(글랜더처럼 그녀도 미개척 영역을 탐구하고 있었다). 실험 결과를 보고 나도 놀랐습니다. 이 원숭이들은 완벽하게 균형 잡힌 식사를 할 수 있었습니다. 유일하게 부족한 것 한 가지는 무기물이었습니다."

원숭이들에게 무기물이 필요하다는 사실을 알고, 당시를 회상하면서 그녀는, 원숭이들이 흙을 먹는 것을 보고 놀라지 않았다고 말한다. "서양인으로서 첫 번째 본능은, 흙을 입에 넣지 말라고 말하는 것이죠. 그러나 우리는 그들의 행동이 실수가 아니라 중요한 일이라는 사실을 알아차리게 됐습니다." 원숭이들은 특정 절벽으로 일부러 소풍을 가서 손가락으로 흙을 파서 먹는다. 몇 년 동안 그렇게 하고 나면 동굴이 만들어져 원숭이 한 마리가 들어가 서 있을 정도가 된다. 대개는 전체 무리가 한 장소를 이용한다. 연구자들이 장소를 임의로 선택해서 원숭이들이 그곳에 동굴을 파도록 해보았지만, 원숭이들은 와서 조사해보고는 원래 자기들의 동굴로 돌아가 버렸다. 실제로 원숭이들은 그 동굴 밖에서 줄을 서 기다리면서도 다른 데로 가지 않고 차례를 기다렸다.

의문을 갖기 시작하면서 매리엇은 곧 많은 아프리카 사람들이 흙을 먹고, 미국에도 그런 사람들이 있다는 사실을 알게 되었다. "토식증 geophagy이라 부르는데 미국에서는 대단히 은밀한 금기입니다. 이 주제에 대해 말할 때마다 사람들은 나한테 와서 자기들의 친척이나 이웃 중에 흙을 먹는 사람들이 있다고들 말해줍니다. 물론 집단은 아니에요." 그녀는 살짝 윙크를 하며 말한다.

흙을 식용으로 하는 산업이 있다는 사실도 알아냈다. 필라델피아에 있는 이탈리아 식품 시장에서 상업적으로 생산해낸 흙 케이크를 살 수 있는데, 원산지를 나타내는 도장도 찍혀 있다. 매리엇은 "조지아 주의 흙을 최고로 칩니다. 그러나 상인들에게 그것이 무엇인지 물어보면 절대 제대로 말해주지 않아요. 그저 '몸에 좋아요. 강한 아이를 낳게 해줘요'라고만 하지 그게 흙이란 말은 한마디도 안 해요"라고 말한다.

처음 원숭이가 흙을 먹는 것을 보고 매리엇은 그 속에 든 벌레나 식물 뿌리를 먹나보다고 생각했는데 흙을 분석해보니 그런 것은 없었다. 워싱턴 시에 있는 조지 워싱턴 대학교의 도널드 버미어Donald E. Vermeer는 흙이 위산과 화학적으로 결합하여 위산을 중화시키고 배탈을 가라앉혀줄 것이라는 이론을 내세웠다. 과연 그의 생각대로, 구조 분석으로 고령토kaolin가 들어 있음이 밝혀졌는데, 이것은 카오펙테이트kaopectate | 지사제의 일종; 옮긴이 제품의 활성 성분이다. 토론토 대학교의 생화학 식물학자이며 『쓴 약초를 먹을 것이다With Bitter Herbs They Shall Eat It』를 쓴 티머시 존스Timothy Johns는, 흙이 주는 이득은 화학적이라기보다 물리적이라고 믿는다. 흙 속의 점토 입자들이 섭취한 식물의 이차 화합물에 물리적으로 결합하여, 이차 화합물이 몸으로 흡수되지 못하게 한다는 것이다. 존스는 볼리비아 인디언들이 (독이 많은) 야생 감자를 요리하기 전에 흙을 바르는 것을 보고 그렇게 믿게 되었다.

매리엇은 화학적 결합 가설과 물리적 결합 가설 모두에서 출발한다. "토식증은 몸에 나쁜 것을 제거하려는 방법이라기보다는 무엇인가 더 좋은 것을 추구하려는 발로라는 이론에 도달하게 되었습니다. 원숭이는 광범위하게 무기물을 보충하려고 흙을 먹을 겁니다. 점토나 고령토는 위를 진정시킴으로써 건강한 느낌을 줄 수도 있습니다. 그것은 아마 무기물을 먹는 행위를 강화시키는 부차적 효과일 것입니다."

자신의 생각을 증명하기 위해서, 매리엇은 실험실로 흙 표본을 들고 가서 분석했다. 과연 원숭이 무리가 전통적으로 먹는 장소의 흙에는 음식 섭취에서 빠진 철분 같은 어떤 무기질 결정들이 보였다. 원숭이들이 하루에 한 알씩 알약을 먹듯 무기물을 먹기 위해 줄 서서 기다렸던 것일까? 매리엇은 웃으며 어깨를 으쓱한다. "적어도 그들은 한 병에 16달러씩 주고 사지 않아도 되잖아요."

• 먹는 대로 되나? | 안전한 섭식이 어떻게 진화되었을지 이해하기는 어렵지 않다. 그러면 현명한 섭식은 어떻게 진화되었을까? 단백질, 지방 또는 무기물이 풍부한 것을 찾아낼 수 있는 동물은 진화적으로 보상받는 것일까? 『구동력: 식량, 진화 그리고 미래The Driving Force: Food, Evolution, and the Future』의 저자인 마이클 크로퍼드Michael Crawford와 데이비드 마시David Marsh는, 사실 진화는 기질substrate에 의해 추진되며, 핵심 기질은 먹이라고 주장하고 있다. 더 나은 생존 가능성을 위해 신체를 새롭게 개선하고 싶다면, 먼저 변화를 만들어낼 수 있는 구성 성분들을 골라내야 한다.

형태학자들은 어떤 신체 구조는 적합한 종류의 음식이 충분하지 않으면 만들어질 수 없을 것이라고 말한다. 예를 들어 뇌를 발생시키는 데는, 신경세포 주변을 감싸는 수 킬로미터의 지질(지방) 막과 그 신경세포들에 영양을 공급할 혈관 조직들이 많이 필요하다. 이 두 종류 조직은 근본적으로 (긴 사슬) 지방산 유도체로 되어 있으며, 초식동물들은 이것을 잎과 씨앗에 있는 지방으로 시작하여 몸 안에서 화학적으로 만들어낸다. 이 '뇌' 지방산을 다량으로 얻을 수 있는 더 쉬운 방법은 이미 그것을 제조해 지니고 있는 동물을 섭취하는 것이다. 그러므로 잎사귀만 먹는 초식에서 육식으로 섭생이 바뀌면서, 육식동물에게 뇌 구성 성분이 다량 공급되었을 것이다. 이것은 예리한 눈이나 더 큰 뇌같이 발달한 구조들을 위한 티켓을 따낸 것과 다름없었다.

두 번째, 음식은 신체 구성 성분이 되는 외에, 본질적으로 반응성이 있는 화학물질 덩어리이기도 하다. 이러한 물질이 몸에 들어가면, 세포의 수명을 지배하고 조절하는 호르몬, 효소, 유전자 그리고 신경전달물질 덩어리와 만나 상호작용하게 된다. 한계 농도, 즉 역치**threshold**가 넘으면 음식 화학물은 어떤 효소가 작동할지에 영향을 주고, 유전자가 언제 켜지고 언제 꺼져야 하는지에도 영향을 미친다.

이러한 역치 메커니즘으로 음식물은 몸 안에서 조절 손잡이를 미세 조정하는 막강한 능력을 갖게 된다. 예를 들면 화학 농도가 어느 역치 위로 급증해 '켜지기'를 기다리는, 잠자고 있는 적응적인 유전자가 있다고 해보자. 좋은 섭생 결과 어떤 것이 출현할지는 말할 수 없다. 예를 들어, 서양 사회에서 영양가 있는 음식을 누구나 먹게 되자 사람들의 키가 갑자기 커진 것을 생각해보라. 이 경우 영양분은 표현형(자라나는 신체)에 영향을 주었지 유전자형(한 세대에서 다음 세대로 유전되는 DNA 내에 암호화된 지시 세트)에 영향을 준 것은 아니다. 표현형으로 키가 커진 세대의 다음 세대에서 음식 섭취를 줄이면, 키는 이전 평균으로 되돌아갈 것이다.

그러나 섭생에 의해 장기간에 걸쳐 유전자형이 어떤 양상으로든 영향을 받을 수도 있을까? 크로퍼드와 마시는 그럴 수 있다고 생각하며 다음과 같은 논리를 폈다. 중요한 영양분인 비타민 A를 만드는 동물을 먹을 수 있다면, 인간은 더는 비타민 A를 만들어내는 생합성 경로에 에너지를 투자할 필요가 없다. 그래서 뇌를 만드는 것과 같은 다른 일에 에너지를 쓸 수 있게 된다. 이것은 또한 유전적 공간을 남겨줄 수 있다고 연구자들은 추측한다. 유전적 지시들로 이미 가득 차 있는 염색체 '하드웨어'에는 그만큼만 공간이 있다고 해보자. 다른 동물이 만들어낸 비타민 A를 먹음으로써 비타민 A 합성을 지시하는 유전자는 필요 없게 된다. 만약 그 유전자에 돌연변이가 일어나 다른 지시를 할 수 있게 된다면, 새로운 적응이 일어나게 되고 인간은 비타민 A 획득 비법과 함께 새로운 적응을 이용해 살아가고 그것을 물려줄 수도 있을 것이다. 그렇게 하여 평형 상태에 있던 진화는 갑자기 새로운 수준으로 도약할 것이다**스티븐 J. 굴드의 단속평형설 의미; 옮긴이**.

만일 이 이론이 부분적으로라도 맞는다면, 동물(그리고 사람)이 필요한 것을 먹이의 형태로 수집하는 뛰어난 감각을 갖는다는 게 얼마나 중요한지 알 수 있다. 그런데 섬세한 미감의 한계를 결정하는 명령센터는 어디에 있을까? 우리의 뛰어난 미각은 신체에 장착되어 있는 것일까 아니면 학습되는 것일까? 내가 이야기를 나누었던 연구자들은 아마도 둘 다일 것이라고 한다.

• 영리한 섭식은 어떻게 발달했을까? | 최초의 영장류는 오로지 곤충

을 잡아먹고 살았다고 글랜더는 말한다. 식물을 먹고사는 곤충을 먹음으로써 영장류는 식물이 만들어내는 화합물을 간접적으로 섭취했다. 영장류가 초식으로 진화될 즈음에는, 해로운 식물성 화합물을 대사 혹은 배설시키는 생리학적 장치들이 이미 발달되었을 것이다. 그러나 식물의 독소는 식물에 따라 다르므로, '먹어도 안전한 식물'은 전체의 일부밖에 되지 않았을 것이다. 만일 영장류가 제한된 범위 밖으로 나가 다른 것을 먹어보려고 한다면 무엇이 좋고 무엇이 나쁜지를 결정할 수 있는 방법이 필요했을 것이다. 다행히 지혜로운 섭식은 두 가지 방법으로 발달할 수 있다. 하나는 진화에 의해서 우리의 감각에 내장되는 것이고 다른 하나는 일생을 통해 배워 획득되는 것이다.

글랜더는 영장류가 잎을 구별하는 주된 방법이 미각과 후각을 통해서 진화되었다고 생각하는 많은 연구자들 중 하나다. 여우원숭이가 새로운 잎을 시식할 때 코로 킁킁거리고 때로는 나뭇잎 하나를 따서 입에 넣고 한 번 씹어서, 그 휘발성 화합물이 입과 코 사이를 연결하는 통로인 야콥슨 기관**Jacobson's organ**으로 넘어가게 한다. 화학적 분석이 일어나는 곳은 아마도 이 후각/미각 수용체일 것으로 생각된다.

하버드 대학교의 리처드 랭햄은, 포유류인 인간은 쓴맛, 매운맛, 떫은맛, 신맛, 자극성의 향기 등을 느낄 수 있고 이 모든 기능이 음식을 선택할 때 기여한다고 말한다. 예를 들어 신맛을 생각해보자. 신맛은 산성도의 척도로, 나쁜 미생물(고약한 냄새를 만드는 것들)에 대항하는 천연 방부제로 작용한다. 우리는 몸 깊은 곳 어디에선가 신맛을 음식의 안전성을 보증하는 순수함의 상징으로 인식한다. 그것이 아마 우리가 그냥 단것보다 약간 신맛이 나는 단것을 더 좋아하는 이유일 것이다.

과일이 알코올로 될 때와 같이 어떤 종류의 발효는 동물에게 안전하다는 신호가 될 수도 있다. 과일의 발효 과정에서 박테리아가 시안화물과 스트리크닌 같은 불쾌한 혼합물을 불활성화시켜준다. 반대로 나쁜 발효도 있는데, 여러 종류의 미생물의 신진대사 노폐물은 인간에게 유독하고 때로는 치명적이기도 하다. 그런 미생물들을 피하기 위해서 우리에게는 고약한 맛에 대한 강한 반감이 입력되어 있다.

그러나 우리에게 새겨진 반감이 절대적인 것은 아니어서, 어떤 음식에 대한 혐오감이나 갈망이 때로는 묘하게 강해지기도 한다. 진화심리학자인 마지 프로펫Margie Profet은 저서인 『당신의 아기를 보호하는 법Protecting Your Baby-to-Be』에서, 임신부가 유별나게 미각이 민감해지는 것은, 예민하게 반응하는 발달 주기 동안에 태아를 보호하기 위한 적응일 수 있다고 제안하고 있다. 사실이라면 임부가 아침에 겪는 욕지기부터 유독 신 음식을 좋아하게 되는 것까지 모든 것을 설명할 수 있을 것이다. 아마도 신 음식을 좋아하게 되는 것은, 고약한 맛을 피해야 하는 시기에 신맛이 깨끗함의 척도가 되기 때문이라고 프로펫은 말한다. 임신 후기에는 임부가 영양학적으로 놓친 것들을 갈망하는데, 그것들이 바로 신경세포 내에 특히 좋아하라고 새겨져 있어서일 것이다. 델라웨어 대학교의 토머스 스콧Thomas Scott은 쥐에게 소금을 주지 않으면, 정상적으로는 설탕의 단맛에 반응하던 신경세포들이 소금을 받아들이도록 다시 프로그램됨을 밝혀냈다. 달리 말하면, 설탕이 뇌에 즐거움을 주는 만큼 소금도 그렇게 된다. 먹고 싶은 갈망은 다른 감각들을 통해서도 강화될 수 있다. 예를 들어, 배가 고플 때는 뇌가 후각 수용체를 열어 음식 냄새에 더 민감하게 만든다. (그것이 바로 코감기에 걸리거나 담배를 피우면 식욕이 억제되는 이유이다. 음식 냄새를 잘 맡을 수 없게 되는 것이다.)

그러나 이렇게 유연한 하드웨어만으로도 동물들의 섬세한 분별력을 완전히 설명할 수는 없다. 타고난 감각이 아무리 식물처럼 뛰어나더라도 동물들이 정글에서 모든 종을 자동으로 인식하게 만들 수는 없을 것이다. 어떤 것은 그저 직접 하면서 배워야 한다.

영장류(그리고 코끼리 같은 다른 많은 동물들)에서 학습은 엄마와 함께 시작된다. 새끼는 엄마가 먹는 것을 냄새 맡고, 맛보려고 엄마의 입 속을 들여다보고 손가락을 넣어보기도 하다가 얼마 지나면 무엇이 좋은 것인지 화학적 윤곽을 파악하게 된다. 이에 대해 글랜더는 "마치 컴퓨터에서 정보를 내려받는 것과 같습니다"라고 말한다.

일단 영장류가 어미 곁을 떠나면 앞에 있는 새로운 먹잇감이 안전한지, 모을 가치가 있는지 등을 계속 결정해야 한다. 자기 자신을 실험 재료로 사용하는 것도 하나의 방법이겠지만 사회적인 영장류는 더 나은 방법을 찾아냈다. 글랜더는 그것을 '시식하기'라고 부른다. 고함원숭이들은 새로운 서식처로 이동하면 무리 중 한 마리가 나무로 가서 잎사귀 몇 개를 먹은 뒤 하루를 기다린다. 만일 그 식물이 어떤 강한 독소를 품고 있다면 시식자의 신체 체계는 독을 분해하려 할 것인데 대개 그 과정에서 앓을 것이다. 글랜더는 "그런 일을 본 적이 있습니다. 무리의 다른 구성원들은 아주 관심 있게 주시합니다. 만일 시식한 동물이 아프면 누구도 그 나무로 다가가지 않습니다. 사회적 신호가 발생된 것이지요"라고 말한다. 마찬가지로 만일 시식자가 괜찮으면 며칠 내에 그 나무로 다시 올라가 약간 더 먹어보고, 다시 기다렸다가 또 먹어보면서 천천히 양을 늘려간다. 마침내 그 원숭이가 건강하게 살아남으면 다른 구성원들도 그것은 먹어도 된다고 생각하고 새로운 먹을거리로 채택한다.

그러나 모든 원숭이가 시식자 역할을 하려고 나서는 것은 아니다. 글랜더는 유아기, 미성년기, 수유를 하거나 임신한 암컷들처럼, 일생에서 취약한 시기에 있는 원숭이들은 시식자에서 제외됨을 알게 되었다. 그렇다면 위험한데도 불구하고 자원하는 원숭이들은 왜 그럴까? 이에 대해 글랜더는 "유전적 이득이 있을 겁니다"라고 말한다. 예를 들어, 원숭이 아빠는 임신했거나 수유하는 배우자를 위해 먹이를 검사함으로써 자식의 건강을 증진시킬 수 있다. 아직 부모가 되지 않은 원숭이가 자원하는 경우에는, 자기와 유전자를 공유하는 형제나 조카들을 위해 건강에 좋은 음식을 골라주는 것일 수 있다. 이러한 이득이 있다고는 해도, 위험한 시식자 역할을 도맡아 할 원숭이는 없을 것이라고 글랜더는 말한다. "시식자 역할을 계속 바꾸며 위험을 분담하여, 어느 한 마리를 위험에 빠뜨리지 않게 합니다. 이런 위험 분담이야말로 동물들이 사회적으로 되는 것이 좋은 이유가 됩니다"라고 추측한다. 글랜더는 시식 행위가 실제로 영장류에서 사회적 행동 발달에 기여했으리라고 믿고 있다.

먹이를 까다롭게 선택하는 일은 동물들을 사회성 쪽으로 기울게 했을 뿐 아니라 지능 발달이라는 보상도 주었을 것이다. 연구자들은 마이오세(700만~2,600만 년 전)의 어느 시기에 원숭이들이 유인원보다 높은 농도의 독을 이겨낼 수 있는 능력을 발달시켜 먹이 선택의 폭이 더 넓어졌을 것이라고 추측한다. 그러나 유인원(우리의 조상)의 소화기관은 민감한 상태에서 더 이상 진화하지 못해 고품질의 음식을 찾느라 더 방황하고, 음식을 준비하는 방법을 여러 가지로 강구해야 했다. 랭햄은 이것이 우리의 유인원 조상들로 하여금 마침내 정글에서 벗어나 두 발로 서서 초원을 걷고 도구와 불을 사용하기 시작하게 했을 것이라고 믿는다.

유인원의 새로운 서식처, 평원의 건조한 기후는 먹을거리가 근본적으로 정글보다 더 계절적임을 의미했다. 1년 내내 영양분을 얻기 위해서는 문제를 해결하고 도구를 사용하고 아마도 다른 유인원들과 더욱 더 협동해야 했을 것이다. 결과적으로, 원숭이들이 화합물을 해독시키는 진화적 경쟁에서 이겼지만, 유인원들은 대신 더 높은 정신 기능을 갖게 되었다.

유인원 암컷들은 제약이 더 많고 영양 요구도 더 많았을 것이다. 수컷들은 영양가가 낮은 것으로 때우거나 설익은 과일이라도 찾아 서식처에서 멀리 떨어진 구석까지 뒤질 수 있었으나, 암컷은 종종 2인분을 먹거나 수유를 해야 했다. 암컷들은 안전하고, 칼로리가 많고, 단백질과 칼슘이 풍부한 음식이 필요하지만 그런 음식을 찾아 멀리까지 갈

수는 없었다. 이러한 난관에 부딪힌 암컷들이 바로 꽃, 어린잎, 괴경 같은 새로운 종류의 먹을거리를 먼저 실험한 당사자들이었을 것이다. 세인트루이스에 있는 워싱턴 대학교의 인류학자인 미셸 소더Michelle L. Sauther는 영장류를 대상으로 음식 선택에 관한 연구를 하여, "(유인원) 암컷들은 도구를 사용해 야생식물, 곤충, 작은 포유류들을 모음으로써 먹을거리의 계절적 제약에서 벗어나게 되었을 것이다. 예를 들어, 암컷은 막대기로 땅속 괴경을 파내고, 야생 침팬지에서 관찰할 수 있는 것과 비슷한 다른 기술도 이용했을 것이다. 돌망치로 견과류를 깨고, 막대기를 개미구멍에 찔러 넣어 흰개미나 개미를 잡았을 것이다"라고 기록했다.

이러한 재간이 도구 사용 시기를 앞당겼을까? 엄마가 된다는 책임은 부담이 되기보다 오히려 '더 효율적인 식량 채집 기술을 발달시키는 촉매제'가 되었을 것이라고 소더는 결론 내렸다. 약한 위장, 새로운 서식지 그리고 임신에서 오는 배고픔은 문자 그대로 발명의 어머니가 된 것이다. 계절적인 서식처에서 1년 내내 먹을거리를 효과적으로 찾아내는 암컷들은 '단지 생존하기'를 넘어서 한계를 확장하기 시작했다. 표준 식단에 메뉴를 늘려가며 실질적으로 더 많은 양분을 추가해, 자식들의 뇌가 더 크게 발달하는 데 필요한 신진대사 재료를 공급하게 된 것이다.

그 뒤 수백만 년 후에 이렇게 영리해진 우리는 무엇을 해냈는가?

• 동물들이 현명한 섭식에 대해 무엇인지 가르쳐줄 수 있나? | 온 나

라가 차에 타고 앉아 햄버거를 주문하기 위해 줄을 서 있는 모습을 보면, 영양 섭취 방법을 잊어버린 것 같다. 영양에 대한 전문가라 하더라도 오레오 과자를 며칠 동안 뜯지 않고 두기는 어려울 것이다. 인구의 30퍼센트가 비만이고 잘못된 식사에서 오는 질병에 시달리는 미국에서는, 영양가 있는 음식 고르기 단기 코스라도 생겨야 할 것 같다.

섭식 행동, 특히 음식 선택 방식이 인간과 영장류 연구 모두에서 가장 나중에야 조사되었다는 것은 정말 이상한 일이다. 아무래도, 인간은 다른 영장류들이 먹는 것을 보고 먹을거리 채집법을 처음 배운 것 같다. 오늘날까지도 같은 지역에 사는 인간 사회나 동물 집단들의 섭식은 어느 정도 유사하다. 이에 대해 버너데트 매리엇은 "네팔에 사는 원숭이가 채집하는 먹을거리는 대부분 네팔 사람들도 채집하는 것입니다. 상업적인 음식이 이 사람들에게 소개되면 그런 채집은 점점 뒷전으로 밀립니다. 토종 음식에 대한 영양학적 분석으로 그 음식들이 얼마나 영양이 풍부한지 알고 나서야 이제 우리는 그들에게 지혜를 포기하지 말고, 서양 식품을 구입하지 않고 쉽게 구할 수 있는 그 지역 식물을 더 많이 먹으라고 격려하고 있습니다"라고 말한다.

많은 곳에서 우리는 너무 늦었다. 사람들은 동물들이 먹는 것에는 이미 등을 돌려버렸다. 1960년대의 '녹색혁명'은 모든 나라를, 비교적 건강한 원산지에서 나오는 곡물을 섭취하는 대신에 외국에서 육종된 쌀, 옥수수, 호밀 등을 섭취하도록 '개종'시켰다. 어디에서나 농부들은 강인하고 질병에 내성이 있고 그 지역 기후에 잘 맞는 작물을 포기하고, 대신에 소출을 위해 화학약품이나 석유 회사에 의존하는 작물, 다른 지역에서 수입해온 외래 식물들을 키우고 있다.

그러나 주기가 한 바퀴 돌아 다시 제자리로 돌아오고 있다. 농작물을 획일화하는 위험을 저지르고 나서 이제 우리는 야생 변종을 재평가하기 시작했다. 그 지역에서 재배하는 얌yam 품종을 키우는 것이, 맛은 그 반밖에 안 되면서 물이나 살충제는 두 배나 더 필요한 아이다호 감자를 들여다 키우는 것보다 훨씬 이치에 맞는다는 사실을 인정하기 시작한 것이다.

지역 특색에 더 잘 맞는 작물을 최종적으로 선택하기 위해 이미 화학적 정글 속에서 길을 분명히 찾아내온 동물들의 도움을 받는 게 좋을 수 있다. 인간의 관습에 물들지 않은 동물들이, 비록 오늘날의 우리에게는 새롭게 보일지라도 영장류 친족이 오랫동안 비상식량으로 삼았던 작물로 우리를 이끌지도 모른다.

치유를 위한 섭식: 동물 약사들

이제 동물들이 주변의 녹색식물과 한 가지 이상의 관계를 맺고 있을 것이라고 상상하는 것이 그렇게 큰 비약은 아닐 것이다. 예를 들어, 동물들은 어떤 식물은 식량이 아니라 몸 시스템이 '제대로 작동하지 않을' 때 낫게 도와주는 약으로 여길지도 모른다.

'제대로 작동하지 않는' 상황은 기생충이 생겼거나 박테리아가 증식하고 있기 때문일 수도 있다. 식물은 이차 화합물로 박테리아, 바이러스, 회충, 선충류, 곰팡이를 물리친다. 만일 이러한 화합물들이 동물의 장 속에 있다면 식물에서와 마찬가지로 박테리아, 기생충, 곰팡이에 대항하는 보호 역할을 할 수 있지 않을까? 그리고 동물이 이것을 알아차리고 필요할 때 치료법을 찾지 않을까? 동물들이 독성이 있는 이차 화합물을 피하는 방법을 터득했다면, 이로운 화합물들을 이용하는 방법도 쉽게 배울 수 있지 않았을까?

동물들은 스스로 약사가 된다. 놀랄 일이 아닌데, 우리는 놀라지 않을 수 없다.

• 툭툭, 쉬익쉬익 | 마이클 허프만이 영장류처럼 앉아서 쉬고 있는 곳에서 눈동자만 옆으로 돌리면 CH라고 부르는 침팬지가 보인다. 우리식으로 표현하자면, 그 침팬지는 정상이 아니었다. CH는 무기력하여 자신의 나무 둥지에서 나올 수도 없고 먹이를 먹느라 자기 주변이 온통 바쁜 것도 알아차리지 못하고 있었다. 지난 며칠 동안 소변 색이 진해지고 대변 횟수가 줄고 불규칙적이 되었다. 전형적인 회충이나 주혈흡충 감염 증상이었다. 그날 아침 CH는 갑자기 탄자니아 서부 탕가니카 호수의 동쪽 해변에 있는 마할Mahale 산 국립공원까지 가까스로 비틀거리며 갔다. 일본의 교토 대학교에서 온 영장류동물학자인 허프만과 마할 산 야생동물연구센터의 모하메디 세이푸Mohamedi Seifu는 곧 노트북을 가지고 침팬지를 따라갔다.

침팬지*Pan troglodytes*는 정글에서 길을 찾고 과일나무를 기억하고 열매가 언제 익을지 알아내는 기발한 재주가 있다. 행동생물학자인 리처드 에스테스Richard Estes가 방향 찾기orienteering 능력이라 이름

붙인 재능으로 그들은 가고 싶은 곳 어디든지 지름길로 찾아갈 수 있다. 아픈데도 불구하고 CH는 자기가 어디로 가야 할지 정확하게 아는 듯 보였고, 활짝 핀 베르노니아 아믹달리나*Vernonia amygdalina* 나무까지 쉬지 않고 갔다. 그 식물은 침팬지가 평소에는 먹지 않는 것으로, 아프리카의 여러 지역에서 원주민들이 전통적으로 약으로 사용한다. 그녀는 매우 조심스럽게 어린 순을 몇 개 따서 잎은 뜯어버렸다. 앞니를 이용해 껍질을 벗겨 내자 물기 있는 유조직이 드러났다. 마치 남녀공학 대학생들이 처음으로 테킬라 술을 마셔보듯 얼굴을 찡그리면서 그녀는 줄기를 씹어 즙을 빨아먹었다.

허프만은 CH의 '치료법'을 조심스럽게 관찰했다. 정확하게 24시간 이내에 그녀는 규칙적으로 배변하고 무리의 다른 침팬지들과 함께 먹이를 찾아다니며 먹었다. 나중에 화학자들이 그 식물을 조사한 결과 유조직 안에서 두 가지 이차 화합물을 발견했다. 세스퀴테르펜 락톤**sesquiterpene lactone**(테르펜**terpene**)과 스테로이드 글루코사이드**steroid glucoside**로, 둘 다 뛰어난 항기생충 효력이 있고 환자는 죽이지 않으면서 다양한 장내 기생충들은 죽일 만큼 강력했다. 그 후 허프만은 운 좋게도 또 다른 침팬지가 그 유조직을 찾는 것을 다시 볼 수 있었다. 그 침팬지의 기생충 수준도 조사했는데(배설물 검사), 치료 후 20시간 이내에 기생충의 수가 무해한 수준으로 떨어지는 것을 알 수 있었다.

일단 무엇을 조사해야 되는지 알게 되자 허프만은 많은 침팬지가 베르노니아의 줄기를, 특히 기생충들이 많은 우기 동안에 빈번하게 사용한다는 사실을 알아냈다. 이 특정 종의 베르노니아는 마할 산에는 드문데도, 원주민은 물론 침팬지도 모두 그것에 관심을 집중하고 있었다. 탄자니아 통궤Tongwe 원주민들은 베르노니아 아믹달리나를 '쓴 잎'이라고 부르며, 식욕이 떨어지거나 변비 등의 비슷한 증상이 나타날 때 이를 이용한다. 그 줄기 속 즙에는 인간이 사용하는 일반적인 복용량과 거의 같은 양의 항기생충 성분이 들어 있다. 더 자세한 분석을 통해 침팬지들이 그 유조직만 먹는 이유가 밝혀졌다. 그 식물의 다른 부위, 예를 들어 잎이나 껍질에는 같은 성분이 실험실용 생쥐를 죽일 수 있을 정도로 높은 농도로 들어 있었던 것이다.

항기생충 특성을 가진 식물의 발견에서 용기를 얻어서, 연구자들은 베르노니아 속 식물들을 전부 조사하기 시작했다. 밀접한 연관이 있는 식물*Vernonia anthelmintica*을 임상 조사해본 결과 사람의 요충, 십이지장충, 람블편모충*Giardia lamblia* 치료에 사용할 수 있는 화합물이 있음을 알게 되었다. 리처드 랭햄은 "이것들(이차 화합물)이 동물에게 독성이 있거나 위험하다는 것은 일반적인 지혜다. 그러나 지난 15~20년 동안 일련의 사례들이, 동물들이 이런 화합물의 독성 효과를 내부의 적에 대적할 해독제로 유용하게 쓴다는 사실을 증명하며 하나의 연구로 자리를 잡게 되었다"라고 썼다. 일상의 지혜도 소중하다.

• **잎사귀 두 장** | 허프만은 이러한 문제를 푸는 또 다른 단서를 자신이 있던 장소에서 수 킬로미터 떨어져 있는 탄자니아의 곰베천Gombe Stream 국립공원에서 찾아냈다. 곰베에 사는 침팬지 무리는 동물 행동

연구 역사상 가장 세심히 관찰된 동물이다. 한 영장류를 30년 이상 연구하기 위해 제인 구달Jane Goodall은 많은 관찰자들을 훈련시켰는데, 하버드 대학교의 인류학자인 리처드 랭햄도 그중 하나다. 랭햄은 다른 연구자들이 그 '길'에 들어서기도 전, 어느 이른 새벽에 한 장면을 목격하고 나서 동물의 자가 치료를 믿게 되었다고 한다.

"내가 관찰 중인 한 침팬지가 어디가 아픈지 잠에서 깨더군요. 그러더니 뒤척이며 잠을 더 청하는 것이 아니라 일어나 말 그대로 허겁지겁 걷기 시작했습니다. 나는 서둘러 그녀를 따라갔습니다. 20분 후에 그녀는 아스필리아*Aspilia*(1.8미터까지 크게 자라는, 해바라기의 사촌) 앞에서 멈추더니 매우 이상한 의식을 시작했습니다." 침팬지는 어린 잎들을 조심스럽게 조사하기 시작했는데, 줄기에 붙어 있는 채로 그 잎들을 입에 넣기도 하고, 뭔가 맞지 않으면 뱉어버리기도 했다. 마침내 작은 잎사귀 하나를 따서, 마치 우리가 니트로글리세린nitroglycerin 알약을 복용할 때처럼 혀 밑으로 밀어 넣었다. 그리고 오래 두고 앞뒤로 조금씩 굴렸지만 씹지는 않았다. 랭햄은 그녀가 혀 밑의 점막을 통해서 잎에서 무엇인가를 흡수하는 것이 아닐까 생각했다.

그는 숨어서 놀라운 장면을 보았는데, 침팬지가 얼굴을 찡그리며 털이 난 그 잎을 삼키는 것이었다. 솜털로 덮인 가죽 조각을 삼키는 것 같았을 것이다. 그녀는 무리로 돌아가기 전까지 천천히(평소 분당 37장의 잎을 씹어 먹는 것과는 대조적으로 분당 5장의 잎을 삼켰다) 12장 이상의 잎을 삼켰다.

원숭이가 얼굴을 찡그리는 것으로 보아 맛이 좋지 않음이 분명했지만, 랭햄은 의학적인 의의가 있을 것이라고 자동적으로 단정할 수 없었다. 랭햄은 "섭식 연구는 까다롭습니다. '먹느냐', '먹지 않느냐'만으로는 충분하지 않습니다. 어느 침팬지가 어느 나무의 어느 잎을 먹는지 분류하고, 그다음에 정확하게 얼마나 많은 잎을 먹는지 세야 합니다"라고 말한다. 그렇게 하더라도, 매디슨에 있는 위스콘신 대학교의 인류학자인 카렌 스트라이어가 상기시켜 주었듯이, 어떤 유용한 정보를 얻지 못하게 될 수도 있다. "소화기관은 일종의 블랙박스입니다. 동물이 먹은 것으로 무엇을 '하는지', 신체를 통과하면서 화합물이 흡수되는지 파괴되는지 알 수 없습니다. 유일한 실마리는 그 음식물의 찌꺼기를 분석하는 것입니다. 배설물에 무엇이 나오는지 보는 것이지요." 이상한 초록색 잎을 삼키고 난 후 배설물에 남은 것, 한 줌이나 되는 거의 온전한 상태의 잎은 랭햄에게 중요한 단서가 된다. 잎이 소화되지도 않았다면, 그 잎은 무슨 작용을 했을까?

삼킨 잎들을 화학적으로 분석해도 확실한 '의학적' 증거를 얻지 못했는데도, 잎을 삼키는 이상한 행동은 더욱 많이 관찰되었다. 우간다의 서부에 있는 키발Kibale 삼림 국립공원의 한 군집인 카냐와라에 사는 침팬지 무리는, 연중 어떤 시기에는 잎 섭취 행동이 증가하는 것 같았다. 아니나 다를까, 몇 개월을 연속해서 관찰하고 나자 잎 섭취 행동의 증가는 촌충 감염이 가장 심한 월과 일치한다는 사실을 알 수 있었다. 이것은 잎을 삼키는 행동과 특정한 기생충 감염이 일치함을 보여주는 첫 사례였다. 랭햄은 잎이 들어 있는 배설물에는 촌충의 파편이 포함되어 있다는 것을 알아냈다. 털이 난 잎이 운동성을 가진 촌충의 파편들을 장에서 떨어지게 해서 배설물과 함께 나가게 하는 것이 틀림없었다.

한편, 마할 산에서 허프만 또한, 우기 동안 침팬지들이 잎을 삼키는 행동이 최고조에 달하며, 이때 선충류 감염이 높다는 사실을 알아냈다. 사람들이 감기나 독감 철이 오면 감기약을 더 많이 사듯, 침팬지도 그럴 때 잎을 더 많이 뜯어먹는 것일까?

침팬지가 잎 섭취를 늘리는 것은 촌충이나 선충류가 일으키는 복통 때문이라는 것이 최근의 정설이며, 이것은 개나 고양이가 복통이 있으면 밖에 나가서 풀을 뜯어먹는 것과 같은 이치다. 연구자들이 아직 모르는 점은 기생충을 제거하는 효과가 화학적인 것인지(의학적 화합물로 기생충을 격퇴하는지) 아니면 기계적인 것인지(털이 있는 잎에 의해 기생충이 장에서 쓸려 내려가는지) 하는 점이다. 어쨌거나 아스필리아는 기생충에 영향을 주고 침팬지도 그 사실을 아는 듯하다.

침팬지들이 그 밖에 또 무엇을 알고 있는지 찾아내기 위해서 연구자들은 현재 영장류들이 통째로 삼키는 다른 식물들을 찾는 중이다. 리처드 랭햄과 제인 구달은 1989년에 함께 펴낸 『침팬지 이해Understanding Chimpanzees』의 한 장에서 우간다의 침팬지들이 갈퀴꼭두서니*Rubia cordifolia*의 잎을 삼킨다고 보고했다. 키발에서 수집한 401마리의 배설물 표본 중 열여섯 개에서 갈퀴꼭두서니 잎이 발견되었는데, 모두 이빨 자국 하나 없이 온전해, 아스필리아 잎과 같은 운명을 겪었다는 신호로 보였다. 잎을 분석해본 결과 루비아트리올rubiatriol이라 불리는 트라이테르펜triterpene, 생물학적으로 활성이 있는 안트라퀴논계**anthraquinones** 그리고 가장 흥미로운 고리형 헥사펩타이드 **cyclic hexapeptide**가 검출됐다. 두 사람에 따르면 고리형 헥사펩타이드는 "대단히 강력한 세포독성을 가져, 미국 국립보건원이 암 환자의 치료제로 조사 중이다".

암과 싸울 수 있는 능력이 검증되자, 갑자기 머나먼 정글에서 발견된 이 화합물들은 더 이상 사소한 분자가 아니었다. 침팬지들이 특정 시기마다 찡그리며 먹는 일이 이제는 이상할 것이 없었다. 자가 치료 사례를 실험실에서 검증해야 할 시간이 왔다.

그 목록의 맨 처음에, 침팬지에게 심각한 장내 기생충인 선충류를 죽인다고 생각되는 무화과나무***Ficus exasperata***가 있었다. 침팬지는 어린잎을 집중적으로 먹는데, 어린잎에는 묵은 잎보다 활성 화합물 5-메톡시소랄렌**5-methoxypsoralen**이 6배나 더 많이 들어 있다. 코넬 대학교의 식물 생화학자인 엘로이 로드리게스에 따르면, 무화과나무의 어린잎과 열매는 장내 좋은 박테리아인 대장균은 해치지 않고, 식중독 박테리아인 바실러스 세레우스만 효과적으로 죽인다. 더 많은 잎들이 화학적 조사를 기다리는 중이다. 침팬지가 씹지 않고 삼켰던 15종류의 식물 중에는 사마귀풀***Aneilema aequinoctiale***, 마편초과 리피아***Lippia plicata***, 무궁화***Hibiscus aponeurus*** 등이 있다. 연구자들은 또한 드물게 먹거나, 먹지 않고 털에 대고 문지르는 식물들도 모두 채집하고 있다.

랭햄의 차기 대규모 프로젝트는 원숭이와, 침팬지 같은 유인원의 음식 섭취의 차이에 관한 것이다. 이 장의 앞부분에서 언급했듯이, 원숭이는 침팬지보다 이차 화합물을 더 잘 견뎌낸다. 따라서 랭햄은 "원숭이가 먹는 것과 침팬지가 피하는 것을 관찰하면 흥미로운 이차 화합물, 즉 잠재 약품을 알게 될 것입니다"라고 말한다. 두 종이 다 피하는 식물들에는, 그 지역 전통 의술자도 모르는 이차 화합물이 들어 있을 가능성이 크다. 이런 식의 접근 방법의 문제는, 각종 식물을 연구하기에 너무 늦었다는 것이라고 랭햄은 말한다. "분석하기 위해 잎사귀를 딸 때마다 나중에 그 종을 야생에서 다시 찾을 수 있을까 의심스러워요."

• **넘쳐나는 증거** | 이러한 탐구를 시작하기에 너무 늦었다고 생각될 때까지 우리는 도대체 뭘 하고 있었을까? 과학자들이 처음 영장류가 잎을 삼키는 행동이 자가 치료와 연관이 있다고 생각한 것은 (적어도 논문 발표로) 1980년대 초였다. 그러나 우리는 쥐들이 독이 될 만큼의 염화리튬lithium chloride을 먹고 난 뒤에는 점토를 삼켜서 스스로 '치료'한다는 사실을 오랫동안 알고 있었다. 하물며 쥐가 그것에 독이 있다고 생각만 해도, 독성 물질을 흡수하는 점토를 먹는다는 사실이 실험으로 밝혀졌다. 마찬가지로 애완동물을 키우는 사람이라면 누구나 알듯이, 개가 밖으로 나가 풀을 뜯어 먹는 것은 자기를 괴롭히는 무엇인가를 정화하기 위해서다.

랭햄은 "왜 다들 인간만이 식물의 치료 성질을 발견할 수 있는 유일한 동물이라고 생각하는지 모르겠습니다. 정글에 사는 동물은 인간만이 아닙니다"라고 말한다. 그는 또한 동물의 자가 치료를 알아낸 연구자가 자신만은 아닐 것이라고 생각했다. 그와 엘로이 로드리게스가 1992년 미국 과학진흥협회AAAS 학회에서 심포지엄을 열자, 많은 과학자들이 다양한 사례들을 가지고 난데없이 나타났다. 이로써 동물생약학zoopharmacognosy 분야가 탄생하였다.

학회에서, 세인트루이스에 있는 워싱턴 대학교의 제인 필립스콘로이Jane Phillips-Conroy는 에티오피아의 아와시 폭포 근처에 사는 비비에 대해서 설명했는데, 그 비비들은 지리적 차이에 의해 자연스럽게 이상적으로 형성된 '통제된' 실험 조건에서 살고 있었다. 같은 종인 비비*Papio hamadryas* 두 집단 중 한 집단은 폭포 위에 살면서 그곳에 있는 풀만 먹었고, 다른 집단은 폭포 밑에서만 살았다. 폭포 밑에 사는 집단은 달팽이에서 생겨나는 주혈흡충*Schistosoma cercariae*, 즉 사람을 포함한 영장류에서 질병을 일으켜 몸을 쇠약하게 하는 흡충에 감염되어 있었다. 폭포 위에 사는 달팽이에는 흡충이 없었다.

또한 폭포 위아래에는 여리고 발삼*Balanites aegyptiaca*이 분포해 있는데, 그 식물의 열매와 잎에는 흡충에 효과적이라고 알려진 화합물인 디오스게닌diosgenin이라는 스테로이드성 사포닌saponin이 포함되어 있다. 발삼은 오랫동안 원주민들이 주혈흡충 감염을 치료하는 데 사용했는데, 비비도 그러했으리라 보인다. 사실, 비비 두 집단 모두 그 치료 식물에 접근할 수 있었지만, 그것을 먹는 것은 감염된 달팽이와 사는 집단뿐이었다. 이 사실로 필립스콘로이는 비비들이 영양 목적이 아닌 어떤 다른 목적을 위해 그 식물을 찾는다고 생각했다. 그렇지 않다면 두 집단이 다 먹었을 것이다.

학회에서 들은 또 다른 이야기는, 상습적으로 기생충에 감염되어 있는 망토고함원숭이 두 집단에 관한 내용이었다. 코스타리카의 연구자들은 그렇게 작은 나라의 다른 두 곳에 사는 집단 사이에 기생충 감염 정도가 대조적인 것을 보고 놀랐다. 파시피카 대농장에 사는 고함원숭이들은 기생충 감염이 심한 데 비해, 산타로사 국립공원에 사는 고함원숭이들은 놀랄 만큼 감염이 적었다. 이유를 찾아보니, 기생충 감염이 적은 산타로사에는 무화과나무가 상당히 많지만, 파시피카에는 없었다. 학회에 온 연구자들은, 인간이 무화과나무 유액을 기생충 약으로 사용한다는 사실에 근거하여, 무화과나무 열매나 잎에 있는 어떤 화합물 덕분에 산타로사 고함원숭이들이 기생충에 잘 감염되지 않는다는 이론을 세웠다.

또 하나의 색다른 발견은 고함원숭이에게 충치나 잇몸병이 전혀 없다는 것이다. 이 원숭이들이 정기적으로 이를 닦거나 치실을 사용하는 것일까? 이에 대해 연구자들은 그들이 먹는 캐슈나무*Anacardium occidentale*에 있는 작은 꽃자루(줄기)와 관련 있는 것 같다고 말한다. 꽃자루를 분석한 결과, 사람에게 충치를 일으키는 주범인 스트렙토코커스 뮤탄스*Streptococcus mutans* 같은 그람양성균을 죽이는 페놀 화합물인 아나카르드산anacardic acid과 카르돌cardol이 고농도로 있다는 사실이 밝혀졌다.

또 학회에서는 구강 섭취하지 않는 온갖 약에 대해서도 논의됐다. 특히 새와 관련된 사례가 많았다. 독수리는 송진에 절여진 솔잎을 둥지에 까는데 아마도 기생충을 막으려는 것으로 보인다. 집 앞마당에 흔한 어치blue jay 또한 의료 행위를 하는 것 같다. 앤팅anting이라 부르는 의식에서 어치는 일부러 개미를 으깨서 자기 깃털에 개미의 포름산을 문질러댄다. 그러는 동안 어치는 마치 개미 주스에 취한 것처럼 흐뭇해 보인다. 또 다른 조사에 의하면 앤팅은 실제로 일종의 기생충을 퇴치하는 행동, 이를 잡는 행위라고 생각된다.

곰들도 또한 이상하게 문지르는 행동을 한다고 알려졌다. 하버드 대학교의 민속식물학자인 숀 시그스테트Shawn Sigstedt는 나바호 족 가족들과 7년을 보내면서 그 부족의 전통 의술을 배웠는데, '곰'이 들어간 이름의 치료 식물들이 너무 많다는 사실에 놀랐다. 전통적으로 나바호 족은, 치료약은 곰이 사람에게 주는 것이라고 가르친다. 이것은 나바호 족이 동물들이 자가 치료하는 것을 관찰하고 그 행동을 따라 했음을 시사한다. 시그스테트는 곰을 천궁*Ligusticum porteri*과 연관 짓는 실험을 했는데, 이 식물은 로키 산과 미국 서남부 지역 등에서 자라는 바닐라와 셀러리 비슷한 냄새가 나는 식물로, 나바호 족들이 회충, 복통, 박테리아 감염 등을 치료하는 데 쓴다. 그 식물 표본을 콜로라도스프링스 동물원에 사는 북극곰과 회색곰에게 주었더니, 곰들이 기분 좋게 구르고 문지르는 놀라운 광경을 목격하였는데, 진드기나 피부 곰팡이가 없어져 좋아하는 것 같았다고 한다.

• 동물들은 어떻게 자가 치료를 배웠을까? | 어찌 보면 이 말은 모순인 것 같다. 독을 먹지 말라는 진화적 압력이 그렇게 강력한데, 어떻게 독을 먹고 자가 치료하는 행위가 진화할 수 있었을까? 이에 대해 리처

드 랭햄은 안전한 섭생에서처럼, 아마 치료용으로 먹는 현상에도 생리학적, 행동학적, 문화적 측면이 있을 것이라고 말한다.

첫째는 생리학적 측면이다. 동물이 자기가 무엇을 먹어야 하는지 필요에 따라서, 타고난 입맛도 달라질 수 있다. 예를 들어, 아침에 깨어난 동물이 몸이 안 좋으면, 이차 화합물에 대한 혐오가 쓴맛 나는 잎에 대한 내성, 나아가 그것에 대한 갈망으로 변할 수 있다. 중국의 한의사들은 환자를 치료할 때, 이러한 신체의 피드백을 수천 년 동안 사용해왔다. 미국 과학진흥협회가 주최하는 학회에서, 이에 대해 마이클 허프만은 다음과 같이 말했다. "건강한 사람들에게는 불쾌할 정도로 쓴맛을 아픈 사람들은 참을 수가 있어서, 한의사들은 그 수준을 보고 복용량, 시기, 방법을 결정합니다." 환자가 아프면 아플수록 쓴맛에 대한 혐오감이 적어진다. 환자가 약이 너무 쓰다고 불평하기 시작하면 한의사는 환자에게 다 나았다고 말해준다.

제인 구달은 이 이론을 지지하는 실험적 증거를 가지고 있다. 그녀는 아픈 침팬지를 치료할 일이 생기자 맛이 쓴 항생제 테트라사이클린tetracycline을 바나나에 숨겨서 어느 침팬지가 먹는지 관찰했다. 건강한 침팬지들은 처리한 바나나를 퇴짜 놓는 반면에, 병든 침팬지들은 쓴맛을 모르는 듯 그 바나나를 재빨리 먹어버렸다. 허프만은 야생에서 기생충에 가장 심하게 감염된 침팬지들이 가장 쓴 잎을 먹는다는 사실을 발견했다. 글랜더는 고함원숭이의 미각에서도 비슷한 반전을 관찰했다. 건강한 고함원숭이는 타닌산이 많이 들어 있어서 소화하기 어려운 잎은 피한다. 그러나 아플 때는 조심성을 잃고 타닌산이 많이 들어 있는 잎을 찾아다니는데, 아마도 타닌산이 식물 독성과 결합하여 독성물질의 체외 배출을 도와주기 때문인 것 같다. 붉은콜로부스원숭이*Procolobus badius*도 복통을 다스릴 때 평소에 하지 않던 행동을 한다는 사실이 밝혀졌다.

정상적인 판단에서 일시적으로 벗어나는 듯 보이는 동물들의 행위는 사실 열대의 약상자를 찾아가는 것이라고 동물생약학자들은 말한다. 물론, 다른 모든 동물의 행동 이론과 마찬가지로 이 이론은 아무도 증명할 수 없다. 현 시점에서 상식과 추측일 뿐이다. 글랜더는 자신의 논문에서 "대부분의 영장류학자들은 자가 치료 설명을 받아들이기 꺼린다. 그렇다고 붉은콜로부스원숭이나 고함원숭이들 같은 영장류가 타닌산이 많은 식물을 이따금 섭취하는 것에 대해 다른 설명을 제시하지도 못하고 있다"라고 썼다.

생리학적인 동기 외에 조건부 행동들도 자가 치료에 중요한 역할을 할 수 있다. 쓴맛이 강한 잎을 먹게 하는 것은, 쓴 잎이 질병을 완화해주기 때문이다. 소위 소스베어네즈증후군**Sauce Béarnaise syndrome**과 정반대인데, 이 병은 동물이 부정적인 신체 감각과 특정 음식을 연관 짓는 것이다. 그 신드롬에 이름을 붙인 과학자가 베어네즈 소스를 다시는 주문하지 않을 것이듯, 어떤 음식에 대한 좋은 경험은 반대로 특정 섭식 행동을 부추길 수도 있다.

또한, 문화적인 학습도 자가 치유 습관이 형성되는 것을 도와줄 수 있다. 온타리오에 있는 맥마스터 대학교의 심리학자인 베넷 갈레프**Bennett G. Galef, Jr.**와 매슈 벡**Matthew Beck**은, 쥐들이 치료용으로 어떤 먹이를 이미 선호하는 다른 쥐들과 함께 있으면, 아플 때 그것을 시도할 가능성이 큼을 관찰했다. 그 먹이를 혐오하도록 조건부 행동을 주입해주어도, 다른 쥐들이 모두 치료를 시도하면 따라서 했다. 우리 영장류는 특히 흉내 내는 데 선수이며 그것은 결국 중요한 생존의 기술이 되었다. 상한 베어네즈를 먹고 앓은 사람은, 같이 그 음식을 먹고 고통스러워하는 동료를 유심히 관찰했더라면 앓지 않았을 것이다. 마찬가지로 한 침팬지가 우연히 국화 유조직의 좋은 점을 알게 되면, 다른 침팬지들도 곧 그것을 알게 될 것이다.

현명한 섭식에서와 마찬가지로, 엄마를 따라 하는 것은 아마도 영장류들이 약초를 배우는 첫 번째 방법일 것이다. 자란 후에는 무리가 질병을 어떻게 다루는지 주의 깊게 보고 모방한다. 좋은 약을 고르는 일 역시 사회 조직을 강화시킬 것이다. 글랜더는 "무리는 개인이 할 수 있는 것보다 훨씬 다양한 지식을 갖게 된다는 점에서 약초를 채집하는 사회적 현상의 하나라고 생각합니다. 특히 그 지식이 3차원 공간적일 때 그렇습니다. 같은 나무에서도 나뭇잎마다 특성이 다르므로 약으로 쓸 때는 적절히 골라내야 합니다"라고 말한다.

아픈 동물이 어떻게 자가 치료를 하게 되었을지는 쉽게 추측할 수 있지만, 완벽하게 건강한 동물도 가끔 무리를 떠나 1년 중 특정한 시기에 특정 식물을 찾아 수 킬로미터를 여행하는 것은 어떻게 설명할 수 있을까? 그 동물이 아픈 게 아니라면 무엇에 반응하는 것일까? 그 대답은 가끔은 어렵지 않다. 무스 같은 큰사슴이 봄에 수생식물을 게걸스럽게 먹는 것은 염분을 섭취하는 것인데, 겨울 먹을거리에는 염분이 거의 없기 때문이다. 하지만, 영양분이 결핍되지 않은 동물들이 1년 중 특정 시기에 특정 식물을 찾아서 여행하기 위해 에너지를 소비하는 것은 어떻게 설명해야 할까? 무엇인가를 위해서 자기의 몸을 준비하는 것일까? 호기심 많은 인류학자 카렌 스트라이어는 브라질의 무리키원숭이*Brachyteles arachnoides*들이 계절적으로 행하는 '식량 여정'에 동행하기로 했다.

• 어버이 같은 식물: 복통만을 위한 것이 아니다 | 『숲의 얼굴들Faces in the Forest』을 쓴 스트라이어가 이 아름다운 원숭이들을 계속 따라가려면 브라질의 대서양림 속을 거의 질주해야 한다. 원숭이들은 머리 위에서 곡예사처럼 이 나뭇가지에서 저 나뭇가지로 엄청난 속도로 그네를 타고 간다. 암컷과 수컷은 똑같은 덩치로 자라는데, 나무 꼭대기에서 돌아다니기 좋게 머리 부분이 가볍다. 무리키원숭이는 여태까지 연구한 영장류 중에서 가장 암수가 평등하고 평화로운 동물인데 암수의 똑같은 체격 덕분이다. 불행하게도 그들은 또한 세상에서 가장 희귀한 유인원 종이다. 무리키원숭이는 오로지 대서양림에만 사는데, 그 서식처가 이미 95퍼센트 파괴되었다는 주장이 있으며, 현재 1,000마리도 안 되는 작은 집단이 고립된 채 살고 있다.

그들의 정글에서 무리키원숭이를 추적하는 일은 보통 힘들지 않다. 스트라이어와 그녀의 제자들에게는 다행으로, 녀석들은 열매를 먹느라 자주 쉰다. 그런데 짝짓기 계절이 시작되면 이들의 식사는 돌변한다. 열매는 거들떠보지도 않고, 두 종의 콩과 나무인 아마렐린노*Apu-*

*leia leiocarpa*와 폴리포디움 엘레간스*Platypodium elegans* 잎에만 관심을 집중한다. 스트라이어는 분석을 통해 그 두 식물 종의 잎에는 단백질 소화를 방해한다고 알려진 타닌산이 유난히 적음을 알게 되었다. 뽀빠이가 싸우기 직전에 시금치 캔을 따듯, 원숭이도 짝짓기 전에 다량의 단백질을 구하는데, 따라서 소화가 잘 되도록 타닌산이 적은 잎을 찾는지도 모른다. 그 잎에는 또한 박테리아 감염을 방지하는 화합물도 포함되어 있는데, 건강이 중요한 짝짓기 시기에 기운을 차리게 해줄 수도 있다.

스트라이어는 또한 이 원숭이들이 1년 중 이 시기에는 다른 잎을 먹을 뿐 아니라 여행을 떠나는 경향이 있다는 것도 알아냈다. 정글 한가운데서 자신들 영역의 가장자리, 숲이 성성한 곳으로 빠르게 달려간다. 여기서 콩과 식물의 세 번째 종인 엔테롤로비움 콘토르티실리쿰 *Enterolobium contortisiliquum* 혹은 원숭이귀라고 불리는 식물의 열매를 먹는다. 그 열매에는 스티그마스테롤stigmasterol이 풍부한데, 이는 인간이 프로게스테론 합성에 사용하는 일종의 식물성 에스트로겐이다. 스트라이어는 무리키원숭이가 짝짓기 시기를 위한 준비로, 혹은 짝짓기 시기를 맞추려고 원숭이귀를 먹는 것은 아닐까 하는 생각이 들었다. '번식용 섭식' 같은 것이 있을까?

글랜더도 망토고함원숭이에 대해서 같은 생각을 하고 있다. 그는 고함원숭이 새끼의 성별을 기록하면서 매우 불균형적이라는 사실을 알고 의심을 하게 되었다. 무리 중 암컷들은 한배 새끼 열 마리 가운데 수컷을 아홉 마리, 어떤 때는 다섯 마리를 낳기도 했다. 이런 성비의 변동은 통계적으로 있을 수 없는 일이다.

글랜더는 고함원숭이들이 암컷이나 수컷을 낳을 가능성을 높이는 무엇인가를 먹는 것은 아닐까 생각했다. 암컷 질의 전기적 환경을 어떻게든(산성이나 알칼리성 음식을 먹음으로써) 바꿔서, 특정한 유형의 정자를 위한 레드 카펫을 까는 것은 아닐까? X 염색체를 가진 정자(암컷을 만듦)는 양전하를 띠고, Y 염색체를 가진 정자(수컷을 만듦)는 음전하를 띤다는 점을 고려하면 이 견해가 그리 이상하지도 않다. 같은 전기는 서로 밀치므로, 질의 음성적 환경은 음전하를 띤 정자가 못 들어오게 하고, 양전하를 띤 정자는 잘 들어오도록 도와줄 수 있다. 글랜더는 고함원숭이의 질과 자궁경부의 전압을 측정하여 그의 가설을 실험해보았다. 그 결과 두 부분 사이에 밀리볼트 수준의 차가 충분이 커서, 무엇을 먹는지에 따라 원숭이들이 "전하를 만들어내고 그것을 양성에서 음성으로 바꿀 수도 있을 것"이라는 생각을 굳혔다.

성 결정에도 식물을 사용할 수 있다면, 식물에 대한 인식은 약품으로서뿐만 아니라 집단의 성비 형성자로까지 확대된다. 그러나 왜 그렇게 조작해야 할까? 글랜더는 이렇게 설명한다. 집단에 수컷이 부족하다면, 아들을 낳았을 때 그 아들이 장차 무리의 지도자가 될 확률이 이전보다 크므로 암컷은 아들을 낳고 싶어 할 것이다. 지도자를 생산한 어미는 위상이 높아지기 때문이다(예를 들면, 먹이와 안전이 더 보장된다). 그러나 집단에 암컷이 적으면, 암컷은 지도자의 배우자가 될 딸을 낳아 왕의 장모가 되려 할 것이다. 글랜더는 "우리는 '먹는 대로 된다'라는 말을 많이 듣습니다. 그러나 사실 '어머니가 먹은 대로 된다'

라고 하는 게 더 맞습니다"라고 말한다.

포유류에서 이러한 현상을 처음으로 제안한 사람은 스트라이어나 글랜더가 아니다. 1981년에 퍼트리샤 버거Patricia Berger는 식물 화합물이 들쥐의 생식에 영향을 주는 것을 관찰하였다. 영장류 및 들쥐까지도 환경 조건에 반응해서 가임 시기와 여부를 조절할 수 있다면, 동물들은 우리가 생각하는 것보다 더 섬세하게 환경에 맞춰 살고 있는 게 아닐까?

현 시점에서 우리가 아는 이차 화합물은 10,000가지지만 아마도 곤충, 새, 도마뱀 같은 동물들은 한층 더 많이 알고, 더 많은 것을 시험해왔을 것이다. 녀석들은 그 화합물들을 사용해 병을 예방하고, 치유하고, 생식력에 영향을 주고, 태아를 유산시키고, 자식의 성별에도 영향을 주었을 것이다. 이 모두는 당장의 환경이 주는 기회와 한계에 대한 반응이다. 이런 진짜 토착민들에 비하면, 우리는 정글 약국을 잠깐만 기웃거렸을 뿐이며, 알아낼 것이 엄청나게 많다는 사실만을 알아냈다.

시간이 충분하지 않다

한때, 그렇게 오래전은 아닌데, 우리는 신약을 얻기 위해 오로지 동물, 식물, 미생물에만 의존했으며, 처방약의 40퍼센트는 거기서 찾아낸 것이었다. 식물에서 얻은 약품들만 예를 들어 나열하자면 다음과 같다.

- 택솔taxol은 태평양의 북서부에 있는 태평양주목*Taxus brevifolia*의 껍질에서 발견되었고, 난소암이나 유방암 환자 치료에 사용되는 유망한 신약이다.
- 스테로이드 호르몬인 디오스게닌diosgenin은 멕시코의 야생 고구마*Dioscorea composita*에서 분리되며, 최초의 경구 피임약의 기본 성분이었다.
- 빈크리스틴vincristine과 빈블라스틴vinblastine은 마다가스카르의 일일초*Catharanthus roseus*에서 분리되었고, 호지킨병Hodgkin's disease과 일부 유아 백혈병 치료에 사용된다.
- 미국의 동부 삼림지대에 흔한 메이애플*Podophyllum peltatum*에 있는 반합성 유도체는 정소암과 소세포성 폐암 치료에 쓰인다.
- 보라색여우장갑*Digitalis purpurea*의 말린 잎에서 나오는 양지황digitalis은 울혈성 심부전과 다른 심장 질병을 치료하는 데 사용된다.
- 라우월피아*Rauwolfia* 속의 열대 관목 뿌리에서 분리한 레세르핀reserpine은 신경안정제, 고혈압 약으로 사용된다.

1970년대 말에 들어 식물은 약학 연구의 대상으로서 인기가 떨어졌다. 토양 박테리아와 곰팡이로부터 새로운 항생제가 계속 만들어졌고, ('합리적 약품 설계'라는 명목 아래) 합성 화학 및 분자생물학이 차기 신약의 근원으로 생각되었기 때문이다. 우리는 병 치료에 식물은 필요 없다고 결론 내렸다.

그러나 최근에 와서 식물 조사가 다시 유행하는 분위기다. 수십 년 동안 아무리 흙 속을 뒤져봐도, 제약 회사들은 똑같은 미생물만 계속 얻을 뿐, 신약은 없었다. 또한 약을 처음부터 합성하는 것이 생각보다 어렵다는 것도 알게 되었다. 개발에 수십억 달러를 투자했음에도 불구하고, 오래 기다려온 말라리아 치료약과 많은 다른 약들은 아직 실험에 성공하지 못했다. 더 심각한 것은, 미국 식품의약국이 '모방'약(기존의 제조법을 약간만 바꿔 다른 이름으로 파는 약)을 엄중히 단속하기 시작한 것이다. 이런 제재는 제약 회사들이 2세대 스트렙토마이신을 기다리는 동안 재정적으로 안정되기 어렵게 만들었다.

한편, 질병은 제약 회사와의 진화적 무기경쟁**arms race | 질병 균이 신약에 내성을 가지는 쪽으로 진화함을 의미; 옮긴이**을 계속하는 데 아무 문제가 없다. 전염병 학자들은 우리가 후천성면역결핍증 AIDS과 같은 새로운 질병과 싸워야 하는 한편, 결핵이나 페스트같이 이미 제압했다고 생각했던 질병 균의 변종들이 사납게 돌아오고 있는, '바이러스가 창발하는 시대'에 살고 있다고 말한다. 획기적인 돌파구가 필요한 이때에, 오히려 우리는 소출이 줄어들기 시작하는 지점에 다다른 것이다.

다시 한 번, 우리의 희망은 수십억 년에 걸쳐 만들어진 자연의 생화학 명부에 쏠린다. 미시시피 대학교의 자연 산물 화학자인 찰스 맥체스니**Charles McChesney**는 "화학 합성에 드는 경비가 워낙 많기 때문에, 제약 회사들은 식물이나 다른 생물들이 대신 체계적으로 합성하게 하는 편입니다"라고 말한다. 부산하게 탐사 계약을 맺으며, 제약 회사들은 미래의 대형 약을 찾아 야생으로 향하고 있다.

1990년부터 1993년 사이에 다섯 개의 주요 제약 회사들이 의약의 골드러시에 합류해서, 일곱 개 국가에서 진행할 대규모 탐사 계획을 발표했다. 가장 최근에 미국 국립보건원과 몇몇 제약 회사들은 호주의 그레이트배리어리프, 사모아, 남미와 아프리카의 열대우림 등에서 250만 달러짜리 보물찾기를 시작했다. 해양생물학자들과 식물학자들은 5년간 1만 5,000여 종의 해양 생물과 2만여 종의 식물을 채집할 것이다. 한편, 1993년에 파이저Pfizer 사가 200만 달러가 들어가는 3년 계획을 착수했고, 뉴욕식물원은 미국 땅에 있는 식물들에 집중할 것이다. 또한 미국에서는 '신약 개발, 생물 다양성 보존, 경제 성장을 위한 공동 프로그램'이 연구비(국제개발처, 국립암연구소, 국립과학재단의 기금으로)를 주어 가장 유망한 식물에서 약을 개발하게 할 것이다. 한편, 미국과 아시아 모두에서 정부 기관, 비정부 조직, 사업체의 연합이 힘을 합쳐 지역사회가 그 지역의 숲과 해양 유전자원을 사용하고 보존하도록 돕고 있다. 1992년에 작성된 기술평가국 보고서에 의하면 통틀어서 전 세계 약 200개 회사와 그만큼의 연구소들이 현재 의약품과 농약의 자원이 될 식물들을 찾는 중이라고 한다.

이렇게 하여 자원 약탈의 새로운 시대로 나아가게 될까? 코넬 대학교의 화학 생태학자인 토머스 아이스너Thomas Eisner는 그렇게 생각하지 않는다. 화학적 탐사는 (1992년 브라질 리우데자네이루에서 개최된 유엔 환경과개발학회에서 의결한 대로, 지적 소유권을 지역 주민에게 주는 시스템인 한) 생태학적으로나 문화적으로 침략당하지 않을 것이라고 믿는다. 아이스너는 "일단 생물학적 활성이 발견되면 통상적인 과정은, 그 출처가 되는 생물을 채집하는 것이 아니라 화학 특성을 규명하여 인공적으로 합성할 수 있는지 알아보는 것이다"라고 쓰고 있다. 예를 들면, 자연의 마약인 모르핀과 코데인을 모델로 하여 메페리딘meperidine(상품명; 데메롤Demerol)과 펜타조신pentazocine(상품명; 탈윈Talwin), 프로폭시펜propoxyphene(상품명; 다르본Darvon)을 합성했다. 모델 설계를 위한 생물 채집을 그렇게 많이 할 필요도 없다. '곤충에서 나오는 약제'를 예비 검사하는 데는 약 500그램의 곤충, 즉 열대의 여름, 한 저녁날 자동차 서너 대의 앞 유리창에 부딪히는 정도의 양이면 충분하다.

많은 제약 회사들이 아이디어를 얻기 위해 마지막으로 자연계를 샅샅이 훑었던 시기는 1950년대였다. 2000년대에 그들이 만날 정글이나 갈대숲은 아주 달라 조각나고, 손상되었으며, 사라지고 있다. 가장 두려운 것은 네 종류의 야생 생물 종(분류학적 범주를 모두 포함해) 가운데 한 종은 2025년이면 멸종된다는 보고다. 치료법을 찾기 위해 새삼 서두르기 시작한 근저에는, 화학적인 탐사는 지금 하지 않으면 영원히 못하게 될지도 모른다는 인식이 깔려 있다.

앞으로 할 일은 무한하다. 500만에서 3,000만으로 추정되는 생물 종수(1억에 가깝다는 학자도 있다) 가운데 명명된 것은 140만 종에 불과하다. 전 세계 식물 종의 총 명부에서 5퍼센트 미만만이 확인되었고, 26만 5,000종의 현화식물 가운데서 단 2퍼센트인 5,000종만이 화학적 구성 성분과 의학적 가치가 상세히 연구되었다. 한 나라를 예로 들면, 브라질에서 자라는 식물 종 가운데 99퍼센트 이상은 화학적 성질에 대해 알려진 것이 아무것도 없다.

이 어둠을 밝히기 위해, 기업체와 정부는 남아 있는 원시 정글이나 대양에 자금을 쏟아부으면서 표본들을 채집하고 있다. 멀리 미국에서는 실험실 조수들이 창고에 산더미같이 쌓인 엄청난 다양성을 분석하는 고된 작업을 쉴 새 없이 이어가고 있다.

건초더미에서 바늘 찾기

화학적 분석은 복잡한 과정이다. 식물 표본들을 점점 더 작은 부분으로 쪼개고 또 쪼개어, 관심 대상이 되는 화학 성분만을 분리, 추출해내야 한다. 문제는 식물이 너무 많은 화합물을 만들어낸다는 것이다. 잎사귀 하나에서도 500~600종류나 되는 화합물을 만들어내며, 각각은 50~60가지의 생물학적 활성을 지니고 있다. 이 중에 어떤 것이 기적을 행할지 찾아내는 게 관건이다.

먼저 표본을 갈아서 거기서 걸쭉한 진액을 얻고, 화학약품으로 처리해 식물의 에센스를 추출해낸다. 그다음 이 에센스가 알려진 질병들에 대해 어떤 활성이 있는지 조사한다. 예를 들어, 미국 국립암센터는 매년 4,500가지의 표본을 가지고, 후천성면역결핍바이러스 HIV에 감염된 세포나 뇌종양, 백혈병, 흑색종과 같이 다양한 형태의 암세포 60종류의 종양 세포주에 어떤 효과가 있는지 검사하고 있다(궁극적으로 이 연구소는 매년 2만 가지의 물질을 100종류의 세포주에 대해 시험할 계획이다). 만일 한 추출물이 가망이 있는 것으로 보이면, 화학적 구성 성분들로 분리해 각 성분을 다시 시험한다. 가장 활성이 좋은 것을 분자 수준에서 조사하여, 어떤 화학 구조가 어떻게 작용하는지 구체적으로 살펴본다.

일단 가망 있는 분자가 확인되면, 과학자들은 실험실에서 그것을 합성하려고 시도하는데, 이때 효과를 높이기 위해 여러 가지 조정을 가한다. 인공 모사품을 만들기 힘든 경우에는 식물 조직배양 기술에 희망을 걸 수도 있다. 식물 조직배양이란 약간의 식물 세포를 배양 통에 넣고 키워 통 한가득 얻는 것이다. 배양된 세포들이 산물을 다량으로 생성해내면 그것을 용액에서 분리하기만 하면 된다. 만일 그 산물이 효율성 테스트를 모두 통과하면, 기업이나 정부는 그것을 시장에 내놓는 데 필요한 비용, 즉 약품 하나당 약 2억 3,000만 달러를 투자할 것이다.

과거에는 이러한 생물 활성에 대한 분석에 시간이 오래 걸렸다. 추출물을 토끼에게 주사해서 무슨 일이 일어나는지 기다렸던 것이다. 시험관에서 하는 생체 분석은 그 과정을 가속시켜주지만, 그래도 아직도 건초더미에서 바늘을 찾는 격이다. 보통 1만 2,000가지 표본 중 하나가 약이 되는데, 개발(그 물질의 미세 조정, 증진, 시험) 기간은 10년이나 그 이상 될 것이다. 한마디로 우리는 결국 가망 없는 것으로 판명될 수많은 화합물을 실험실에서 검사하는 데 귀중한 시간을 낭비하고 있다. 그럴 시간이 없다. 전문가들은 비법을 가진 종이 사라지기 전에 모종의 예비 검사 과정을 개발하여 검사 범위를 좁히고 가망성 있는 화합물에 곧장 관심을 집중할 필요가 있다는 데 동의한다.

그런 탐색 과정을 좁혀가는 방법을 하나의 문화로 보고 우리가 그동안 해온 일을 되돌아볼 수 있다. 처음에는 무차별 접근 방식으로 그저 정글 전체에 채집망을 던졌다. 모든 것을 채집하는 것은 쉽지만, 문제는 실험에 있었다. 실험실에서는 분석할 표본들이 산더미처럼 쌓여가고, 정글에서는 표본으로 채취하기도 전에 멸종되어갔다. AIDS나 암의 치료법을 발견해내고, 연구에 필요한 표본을 더 많이 구하려고 정글을 다시 찾을 때쯤이면 그 식물은 이미 건축이나 목축을 위해 서식지가 불도저에 밀려 사라져버렸다. 그러므로 탐색 속도를 높이는 방법을 강구해야만 했다.

그래서 그다음에는, 유망한 것으로 보이는 표본을 하나 찾아내면 관련된 종들도 강력한 화합물을 함유할 것이므로 그것의 가계도를 추적해가는 것이 합리적이라고 생각되었다(예를 들어, 백합은 알칼로이드가 풍부하니까 밀접하게 관련된 난초과를 조사해보자. 빙고! 난초 역시 알칼로이드가 풍부하다). 이렇게 좁혀가는 접근법을 계통분류 전략이라고 부르지만, 이것 또한 한계가 있다. 모든 근연종이 성가신 포식자들에 대하여 화학적으로 똑같이 대항하지 않기 때문이다.

마지막으로(그리고 마지못해) 서양에서는, 수 세기 동안 정글의 약국을 사용해오고 있는 부족의 치료사인 주술사들에게 공식적으로 도움을 청하기로 했다. 과거에 인간은 토속 약에 크게 의존했지만, 이 사실은 전혀 알려지지 않았다. 과학 잡지 《사이언스》의 부편집장인 필립 에이블슨Philip H. Ableson은 1994년 4월호 편집자란에 다음과 같이 기록했다. "고등식물에서 유래했고 전 세계에서 임상적으로 유용한 121개의 처방약 중에서 74퍼센트가 원주민들의 전통 약이라는 사실에 제약 회사들이 주목하고 있다." 하지만, 아무도 그동안 출처에 대해 광고하지 않았고 원주민들의 도움을 정식으로 요청하지도 않았다. 요즘 학생들은 플레밍, 파스퇴르, 솔크 등의 이름은 알고 있지만, 아마존이나 아프리카 주술사의 이름은 누구의 입에도 오르내리지 않는다.

마침내, 민속식물학은 비주류 분야라는 불명예를 벗기 시작해서, 현재는 전문가와 기금 모두를 끌어당기는 중이다. 많은 조직체들이 지구와 가깝게 살아온 마지막 토착 원주민 문화들과 계약을 맺는 중이다. 주술사들과의 대화에서 얻게 된 몇 가지 중요한 화합물로, 당뇨병 치료를 위한 경구용 혈당강하제, 호흡기 바이러스와 싸우는 약재들, 그리고 단순포진 치료가 가능한 해독제 등이 있다. 이 세 가지는 모두, 세 대륙에 걸쳐 열 명의 민속식물학자를 고용한 샌프란시스코 남부에 있는 샤먼 파마수티칼이라고 하는 발 빠른 회사 덕에 임상 시험 단계에 도달해 있다. 민간요법에서 나온 또 다른 유망한 물질은 프로스트라틴prostratin으로, 실험으로 HIV에 효과가 있다고 밝혀졌다.

야외 현장에 나가는 민속식물학자들은 종종 원주민들의 비상한 지식에 압도된다. 치료제를 찾기 위해서 40년 넘게 아마존 강을 샅샅이 뒤진 전설적인 인물 리처드 에반스 슐츠Richard Evans Schultes는, 아마존의 원주민들이 모양은 비슷하지만 화학적 성질은 전혀 다른 식물 변종들을 구별할 수 있다고 적었다. 서방 식물학자들은 어떤 형태학적 차이점을 찾아낼 수 없었지만, 인디언들은 몇 발자국 떨어져서도 한눈에 구별해냈다. 인디언들은 식물의 외부 형태뿐 아니라 식물의 나이, 크기, 자라는 토양을 보고 구별한다. 그런데 이런 종류의 지식이 사라져가고 있다. 특히 치료사가 제자를 두지 않았거나 또는 부족민들이 식물이 아니라 알약으로 돌아섰을 경우에는 특히 심각하다고 슐츠는 말한다.

문화 보존 단체인 컬처럴 서바이벌에 따르면, 1900년 이후 전 세계에서 270종류의 인디언 문화 중에서 90종류가 사라졌다. 이는 거의 1년에 한 종족이 사라지는 것으로, 그와 함께 그들의 지식 또한 사라져가는 셈이다. 1994년 3, 4월호《사이언스》에 슐츠는 "… 지구는 숲의 생물 다양성뿐 아니라 내가 신비의 다양성이라고 부르는, 식물에 감춰진 화학적 자산도 잃어가고 있다"라고 썼다. 그는 원주민 문화를 이미 그 땅에 있는 긴급 평가 팀으로 활용하라고 제언한다. 그리고 '문명'이 이들 문화를 잠식해감에 따라, 100만 년 넘게 축적된 식물학적 지식도 단 한 세대의 문화변용으로 사라질 수 있다고 경고한다.

그래서 생체모방학자들처럼 민속식물학자들도 경주에 합류했다. 탐색 범위를 좁히기 위해서 식물상이 다양한 지역, 치유의 지식을 대대로 물려주고 있는 지역, 그 지역 식물을 탐구하고 실험할 만큼 충분히 오랫동안 한 장소에 살아온 문화에 집중하고 있다. 그러한 기준에 근거해볼 때 우리가 잃어가는 문화가 혹시 있지 않을까? 우리가 간과하고 있는 지역 전문가의 지식이 있지는 않을까?

랭햄, 스트라이어, 글랜더와 함께 시간을 보내고 나서, 나는 곧바로 침팬지, 무리키원숭이, 고함원숭이들이 생각났다. 이들 모두 지역의 전문가들로 모계로 경험과 지혜를 자손에게 전수하며, 식물학적으로 다양한 지역에 살고 있다. 이들은 수천 년이 아니라 수백만 년 동안 현장을 시험해왔다. 그들의 자가 치료법이야말로 원주민의 방법보다 훨씬 오래되었고, 종교적인 금기나 부족의 관습에 얽매어 있지 않다. 왜 치료 효능을 찾는 그들 '코'의 도움을 받아 검사 과정을 대폭 줄이고 생물학적 활성을 가진 성분에 연구를 집중하지 않는가?

펜실베이니아 대학교의 열대지방 생태학자인 대니얼 잔젠Daniel Janzen은 그에 대해 이렇게 설명한다. "연구비를 더 나은 방법으로 써야 해요. 무작위 표본 채집 방법은 조준 범위가 너무 넓습니다. 우리가 무엇을 수집해야 할지 어떻게 알 수 있습니까? 어느 나무는 스트레스를 더 받았고 어느 나무는 덜 받았고, 나무들마다 화학 성분이 다 다른데요. 하지만 영장류, 조류, 도마뱀은 압니다."

그 동물들을 좀 더 잘 이해하게 되면, 우리도 그것을 알게 될 것이라고 동물생약학자들은 말한다.

생태학적 탐정 : 생물합리적 약제 발견

자연 세계를 탐구하고, 우리의 조사 범위를 좁혀나가는 가장 유망한 방법 중 하나가 '생물합리적 약제 탐사biorational drug prospecting'인데, 이는 잔젠과 톰 아이스너가 주창한 전략이다. 생물합리적 탐사는 정글 주변에 있는 침팬지와 고함원숭이들을 단순히 따라다니는 것 이상이다. 목적하는 분자를 찾는 데 생태계 전체에서 얻은 정보를 사용하는 것이다. 그것은 우리들 주변에서 일어나는 관계, 즉 초식동물과 초목들 사이의 공진화의 춤, 공동체 연결 망, 집단과 지역 사이의 얽혀 있는 관계 등을 알아야 함을 의미한다. 잔젠은 "나라면 자연에 있는 동물 모두를 활용하겠어요. 인간은 그중 한 종에 불과합니다. … 사람은 복통을 일으키지 않거나 장님이 되지 않게 하는 것만 골라요"라고 말한다. 생물학적 단서를 색출하는 일은 생태학적 감각뿐 아니라 우리가 지닌 모든 감각을 가리지 않고 사용해야 하는 탐정 게임이다.

아이스너의 아버지는 집 지하실에서 화장품을 만들던 화학자로, "몹시 흥미로운 냄새들"로 집안을 가득 채우곤 했다. 어린 아이스너는 후각이 비상하게 발달해 걸어가다가도 곤충의 냄새를 맡고, 강력한 냄새를 풍기는 그 곤충의 이름을 댈 수 있었다. 그는 화학물질을 "날아다니는 분자"라고 불렀다.

곤충을 가지고 한 연습에서 시작하여 아이스너는 미세한 것을 알아보는 기술을 터득하여, 그의 표현대로 "뜻밖의 예상치 못한" 것을 발견하였다. 그는 약제 가능성이 있는 식물을 탐사할 때 특히 피해를 입지 않은 식물을 찾았다. 곤충이 먹기를 회피하는 식물은 강력한 방어물을 갖고 있을 것이며, 따라서 거기서 생물학적 효능이 있는 2차 화합물을 찾아봐야 한다고 추론했다. 마찬가지로, 줄기 주변에 다른 식물의 성장이 적은 나무, 눈에 띄게 질병이 없는 나무는 성장 억제제나 새로운 제초제 및 항균제의 모델이 될 화합물을 가지고 있지 않는지 검사해볼 수 있다. 개미가 어떤 나뭇잎을 거부하거나 모체의 타액으로 덮인 곤충의 알을 포식자들이 피한다면, 화학이 개입되어 있지 않은지 의심해볼 수 있다. 생태학은 우리에게 실마리를 준다.

생태학적인 탐정은 이미 우리가 자연적으로 곤충을 쫓아버리거나 죽이는 성분들에 집중하는 데 도움을 주었다. 니코틴, 피레틴pyrethin, 로테노이드rotenoid는 식물에서 유래한 천연 살충제로서 상업화된 것이다. 이들 천연물들은, 이보다 효율이 훨씬 떨어지며 석유에서 합성된 살충제밖에 없는 농약 분야에 환영받으며 추가되었다. 일리노이 대학교 어바나샴페인 캠퍼스의 메이 베렌바움은 합성 농약과 그에 내성을 키우는 해충의 다람쥐 쳇바퀴 경주에 대해 설명한다. "우리가 살충제 농도를 점점 늘려감에 따라 적어도 한 종류의 살충제에 대해 저항력을 가진 곤충이 그동안 네 배나 증가했습니다. 그렇다면 신종 농약은 다 어디에 있냐고요? 1960년 이후로는 새로 개발된 것이 별로 없습니다. 그래서 유일한 처방은 그저 더 많이 뿌리는 것입니다." 동물의 조직 내에 치명적인 잔류물이 축적되지 않는, 새로운 살충제가 나와야 우리는 안도의 숨을 쉬게 될 것이다.

곤충에서 약제를 찾아내는 방법도 있는데, 독이 있는 동물들이 적이나 먹잇감을 어떻게 다루는지를 관찰하는 것이다. 마비시키거나 중독시키거나 또는 단 1회 분량으로 세포 물질을 분해하는 것 같이, 사냥감에 막강한 효력을 발휘하는 물질이라면 분명히 강력한 생화학적 특성이나 약리적 특성을 갖고 있을 것이다. 대형 제약 회사인 파이저로부터 연구비를 받고 있는 솔트레이크시티의 내추럴 프러덕트 사이언스 사는 거미, 뱀, 전갈 등의 독소를 연구하고 있다. 특정 신경화학 표적들을 공격하는 이 성분들은 이미 연구자들이, 이온이라고 부르는 전하를 띤 분자들이 출입하는 인체의 신경세포막에 있는 작은 구멍을 발견하게 해주었다. 이온 통로의 활성화는 신경세포의 신호 전달에 중요하기 때문에, 이 회사는 불안과 우울증, 뇌졸중, 퇴행성 신경학적 질병들을 완화하는 약제를 개발하려 한다.

생물합리적 탐색 연구자들은 생물 개체들을 조사할 뿐 아니라 독소가 특히 풍부할 것으로 생각되는 배경에 대해 연구 중이다. 동물들이 높은 질병이나 기생 가능성에 항상 주의해야 하는 환경이야말로 화학적 발명이 일어나기 좋은 터전이 될 것이다. 이러한 환경에서 동물들이 진화시키는 방어물은 사람에게도 마술의 보호물이 될 수 있다.

스크립스해양연구소의 해양화학과 교수인 존 포크너D. John Faulkner는, 대양은 생물학적 발견을 위한 배경으로 가장 유력하다고 말한다. 대양의 동식물 다양성은 육지에서 발견되는 다양성을 훨씬 능가한다. 해양 생물들은 문자 그대로 다른 생물들의 화학적 부산물에 둘러싸여 살며 물속 세계는 미생물들로 가득 차 있다. 그들은 독성 물질이나 질병을 피하기 위해 각기 고유한 방식으로 자신을 방어해야 한다.

의사인 마이클 재스로프Michael Zasloff는 곱상어*Squalus acanthias*가 보여주는 비상한 방어 면역 체계를 처음 발견하고 생물합리성 탐색에 관심을 갖기 시작했다. 곱상어들은 종종 싸워서 상처를 입지만 상처가 감염되는 적이 없다. 면밀한 검토 후 재스로프는 그 상어에서 스쿠알라민squalamine이라 부르는 강력한 새 항생제를 분리해낼 수 있었다. 재스로프는 개구리의 피부에서도 약간 다른 두 종류의 새롭고 강력한 항생제를 발견했다(이것들은 나중에 인공 합성되었다). 이 발견은, 개구리가 해부 실험 후 상처를 염증 없이 치유하며, 하물며 더러운 수족관에 던져 넣어도 감염되지 않는 것을 관찰한 데서 비롯되었다. 재스로프가 마가이닌magainin(방패를 지칭하는 고대 히브리어에서 유래)이라고 이름 붙인 이 항생제는, 척추동물의 면역계 외에 다른 동물에서 발견된 최초의 화학적 방어물이다. 생체모방학자로 전향한 이 의사는 나중에 필라델피아어린이병원 인체유전학 수장 자리에서 물러난 후, 생물합리성 약제 발견 아이디어를 기반으로 하는 마가이닌이라는 회사를 설립했다.

바다의 사냥꾼은 재스로프만 있는 게 아니다. 유타 대학교의 크리스 아일랜드Chris M. Ireland는 1980년대에만 생물학적 활성을 지닌 화합물을 1,700개나 해양 무척추동물에서 분리했다고 보고했다. 이런 풍부함에도 불구하고, 과학자들이 세계의 바다를 체계적으로 뒤지기 시작한 지는 20년밖에 안 된다.

산호초연구재단의 찰스 아네슨Charles Arneson은 생물합리적 탐색의 일반 규칙을 이야기해준다. 생물학자 겸 잠수부들은 적의 공격에 취약해보이는데도 불구하고 실제 그렇지 않은 생물을 찾는다는 것이다. 예를 들면, 스페인댄서*Hexabranchus sanguineus*는 약 15센티미터쯤 되는 바다 민달팽이로 맛있어 보이며, 껍데기도 없고 느린 속도로 움직이지만 아무 생물도 건드리지 않는다. 그 비밀 방패는 현재 항염증성 약제의 기초가 되고 있는 유독 화학물질인 것으로 밝혀졌다. 갯민숭달팽이는 또한 '충분히 먹음직스러워' 보이는 꽃 같은 알 덩어리를 생산해내지만 아무도 먹지 않는다고 한다. 포크너와 그의 학생들은 연구를 통해 바다 민달팽이가 자기가 먹은 해면동물에서 강력한 합성물을 취해 알에 농축시킨다는 사실을 밝혀냈다. 이 성분들은 포식자를 물리치는 일 이상을 해냈다. 즉 항균성도 있으며, 인간의 종양에도 어느 정도 활성이 있음이 밝혀졌다!

민달팽이 외에도 깊은 바다에서 얻어진 약제에 대한 연구로, 미국 과학자들에 의해 탐구되고 있는 것만 소개하자면 다음과 같다.

- 디스코더몰라이드**discodermolide**. 바하마의 해면동물 디스코더미아 디소루타***Discodermia dissoluta***에서 추출한 이 약제는 미래에 이식수술 후 일어나는 장기 거부 현상에 모종의 역할을 할 수 있는 강력한 면역억제제이다.
- 브리오스태틴**bryostatin**. 미국 서부 해안의 큰다발이끼벌레***Bugula neritina***에서 추출한 이 약제는, 트리디뎀눔***Trididemnum*** 속의 카리브 멍게에서 추출한 디뎀닌***didemnin*** *B*와 함께 암 치료제로 임상 시험 중에 있다.
- 슈도프테로신**pseudopterosin** *E*. 카리브 고르고니언 산호***Pseudopterogorgia elisabethae***에서 추출한 이 약제는 항염증제로 연구되고 있다. 서부 태평양 연안에서 발견된 각질 해면동물에서 추출한 스칼라레이디얼**scalaradial** 역시 항염증제로 연구 중이다.

생물합리적 약제 탐색자들은 육지에서도 생물들이 번식을 위해 밀집해 있는 곳이면 어디든지 찾아간다. 예를 들어, 한 해안에서 수천 마리가 모여 번식하는 바다표범들은 질병 균이 창궐할 수 있는 비옥한 환경이 되며, 따라서 미생물에 대한 대항 방법도 진화시킬 것이다. 그와 같이 붐비는 환경에서 감염을 피할 수 있는 개체들은 독특한 항생제를 가지고 있을 테고, 이들 중 일부는 우리에게도 이로울 수 있다.

끝으로, 매우 뜨거운 온도, 수개월 동안의 결빙, 극단적인 염도 등에서 살아가는 '극한생물'에 주의를 기울일 필요가 있다. 이렇게 거친 녀석들은 특별한 생물 군단으로, 다른 것들은 살 수 없는 환경에서 살아나간다. 이렇게 유별난 생물들을 찾아 나서면 완전히 새로운 화학, 생존의 성과를 만나게 될 것이다.

오만함을 버리고

생물합리적 약제 발굴 방법에 대해 심한 비난이 있다는 사실은 그다지 놀랍지 않다. 동물들이 그들이 사는 세상에 대해 현명하다는 견해는 베이컨 과학철학의 후예들에게는 뱃속까지 메스꺼울 것이다. 스탠퍼드 대학교의 생물 및 신경과학과의 부교수이며, 『얼룩말들이 궤양에 걸리지 않는 이유Why Zebras Don't Get Ulcers』의 저자인 로버트 사폴스키Robert M. Sapolsky는 1994년 초 《사이언스》 독자의견란에서 동물생약학자들을 심하게 나무랐다. 그는 나무의 수액을 마시고 잎을 삼키는 것을 "섭식 에피소드"라 부르고, 그것의 의학적 효과는 현재로서는 일화적 증거에 불과하다고 독자들에게 주의를 주었다. 동물생약학자들이 지혜가 동물 덕분이라면서, 그것을 증명할 수 있는 과학적 근거도 없이, 뉴에이지의 영역으로 들어가고 있다고 주장하였다. 사폴스키는 "그 동물이 사실상 자기가 먹는 것에서 필요한 양을 얻고 있다는 것을 우리가 어떻게 알겠는가?"라고 질문을 던진다. 어떻게 하면 원인과 결과를 연관지을 수 있을까?

랭햄, 허프만, 스트라이어, 로드리게스는 그들의 새 분야를 변호하는 답변의 글을 냈다. 그들은 자가 처방은 아직 증명되지 않았고, 동물들이 치료 식물에 대해 선천적 지식을 지녔다는 것도 증명되지 않았다고 인정했다. 그들은 할 일이 아주 많다는 것을 알고 있다. 사폴스키는 멈추라고 하는 한편, 그들은 복잡하다는 것은 우리가 배울만한 지혜가 식물에 있을 가능성을 무시해야 하는 이유가 되지 않는다고 말한다. 네 명의 동물생약학자들은 "이렇게 노력하여 새로운 약제를 얻지 못한다 할지라도, 밝혀지길 기다리는 동물들의 다른 재능이 무궁하다는 점만으로도 노력할 가치는 충분하다고 생각한다. 물론 이것은 집단의 행동에 관한 정통한 지식뿐 아니라 실험적으로 다루기 어려운 드문 현상에 의존해야 하는 매우 어려운 작업이다. 그러나 우리는 이런 일화들을 모아서 그것들로부터 증거를 만들어낼 수 있다"라고 반박문에서 말했다.

그 글의 결론은 생체모방의 일반 구호가 될 만하다. "생물학적 자원이 줄어가는 시대에, 실험용 쥐만 연구하는 것은 그다지 좋은 생각이 아니다. 자연 세계를 탐구하는 다양한 방법들에 마음을 열자." 전적으로, 그렇다.

아메리카 원주민들은 생체모방을 받아들이는 데 문제가 없었다. 오래전에 그들은 동물들, 그중에서도 특히 곰 덕분에 약제를 얻게 되었다고 인정했다. 또한, 아프리카 종족들도 가뭄이 들어 농작물 수확에 실패했을 때 무엇을 먹어야 할지 동물(자신들이 키우는 가축)을 보고 알았다는 기록이 있다. 어떤 추장이 도널드 버미어에게 이렇게 말했다고 한다. "우리는 동물들이 먹는 것을 먹었고, 괜찮다는 것을 알았고, 지금 그 식물들을 먹고 있습니다." 미국 해군도 동물들이 인간의 생존에 대한 열쇠를 쥐고 있음을 알고 있다. 미국해군연구소가 1943년에 발간한 『육지와 바다에서 살아남는 법How to Survive on Land and Sea』에서 저자인 존 크레이그헤드John Craighead와 프랭크 크레이그헤드Frank Craighead는 다음과 같이 지적하고 있다. "일반적으로 새나 포유동물이 무엇을 먹는지 관찰하여 식량으로 시도하면 안전하다. … 설치류나 원숭이, 비비, 곰, 미국 너구리, 기타 다양한 잡식성 동물이 먹는 것은 보통 사람들이 먹어도 안전하다."

그토록 분명한 것, 수백만 년 동안 이 지구에서 살아온 동물들이 우리를 식량과 약제로 인도할 수 있다는 데 생각이 미치기까지 왜 그렇게 오래 걸렸을까? 아마도 동물이 우리를 가르칠 수 없다는 오래된 믿음의 망령 때문일 것이다. 내가 글랜더에게 물었더니, 그는 팔자수염을 한 얼굴을 찡그리며 말한다. "그것은 우리가 동물보다 우위에 있다고 생각하는 것과 관련 있을 것입니다. 하등동물 혹은 사람이 아닌 동물을 보고 무엇인가 배웠다고 말하면 인간을 비하한다고 생각할 수도 있었으니까요." 그는 잠시 말을 중단했다. "보십시오. 하등동물이나 사람이 아닌 동물이라는 용어 그 자체에 뿌리 깊은 편견이 반영되어 있어요. 그 편견이 사람과 관련되지 않은 것, 그리고 경우에 따라서는 다른 사람의 '지식'까지 받아들이기를 거부하는 겁니다." 그렇다. 우리는 최근에 와서야 우리의 친족 범위를 토착 원주민 문화에까지 확장했고 소위 원주민의 지식도 지식으로 인정하기 시작하였다. 그렇게 되기까지 서양 문화에 젖은 우리는 너무 오랜 시간을 끌었고, 그러는 동안 많은 종족들과 함께 그들로부터 배울 기회가 사라져버렸다. 마침내 우리는 동물들을 고려의 대상에 포함하기 시작했는데, 너무 늦지 않았기를 바랄 뿐이다.

인간이 지구에 살아온 99퍼센트의 시간 동안, 우리는 수렵 채취인으로서 생존을 위해 동물의 방식을 관찰해왔다. 묘한 역사의 반복으로, 지금 우리는 다시 한 번 동물들이 무엇을 먹고 무엇을 피하는지, 어떤 잎을 통째로 삼키는지 또는 털에 문지르는지 관찰하고 우리의 종족, 과학 집단에 남겨주기 위해 기록을 하는 중이다.

우리가 주시하는 장소들 중에는 이미 인간과 지구의 관계가 완전히 끊어진 곳도 있다. 음식을 익히는 불 가에 둘러앉아 이야기를 나누거나 동물 무리의 이동을 재현하는 춤을 추는 의례 같은 것은 없다. 그러나 아무리 현대의 환경이라도 야생 집단의 집합적 지혜에는 토착 지식이 들어 있다. 지역 주민을 지역 전문가로 만드는 것과 같은 뿌리를 동물도 가지고 있다. 동물은 서식지에 대한 지식의 살아 있는 보고다. 서식지에 대한 지식을 통해 동물은 균형 잡힌 섭식을 하고, 새로운 종류의 먹잇감에 중독되지 않고 식단에 추가할 수 있으며, 질병을 예방하고 치료하며, 번식 행동까지도 조절한다.

야생의 식물을 섭취하는 동물들은 그들의 세계와 우리의 세계를 구성하는 수많은 화학물질들을 이미 걸러내고, 조사하고, 분석하고, 응용해놓았다. 그런 동물을 통하면 우리는 식물 화학물질이 가진 엄청난 잠재력을 이용할 수 있다. 그들의 전문성을 인정함으로써 우리가 한때 잘 알고 있었던 세계에 다시 닿게 해줄 끈을 되찾을 수 있을 것이다.

제6장

배운 것을 어떻게 저장할까?

분자와 함께 춤을: 세포처럼 계산하기

신경세포는 영혼의 신비스러운 나비. 나비들의 날갯짓이 언젠가 정신생활의 비밀을 밝혀줄지 누가 알겠는가?

_산티아고 라몬이카할Santiago Ramón y Cajal, 현대 뇌 과학의 아버지

누구도 당신이나 나보다 단순한 시스템으로 당신이나 나를 모사simulate할 수 없다. 우리가 만들어내는 결과물들은 하나의 모사로 볼 수 있다. 결과물은, 우리 몸은 할 수 없는 다른 방법으로 오래 가겠지만, 결코 그것의 창조자들이 가졌던 목적만큼 풍요롭고, 복잡하고, 심오하지는 못할 것이다. 베토벤은 이렇게 말했다. 그가 작곡한 음악은 그가 들은 음악에 비하면 아무것도 아니라고.

_하인즈 페이절스Heinz Pagels, 『이성의 꿈The Dreams of Reason』의 저자

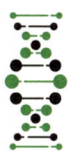

뇌와 마음, 컴퓨터에 관한 책들을 읽다보면 아르헨티나의 전위 작가인 호르헤 루이스 보르헤스Jorge Luis Borges(1899~1986)의 글을 인용한 문장들이 워낙 많이 나온다. 자연스레 그에 대해 흥미를 갖게 되었는데 그는 자신의 소설로 거의 숭배 대상이 되었다. 『바벨의 도서관The Library of Babel』을 읽고 나서야 그 이유를 알 것 같았다. 이 작품에서 보르헤스는 독자들에게 거대한 도서관을 상상해보라고 요구한다. 그 도서관에는 영어의 모든 글자, 구두점, 띄어쓰기가 가능한 모든 방법으로 조합된, 가능한 모든 책이 있다.

물론 대부분의 책은 의미가 없을 것이다. 그러나 이 거대한 도서관을 훑다보면 이치에 맞는 책들도 가끔 있을 것이다. 그것은 이미 집필된 모든 책과 앞으로 집필될 모든 책을 포함할 것이다. (『통제불능Out of Control』의 저자인 케빈 켈리Kevin Kelly는, 다음 책은 자기가 쓰는 대신, 단순히 보르헤스의 도서관을 방문하여 찾아냈으면 좋겠다고 했는데, 나도 이 말에 동감한다). 이들 읽을 수 있는 책들 주위로 벌집 모양으로 사방에 펼쳐진 책장에는 수천 권의 '거의 다 된 책'들이 있는데, 이들은 단어의 순서가 바뀌었거나 쉼표가 빠진 것을 제외하면 거의 똑같을 것이다. 진짜 책에 가까울수록 약간만 다르고, 멀수록 의미 없는 책으로 전락할 것이다.

읽을 수 있는 책까지 찾아가려면 다음과 같이 하면 된다. 책을 한 권 꺼내 훑어본다. 횡설수설, 횡설수설, 잠깐, 여기 온전한 단어가 하나 들어 있네. 책을 몇 권 더 펼쳐보면 온전한 단어가 두 개, 다음 책에는 세 개가 들어 있을 것이고 그러면 뭔가 감이 잡힐 것이다. 즉 점점 질서가 증가하는 방향으로 가고 있다는 뜻이다. 갈수록 점점 더 책이 이해가 잘 된다면, 안도가 될 것이다. 그 방향으로 향하는 한, 종국에는 질서의 핵심, 완전한 책에 닿을 것이니까. 지금 당신이 들고 있는 이 책이 그것일 수 있다.

컴퓨터 과학자들은 이 가능한 모든 책을 담은 도서관을 '공간'이라고 부른다. 우리는 가능한 어떤 것에 대해서도 공간을 이야기할 수 있다. 가능한 모든 만화책, 가능한 모든 그림, 가능한 모든 대화, 가능한 모든 수학식 등등이다. 진화는, 탄소 기반 생명체의 가능한 모든 '공간'을 통과하여 올라가는 산행이며, '거의 생존했던' 것들의 등고선을 지나 생존자라는 정상까지 올라가는 등반과 같다.

공학 역시, 말하자면 문제에 대한 가능한 모든 해법의 공간을 헤쳐 나가는 것으로, 최적의 정상에 도달할 때까지 더 나은, 또 더 나은 해법을 찾아 오르는 등반이다. 우리가 정보를 표현하고, 저장하고, 조작할 수 있는 기계를 찾아 나섰을 때, 현대식 컴퓨터를 향한 우리의 기나긴 여정은 시작되었다.

우스운 것은, 계산 공간의 지형landscape에 등반가가 우리만 있는 게 아니라는 점을 우리가 깜빡 잊었다는 것이다. 정보처리, 즉 계산은 우리가 하든 우리가 앉으려는 통나무 위의 바나나 민달팽이가 하든 간에 모든 문제 해결의 핵심이다. 우리와 마찬가지로 민달팽이도 정보를 취하고 처리하고 전달하여 행동을 개시한다. 민달팽이가 우리 앞에서 꾸물거리면 우리의 눈은 움직임을 포착하고 그것을 뇌로 보내 "기다려, 앉지 마"라고 말한다. 이 모두가 일종의 계산이자 문제 해결인데, 인간보다 훨씬 더 오랫동안 진화해왔다.

사실, 생물은 38억 년 동안 계산 가능성의 지형에서 돌아다녔다. 생명은 해결해야 할 문제가 많다. 어떻게 먹고, 변덕스러운 기후에서 살아남고 짝짓기 상대를 찾고, 적으로부터 도망치고, 그리고 더 최근에는 변동이 심한 시장에서 어떻게 좋은 주식을 살 것인가 하는 문제들을 해결해야 한다. 우리와 같은 다세포생물들 내부 깊숙한 곳에서 문제 해결은 어마어마한 규모로 진행 중이다. 발생 중인 배아 세포들은 간세포가 되기로 결정하고, 간세포는 당을 방출하기로 결정하고, 신경세포는 근육세포에게 움직여라, 혹은 가만히 있어라 지시하고, 면역계는 새로 들어온 외부 침입자를 박멸할 것인지 결정하고, 신경세포는 들어오는 신호의 비중을 평가하고, '쌀 때 사고 비쌀 때 팔아라'와 같은 메시지를 빚어낸다. 아주 놀라운 정확도로, 각 신경세포는 거의 20만 종류의 화학물질을, 한 번에 수백 개씩 만들어낸다. 전문적인 용어로 말하자면, 고도로 분산된 대용량의 병렬 컴퓨터가 우리 각자를 위해서 삶을 해킹하고 있다.

문제는, 자연의 계산computing 방식이 우리의 것과 너무 달라 우리가 자연의 계산 방식을 항상 알아채지 못한다는 것이다. 일어날 수 있는 가능한 모든 계산 방식의 광대한 공간에서 우리의 공학자들은 수많은 산 중에 단 하나의 산, 즉 디지털 실리콘 계산법을 오르고 있다. 우리는 0과 1이라는 상징적 기호를 사용하여 빠른 속도로 순차적 처리를 하고 있다. 인간이 이처럼 단 하나의 등반을 완성해가는 동안, 자연은 이미 그 등반을 온갖 다양한 분야에 있는 수많은 정상들로 확장해나갔다.

마이클 콘래드Michael Conrad는 실리콘 디지털 산의 정상에 우뚝 서서 주변을 둘러보는 몇 안 되는 전문가 중 한 사람이다. 그는 멀리서, 자연의 깃발이 꽂혀 있는 다른 정상을 염탐해보고는 그쪽으로 올라가보기로 마음먹었다. 콘래드는 0과 1을 버리고 완전히 새로운 형태의 계산 방식을 추구하고 있는데, 효소라고 부르는 단백질들의 자물쇠와 열쇠 상호작용에서 영감을 받았다. 이것을 일종의 조각 맞추기 계산법이라고 부르는데, 모양과 촉각을 사용하여 글자 그대로 문제 해결 방식을 '느낀다'. 나는 그를 찾아 등반에 나서기로 했다.

뭐라고?! 컴퓨터가 없다고?

콘래드의 논문을 읽고 나서, 나는 수학, 양자역학, 분자생물학, 진화생물학 가운데 어느 분야에서 그를 찾아야 할지 솔직히 알 수가 없었다. 그는 한동안 이 모든 분야에서 일했지만(그 자신도 어쩔 수 없었다고 말한다) 요즈음은 이국 생태계에서 번성하는 식물처럼 콘래드는 자신의 유기적 감성을 가장 무기적인 과학인 컴퓨터 과학에 도입하고 있다.

나는 그를 보러 갈 생각에 마음이 들떴다. 나는 비록 미국 본토의 48개 주 중에서 가장 큰 황무지의 한구석에 안착해서 생물학적인 모든 것을 사랑하며 살고 있지만, 컴퓨터에 대한 것이라면 사족을 못 쓰고 좋아하는 첨단기술 마니아다. 나는 첫 번째 책을 쓸 때, 오실로스코프 크기의 희미한 황갈색 스크린이 달린 세계 최초의 휴대용 컴퓨터 오즈번Osborn을 애걸하여 빌리기도 하고 훔치다시피 해서 썼다. 오즈번을 졸업한 다음에는 재봉틀 크기로 질질 끌어야 할 정도로 무거운 제니스를 썼다. 모니터는 초록색으로 약간 더 컸고 상형문자와 같은 최초의 워드스타Wordstar 프로그램이 있었다. 그다음 세 권은, 1986년(애플 사의 매출 성과가 아주 좋았던 해)형 매킨토시 SE/30의 흑백 스쿠버 마스크 같은 화면을 들여다보며 썼다. 끝으로 이 책을 쓰기 시작한 초기에는, 그것도 졸업하고 폼 나는 20인치 모니터의 파워매킨토시로 바꿨다. 나는 정말 홀딱 반했다. 나에게 컴퓨터는 그야말로 반쯤은 생명이 있는 존재로, 인터넷으로 다른 탐구 정신들과 나를 연결해주며,

내 감각기관에 떠오르는 모든 아이디어를 충실하게 기록해준다. 간단히 말하면, 컴퓨터는 정신 증폭기로서 상상이라는 높은 빌딩에 뛰어오르게 해준다.

그래서 자연히 나는 디트로이트에 있는 웨인 주립대학교의 마이클 콘래드 연구실로 가는 길에 앞으로 무엇을 보게 될지 궁금해지기 시작했다. 그는 최첨단 바이오컴퓨팅그룹의 수장이므로, 거의 틀림없이 애플 컴퓨터의 베타 시제품 평가자일 것이며, 그래서 차기 파워북이나 거슈윈이라는 코드명의 운영 체계를 보게 될 것을 기대했다. 아마도 그의 벽면 전체가 납작한 평면 스크린으로 되어 있고, 그는 손가락 끝으로 그 콘솔과 계기판들을 통제하리라. 아니면 책상 자체가 인체공학적으로 몸을 둘러싼 컴퓨터이고, 안경에는 모니터가 내장되어 있고, 키보드는 장갑처럼 끼고 있을지도 모른다. 나는 기대에 부풀었다. 다행히도, 콘래드가 도착하기 전까지 그의 연구실에서 혼자 기다릴 시간, 즉 그의 기기들을 둘러볼 시간적 여유가 몇 분 있었다.

그런데 좀 이상하다. 차세대 계산법에 가장 탁월한 두뇌 중 한 사람의 본거지에 와 있는데, 중앙처리장치CPU(컴퓨터의 핵심 장치)가 하나도 보이지 않는 것이다. 심도, 램도, 롬도, 랜도 없었다. 그 대신에 그림들이 있었다. 컴퓨터로 만들어진 레이저 인쇄물이 아니라 콘래드의 사인이 있는 두텁게 칠한 유화와 수채화들이었다. 가장 큰 것은 칠판만 한데 초록색, 노란색, 검은색만 보이는 렌즈를 통해 들여다본 열대지방의 강렬한 꿈처럼 보였다. 심장 모양의 잎과 노란 꽃이 핀 넝쿨이 구불구불 보는 사람들을 향해 다가오는 듯한 환각을 일으키게 하는 정글인데 상상력이 넘쳐흘렀다. 좀 더 작은 그림은, 어느 선착장에 서 있는, 베레모를 쓰고 팔레트를 들고 있는 프랑스 인을 그린 것이었는데, 콘래드의 연구실 안으로 들어오는 사람을 향해 인사를 하는 듯했다. 방문자나 혹은 자기 방으로 돌아오는 그 자신에게 '사실 수학자들은 화가랍니다'라고 말하는 듯했다. 그의 딸이 그린 그림도 있었다. 책상 위에 걸린 그림에는 피카소 풍의 이중 얼굴과 바퀴 안에서 돌아가는 데이지 꽃 모양 다리가 그려져 있었다. 나중에야 그 딸아이가 다섯 살이라는 사실을 알았는데, 콘래드도 그 나이 때 자기 부모에게 유화를 그리겠노라고 했다고 한다.

책상 뒤에는 구식 올림피아 타자기(수동)가 놓여 있고 갓 떨어진 수정액 몇 방울이 그것이 아직도 사용되는 것임을 말해주었다. 마지막으로 눈에 뜨인 것이 컴퓨터였는데 종이, 잡지 그리고 공책들 더미로 거의 가려져 있었다. 누렇게 변색된 80년대형 맥플러스로 지금은 골동품에 속하는 컴퓨터다. 컴퓨터를 켜면, 작은 종소리가 '타다!'하고 나고 화면에 미소 띤 얼굴이 튀어 나와 "매킨토시에 오신 것을 환영합니다"라고 말한다. 나는 당황했다.

콘래드가 도착했을 때, 나는 그림 속의 프랑스 화가가 그라는 것을 바로 알아보았다. 팔레트는 없었지만, 그는 백발이 섞인 꽁지머리에 적갈색 베레모를 쓰고 있었다. 그의 눈은 너무나 살아 있어서, 그가 나를 쳐다볼 때면 감정이 넘쳐흘러나올 것 같았다. 내가 자기의 맥플러스에 눈길을 주는 것을 보자 그는 그 앞으로 다가갔다. 나는 그가 컴퓨터를 끌어안고 이 기계가 컴퓨터 혁명에 얼마나 중요했는지 말해주리라 짐작했다. 그러나 그는 "이 컴퓨터는 이 우주에서 가장 죽은 것"이라고 말했다.

나를 이식하지 마시오: 컴퓨터는 거대한 뇌가 아님

1940년대에 컴퓨터는 사람, 특히 병기의 비행 궤도를 계산하기 위해 국방성이 고용한 수학자를 가리키는 말이었다. 1950년대에는 이들 이족보행 계산자들 대신에 일상적으로 거대한 뇌라고 부르는 계산하는 기계를 뜻하게 되었다. 그것은 매력적인 은유법이었지만, 진실과는 거리가 멀다. 이제 우리는 컴퓨터가 우리의 뇌와 전혀 같지 않고, 민달팽이나 햄스터의 뇌와도 같지 않음을 안다. 차이점을 딱 한 가지만 말하자면, 인간 뇌의 사고 부품은 탄소로 이루어져 있으나 컴퓨터는 실리콘으로 되어 있다.

콘래드는 "탄소와 실리콘 사이에는 모래 위에 그은 선처럼 분명한 차이가 있습니다"라고 말하다 자신의 말장난(실리콘은 모래의 성분이다)을 깨닫고는 얼마나 배꼽잡고 웃는지 눈물까지 찔끔거린다(이 사내, 맘에 든다). 그는 눈물을 닦고 사람 뇌와 컴퓨터 사이의 차이점을, 실리콘으로는 절대 이렇게 대단한 것을 만들 수 없는 이유들을 그림 그리기 시작했다.

1. 뇌가 있는 생물은 걸으면서 껌을 씹고 동시에 배우는 일을 다 할 수 있지만, 실리콘 디지털 컴퓨터는 그렇게 할 수 없다

모든 가능한 문제들의 '공간'에서 현대의 컴퓨터는 수치 연산, 데이터 처리, 심지어 그래픽 조작 작업 등 놀라운 일을 해내는 유용한 군마임이 입증되고 있다. 컴퓨터는 침착하게 비트와 바이트를 혼합하고, 맞추고, 분류한다. 하물며 쥐라기 시대의 공룡들을 화면에서 살아 움직이는 것처럼 만들어내기도 한다. 그러나 결국, 우리의 군마는 우리가 당연하다고 여기는 일, 우리는 생각도 없이 하는 일들을 하라고 시키면 엉거주춤한다. 고등학교 졸업 후 20년 만에 만나는 동창회의 댄스파티에서 사람들과 이야기 나눈 일이 기억나는가? 1미터 앞에서 한 번 쫙 훑으면, 과거의 얼굴들을 알아보고 그들의 이름을 떠올리고 다가오는 어떤 사람을 보고는 그의 뒤에 요리 접시를 숨겼던 과거의 '사건'을 기억해낼 것이다. 모두 눈 깜짝할 순간에 일어난다. 컴퓨터에게 이 모든 것을 시키면 반응을 얻는 데 빙하시대만큼 걸릴 것이다.

요는 인간과 수많은 소위 '하등'동물은 복잡한 환경과 상호작용하며 굉장한 일을 해내고, 컴퓨터는 그렇게 하지 못한다는 것이다. 우리는 상황을 인지하고, 순식간에 패턴을 인식하고, 병렬로 작동하는 수십만 가지의 처리 과정(신경세포)을 통해서 실시간으로 배우지만, 컴퓨터는 그렇게 하지 못한다. 컴퓨터에는 키보드와 마우스가 있으나 이는 입력 도구로서 귀, 눈, (혀의) 미뢰의 발뒤꿈치도 못 따라간다.

공학자들은 이를 알고 있으며, 조금이라도 더 인간을 닮은 컴퓨터를 만드는 게 꿈이다. 타이프를 쳐 입력하는 대신 단순히 컴퓨터에게 사물을 보여주거나 아니면 컴퓨터가 스스로 알아보도록 할 수도 있을 것이다. 오로지 '예' 또는 '아니오'가 아니라 '아마도'라고 대답하게 할 수도 있다. 낯익은 듯한 누군가를 알아보고, 그 사람의 이름을 맞추려고 추측도 하고, 만일 이동성이 있다면(로봇) 과거에 학습했던 내용이 무엇인가에 따라 그 사람의 어깨를 두드리거나 혹은 멀어져갈 것이다. 우리처럼, 우리의 컴퓨터도 나이를 먹어가면서 더 현명해질 수도 있다.

하지만, 이 시점에서 패턴 인식, 동시 처리, 학습과 같은 모든 작업은 설계 단계에서 걸려 넘어져 있다. 컴퓨터 이론가들의 말을 빌리자면, 그러한 임무들은 "가능성 조합combination의 폭발적 증가로 다루기 어려운 문제"가 된다. 임무의 복잡도가 증가함에 따라(단지 한 명이 아니라 방 하나 가득한 사람들의 얼굴을 조사해야 하는) 문제를 해결하는데 필요한 처리 용량과 속도가 '폭발한다'는 뜻이다. 최신 프로세서의 속도는 이미 눈이 부실 정도지만 이런 일에 손도 댈 수 없다. 문제는 어떻게 속도를 높이느냐로 수렴된다. 더 정확히 말하자면, 컴퓨터를 조절하는 방식을 고수하면서, 어떻게 그것을 가속시킬 수 있을까?

2. 뇌는 예측 불가능하나 컴퓨터 계산은 정확한 조절에 집착한다

오늘날의 컴퓨터 칩은 근본적으로 스위칭 네트워크, 즉 전선과 스위치로 이루어진 철도인데, 여기에 기차 대신 전자(전기의 기본 입자)가 앞뒤로 다닌다. 모든 것은 스위치로 조절된다. 스위치는 전선을 따라 일정 간격으로 붙어 있는 작은 문으로, 전자의 흐름을 막거나 지나가게 한다. 이 문들은 전압을 가함으로써 열거나 닫아 0이나 1을 나타내게 할 수 있다. 간단히 말하자면, 우리는 그 스위치들을 조절할 수 있다.

컴퓨터를 가속하는 한 가지 방법은, 스위치를 더 작게 하여 이것들을 더 빽빽이 넣어 전자들의 이동 시간을 단축하는 것이다. 이 사실을 알고, 컴퓨터 공학자들은 '이상한 나라의 앨리스'가 되어가고 있다. 거울 앞에 서서 가려운 곳을 긁으며 작아지기를 기다린다. 거울 뒤에는 우리가 거의 상상할 수 없고 예측이 어려운 양자의 세계, 즉 병렬 우주, 중첩 원리, 전자 터널링, 다루기 힘든 열 효과 등의 이론들로 된 세계가 있다. 컴퓨터 공학자들은, 자신들이 그 한계를 뛰어넘고 싶어 하는 만큼, 전자 부품들이 더 이상 작아질 수 없는 한계도 있음을 잘 안다. 이것을 '포인트 원Point One'이라고 부른다. 0.1미크론(DNA 나선의 폭. 또는 사람 머리카락 굵기의 1/500 이하)에서 전자들은 스위치를 닫아도 코웃음 치며 통과해버린다. 조절을 기반으로 하는 시스템에서 이런 '탈선'은 심각한 곤경을 의미한다.

더 빠르고 더 강력한 컴퓨터를 만들 수 있는 또 다른 방법은, 우리가 현재 가진 부품은 그대로 두고 단지 그것들을 더 많이 추가하는 것이다. 문제를 푸는 데 단 하나의 프로세서가 아니라 수천 개를 병렬로 작동시키는 것이다. 언뜻, 병렬 방식은 그럴듯하게 들린다. 하지만, 이 방식의 약점은 여러 프로그램들이 동시에 작동하면 어떤 일이 일어나는지 우리가 확실히 모른다는 데 있다. 프로그래머들은 프로그램에 대한 설명서를 아무리 열심히 읽어보아도 프로그램들끼리 어떻게 상호작용할지 예측할 수 없다. 다시 한 번, 재래식 계산법의 위대한 우상인 조절은 곤경에 처한다.

자세히 들여다보면, 우리는 우리가 꿈꾸었던 '거대한 뇌'를 만들어내지 못했음을 깨닫게 된다. 우리는 그것을 우리가 조절할 수 있는, 의존적인 다목적 도구로 만들어버렸다. 예측 가능한 성능을 얻는 비결은 준수다(군인이라면 잘 알듯이). 표준화된 부품들은 설명서에 써 있는 대로 작동하므로 세상의 어떤 프로그래머라도 설명서를 보고 컴퓨터의 작동을 조절하는 소프트웨어를 짤 수 있다. 그러나 이러한 준수는 상당한 대가를 치러서 얻는다. 우리의 개별화된 뇌와는 달리 컴퓨터가 배우기를 배울 수 없는 이유가 이것이다.

3. 뇌는 컴퓨터처럼 조직적으로 프로그램될 수 없다

전선과 스위치로 된 실리콘 철도에서 프로그래머는 오늘날의 역무원이라 할 수 있다. 그들은 프로그램 코드로 된 특별한 언어로 지시 사항을 쓰는데, 이것을 우리는 소프트웨어라고 부른다. 우리가 스크린의 아이콘을 더블클릭하면 소프트웨어는 윙윙거리며 컴퓨터 내부 깊숙이 있는 스위치들에 명령을 내리고, 문을 '언제 열어라', '언제 닫아라'라고 말하고, 새로운 방식으로 선로를 연결시켜서, 철도망의 구조를 변경시켜 컴퓨터가 새로운 기능을 수행하게 한다. 컴퓨터를 '조직적으로 프로그래밍할 수 있게' 만드는 것은 존 폰 노이만John von Neumann이라고 하는 사람의 꿈이었다. 그는 컴퓨터가 정보의 피아노 연주자가 되기를 바랐다. 네트워크의 형태를 주조하는 소프트웨어에 의해 워드프로세서도 되고, 스프레드시트나 테트리스 게임도 될 수 있는 다목적 보편 장치를 꿈꾼 것이다.

물론, 우리의 뇌는 그렇게 조직적으로 프로그램될 수 없다. 우리는 무엇인가를 배우려 할 때, 즉 블루스의 반복 악절이나 델라웨어 주의 주정부 수립 날짜를 기억하려면 우리 뇌의 화학을 어떻게 변화시켜야 하는지 알려주는 책을 읽지 않는다. 우리는 정보를 받아들이기만 하고, 우리의 신경 네크워크가 혼자 알아서 기계적·양자적 힘을 총동원하여, 재량껏 데이터를 조직적으로 저장한다. 신경세포 연결이 강화되기도 하고 축삭돌기가 수상돌기로 자라기도 하고 화학물질들이 신비스럽게 이동해 다닌다.

바로 이러한 물질적 처리 과정이 우리의 뇌세포가 우리가 만든 컴퓨터와 다른 점이다. PC는 정보를 0과 1로 된 긴 부호의 끈을 가지고 상징적으로 처리하지만, 우리의 세포는 분자 수준에서 일하며 물리적으로 계산한다. 우리 뇌 소유자들의 배움은 분자 수준이 아니라 그것에 대한 해석의 수준에서 일어나며, 그 외의 일들은 몸에서 자동으로 처리된다. 계산에 대한 마이클 콘래드의 관점은 바로 이런 봉우리에 둥지를 틀었다.

4. 뇌는 논리나 기호가 아닌 물질로 계산한다

콘래드는 갑자기 연필을 책상 위로 높이 들었다 놓았다. 연필이 한 번 튕기더니 또르르 굴러 논문들 사이에 멈췄다. "이것이 자연이 계산하는 방법입니다"라며 그는 득의양양하여 말했다. 자연은 스위치가 아니라 눈에 보이지 않는 아주 작은 분자들을 퍼즐 조각처럼 짜 맞추기 하면서 계산하여, 말 그대로 해답에 다다른다.

분자는 물리 법칙에 따라 3차원으로 조립된 원자들의 모임이다(TV

프로그램, 노바에서 과학자들이 항상 보여주는 알록달록한 공과 막대로 된 모형을 떠올리면 된다). 생물의 거대 분자들은 수십만 개나 되는 원자로 만들어지기도 하지만, 그래도 완성품은 우리 몸에 있는 세포보다 1만 배 더 작고, 실리콘 트랜지스터보다 1,000배 더 작다. 분자는 깨지거나 부식되지 않고, 대신 구부러지거나 납작해질 수 있으며, 언제든지 원래의 모양으로 돌아갈 수 있다. 이 크기 규모에서 이런 일을 일으키는 힘은 중력이 아니라 열역학적 힘의 밀고 당김이다.

생명에서 분자의 목표는, 콘래드가 떨어뜨린 연필처럼 최소의 에너지 수준으로 떨어져 쉬는 것이다. 용액에서 자유롭게 떠다니던 분자들이 어쩌다 만났을 때, 퍼즐 조각처럼 모양이 서로 맞고 둘이 가진 전하들이 서로 밀치지 않고 맞으면, 그 약한 힘들이 모두 합쳐져 곧 분자들 사이에 인력이 생겨나는데, 이 힘이 서로 떨어져 있게 하는 힘보다 클 수 있다. 실제로 그렇게 되면 이들을 떼어놓기가 자기 조직화self-assemble되게 내버려 두기보다 훨씬 힘들다. 잠자는 사람이 밤사이 뒤척이다 결국 침대의 가장 움푹한 곳에 저절로 자리 잡듯, 상보적인 두 분자는 함께 '딱 붙어서' 쉰다. 이를 가리켜 '자유에너지를 최소화'한다고 한다.

지금 이 순간에도 퍼즐 조각 같은 분자들이 지구 위 모든 생명의 모든 세포 안에서 서로 모양을 맞추고 있다. 콘래드는 그들의 친목이 일종의 정보처리 과정이며, 우리의 뇌에 있는 각 뉴런, 즉 신경세포를 진짜 초소형 컴퓨터라고 믿는다. 뇌는 1,000억 개나 되는 이들 컴퓨터를 하나의 거대한 네트워크로 서로 연결한 것이다(그 숫자가 얼마나 큰가

하면, 몬태나의 밤하늘 아래 서서 은하수를 보면 바로 거기에 1,000억 개의 별이 있다. 지구에 사는 사람 수의 17배다). 그러나 그게 다가 아니다. 각 신경세포 안에는 수만 개의 분자가 있는데, 예를 들어 전화벨이 울리면, 시동이 걸려 화학적 꼬리표의 환상적인 게임을 시작한다.

새벽 2시에 호텔 방에서 깊이 잠들었다고 하자. 전화벨이 울리면 놀라운 한바탕의 계산이 생물학적으로 시작된다. 첫 음파 무리는 당신의 외이도에 있는 머리카락 같은 섬모를 허리케인처럼 내려칠 것이다. 섬모의 움직임은 전기 충격으로 바뀌어 당신을 깨우게 된다. 당신 몸의 임무는 들어오는 신호를 통합하고, 결론을 내려서, 당장 무엇인가를 하는 것이다.

두려움과 노여움의 그린베레**미군 육군의 특수부대원; 옮긴이**인 아드레날린 분자들이 내분비선에서 빠져나와 혈류로 들어가 신경말단을 향해 간다. 신경말단부에는 수용체라 부르는 분자들이 '팔'을 벌리고 있다가 아드레날린 분자를 붙잡는다. 일단 수용체의 팔 안에 아드레날린 분자가 완전히 안기면, 수용체는 모양이 변하고 그러면서 세포 내부에 있는 특별한 효소를 '켠다**on**'. 이것은 다시 일련의 화학반응이 폭포처럼**cascade** 연쇄적으로 일어나게 한다. 그 효과는 세포에 따라 다르게 나타난다.

간에서는 화학반응의 폭포가 세포들에 저장되어 있는 당을 분해하라는 신호를 발생한다. 그러면 혈류에 포도당이 풍부해져 에너지로 곧바로 쓸 수 있게 된다. 또한 피부는 수축하라는 신호를, 심장은 고동을 빠르게 하라는 신호를, 10미터나 되는 소장은 잠시 활동을 중지하라는 신호를 받는다(위급 시에는 저녁밥을 소화시키는 것보다 더 중요한 일이 있다). 뇌에서는 전기적인 '활동전위'가 뱀처럼 퍼져나가게 하는데, 이것은 꼭 지질(지방) 도화선을 따라 일어나는 스파크 같다. 이 여정 끝에서, 다음 신경세포로 도약하는 것은 스파크가 아니라 또 다른 화학물질 보따리다. 마이클 콘래드가 가장 관심을 갖는 것이 바로 이 여정이다.

신경세포가 분비하는 화학물질을 신경전달물질(기분 조절 물질인 세로토닌**serotonin**이 한 예인데, 항우울제인 프로작에 의해 영향을 받는다)이라고 한다. 이 물질은 신경세포의 말단부 세포막에서 뿜어져 나와, 수백 개가 둥둥 떠서 시냅스 간격이라는 지질 해협을 건너 또 다른 신경세포의 해변으로 닿는다. 여기에서 흔들거리는 수용체의 팔에 결합하면 수용체의 모양이 변화하고, 새 신경세포의 내부 깊은 곳에서 또 다른 화학반응의 폭포가 일어난다.

이러한 화학반응의 폭포는 신경세포의 세포막에서 문 역할을 하는 단백질을 열어, 염 이온이 떼 지어 밀려들어온다. 전하를 띤 입자의 유입은 이온이 들어오는 바로 그 부위의 막 전기 환경을 역전시킨다. 내부보다 양전하를 띠었던 막의 바깥쪽이, 이제는 내부보다 음전하를 띠게 된다. 이러한 뒤집기가 마치 전기적 전율처럼 신경세포를 따라 내려가서, 결국 말단에서 또 다른 신경전달물질을 다량으로 방출시킨다. 그 신경전달물질이 다시 시냅스를 가로질러 다음 신경세포에 도달한다. 이 모든 과정의 결과로 당신은 자신이 누구이며, 어디에 있고, 전화기가 무엇인지 떠올리고 전화를 받자마자 화가 나는 동시에(장난

전화였다), 더 나쁜 소식이 아님에 안심한다.

위기에 처했을 때나 잠을 잘 때나 당신의 신체는 따분한 계산 과제를 수행하느라 바쁘다. 백만 가지 형태의 탄소 화합물들이 합쳤다 떨어졌다 또다시 합쳐지면서 메시지가 전달된다. 이러한 과정이 신경세포에서만 일어나는 것도 아니다. 더 작은 세포들에서도 일어난다. 모양을 바탕으로 하는 계산법이 핵심을 이루는 예를 몇 가지만 들자면, 호르몬-수용체 결합, 항원-항체 결합, 유전정보 전달, 세포 분화 등이 있다. 생명은 화학물질의 모양을 이용해서 구분하고 분류하고 추론하고 무엇을 할지 결정한다. 예를 들면, 달리기 선수가 황홀감을 느끼게 하려면 엔도르핀을 얼마나 많이 만들어야 할까, 어느 근육을 수축해야 할까, 박테리아를 얼마나 많이 죽여야 할까, 혀 세포가 될까, 눈 세포가 될까 등등을 결정해야 한다. 배아는 이 문장의 마침표만 한 크기에서 생명을 시작하여 단 50번의 세포분열로 아기가 되는데, 모양에 근거한 계산이 없다면 성장의 설계도를 따를 수 없다. 모양에 근거한 자물쇠-열쇠 상호작용이 안무하는 화학물질 메신저 시스템이 아니면 당신은 지금 이 자리에 있을 수도 없다.

콘래드는 이러한 '화학반응의 폭포'를 설명하면서, 마치 자신이 시냅스 해협을 가로질러 떠다니고, 화학물질의 신호를 타고 육안으로 보이는 전기신호가 되었다 다시 화학 신호로 돌아오는 것처럼 설명했다. 그는 "내게 가장 중요한 개념적 여정은 신경세포의 내부로 들어가서, 화학물질 수준에서 돌아다니는 일이었습니다"라고 말한다. "거기에서는 3차원 분자들이 서로 접촉으로 계산합니다. 패턴 인식은 물질적 과정이며 훑는scanning 과정입니다. 컴퓨터가 0과 1의 패턴을 인식하는 식의 논리적인 과정이 아닙니다. 생명은 숫자 계산이 아닙니다. 생명은 감각feeling으로 계산하여 해결책을 찾습니다."

5. 뇌는 실리콘이 아니라 탄소로 만들어졌다

모양에 의거해 해결 방법을 찾으려면 수백만 가지 형태를 만들 수 있는 분자를 사용해야 할 것이다. 생명이 계산을 위한 기질로 탄소를 선택했을 때는 다 그럴만한 이유가 있었다. 한 가지만 들자면, 탄소는 다른 원자들과 아주 다양한 결합을 하며 일단 형성된 결합은 상당히 안정되어서 더 이상 전자를 주지도 받지도 않는다. 반대로 실리콘 결합은 좀 더 변덕스러우며 탄소만큼 다양한 모양을 만들어낼 수도 없다. 결과적으로 생명은 실리콘을 사용해서는 모양에 근거한 계산법을 진화시킬 수 없었을 것이라고 콘래드는 믿고 있다. "그래서 우리가 논리적 계산이나 기호적 계산이 아닌 물질적 계산을 원한다면 결국 실리콘에는 이별을 고하고 탄소를 맞이해야 하는 겁니다."

그러나 탄소에 대한 소문은 온 나라에 퍼지지 않았다. 아직도 많은 인공지능 연구가들은 실리콘 연구에 전력투구하고 있다. 우리의 뇌, 혹은 적어도 사고 패턴을 컴퓨터에 '이식'한다는 공상 과학 같은 아이디어에 따르면, 우리는 '인 실리코*in silico*(컴퓨터 안에서)' 상태로 영원히 살 수 있다. 콘래드는 그것이야말로 몸과 마음의 완벽한 분리가 될 것이라고 말한다. "의식적 사고 논리를 물질적 기초에서 떼어낼 수 있고, 그래도 아무 것도 잃는 것이 없다는 생각은 터무니없습니다. 사고 패턴을 숫자 기호로 바꿀 수 있다 하더라도('강strong' 인공지능 이론의 전제) 그것은 지도이지 영토가 아닙니다. 영토, 즉 지능이 있을 자리는 단백질, 당, 지방, 핵산 등 모두 탄소를 기반으로 하는 분자들입니다."

물질이 중요하다. 그러므로 이러한 물질들의 연결 상황도 중요할 것이다.

6. 뇌는 대량으로 병렬 계산을 하고 컴퓨터는 선형으로 처리한다

신경과학자들이 수십 년 동안 우리의 사고를 조직하는 총괄 핵심 부위, 즉 의식의 물질적 본부를 찾으려 노력해왔지만 결국 사령부는 없다는 결론을 내릴 수밖에 없었다. 중앙 본부가 아니라 "네트워크라는 지혜"가 관장한다고 말한다. 사고는 수천 개의 신경세포가 수천 개에 연결되고 그것이 또 수천 개에 연결되고, 또 연결되는 식의 민주적인 병렬 방식으로 연결된 접점node(신경세포)들의 그물망에서 생겨난다. 이 접점들 전체가 하나의 문제를 풀기 위해 병렬로 동원될 수 있다.

반면에, 컴퓨터는 선형 처리기다. 계산 작업은 손쉽게 수행할 수 있는 작은 조각으로 나뉘고, 조각들은 한 번에 한 가지씩 처리되도록 질서정연하게 줄을 서서 기다린다. 모든 계산은 소위 '폰 노이만 병목bottleneck'을 통과해야 한다. 계산법 분야의 선각자들은 이러한 방식의 비능률성에 통탄하고 있다. 컴퓨터 껍질 속에 아무리 멋진 부품들이 얼마나 많이 장치되었든, 이것들 대부분은 어느 한 시각에 잠자고 있다. 콘래드가 말하듯이, "그것은 마치 발가락이 잠시 살아 있다가, 그다음 순간 이마가, 또 그다음 순간 엄지손가락이 살아 있는 식입니다. 그것은 신체나 컴퓨터를 작동시키는 방법이 절대 될 수 없죠".

선형 처리 과정은 또한 컴퓨터를 취약하게 만든다. 무엇인가로 병목이 막히면 스크린에 지겨운 폭탄 아이콘이 뜬다. 그러나, 뇌의 연결망에는 중복성이 있지만 아무 문제가 없으며 여기저기서 뇌세포가 조금씩 죽어도 전체 시스템을 망치지는 않는다(60대까지 살아남은 사람들에게는 좋은 뉴스이다). 연결망은 또한 새로 들어오는 세포도 수용할 수 있다. 새로운 세포나 연결이 생기면 그것과 다른 신경세포들과의 상호작용으로 전체가 더 튼튼해진다. 이러한 융통성 덕택에 뇌는 학습할 수 있는 것이다.

소프트웨어에서 뇌 연결망을 흉내 내려는 노력의 일환으로, '연결주의connectionism'라는 프로그래밍 운동이 시작되었다. 지난 10년 동안에 '신경넷neural net | 뇌 신경망과 구분하기 위해 신경넷으로 번역함; 옮긴이' 프로그램이 월가Wall Street, 제조 공장 그리고 정치적으로 혼란한 곳 등 예측이 필요한 곳이라면 어디든지 등장했다. 신경넷은 문서 작성 프로그램과 같은 프로그램의 일종으로, 구식 선형 하드웨어에 더해져 작동한다. 컴퓨터 내부에서 그것은 입력 신경세포, 출력 신경세포, 그 사이의 숨겨진 신경세포의 세 차원으로 이루어지는 가상의 연결망을 만들어낸다(이것들은 뇌처럼 방대하게 연결된다).

신경넷은 방대한 분량의 역사적인 데이터도 소화시켜, 데이터와 실제 결과 사이의 연관성도 찾아낼 수 있다. 예를 들어, 선거운동본부에서 사용하는 신경넷은 1992년도의 모든 투표와 인구통계학 데이터를 처리하여, 그것과 실제 뉴햄프셔 예비선거 결과 사이의 관계를 찾아낼 수 있다. 궁극적으로 우리가 원하는 것은 넷이 그 모든 것에 관한 규칙, 즉 '만일 X와 Y가 발생하면 Z가 발생할 것이다'와 같은 것을 만들어내는 것이다. 보통 이러한 규칙을 찾아내는 데는 약간의 훈련이 필요한데, 이는 개가 프리스비를 잡으려면 프리스비가 어디에 떨어질지에 대한 규칙을 만들기 위해 연습을 해야 하는 것과 같다. 신경넷은 포장을 뜯고 바로 사용할 수 있는 신통한 예측기가 아니다. 과거의 통계를 넣어주고 결과를 추측하는 훈련을 시켜야 한다.

한 예로, 탄산음료 회사가 신경넷으로 어떤 도시의 판매량을 예측한다고 하자. 넷에 다량의 역사적인 정보, 즉 월평균 기온, 인구통계, 이전 몇 년간 지출된 광고비들을 입력한다. 이러한 조건들의 조합이 주어지면, 넷은 신경세포들을 적절히 연결하여 이전 연도들의 판매량을 계산해낸다. 처음에는 추측이 빗나갈 것이다. 그러면 훈련자는 정확한 답, 실제 판매량을 피드백으로 넣어준다. 그러면 넷은 자기 연결망을 조정해서 다시 추측한다. 이렇게 계속하여, 정확하게 예측할 수 있을 때까지 연결망을 재조정하고 규칙을 수정해나간다.

넷이 그렇게 빠르게 학습할 수 있는 이유는, 이 입력이 저 입력보다 더 중요하다, 따라서 이 연결은 강화되어야 한다는 식으로 입력들의 비중을 평가할 수 있기 때문이다. 뇌 과학을 배우는 학생들에게 이러한 학습 이론은 어딘가 익숙할 것이다. 캐나다 심리학자인 도널드 헵 Donald O. Hebb은 1949년, 기억(연관 학습)은 물질적으로 처리된다고, 즉 신경들 사이의 연결이 사실상 변경되는 것이라고 생각했다. 연결은 신경세포 A가 신경세포 B를 발화시키느냐 아니냐에 따라 더 강해지거나 약해진다. 다음번에 신경세포 A가 활성화될 때 신경세포 B 역시 활성화될 확률이 큰데, 그 이유는 모종의 '성장 과정 또는 신진대사의 변화'에 의해 둘 사이의 연결이 강화되었기 때문이라는 것이다. 헵은 수상돌기 혹은 '가시'들이 신경세포들 사이에서 자라나 더욱 강한 연결을 구축할 것이라고 보았다. 콘래드는 이것을 "같이 작동하는 것들끼리 같이 있는 개념"이라고 말한다.

인실리코 신경세포들은 가시 모양으로 성장할 수 없지만, 연결망은 훈련을 통해 연결을 얼마든지 계속 조정하고 또 조정할 수 있다. 그러면서 정확한 답을 향해 조금씩 나아가고, 그 과정에서 연결망 구조에 예측 모델(규칙)을 체화embodying시킬 수 있다. 일단 성공적인 연결망 구조가 자리 잡으면 이 가상의 신경세포들은 가상의 병렬로 운영되어 신속하고 신비스럽게 올바른 답에 도달한다. 곧 그들은 날아가는 프리스비를 붙잡는다.

다음 단계는, 물론 하드웨어에도 네트워크성을 도입하는 것이다. 일부 컴퓨터 디자이너들은 이미 실리콘칩에 신경넷을 새기고 있고, 싱킹머신사는 6만 4,000개의 프로세서들을 함께 묶어 커넥션 머신이라는 이름의 거대한 컴퓨터를 만들고 있다. 나는 콘래드에게, 3,500만 달러나 하는 모델을 살 수 있다는 가정 하에, 신경넷을 작동시키는 커넥션 머신은 뇌와 좀 더 비슷할지 물었다.

이에 대해 그는 "연결주의자들의 하드웨어와 소프트웨어는 우리와 좀 더 가깝다고 할 수 있지요. 하지만 아직도 근본적인 사실을 놓치고 있어요. 연결은 중요하지만, 뇌는 간단한 스위치나 간단한 프로세서를 연결하는 방법으로 오늘날처럼 진화된 게 아닙니다"라고 말한다. 뇌에서 충격적인 사실은, 네트워크의 신경세포 하나하나가 그 자체로서 위저드다른 프로그램의 실행과 작업을 도와주는 프로그램; 옮긴이라는 것이다. 그리고 신경세포는 결코 간단하지 않다.

7. 신경세포는 간단한 스위치가 아니라 정교한 컴퓨터다

1960년대 말과 1970년대 초기에, 콘래드는 신경세포와 그들의 상호작용을 집중적으로 생각했다. "나는 신경세포가 분자 수준에서 정보를 처리하는 어엿한 화학 컴퓨터라는 것을 깨닫기 시작했습니다." '효소 같은 신경세포'에 대한 그의 첫 번째 논문은 1972년에 발표되었는데 반응이 다소 회의적이었다. "신경세포를 화학적인 컴퓨터라고 부르는 것은 아직 논란이 있습니다. 하지만, 오늘날 점점 더 많은 신경생리학자들이 이 생각에 공감하고 있습니다. 20년 전에는 내가 믿는 것을 믿는 사람을 만나는 날은 기념일로 표시해야 할 정도였어요."

"1978년인가 79년인가, 어떤 학생이 연구실로 찾아와서 리버만E. A. Liberman이 쓴 분자 계산법에 관한 논문의 요약을 보여주는 거예요. 그때 비로소 이러한 용어를 사용하는 사람이 세상에 나 말고 또 '있다' 는 것을 알게 되었습니다. 나는 즉시 그의 실험실을 방문할 준비를 했습니다." 콘래드는 그다음 해에 미국 국립과학원 교환 과학자 자격으로 소비에트연방을 방문해 한 해를 보냈다.

그와 리버만은 신경세포를 작동시키는 것이 무엇인지에 대해 수많은 시간 동안 이야기를 나누었다. 그때까지 신경세포 연구는 전기적 탐침 기구에 대한 반응을 보는 식으로 했는데, 사고는 오로지 전기 충격에 의한 것이라는 이론에 따른 것이었다. 하지만 리버만은 콘래드에게 신경세포는 전기적 도움 없이도 활성화될 수 있음을 보여주었다. 신경세포가 필요로 하는 것은 아데노신일인산cAMP뿐이었다. cAMP는 화학적 메신저로 일련의 신호들이 계단식으로 활성화되어 신경세포를 발화하는 데 반드시 필요하다. 콘래드에 따르면 cAMP는 신경세포를 발화시킬 뿐 아니라 "cAMP의 농도에 따라 신경세포가 다른 신경세포들과 대화를 다르게, 그리고 꽤 신속하게 나누었다". 그는 그것이 정말 멋진 실험이었다고 회상했다.

다른 연구자들도 유사한 실험을 하고 있었다. 곧이어, 신경세포의 의사소통은 전기화학적 현상이라는 사실을 다른 과학자들도 발견하였다. 그것은 단순히 신경세포가 발화를 '한다, 안 한다'의 문제가 아니고, 훨씬 복잡한 하나의 춤이었다. 하나의 신경세포는 결정을 내릴 때 거기에 붙어 있는 축삭돌기들에서 들어오는 1,000가지의 의견들을 고려해야 한다. 단지 수많은 의견들을 평균 내는 것이 아니라 상세히 숙고한다. 세포막에는 수용체들이 튀어나와 있는데 이들은 일종의 문지기로 적어도 50가지의 신경전달물질로부터 메시지를 받아들인다. 문지기들은 메시지를 다시 세포 내 '도우미'들에게 전달하고, 도우미들은 cAMP 같은 화학물질 형태의 이차 메시지를 만들어낸다. cAMP는 역치 농도 이상이 되면 단백질인산화효소protein kinase를 활성화하고, 그 결과 통문gating 단백질이 열리게 된다. 통문 단백질은 막에 있는 통로를 열고 닫아 전하 입자들이 들어오거나 나가게 하면서 전기적 떨림을 조절하고, 신경이 활성화될 것인지, 얼마나 신속하게 활성화될 것인지를 조절한다.

그런데 문제는 메시지를 받는 문지기가 하나가 아니라 여럿이라는 것이며 각자는 다 다른 메시지를 받아서 그것을 도우미들에게 전달하거나 전달하지 않는다는 것이다. 세포 내부에서는 도우미들 역시 난제가 있다. 하나 이상의 문지기에서 메시지를 받을 경우 어떤 메시지에 반응할지를 결정해야 하는 것이다. 어떤 경우에는 메시지들을 합쳐 두 메시지의 총합에 반응하기도 한다.

하버드 대학교 의과대학의 신경생물학과 주임교수인 제럴드 피시바흐Gerald D. Fischbach가 신경세포는 "정교한 컴퓨터"라고 주장하는 것은 당연하다. 그는 《사이언티픽 아메리칸Scientific American》 1992년 9월호 기사에서 다음과 같이 썼다. "출력 강도(활동전위의 빈도)를 결정하기 위해 각각의 신경세포는 계속하여 1,000개나 되는 시냅스 입력 정보를 종합해야 하는데, 단순한 선형 방식으로 더하는 게 아니다. … 효소들이 세포가 발화할 것인지, 어떻게 발화할 것인지를 결정한다. … 효소들은 아마 발화 과정을 미세 조정하는 식으로 학습 과정에서 중요한 역할을 할 것이다. 우리가 매우 유연한 기계, 즉 신경세포를 갖게 된 것은 효소의 변화 능력 덕분일 것이다."

생각하는 것은 확실히, 한때 믿었던 것처럼 '예-아니오'나 '발화-비발화'의 문제가 아니다. 매주 생물학 학술지들에는 새로 발견된 메신저, 도우미, 문지기들에 대한 설명으로 넘쳐나고 있다. 거기에는 수천 가지의 유형이 있는데, 입력을 평가 및 고려하고, 양자물리학을 이용해 다른 분자들을 조사하고, 신호를 변환하고 메시지를 증폭시키며, 그 모든 계산 후 고유의 신호를 만들어 보내는 연구들이다. 실리콘 계산에서 우리는 이러한 복잡성을 완전히 무시하고, 신경세포를 단순한 점멸 스위치로 본다.

콘래드는 이렇게 말한다. "휘장 뒤의 진짜 컴퓨터를 찾고 있다면 커서를 신경세포 위에 놓고 더블 클릭하세요. 거기가 미래의 컴퓨터를 찾게 될 곳입니다. 내가 하고 싶은 일은, 디지털 스위치로 된 네트워크를 몽땅, 네트워크가 하는 모든 일과 그 이상을 할 신경세포 같은 프로세서 '하나'로 대체하는 거예요. 그러고 나서 이러한 신경세포 같은 프로세서를 많이 연결시키고 무슨 일이 일어나는지 보고 싶어요." 이제 나는 그것이 무엇일지 그에게 묻지 않을 정도는 되었다. 적응 시스템이 관련되어 있는 경우 예측은 헛된 수고다.

8. 뇌는 작용을 이용해 진화하게 되어 있다. 컴퓨터는 모든 부작용을 몰아내야 한다.

"뇌와 스프링 매트리스의 공통점은 무엇일까요?" 콘래드가 퀴즈를 하나 냈다. 답은 이랬다. 침대 매트리스에서 스프링 하나를 빼내도 아직도 많이 남아 있기 때문에 그것을 알아차리지 못할 것이다. 마찬가지로, 자연은 중복되게 만들기 때문에 좋든 나쁘든 어떤 변화도 수용할 수 있다. 예를 들어, 물고기의 신경 회로를 살펴보면 어이가 없다. 회로 위에 다시 돌아가는 회로가 있는 것처럼 보이는데 이는 마치 자연이라는 공학자가 게을러서 먼저 만든 회로를 제거하지 않고 그 위에 새로운 회로를 더한 것 같다. 그럼에도 불구하고 이렇게 조잡해 보이는 시스템이 훌륭하게 작동한다. 어느 한 부분이 제대로 작동하지 않으면 다른 부분이 그 일을 대신 떠맡는다.

자연의 중복성은, 단백질이라고 하는 모양 좋은 물질에도 나타난다. 콘래드는 전형적인 단백질 모형을 하나 그렸다. 많은 아미노산으로 이루어진 끈이 저절로, 멋진 그러나 기능적인 형태로 접힌 것이다. 그는 아미노산을 기하학적인 도형으로 그려 용수철 모양(약한 결합을 나타냄)이나 직선(강한 결합을 나타냄)으로 연결했다. 변화를 받아들일 수 있는 '용수철'을 충분히 갖고 있는 것이 바로 단백질의 성공 비결이다. 예를 들어, 돌연변이에 의해 아미노산 하나가 추가되어도(콘래드는 신참을 유난히 큰 공으로 그린다) 용수철이 자리를 내어 신참이 수용되게 된다. 이로써 화학반응이 일어나는 활성 부위는 방해받지 않고 자물쇠-열쇠 식 랑데부를 계속할 수 있다. 단백질이 망가지지 않으면서 돌연변이 변화를 계속 부드럽게 받아들일 수 있다는 사실은 중요하다. 이는 단백질이 시간이 지남에 따라 향상될 수 있음을 뜻하기 때문이다.

생명은 놀이를 하는 어린이처럼 자연을 가지고 실험을 한다고 독일의 생물리학자 헬무트 트리부쉬Helmut Tributsch는 말한다. 생명은 가능한 모든 계산 영역을 건드려보면서 문제를 해결하는 방법을 배운다. 전기, 열, 화학, 광화학, 양자 등의 모든 물리적 힘을 이용하여 신경세포와, 신경세포들 사이 의사소통 방식을 조정한다. 작은 변화들이 무리 없이 수용될 수 있을 때 유용한 효과들이 차츰 축적되고 진화는 새로운 수준으로 갑자기 도약한다.

양자 수준의 작은 계산 소자들이 병렬로 어지러울 정도로 연결되고 선 밖 여기저기에서 상호작용이 일어나는 것이 컴퓨터 공학자들에게는 악몽이지만 생명에는 오히려 이점이 된다. 패턴을 인식하고, 새로운 것을 배우고 또 새로운 정보를 동화시켜 확장하려면, 업무에 맞춰 기질을 재단하고, 새로운 요소를 더해보고 작동할 때까지 작업을 다듬는다. 이것이 생물학적 유기체들이 노는 세계다. 예측할 수 있는 힘과 예측할 수 없는 힘들을 타는ride 능력을 통해 자연은 다채로운 효과를 개발해냈고, 언제나 더 효율적이고 장비를 더 잘 갖추게 되었다. 예측할 수 없으며, 새로운 방법을 시도할 수 있는 힘이 바로 생명에 적응성을 준다.

그에 비하면 우리의 컴퓨터는 족쇄를 차고 있다.

컴퓨터는 너무 많은 변화는 용납하지 못한다. 예를 들어, 프로그램에 코드 한 줄이 임의로 끼어 들어가면 그것은 새로운 가능성이 아니라 버그라고 불린다. 단점을 황금으로 바꾸어 제국을 일구어온 생물계와는 달리 컴퓨터는 코드에 쉼표 하나만 잘못 찍혀도 참지 못한다. 컴퓨터 내부에 새로운 하드웨어 부품을 추가해도 그것을 수용하려고 조정하는 스프링은 없다. 다른 부품들도 사용자 설명서에 정의된 대로 작동해야지, 새로운 것과 상호작용하거나 상호작용을 활용하여 스스로 더 효율적인 어떤 것으로 향상되지 못한다. 트랜지스터들 사이에는 어떤 교류도 없으며 공모도, 자기 조직화도 허용되지 않는다.

원시 물고기의 부레를 허파로 변환시킬 수 있는 생물계와는 달리,

구조적으로 프로그래밍되는 컴퓨터는 기능을 변환시킬 수도 없고, 말의 수를 더 늘려 가속시킬 수도 없고, 계산이 더 나아질 수도 없다. 근본적으로 그들은 진화하거나 적응할 수 없다. 정말 커다란 문제가 나오면 병목현상으로 스크린에 폭탄이나 띄운다.

'실리코누스 렉스 *Siliconus rex*' 시대에 "우리는 막강한 힘을 손에 쥔 것 같지만, 실제로 우리가 한 일은 그 힘을 통제와 맞바꿔버린 것입니다. 한 번에 한 가지만 확실하게 일어나게 하기 위해 우리는 모든 상호작용, 부작용, 유익하거나 기발하게 될 수 있을 것들까지 다 제거해버렸습니다. 결과적으로 우리는 완벽하게 죽은 기계, 비효율적이고 융통성 없고 뉴턴 물리학의 한계로 운명지어진 기계를 갖게 되었습니다"라고 마이클 콘래드는 말한다.

그래서 나는 그가 그 구식 맥플러스를 끌어안고 한숨을 쉴 거라고 생각했다.

뇌와 컴퓨터의 차이점을 따져보는 것이 좋은 이유는, 컴퓨터를 어떻게 만들지에 대한 확고한 재량을 갖게 된다는 데 있다. 더 나은 컴퓨터를 원한다면 될수록 뇌에 가깝게 하라. 우선, 프로세서를 그 자체로도 강력하게 설계한다. 그다음 그것들을 진화가 가능하고 스프링이 많은 시스템에 들어 있는 물질을 이용해 자연의 모습대로 만든다. 그러고 나서 어려운 문제를 주면 컴퓨터는 문제 해결에 모든 말을 가동시킬 것이다. 그 효율성이 대단할 것이다. 그리고 조건이 변하고 말을 바꿀 필요가 있을 때에도 그것은 적응할 수 있을 것이다.

1970년대에 마이클 콘래드가 새로운 계산법의 기반을 찾고 있을 때, 그의 소망 목록에는 중요한 항목이 하나 있었다. 그것은 계산 속도도, 원주율(파이)을 무한한 소수점까지 계산하는 능력도 아니었다. 컴퓨터가 노래를 부르고 춤을 춘다 해도 그는 관심이 없었다. "나는 단지 진화가 가능한 것을 바랐습니다."

조각 맞추기 계산법

그 시절에 콘래드는 분자 수준의 진화에 관해 깊이 생각하고 있었다. "나는 생명의 기원 실험실에서 일하고 있었는데, 지도교수가 진화가 진화하는 데 필요한 조건들을 모델화하라는 거예요. 나는 그것을 선형 처리 과정을 이용하여 실리콘으로 된 세상 안에 만들어내야 했습니다. 그 안에서 유전자형, 표현형, 물질 순환, 환경 등을 갖는 원시 유기체proto-organism가 살면서 먹고 경쟁하고 죽고 돌연변이를 일으키고 자손을 낳기도 했습니다. 나는 어떤 조건들이 진화를 조장하고 선수들로 하여금 스스로를 더 복잡한 상태로 끌어올리게 하는지를 찾아내야 했습니다."

콘래드는 결국 이볼브EVOLVE라는 프로그램을 고안해냈다. 그것이 지금 인공 생명이라 부르는 것의 최초의 시도였다. 이에 대해 콘래드는 "내가 그것을 인공 생명이라고 주장했다면 그 프로그램들은 지금보다 더 유명해졌을 것입니다"라고 말한다. "하지만 나는 그것을 생명으로 보지 않았어요. 그저 작동 중인 지도로 보았습니다." 그럼에도 그 프로그램 연습은 성과가 있었고 그로 하여금 자연에 근거한 계산법을 꿈꾸게 만들었다. 그것은 개가 짖어 잠에서 깨어난 어느 날 밤에 일어난 일이었다고 한다.

"몇 시간이나 깨어 있으면서 생각했습니다. 나는 부호끈**0과 1의 나열을 의미; 옮긴이**을 선형으로 처리하는 식의 언어에 반감을 가지고 있었습니다. 그것으로는 생물학적 처리 과정의 진수를 파악할 수 없었기 때문입니다. 생물 시스템은 2차원의 부호끈으로 작동하지 않는다는 사실을 깨달았습니다. 생물 시스템은 3차원의 형태를 가지고 작동합니다."

자연에서 모양은 기능과 동의어다. 단백질은 아미노산이나 핵산의 끈으로 시작하지만 그 상태로 오래 있지 않는다. 단백질은 매우 특정한 방식으로 접힌다. 컴퓨터로 말하자면, 파스칼 프로그램 언어를 자석을 띤 염주 알 위에 놓는 것과 같다. 프로그램이 포크나 숟가락 모양으로 접혀서, 스테이크를 찍을지 스프를 떠 마실지 그 기능이 결정되면 작동하는 식이다.

분자는 특정 모양을 하고 있고, 다른 분자의 모양을 감지할 수 있으므로 궁극적으로 패턴 인지자다. 패턴 인식이야말로 계산의 모든 것이 아닌가! 패턴이란 단지 공간에서의 물리적인 배열뿐 아니라 기호의 패턴도 포함한다. 모스 부호도 패턴 언어인데, 예를 들면 2진법 수학과 같다. 컴퓨터에서 계산이 가능한 이유는 소형 철로망의 각 스위치가 0과 1이라는 패턴을 인식하기 때문이다.

콘래드는 상상을 하기 시작했다. 프로세서를, 모양 맞추기를 통해 패턴을 인식하는 분자들로 가득 채워 만들면 어떻게 될까? 퍼즐 조각을 모두 정렬시켰다 함께 떨어뜨려 답에 이르게 하는 것이다. 그는 이러한 방식으로 뜻밖의 훌륭한 결과가 나올 수 있다고 생각했다. 패턴 인식에 특히 능란한 작은 분자들을 수백만 개 모아 놓으면, 패턴 인식 기능이 확 끌어올려져 복잡한 배경 속에서 얼굴을 실시간 인식하는 것과 같은 어려운 문제를 풀 수 있을 것이다. 디지털 컴퓨터의 안내견이 되는 것이야말로 효율적이고 병렬적이며, 적응 가능한 모양 프로세서가 할 수 있는 자연스러운 일이 될 것이다. 그리고 그것은 단지 시작에 불과할 것이다.

"나는 침대에 누워서, 세계 최고의 패턴 인식자인 단백질은 진화에도 능하다는 사실을 깨달았습니다. 단백질과 같은 분자를 사용해 계산한다면, 그것을 변화시키거나 혹은 그것이 스스로 새로운 작업에 맞추어 아미노산 구조를 미세 조정하고 돌연변이를 일으키게도 할 수 있을 것입니다. 바로 그거였어요! 진화 가능한 것. 한순간에 눈앞에, '감촉성tactilizing 프로세서'가 떠올랐습니다."

촉감으로 작동하는 프로세서가 물리적으로 어떤 형태일지 알 수 없지만, 물병 속에서 부유할 수도 있고 아니면 콘택트렌즈만큼 얇은 하이드로젤hydrogel 액체 판 안에 가둬놓을 수도 있어서 과학 작가인 데이비드 프리먼David Freeman은 그것을 물병 속의 컴퓨터라고 부른다. 어떤 형태가 되든 의심할 바 없이 표면에는 수용체 분자들, 빛에 민감한 센서 같은 것들이 빽빽할 것이다. 각 수용체는 각기 다른 파장의 빛에 자극받아 한 가지 모양(분자)을 물속에 분비할 것이다. 어떤 수용체는 삼각형을, 또 어떤 수용체는 사각형을 분비하고, 또 다른 수용체는 삼각형과 사각형을 합칠 수 있는 모양을 분비할 것이다. 방출된 분자들은 상보적인 모양을 만날 때까지 용액에서 자유롭게 부유할 것이다. 이 세 가지 모양은 다 함께 더 커다란 조각으로 결합될 것이다. 이 '모자이크'는 들어오는 파장, 즉 광신호를 기하학적으로 나타낸 것이다. 각기 다른 모자이크들은 광 입력 정보를 분류 혹은 명명하는 방식이 될 것이다.

예를 들어보자. 눈신멧토끼의 이미지가 막 표면 위에 투사된다(사실상 그 이미지는 모든 프로세서에 투사되겠지만 여기서는 단순화한다). 자극받은 수용체들은 각자의 모양을 방출하는데, 각 모양은 이미지의 일부, 즉 하얗고 기다란 귀, 커다란 다리, 수염 등을 나타낸다. 그러한 모양들이 자가조립된 모자이크는 '눈신멧토끼'라고 말하게 된다. 특정 입력들을 하나의 범주에 넣음으로써 일반화시키기 혹은 명명하기는 바로 우리의 시각계가 항상 하는 일이다.

어느 이상한 방에 들어갔는데 거기서 전에 본 적이 없는 의자를 보았다고 하자. 식탁 의자일 수도 있고 사무실 의자일 수도 있고 털로 덮여 있는 예술 조각상일 수도 있지만, 당신의 뇌는 그것을 의자라고 못 박는다. 엉덩이받이, 등받이, 다리 네 개를 보고 "알았다, 알았어! 그것은 의자다!"라고 소리친다. 암호화는 또한 면역계가 작동하는 방법이기도 하다. 면역 세포는 세포막에서 어떤 농도의 외부 물질을 알아차리면 그 신호들을 '이러이러한 질병의 문제가 생겼다'라는 범주로 통합시킨다. 그리고 그 질병과 싸우는 데 필요한 항체를 만들기 시작한다.

자신의 암호 이론에 대한 증거로서, 콘래드는 세포에 지대한 영향을 주는 엄청난 수의 메시지에 비하면 세포 내에 있는 2차 메신저의 수는 상대적으로 적다는 사실을 든다. 그는 "세포가 쏟아져 들어오는 정보를 변환하기(해석하기) 위해 그렇게 적은 수의 2차 메신저를 활용한다는 사실은 무엇인가 시사해줍니다. 세포 내부에서 모종의 암호화 혹은 신호화가 진행되고 있다는 뜻입니다"라고 말한다.

촉감으로 작동하는 프로세서에서 모자이크는 2차 메신저 역할을 하여, 신호를 전달하고 특정 모양이라는 형태로 답을 게시할 것이다. 마치 신경세포에서 한 무리의 cAMP가 '세로토닌이 도착했다'라고 말하는 것처럼 모자이크의 모양은 '눈신멧토끼'라고 말할 것이다. 하지만 눈신멧토끼의 모자이크는 분자(너무 작아서 육안으로는 볼 수 없는)이기 때문에, 우리 인간은 그것을 증폭시켜서 계산 결과를 읽어낼 방법이 필요하다. 신경세포에서는 단백질인산화효소가 cAMP의 농도를 '읽어' 역치 양이 넘으면 통로 단백질을 열고 닫는 반응을 나타낼 것이다. 콘래드의 감촉성 프로세서는 효소가 감촉으로 '눈신멧토끼' 모자이크를 읽고, 통로 단백질을 여는**신경세포에서처럼; 옮긴이** 대신 우리가 실험적으로 측정할 수 있는 산물을 대량으로 생산해낼 것이다.

활성화된 효소는 용액에서 두 가지 기질, 예컨대 화학물질 A와 B를 붙잡을 것이다. 미니 기계처럼 효소는 이들을 합쳐 산물 AB를 만들고, 그러고 나서 기질들을 더 붙잡을 것이다. 잠시 뒤에 AB의 농도가 증가하여 이온에 민감한 전극이나, 산도pH와 전압에 따라 색이 변하는 염료로 측정할 수 있을 것이다. 이러한 방식으로 효소는 보이지 않는 것을 우리 눈에 보이도록 증폭시켜준다.

이런 증폭 방식은 생물학적 감지기에서 늘 사용된다. 예를 들면, 집에서 혼자 검사해볼 수 있는 임신 진단기나 콜레스테롤 진단기의 표면에는 수용체들이 고정되어 있어, 수용체 팔이 혈액이나 소변 속에 있는 증거 분자를 '붙잡으면' 수용체는 모양이 변화한다. 이러한 모양 변화는 효소에게 할 일(대개는 화학반응)을 하라는 신호가 된다. 그렇게 해서 진단 막대는 갑자기 파란색으로 변할 것이다.

감촉성 프로세서에서, 입력 정보는 광신호이고 진단 '막대'에 해당하는 것은 광-수용체 프로세서 전체가 될 것이다. 각 프로세서는 귀의 한 부분, 꼬리의 한 부분, 이런 식으로 인식할 것이고, 그것들이 합쳐지면 전체 이미지가 될 것이다. 전선이나 실리콘 회로 하나 없이도 다수의 각종 신호들이 동시에 분류되고 암호화되고 해석되어서 하나의 답이 나오는 것이다.

그러나 물질이 액체 속을 떠돌아다니는 데 걸리는 시간을 생각해볼 때 조각 맞추기 계산법은 빠를까? 콘래드는 "아니요, 사실 빠르지 않습니다"라고 말한다. "디지털 스위치와 비교했을 때 읽기 효소의 작용은 10만 배 더 느릴 것입니다." 하지만 그는 이를 걱정하는 것 같지 않다. "우리는 실리콘 컴퓨터가 잘 하는 것을 하려는 것이 아님을 기억하세요. 우리는 컴퓨터들이 하는 게임에서 이기기를 바라는 게 아닙니다." 반복적인 작업을 엄청난 속도로 수행하는 디지털 컴퓨터들은 바코드와 타이프로 친 문자들을 인식하는 데는 완벽하다. 이는 (모든 가능한 타이프 문자와 문자열의) 도메인을 컴퓨터의 기억 은행에 저장할 수 있는 유한한 것으로 좁힐 수 있기 때문이다. 하지만 그 도메인을, 감지기sensor를 뛰어넘을 수도 있는 모든 것들에 개방한다면 이야기가 달라지고, 속도 이상의 많은 것들이 중요해진다.

결론에 도달하기 위해 모양을 훑는 방식은 모든 입력을 고려할 수 있다는 게 장점이다. 즉 모든 입력 정보는 모양 맞추기 과정에 기여하며, 따라서 최종 그룹 모자이크에 다 반영된다. 반면에 실리콘 단말기들은 0과 1의 입력을 단순히 평균 내어 전자들을 통과시킬 것인가 말 것인가를 결정한다. 이러한 평균 내기는 사실상 입력을 모호하게 만든다. 기존 컴퓨터에게 좀 더 정확하게 하라고 시킨다면(떠다니는 분자들이 저절로 하는 샅샅이 훑기를 그대로 복제하고 싶다면) 현재의 가장 강력한 컴퓨터도 수천 년이 걸릴 것이다. 콘래드는 그것을 정중하게 "계산상 비싸다"고 표현했지만, 사실 절대 가능하지 않다고 생각했다.

게다가 촉감으로 처리하는 것이 생각만큼 느리지 않은데, 이는 양자역학 덕분이라고 콘래드는 말한다. 그의 최근 논문들은 모두 '가속 효과'에 대한 것으로, 분자들이 일반 브라운운동의 혼합에서 기대되는 속도보다 더 빨리 결합하는 이유에 대한 설명이 될 수 있다. 전자들은 가능한 모든 궤도나 또는 에너지 상태를 끊임없이 '시도해보고' 편하게 쉴 수 있는 최소 에너지 상태를 찾는다. 양자 병렬성quantum parallelism이라고 알려진 양자 현상 때문에 분자들은 사실 에너지 지형에서 한 번에 동시에 여러 곳을 탐색할 수 있다. 이러한 병렬 스캐닝으로 두 분자는 신속하게 서로 모양을 짝 맞추어 안정되게 결합한다. 엄격하게 통제된 체제인 우리의 컴퓨터는 에너지 지형에서 결코 한 번에 두 장소에 있을 수 없다. 디지털적으로 최소 에너지 수준을 찾을 수 있겠지만 가능한 모든 상태를, 그것도 한 번에 하나씩 조사해야 한다. 그것은 빙하만큼 느린 과제가 될 것이다.

물병 속 컴퓨터의 또 다른 장점은 타고난 퍼지 계산법fuzzy computing | 불확실함을 다루는 수학의 퍼지이론; 옮긴이 재능에 있다. 패턴들이 수용체와 결합하면 변하고 시간적·공간적으로 찌그러질 수 있지만 매질에 떠 있는 모양들은 계속 서로 짝을 찾고 정답을 계산해낼 것이다. 모양, 모자이크, 효소는 본래 융통성이 있기 때문에 입력이 불분명하거나 잘못 되었다 하더라도 답을 찾아낼 가능성이 크다.

물리학의 흐름과 같이 가고 완벽한 통제로부터 멀어지고 자연에 가장 가깝게 계산하는 것이 가장 강력한 계산법이라는 사실에 모든 사람들은 놀란다. 그것은 필요에 따라 정확하기도 하고 퍼지하기도 하며, 막대한 양의 데이터를 손쉽게 처리한다.

그렇다면, 촉감 기반 프로세서가 언제 내 파워북 안에서 출렁거리게 될까? 콘래드는 모자도 쓰고 그림도 그리지만, 어디까지나 실용주의자다. 그는 수년 동안 분자전자공학및생물학적계산법국제학회 회장으로 선출되었으며 국제적인 계산법 잡지의 편집인과 위원을 지낸 적이 있어 생물학적 계산법biocomputing 분야에 대해서라면 누구보다 정확한 감을 갖고 있다. 그가 회고하기를, "처음 열었던 학회들에, 우리가 유기 컴퓨터를 만든다는 이야기를 듣고 기자들이 벌 떼같이 몰려왔어요. 그들은 언제인지 알고 싶어 했습니다. 내가 아주 여유 있게 잡아서 50여 년이라고 했더니 모두 시무룩해졌습니다."

콘래드가 의미했던 바는, 모양에 근거하는 원리만으로 작동하는 컴퓨터를 만들어내는 데에 적어도 50년(사실 그는 1,000년이라고 말하고 싶었다)이 필요하다는 것이었다. 모양에 근거하는 컴퓨터는 그가 보기에 가능한 최고의 컴퓨터다. 그러나 현재와 미래 사이에, 우리는 재래식 컴퓨터에 유기 인공물이 삽입된 하이브리드들의 등장을 점점 더 많이 보게 될 것이다. 예를 들면, 그의 감촉성 프로세서는 눈도 될 수 있고 귀도 될 수 있는 입력 장치로서, 분명치 않은 정보를 미리 소화시켜 디지털 컴퓨터에게 알맞은 형태로 공급해주는 역할을 할 수 있다. 또한 로봇의 팔과 다리를 움직이는 장치와 같은 작동기로서, 최종 출력 단계에서도 쓰일 수 있다. 감촉성 프로세서 각각은 그 자체가 하나의 컴퓨터지만, 매우 작아서 병렬로 연결할 수 있으며, 아마도 신경 네트워크 설계에도 연결할 수 있을 것이다. 이렇게 복잡한 프로세서들로 이루어진 팀은 오늘날 우리가 가지고 있는 어떤 컴퓨터보다도 더 강력하고, 더 전문화될 수 있을 것이다.

그러나 이런 반쪽짜리 꿈을 이루기 위해서도 아직 갈 길이 가마득하다. 마이클 콘래드의 공동 연구자인 펠릭스 홍Felix Hong이 강조하는 것처럼, "아직 분자 전자공학 연구에는 인프라 구조가 없습니다. 카탈로그를 보고 부품을 주문해서 컴퓨터를 만들어내는 것과 같은 일을 할 수 없어요. 현재로서는 생물학적 감지기가 우리가 가진 가장 근접한 것으로, 그것에서 시작하여 프로세서의 수용체와 읽기 부분을 만드는 기술을 발전시키게 될 것이라는 데는 의심의 여지가 없습니다. 하지만 고분자, 시스템 디자인, 소프트웨어 같은 그 외 다른 모든 것들은 다 바닥부터 새로 시작해야 합니다."

그래서 육종breeding이 필요하다.

• **컴퓨터, 스스로 조립할지어다** | 비록 분자컴퓨터 부품 카탈로그 같은 것은 없지만 콘래드의 머릿속에는, 그가 논문에서 설명한 분자컴퓨터 공장이 들어 있다. 그것은 우리가 지금까지 보아 왔던 어떤 공장과도 다를 것이라고 그는 말한다. 그것은 진화의 비법인 번식을 흉내낸 대형 번식 설비에 가깝다. 하드웨어와 소프트웨어 둘 다에서, 각 요소들은 인위선택을 통해 번식되어 최고로 일을 잘 하고 시스템의 다른 부분과도 상호작용을 잘하게 될 것이다. 이러한 공동 진화 방식에서, 분자컴퓨터 공장은 함께 조화를 이루어 일을 더 잘 수행하려 노력하는 여러 '구성원'들로 이루어진 생태계를 닮았다.

콘래드는 이에 대해 다음과 같이 설명하고 있다. "우리에 의해서, 곧 외부로부터 조절되는 대신에, 각 프로세서들은 주어진 임무에 스스로를 맞추고, 여러 프로세서들이 함께 팀을 이루고 기능을 높일 것입니다. 프로세서들은 실제로 다양성과 자연선택을 통해 최적점, 즉 주어진 조건에 최적인 시스템을 향하여 진화할 것입니다.

"공학자로서 우리는 그 과정을 코치할 것입니다. 우리는 보이지 않는 자연선택의 손이 되어 패자를 솎아내고 승자는 차츰 더 힘든 시련 속에 넣을 것입니다. 우리에게 가장 커다란 도전은 해결책(생물 종의 적응이 그렇듯이, 해결책도 무작위적으로 만들어진다)을 만들어내는 것이 아니라 오히려 수행될 일을 설명해주고 진화의 기준, 즉 진화하는 형태들이 최선을 다하도록 압력을 가할 환경의 기준을 세우는 것입니다. 이것이 공학자들이 생각해야 할 전혀 새로운 방식입니다."

컴퓨터 공학자들에게는 새로울지 모르지만, 자연을 대신하여 '진화의 기준을 규정하는 것'은 우리 인간들에게 아주 친숙한 일이다. 1만 년 전에 처음 우리의 조상은 먹을 식물들을 까다롭게 고르기 시작했다. 그들은 가장 맛이 좋고, 가장 발아가 잘 되고, 가장 수확이 일정한 것의 씨앗만 보관하고 나머지는 문밖에 던져버렸다. 그때 벌써 우리는 유전자 편애를 드러내고 있었다.

오늘날, 우리는 우리가 선호하는 유전자들을 분리하고 그 사본을 수백만 개 만들 수 있는 가공할 능력(그래서 두렵기도 한)을 갖고 있다. 예를 들어, 인슐린을 생산하는 유전자를 대장균에 삽입하여, 한마디로 그들의 단백질 합성 장치를 도용해 인슐린을 생산할 수 있다. 콘래드도 비슷한 방법을 쓸 것인데, 인슐린이 아니라 대장균이 퍼즐 고분자, 빛에 예민한 수용체, 읽기 효소를 만들어내도록 할 것이다. 이러한 분자들에 대한 DNA 청사진은 올리고 머신(염기들을 연결하여 DNA 가닥으로 만든다)을 이용해 바닥에서부터 만들어질 것이다.

콘래드는 "이러한 분자들의 최상 구조를 찾는 일은 진화적 과정"이라고 말한다. "우리는 분자, 수용체, 효소가 감촉성 프로세서에서 역량을 발휘하게 두어 그들이 시험용 이미지를 얼마나 잘 인식하는지 볼 것입니다. 그것들이 실수를 할 때마다 우리는 모자이크를 부수고 새로운 형태를 다시 시도하게 둘 것입니다." 생물 시스템이 정상 상태 steady state를 발견하는 일에 능통하듯 병 속의 컴퓨터도 계산을 수행할 수 있는 방법을 결국 수립하게 될 것이다.

"수많은 다양한 시도가 다양한 프로세서 팀들에 의해 동시다발로 일어나게 할 것입니다. 이들은 어느 팀이 문제를 가장 효율적으로 푸는지 서로 겨룹니다. 매 시도에서 스타가 나올 텐데, 대회에서 수상한 돼지처럼, 그 시도는 다음 시도를 위해 육종됩니다. 우리는 또 여기저기에 돌연변이를 일으키고 이들이 동료들과 경쟁하게 합니다. 결국 놀랄 만큼 적은 시도를 거쳐(변이와 자연선택에 의한 향상의 축적으로) 우리는 주문 제작된 프로세서 팀을 갖게 될 것입니다."

처음에는 터무니없는 소리로 들리겠지만 '방향성 진화directed evolution'라는 아이디어는 이미 의학 분야에서 그 가치가 입증되었다. 캘리포니아 주 라졸라 시 스크립스연구소의 제럴드 조이스Gerald Joyce는 1990년 약품이 저절로 설계되도록 한다고 발표해 세상의 관심을 끌었다.

그 기술은 거짓말처럼 단순하다. 약품 제조업자들은, 예를 들면 수용체의 기능을 방해하는 식으로 질병 메커니즘을 방해할 수 있는 모양을 지닌 분자가 필요하다. 그것을 직접 설계하는 대신에, 출발 분자에 돌연변이를 일으켜 수십억 개의 변이체를 만들어낸다. 이러한 변이 분자들을 수십억 개 수용체 위에 흘려보낸다. 부분적으로라도 수용체에 결합하는 분자들은 다음 시도에 다시 쓰인다. 즉 이들을 복제하여 다시 돌연변이를 일으키고 검사하고 다시 가려낸다. 적합성이 점점 좋아지기 때문에, 조이스는 단지 열 세대 만에 첫 산물(특정 자리에서 DNA를 자르는 리보자임ribozyme이라는 RNA 분자)을 제조해낼 수 있었다. 지금은 수십 개나 되는 회사들이 자연선택을 모방하고 방향성 진화를 추구하고 있다.

• **최적 암호의 적자생존** | 나는 콘래드에게 "그렇습니다, 시험관 속의 진화는 그레고어 멘델Gregor Mendel(유전 법칙을 처음으로 밝힌 수도사)의 완두콩 정원에서 많이 발전했어요. 그러나 적어도 시험관 속에 있는 분자는 생물학적 아닌가요" 하고 말했다. 나는 자연선택이 그 분자들에 진화의 마법을 부리는 것을 상상할 수 있는데, 그것이 유기 분자이고 3차원 분자이기 때문이다. 하지만 시스템 디자인, 신경넷의 건축, 소프트웨어 프로그램 등 오로지 인실리코로만 존재하는 것들은 어떻게 번식시킬까? 정보의 끈, 혹은 프로그램 암호를 어떻게 육종시킬까?

결국, 컴퓨터도 멋진 번식 장치임이 판명되었다. 당신이 예술가인데 컴퓨터상에서 예술을 진화시키려 마음먹었다고 하자. 컴퓨터에게 피라미드를 하나 그리라는 프로그램 코드 한 줄을 쓰고, 그 피라미드를 약간 돌연변이시키라고 지시한다. 그런 다음 그 프로그램을 20번 돌려 20개의 피라미드 변이체를 얻는다. 그런 다음 심미안적인 감각을 발휘하여 마음에 드는 변이체를 선정하여 생존시킨다. 이 생존자의 DNA(즉 프로그램 코드)가 더 돌연변이를 일으키며 복제하도록 두어 20개의 새로운 변이체를 얻고 여기서 또 다른 승자를 선택한다. 다시 선정하고, 또 선정하고 계속 반복한다. 한 번 선택할 때마다 그림은 점점 예술가의 이상형에 가까이 다가간다. 마치 예술가가 가능한 모든 형태의 지형을 등반하여 최종적으로 가장 진화된 형태를 찾는 식이다. 이것은 웹상에서 진화 가능한 예술이라는 이름으로 전 세계적으로 이미 실험되고 있다. 사람들이 각자 선호하는 그림에 투표하고, 사람들에 의해 선택된 코드를 바탕으로 30분마다 그림이 약간 변화되어 다시 그려진다.

『눈먼 시계공』을 쓴 동물학자이자 저자인 리처드 도킨스Richard Dawkins는 1985년에 컴퓨터 내부로 이와 비슷한 탐구 여행을 떠났다. 예술 조각 대신에 그는 생물학적 형태를 조사했다. 그는 모든 생물 형태들 사이의 공통점을 찾아본 후, 컴퓨터에게 형태를 그리라고 지시하는 프로그램을 작성했다. 그 프로그램은 예를 들면 "2.5센티미터 직선을 그린다, 그것을 2.5센티미터 선 두 개로 포크처럼 벌린다, 반복한다"와 같은 단순한 규칙이었다. 그리고 프로그램에 "좌우 대칭을 유지한다"와 같은 조건을 주었다.

도킨스는 동물학자로서 정글을 헤치고 돌아다녔지만 그때에도 컴퓨터 안에서 빠르게 만들어지는 풍성한 형태들 같은 것을 경험하지 못했다고 말한다. 전적으로 무작위성에서 출발하여 그의 프로그램은 몇 세대 안에 어렴풋이나마 생물학적으로 보이는 무엇인가를 만들어냈다. 도킨스는 그중에서 가장 생물처럼 보이는 것을 골라 조상으로 삼아 프로그램이 여기에서 다시 시작하여 형태를 변화시키게 하였다. 각 단계마다 그는 점점 더 생물에 가까운 형태들을 선택해서 결국 자연계에서 실제로 존재하는 것과 같은 형태를 찾아냈다. 컴퓨터가 튤립, 데이지, 붓꽃 등을 그려내던 그날 밤, 그는 먹으려도 자려도 가지 않고 기계 옆에 붙어 있었다.

다음 날 아침 일찍, 그는 한발 뒤로 물러서서 새로운 방향을 선택해 출발해보기로 하였다. 프로그램은 놀랍게도 딱정벌레, 물거미, 벼룩 등을 만들어냈다. 그는 곤충 형태의 도메인에 도달한 것이다! 순간적으로 도킨스는 자신의 프로그램의 지시와 유전자 사이의 유사성을 깨달았다. 마치 그의 프로그램은 일단 '돌아가면' 그림, 즉 표현형을 나타내는 유전자들 같았다. 그 프로그램에서 지시를 바꾸는 일은 유전자를 바꾸어 약간 다른 개체를 만드는 것과 같았다. 변이야말로 성공적인 자손의 자연선택인 동시에 진화의 비법이었다.

최적의 해답을 찾는 데 이러한 인공 진화는 얼마나 막강한 방법인가! 곤충이나 튤립 그림 대신 제트기 비행기 설계를 인공 진화시킬 수 있을까? 컴퓨터에 특정 기준, 말하자면 무게, 비용, 재료 등을 주고 제트 비행기를 설계하는 프로그램 코드를 만들어내게 한다. 그 프로그램은 충실하게 복사될 수도 있고 약간 변화되어 복사될 수도 있다. 유전 알고리즘의 아버지인 존 홀란드John Holland가 발견한 것처럼, 프로그램 코드들을 짝짓기시킬 수도 있다. 두 프로그램을 '교배'시키려면, 한 프로그램의 부호끈 절반을 다른 프로그램의 부호끈 절반과 합친다. 그렇게 하여 생겨난 프로그램은 '양친'의 혼합체가 된다. 이러한 디지털 섹스로, 프로그램의 한 세대는 문자 그대로 휙휙 지나간다. 우리가 선택한 기준에 맞는지 검사받을 때만 잠시 멈춘다. 이러한 기준을 충족시키는 설계 프로그램들은 더 나은 설계를 위해 교배시키고 다시 한 번 검사한다. 선택은 한 방향으로 진행되고, 성공적인 설계는 살아남고 최적에 미치지 못하는 것들은 집단에서 '도태된다'. 최적의 설계를 위한 모든 가능성의 지형에서 '언덕 오르기'는 공학자들이 늘 하는 일이지만, 컴퓨터는 무작위 아이디어를 만들어내는 데 있어서는 공학자 대다수보다 한층 더 빠르다. 그리고 컴퓨터는 아직은 창피함이나 동료들과의 경쟁 압력도 느끼지 못하므로 엉뚱한 아이디어를 시도하는 데 거리낌이 없다. 아이디어는 아이디어일 뿐이다. 많으면 많을수록 좋다.

• **통제 포기하기** | 계산 업무가 점점 더 복잡해짐에 따라(전화 체계를 운영하고 우주왕복선을 띄우고 더 많은 가정으로 전기를 공급하기 위해) 우리의 시스템은 중앙집권적으로 통제하고 보수하기가 점점 더 어려워지고 있다. 우리의 통제에 대한 집착에서 벗어나 진정한 힘을 갖고 싶다면, 고삐를 약간 늦추어야 할 것이라고 콘래드는 말한다. 말하자면, 컴퓨터가 마음대로 하게 놔두어야 한다. 기질(탄소)과 함께, 창의적으로 문제를 풀고, 곤경을 피하고, 스스로 수리도 하는 데 필요한 계산 환경(인공 진화)을 주어야 한다. 콘래드의 상상 속에 있는 궁극적인 분자 컴퓨터 공장에서 자동 향상체계가 컴퓨터에 구축되어, 뜻하지 않은 장애에 부닥쳤을 때 작동이 다시 부드러워질 때까지 곧 '인공 진화를 이용해 새로운 프로그램을 창조해낼' 것이다. 완전히 멈추지 않고, 오프라인에서의 수리가 없이도 변화하는 조건에 적응할 것이다.

일부에서 이것을 받아들이기 어려워하는 이유는, 그 해결책을 우리가 찾아내는 것이 아니라는 사실과, 그것들이 왜 그렇게 잘 작동하는

지 우리가 완전히 이해하지 못한다는 사실 때문이다. 콘래드는 그 점에 조금도 신경 쓰지 않는다. "나는 실질적 능력, 즉 적응력을 얻고 싶다면 조절을 포기해야 한다는 것이라고 알고 있었습니다. 나는 전자들 하나하나가 어디에 있는지 알지 못하고, 분자 모양에 근거한 장치가 왜 그렇게 훌륭하게 일을 해내는지도 알지 못할 수도 있어요. 내가 할 일은 그것을 진화시키고 검사하고, 왜 그렇게 잘 작동하는지 정확하게 알지 못하면서 감탄하는 것입니다."

이것이 콘래드가 이야기하는 "놓아주기"의 핵심이다. 옛날 식으로, 해답에 대해서뿐만 아니라 그 해답을 어떻게 이끌어냈는지에도 점수를 매기는 교육을 받은 공학자들에게는 직관에 반대되는 일이다. 이 새로운 패러다임은, 일부 접근 방법들이 우리의 방법보다 더 우수할 수도 있음을 인정할 것을 요구한다.

생명은 로데오 경기와 같다. 황소의 모든 혈기와 싸워 완전히 기진맥진해지거나(초장에 뿔에 받히지 않는다면), 아니면 동작을 동물의 움직임에 맞추고 그대로 따라가는 것이다. 모든 계산이 진행되고 있는 우리의 세포 내부 깊숙한 곳은 황량한 서부와 같다. 단백질들이 브라운운동의 소용돌이 속을 구르며 전기적 인력, 양자력, 열역학적 요건들의 힘에 휘둘린다. 움직임을 이러한 힘들에 맞출 수 있는 컴퓨터 통신망은 오직 탄소에 기반을 둔 창조물뿐이며, 이것은 우리를 놀래고 때론 초라하게 만들 것이라고 콘래드는 말한다.

탄소 열쇠로 실리콘 계산하기

그러나 계산법을 하룻밤 새에 탄소로 변환하기는 어렵다. 콘래드는 우리가 이미 책상 위에 놓여 있는 실리콘에 기반을 둔 컴퓨터에 무수한 투자를 했음을 안다. 우리의 데이터 대부분은 현재 0과 1로 코드된다. 생물 컴퓨터로 전환을 시작하는 한 가지 방법은 실리콘 계산법과 탄소 계산법의 하이브리드를 실습하는 것이다. 과거 실리콘에서 온 점멸 스위치는 유지하되 실리콘을 자연의 분자들로 대체하는 것이다.

콘래드는 그것을 "탄소 열쇠로 실리콘 계산하기"라 부른다. 디지털 및 선형 방식을 그대로 남겨두므로 계산법에 대한 근본적인 접근 방법은 변화하지 않는다. 다만 유기 분자들이 여기에 도입된다. 콘래드가 그렇게까지 말하지는 않았지만, 생물 분자로 0과 1을 처리하는 것은 신문 배달에 고급 승용차인 람보르기니를 사용하는 것과 다름없다는 생각이 든다. 그는 자연의 분자들이 가진 모양 맞추기 재능을 활용하여 그것들을 천연의 장소에 넣는 것을 선호하지만, 현재로서는 그 분자들의 광-반응 능력을 이용하는 것도 재미있을 것이라고 시인한다.

오늘날, 컴퓨터의 속도를 높이는 가장 유망한 방법의 하나는 전자를 버리고, 광 펄스pulse를 사용해 0과 1을 표시하는 것이다. 많은 생물 분자들이 빛에 아주 민감하게 반응한다. 어떤 단백질은 특정 파장의 빛에 쪼이면 사실상 우리가 예측할 수 있는 방식(꼬이고 펴지고)으로 움직인다. 이런 단백질을 기존 스위치 수의 수십 수백 배보다 더 많이 고형 물질에 끼워 넣고 광파로 켜고 끌 수 있다. 전자 터널링 걱정도 없고 열이 축적되지도 않는다.

그런 방식은 방문해볼 만한 가치가 있는 계산 지형의 다른 고지peak처럼 들렸다. 마이클 콘래드의 제안으로, 나는 구부러지는 단백질에 대해 내가 알고 싶어 하는 모든 것을 알고 있는, 그러나 묻기 겁이 나는, 분자 계산법의 권위자 한 사람을 만나기로 했다.

• **빛이 스위치를 켤 때** | 펠릭스 홍은 활기가 넘치는 사람이다. 저녁 9시 30분, 실험실은 텅 비었고, 그는 새로 머그잔 세트의 포장을 뜯고 있었다. "녹차로 드시겠어요?" 누군가에게, 자기가 가장 좋아하는 분자에 대해 이야기할 때는 시간 가는 줄 모르는데, 광수용체 단백질인 박테리오로돕신bacteriorhodopsin(이것의 친구들은 BR이라고 줄여 부른다)은 홍이 가장 좋아하는 분자다. 야생에서 BR은 작은 막대 모양에 편모로 채찍질하는 박테리아, 고도호염균*Halobacterium halobium*의 막을 관통하는 단백질이다. 고도호염균과 그 친족들은 수십억 년 동안 이 지구에서 살아남았는데, 세포의 '피부'에 있는 이상한 단백질인 BR 덕분이었다. 시적인 반전이 일어나, 이 가장 오래된 단백질은 지금 분자전자공학에서 가장 각광받는 물질 중 하나가 되었으며, 6세대 컴퓨터에서 새 영역을 차지할 기세다.

홍은 다음번에 샌프란시스코에 비행기를 타고 올 때에는, 샌프란시스코 만 남동쪽 끝(실리콘밸리 쪽)에서 자줏빛을 띤 얼룩을 꼭 찾아보라고 했다. 그것이 바로 살아서 번식하며, 생명체가 견딜 수 있는 가장 모진 조건에서 생존하기 위해 투쟁하고 있는 고도호염균 집단이다. 낮에는 뜨겁고, 밤에는 춥고, 물속 염도는 태평양보다 열 배나 더 높다. 대부분의 생물이 소금 절임되기에 충분한 농도다. 홍은 "짜다는 말은 상대적인 용어입니다"라고 상기시켜주었다. 고도호염균들이 좋아하는 또 다른 서식지는 사해다.

오늘날, 전 세계의 여러 실험실들이 고도호염균이 잘 자라는 조건을 찾고 있다. 공학자들은 이 초내성 미생물을 다량으로 키워, 효소 및 생분해성 플라스틱 제조, 염분 제거, 기름 회수 방법 개선, 항암제 검사 등에서 자발적 동맹군으로 이용하고 싶어 한다. 고도호염균들은 쉽게 죽지 않는다(심지어 섭씨 100도에서도 죽지 않는다)는 점 외에도 온갖 희한한 선구적 공학 기술을 가지고 있어 역경에서 나온 천재라고 할 만하다.

그 기술의 한 가지만 소개하자면 고도호염균들은 식량 소비자에서 식량 생산자로, 또 그 역으로 마음대로 척척 바뀐다. 홍은 계속해서 설명했다. 좋은 환경 조건에서는 우리처럼 다른 생명이 생산해놓은 것을 섭취하고 대사한다. 하지만 가끔 그들이 사는 얕은 바다의 산소 농도가 낮아져 식량을 산화하거나 태울 방법이 없을 때는, 제2안으로 전환한다. 즉 세포막에 BR이라는 단백질을 조립해 넣어, 햇빛을 이용해 직접 당을 만들게 하는 것이다.

홍은 이렇게 말한다. "이것이 어떻게 작동하는지, 우리가 발견한 것은 대략 이렇습니다." 그는 수천 건의 연구에서 걸러진 진수를 요약해주었다(1970년대 처음 발견된 이래, BR 분자에 대해서 매년 200여 편의 논문이 출판되고 있다). 먼저, 햇빛이 막에 있는 BR의 모양을 변화시킵니다. BR은 꿈틀거리면서 양전하를 띤 수소이온을 막 내부에서 외부로 내보냅니다. 이렇게 하나의 광자photon가 하나씩 하나의 수소이온을 펌프질하면 내부보다 외부에 더 많은 양전하가 축적되어, 막 전위위치에너지; 옮긴이가 생기고 일을 할 수 있게 된다.

막 외부에 쌓인 양성자는, 계곡으로 흘러내려가려고 하는 높은 곳의 호수와 같이, 역시 에너지 균형을 회복하고 싶어 한다. 양성자가 세포로 다시 들어가는 유일한 방법은 막을 관통하고 있는 또 다른 분자기계장치인 ATP 합성효소의 '터빈'을 통과하는 것이다. 양성자가 이 작은 터빈을 통과해 세포 안으로 들어갈 때마다 ATP 합성효소는 통행료를 징수한다. ATP 합성효소는 징수한 에너지를 이용하여 아데노신2인산(ADP)에 세 번째 인산기를 붙여 아데노신3인산(ATP)을 만든다. ATP는 이제 에너지를 저장한 분자가 되었다. 박테리아는 에너지가 필요할 때마다 고에너지 인산 결합을 끊어 ATP를 ADP로 변환시키고 본래 태양에서 온 에너지를 방출한다.

홍은 감격으로 얼굴이 환해지며 말했다. "아시겠어요? BR은 광자 수확기이면서 동시에 양성자 펌프인 거예요. 또한 이것은 지능형smart 물질이기도 합니다. 대부분의 펌프는 막 외부 양성자의 역압력 때문에 느려지지만 BR은 양성자를 계속 펌프질할 수 있도록 이를 조절합니다. 이 지적인 분자에 반한 우리는, 가로 세로, 각 50옹스트롬, 즉 200만분의 1센티미터 크기에 불과한 기계를 역설계해내려는 산업체의 이중 스파이와 같습니다."

홍은 책상을 뒤져 디트로이트 시내 르네상스 센터의 사진이 찍힌

우편엽서를 꺼냈다. 7개의 유리로 된 원형 탑이 둥글게 배열된, 미래에서 온 듯한 마천루였다. "박테리오로돕신을 떠올리게 해주는 기념품입니다!" 이해가 안 된다고 하자 그는 미소 지으며 컴퓨터가 만들어낸 BR 그림을 보여줬다. 곱슬머리 가발 같은 일곱 개의 나선형 기둥이 빛에 민감한 색소인 레틴알데히드retinaldehyde 또는 레티날 Aretinal A 주위에 둥글게 배열되어 있었다. "레티날 A는 희미한 불빛 아래에서도 볼 수 있게 해주는 눈에 있는 성분의 친척이라고 할 수 있습니다. 자연은 자신의 성공적인 설계를 약간 다른 방식으로 재활용하기를 좋아하지요." 홍은 녹차를 더 부어주면서 말했다. "BR에서 자연은 눈의 색소를 태양을 끌어내리는 데 사용하는 겁니다."

BR 분자의 골격 스케치를 자세히 들여다보면서 나는 태양 빛이 샌프란시스코의 안개를 뚫고 나올 때 난쟁이가 되어 나선 기둥 내부에 있는 것을 상상해보았다. 광자가 염도가 높은 바닷물을 지그재그로 통과해 예민한 레티날 A로 뛰어들면, 레티날 A는 비틀리고 모양이 변한다. 레티날 A가 구부러짐에 따라, 거기에 붙어 있던 단백질 기둥들이 덜컹거린다. 덜컹대는 기둥 전체에 박혀 있는 아미노산 분자들도 그 바람에 서로 부딪치게 되는데, 갑작스럽게 한쪽으로 기울어지는 버스 안의 승객들과 같은 꼴이다. 가까워진 아미노산 분자들은 서로 양성자를 주고받기 시작하고, 눈 깜짝할 사이에 양전하는 막 내부에서 막 외부로 이동한다. 맑게 갠 날 아침, 양성자 주고받기는 계속된다.

컴퓨터 공학자가 관심을 갖는 것은 이 과정 중에 앞부분, 즉 빛의 광자가 분자를 때려 분자가 움직이는 부분뿐이다. 한 상태에서 다른 상태로 그리고 다시 원래 상태로 되돌아가는 전환은 자동적으로, 단백질 분자가 살아 있는 숙주에서 분리된 상태에서도 일어난다. 홍은 "대다수 사람들이 깨닫지 못하는 것은 BR은 고도호염균에서 빼내 플라스틱에 집어넣어도 훌륭하게 작동한다는 점입니다"라고 말했다. "러시아 과학자들은 15년된 BR 판막을 가지고 있는데 아직도 이쪽저쪽으로 전환된답니다. 그러한 내구성으로 BR은 컴퓨터에서 정보를 저장하는 데 좋은 매체가 될 거라고 우리는 생각하고 있어요."

BR의 또 다른 재능은 특정 파장의 빛에 무릎반사처럼 보이는 자동반응이다. 이 말은 어떤 색의 빛을 쬐면 BR을 비틀 수 있고(1을 기록하고) 어떤 색깔의 빛을 사용하면 다시 펼 수 있다(0을 기록)는 뜻이다. 작동하는 방법은 이렇다. 휴식 상태에서 BR은 단지 녹색 빛만 흡수한다. 따라서 녹색 빛을 쪼이면 비틀리고, 적색 빛을 흡수할 수 있는 상태로 된다. 여기에 적색 빛을 쪼여주면 비틀림이 복원되고 녹색 빛을 흡수하는 상태로 되돌아간다. 이것은 빛에 의해 조절되는 똑딱 단추다.

이 메커니즘은 컴퓨터 공학자들이 이미 디지털 정보 저장용으로 사용하고 있는 시스템을 떠올리게 한다. 자성을 띤 하드 드라이브와 플로피디스크의 사용 면은 미세한 산화철 결정으로 덮여 있는데, 이 결정은 작은 자석처럼 극성이 바뀔 수 있다. 읽기/쓰기 센서들이 디스크의 다른 부분들을 지나가면, 전기신호가 자기에너지로 또는 그 반대로 바뀐다.

광단백질 계산에서는, 디스크의 사용 면에 BR 분자(산화철 결정보다 한결 더 작은)를 촘촘하게 입힌다. 읽기/쓰기 헤드로는 적색과 녹색 레이저 빔이 쓰이며, 드라이브의 특정 '주소'를 목표로 레이저 빔을 쏘아 분자들을 비틀거나 원상회복시켜 0과 1로 저장하고, 그런 다음 그것들을 읽는다. 광학 탐지기는 빛이 각 부위에서 흡수되었는지 여부를 측정한다. 읽기 과정에서 정보가 지워지면 안 되므로, 두 번째 빛이 뒤따라가며 바뀐 BR을 되돌려놓는다.

이 작은 단백질을 정보 저장에 사용한다는 생각은 컴퓨터 공학자들의 심장을 두근거리게 만들었다. 시러큐스 대학교의 분자전자공학 케크 센터의 수장인 로버트 버지Robert R. Birge는 꿈꾸는 단계를 넘어, BR 저장 장치의 비행 실험을 위해 로스앤젤레스의 휴비행기 회사의 물리학자 릭 로런스Rick Lawrence와 의기투합했다. 그들은 엄지손톱만 한 석영판에 BR을 한 개 분자 두께로 1,000개의 층만큼 입혔다. 버지는 "그것은 투명하고 두껍게 적색으로 코팅된 유리 조각처럼 보였습니다"라고 말했다.

레이저 광선은 한 번에 분자 하나가 아니라 1만 개 분자에 조사되었는데(레이저 광선은 아직 이 일을 하기에는 너무 파장 폭이 넓다), 이들 분자 무리는 한꺼번에 함께 변환된다. 이 정도만 해도, 그 장치는 제곱센티미터당 거의 10메가바이트나 되는 저장 밀도를 가질 수 있는데, 이것은 수백억 달러 슈퍼컴퓨터에서만 가능한 고급 자기장치의 저장 밀도에 필적한다고 버지는 말한다. 하지만 이는 단지 시작에 불과하다. 우리가 분자 각각이 기록될 수 있도록 광선을 맞추는 방법만 찾아내면 BR로 덮인 단 하나의 5$\frac{1}{4}$인치 플로피디스크는 이론적으로 2억 메가바이트(지금은 같은 크기의 디스크로 1.2메가바이트를 담을 수 있다)를 담을 수 있을 것이다. 액세스 시간도 크게 줄 것이다. BR이 흡수 상태를 바꾸는 데는 1조분의 5초면 충분하다. 1나노초면 BR은 비틀기와 원상 복구를 2,000번 반복할 것이고, 재래식 자기장치보다 1,000배 빠를 것이다.

하지만 속도에 중독된 컴퓨터 세상에서는 이것으로도 충분하지 않다. 버지니아 주의 달그렌 시에 있는 해군연구센터의 연구자들은 BR 뒤집기가 훨씬 더 빠른 고도호염균 변종을 찾거나 설계하고 싶어 한다. 분자 계산법 그룹의 과장인 앤 테이트Ann Tate는 다음과 같이 설명한다. "BR 분자가 비틀린 상태에서 원 상태로 변환할 때 연속적인 형태 변화가 일어나는데 각 형태는 특정 흡수 스펙트럼을 갖습니다. 우리는 현재 바닥상태와 비틀린 상태에 집중하고 있는데, 한 상태에서 다른 상태로 가는 데 5피코초 걸립니다. 변환 과정을 가속할 수 있다면 어떻게 될까요? 3피코초 만에 비틀 수 있는 BR을 찾는다면?"

그들은 실험실 탱크에 고도호염균을 배양하면서 거기서 100만분의 1의 확률로 생겨나는 더 빠른 BR을 가진 변종을 찾고 있다. 일단 그 목적에 성공을 거둔 미생물을 찾아내면, 그들은 저장 매질에 그 BR을 넣어 용량 면에서 모든 기록을 경신할 것이다. 2차원 BR 필름을 뛰어넘겠다는 의미이다. "우리가 지금 하려는 일은 BR을 젤리 같은 플라스틱 액에 부유시켜 입방체로 굳히는 것입니다." 이와 같은 3차원 BR 메모리를 갖게만 되면 기억 용량은 그야말로 폭발할 것이다.

입방체에 BR을 가두는 것은 좋은데, 논리적으로 문제가 하나 있다. 빛이 입방체의 가운데에 있는 분자들을 읽을 때 어떻게 들어가는 길목에 있는 정보들을 파괴하거나 생성하지 않을 수 있는가 하는 점이다. 다시 한 번, BR의 특별한 속성은 공학자들로 하여금 이 문제를 피해가게 해주었다. 연구자 데이브 컬린Dave Cullin은 달그렌에 있는 해군 본부의 창문 없는 반원형 막사 본청에서 (매우 많은 그림을 그려가며) 내게 그것에 대해 설명해주었다.

"BR은 사실 광합성에서 두 종류의 광자를 사용하며, 그 둘의 에너지를 합칩니다. 광자를 두 개 흡수하고 결합하는 BR의 능력은 우리에게 하나의 아이디어를 주었습니다. 그 입방체에 광선을 두 줄기 쏘는 거예요. 각기 다른 파장의 빛이 각기 다른 면으로 들어가고, 그 자체는 들어가는 길에 BR 분자들에 영향을 주지 않습니다. 그러나 광선들이 모이는 지점에서 파장이 결합하면 그 에너지가 특정 주소에 데이터를 쓰고 읽기에 충분합니다." 데이브는 이렇게 결정적인 발언을 하고는 한숨 돌리며, 광자 두 개 전략의 단순하고도 천재적인 창의성을 내가 음미할 시간을 주었다. 나는 이러한 종류의 우아함에 완전히 매료되는 성향(아마도 모든 인간의 성향)이 나에게 있음을 수없이 느껴왔다. 그 우아함은 물론 자연이 장구한 세월 동안 선택해온 그러한 우아함이다.

자, 이제 각설탕 하나만 한 입방체 크기의 장치에 수조 개의 BR 분자들을 갖게 되었는데, 무엇을 저장할 수 있을까? 물론 단순히 0과 1을 저장하기 위해서도 BR을 사용할 수 있지만, 로버트 버지는 더 야심 찬 계획을 품고 있었다. 그의 회사인 생물성분사Biological Components Corporation는 그 3차원 메모리 장치를 이용해 0과 1의 문자열

대신에 명암 패턴을 새기고, BR에 아날로그 홀로그램 이미지를 저장하려 한다.

홀로그램은 필름에 두 개의 광선을 겹쳐서 만든다. 한 광선은 영상을 포함하고 다른 광선은 기준 광이라고 부르는 보통 빛이다. 두 광파가 필름 위에서 만나면 특유의 형상이 만들어진다. 해체deconstructive 간섭(이미지가 없는 곳)은 어두운 부분을 만들고 보강constructive 간섭(이미지)은 밝은 부분이 된다. 원래의 이미지를 불러내려면, 홀로그램에 기준 광인 보통 빛을 쪼여주기만 하면 원래 기록된 패턴이 재생된다. 버지의 장치에서, 필름은 BR이 될 것이고, 광파의 명암 패턴은 대신 비틀린 분자나 비틀리지 않은 분자로 기록될 것이다.

홀로그램 기억장치는 소위 연계 혹은 이미지 맞추기matching에 특히 적당하다. 예를 들면, 비행기 날개의 사진을 찍은 다음 그 비행기가 날 때 다른 사진을 찍는다. 두 개의 입체 영상을 비교하면 어디에서 압력과 변형이 일어나는지 즉각 알 수 있다. 홀로그램을 한층 더 다목적으로 만들려면, 이미지를 기록하면서 푸리에 렌즈Fourier lens를 통과시켜, 이미지를 기본적으로 '주파수 그림'으로 바꾼다. 그러면 홀로그램 상관기correlator | 두 개 신호를 비교하는 장치; 옮긴이가, 원래 기록될 때와 다른 각도로 기울었더라도 대상을 인식하고 짝을 찾을 수 있다. 예를 들어, 연필이 수평으로 놓이든 수직으로 놓이든, 아니면 그 둘 사이의 어느 방향으로 놓여 있든 인식된다(우리의 눈은 이보다도 더 융통성이 크다. 우리는 사람이 가까이 있든 멀리 있든, 또는 옆으로 누웠든지, 앞에서든 뒤에서든 인식할 수 있다. 테이트는 "자연은 이 점에서 우리보다 앞섰어

요. 하지만 그래서 우리에게 앞으로 무엇을 추구해야 하는지 알게 해줍니다" 라고 인정했다).

기존 필름으로 만든 푸리에 변환물은 투명지처럼 층층이 겹쳐서 빛에 비춰볼 수 있다. 빛이 정확히 같은 점에 있는 두 개의 변환물을 비추면 이미지 짝을 찾을 수 있다. 홀로그램 BR 메모리가 거울과 렌즈로 수행할 수 있는 일은, BR이 박힌 푸리에 수백 개를 모두 겹쳐놓고 동시에 이미지 짝을 찾는 것이다. 이것은 디지털 기술을 앞서가는 길을 연다.

은행 고객의 사진을 모두 저장해두고, 예를 들어 누군가가 은행원에게 다가오면 사진기가 그의 얼굴을 찍고 속히 사진을 홀로그램 데이터베이스와 맞춰보고 손님의 파일을 내놓을 수 있다. 사진기가 눈 하나 또는 미소 띤 입가만 포착했다 하더라도 전체를 불러낼 수 있는데, 이는 홀로그램이 전체의 모든 부분들을 저장하기 때문이다. 만일 재래식 실리콘 짝맞추기 장치로 이와 같은 일을 한다면, 먼저 사람의 이미지를 0과 1로 디지털화하고 그 사람에 해당하는 숫자와 맞는 데이터베이스의 숫자 끈을 찾기 위해 이 잡듯 화소 하나 하나를 비교해야 한다. 홀로그램 상관 장치에서는 숫자들이 제거되었다. 근본적으로 손님 영상 전체를 겹쳐서 쌓아놓고 빛이 통과하는 점을 찾으면, 짝이 맞았음을 의미한다. 이러한 동시 탐색은 아주 신속해서 TV 카메라를 입력 장치로 사용해도 로비에 걸어 다니는 사람을 실시간 확인할 수 있을 정도다.

정보 저장도 문제가 되지 않는다. 입방체를 상징적으로 얇게 '판'으로 저미면, 한 판당 400개까지 이미지를 저장할 수 있다. 입방체를 일반 빛으로 단면을 비추어 얇게 잘라 한 번에 한 판씩 끄집어낼 수 있다. 각다중화angular multiplexing라고 부르는 기술을 쓰면 한 쪽당 그보다도 더 많이 저장할 수 있다. 이 기술에서는 기준 광선이 입방체를 조사하는 각도를 변경시켜 수백 개의 홀로그램을 정확하게 같은 점에 굽고 경사 레이저로 다시 읽어낼 수 있다.

이런 시스템이 실용성이 있다고 입증되면 홀로그램 메모리는 로봇의 시각, 인공지능, 광상관기**푸리에 변환기를 이용해 두 개의 신호를 비교하는 기구; 옮긴이**, 그리고 다른 복잡한 패턴 처리 능력을 갈망하는 분야들에서 중요한 역할을 할 수 있을 것이라고 버지는 믿는다. 그는 이에 대해 "이 영역은 우리가 반도체를 완전히 압도할 수 있는 영역입니다"라고 말한다. "우리는 필름 하나에 2,000만 개의 문자에 해당하는 연상 기억장치associative memory를 가지게 될 것입니다. 반도체 연상 기억장치는 그렇게 많은 연결을 가지게 만들 수 없습니다." 나는 아직도 마음속으로 생각한다. 더욱 더 많은 연결을 가진 연상 기억장치가 이미 고안되었고, 그래서 바로 지금 그에 대한 균형이 맞춰지고 있다는 생각이 든다.

자가조립하는 형체들이 소용돌이 속에서 이리저리 튄다는 콘래드의 기상천외한 아이디어를 접하고 난 후라, 버지의 BR은 멋있지만 다소 제한적으로, 너무 점멸 디지털로 느껴졌다. 다시 더 열린 공간으로 돌아가기 위해 나는 애리조나 대학교 투손 캠퍼스로 가는 비행기 표를 샀다. 그곳에서 계산법 가능성 지형에서 자신만의 봉우리를 작정하고 오르고 있는 또 다른 생체모방학자를 만날 수 있다고 들었기 때문이다. 스튜어트 하메로프Stuart Hameroff가 그 위인인데, 자연의 계산법으로 오르는 등반길에 그와 마이클 콘래드는 우연히 쉽게 마주쳤을 것이다.

하메로프에 따르면, 『궁극의 컴퓨터』는 신경세포에서 춤추는 화학물질도 아니고 빛에 의해 비틀리는 막 단백질도 아니고, 이 책을 읽는 동안 당신의 세포에서 조립되고 분해되고 있는 거미줄과 같은 실(세포골격cytoskeleton)로 된 망이다. 자연에 기반을 둔 생물학적 계산법에 대한 나의 조사는, 의식의 뿌리를 미세소관에서 찾는 사람을 방문하지 않고는 완성될 수 없을 것이다. 당신은 양자 벨트를 매고 준비하시라.

우리 의식의 뼈대

스튜어트 하메로프와 나는 수술실 바로 옆의 퀴퀴한 냄새나는 구내식당에서, 그의 표현대로 "가스를 주입하라"고 호출될 때까지 기다리고 있었다. 지금 그의 모습은 마취 의사라기보다 오히려 《다운비트》 잡지의 지난 달 호 표지에 실린 색소폰 연주자같이 보였다. 그는 의자 등받이를 뒤로 기울여 벽에 기대고, 발은 책상 위에 올려놓고, 초록색 샤워 모자를 흰 털이 섞인 무성한 눈썹까지 내려 쓰고 있었다. 그의 샤워 모자 뒤에서는 땋은 머리가 거의 풀어져 나와 있었다. 그는 초록색

벽을 응시하며 말문을 열었다.

나의 녹음기 테이프가 돌아가는 동안 그의 생각은 양자물리학, 철학, 컴퓨터 과학, 수학, 신경생물학(그는 자신의 도서관을 위해 듀이 십진분류법이 필요한 또 하나의 사람이다)의 넓은 지형 위를 제비같이 날아다녔다. 하지만 그는 같은 주제로 다시 계속 되돌아오는데, 그것은 수세기에 걸쳐 명석한 지성들을 사로잡았던 주제, 즉 뇌/정신 논쟁이다. 즉, 정신은 뇌 위에서 뇌와 분리되어 작동하고 있는가, 아니면 회색 덩어리에서 생겨나는가? 만일 회색 덩어리에서 싹튼다면 어떤 생물학적 메커니즘이 정신이 창발되게 하는가? 그리고, 그렇다면 가장 신비스럽게도 어떻게 뇌 안의 생물학적 상호작용들이 하나로 수렴되어 우리에게 '통일된 자아 감각', 즉 단 하나로서의 나를 느끼게 하는가?

몇 개월 후, 하메로프는 애리조나 대학교 투손 캠퍼스에서 의식에 관한 국제 뇌 집단을 초청할 예정이다. 하지만 이 학회에는 이미 수백 명이 등록하여 옛 논쟁을 다시 재개할 기회를 노리고 있었다. 하메로프는 최근에 고급 잡지 화보에 웜홀, 블랙홀, 기하학적 타일링 등에 관한 이론으로 널리 알려진 수학 천재 로저 펜로즈Roger Penrose와 함께 등장하면서 의식 논쟁에 공개적으로 출사표를 던졌다. 펜로즈는 그의 최근의 책, 『마음의 그림자Shadows of the Mind』에서 새로운 웜홀에 관심을 가지고 생물학을 기반으로 하는 의식의 양자 세계로 들어갔다. 이러한 여행은 의사와 같이 가는 것이 좋겠다고 펜로즈는 결정했다.

하메로프는 계속해서 말한다. "나는 매일매일 사람들의 의식을 빼냈다 넣었다 합니다. 따라서 이 일을 아주 현실적이고 구체적인 차원에서 생각해왔습니다. 바로 생물학적인 방식입니다. 예를 들면, 뇌의 어떤 구조는 마취제가 있으면 물리적으로 변합니다. 즉, 의식이 사라지면 움직임을 멈춥니다. 그 구조와 그것의 움직임이 의식과 묶여 있다는 결론이 아니겠습니까? 아마 그 구조가 의식의 뿌리일 것입니다. 나는 그렇다고 주장합니다."

하메로프가 말하는 물질적 구조는 미세소관이라 부르는 단백질 폴리머 관으로, 놀랍게도 우리 신체의 모든 세포에 있는데도 1970년까지 그 존재가 알려지지 않았다. 지금까지 전자현미경용 시료를 준비하기 위해 사용해온 고정액(산화오스뮴)이 그것들을 의도치 않게 녹여버렸던 것이다(다른 것도 녹이고 있지는 않은지 의심스럽지 않는가). 일단 미세소관을 파괴하지 않고 세포를 처리하는 방법을 터득하고 나자 모든 곳에서 그것이 보이기 시작했고, 그래서 미세소관이 얼마나 중요한지 깨닫게 되었다.

세포는 과학자들이 한때 생각했던 것처럼 축 늘어진 '질척한 효소주머니'가 아니다. 세포의 모양은 세포골격에 의해 결정된다. 세포골격은 단백질 관으로 된 조립식 뼈대와 연결 기구로 이루어지며 모든 살아 있는 세포 내부를 정돈한다. 세포골격의 단백질 관은 미세소관이라 부르는데, 원통형 섬유로서 조립이 시작될 때는 수십 나노미터지만 대형 동물의 신경 축삭돌기에서는 수 미터에까지 이를 수 있다.

미세소관은 자연이 몇 번이고 되풀이하는 기하학적 만트라 **주문; 옮긴이** 중 하나다. 미세소관의 구성 성분은 튜불린이라고 부르는 단백질이다. 튜불린은 두 성분, 알파(α)와 베타(β)로 되어 있는데, 이들은 저절로 이합체dimer로 자가조립되고, 이합체는 끝과 끝이 연결되면서 기다란 단백질 사슬로 자가조립된다. 이 사슬은 항상 열세 개가 하나의 다발로 합쳐져 속이 빈 단백질 원통을 형성한다. 원통 가닥은 꼬인 밧줄처럼 시계 방향으로 비틀어져, 미세소관을 잘라 횡단면을 보면 팔랑개비처럼 보인다.

각 원통에는 미세소관 관련 단백질(MAPS)이 관을 따라 돌출되어 있다. MAPS 중에는 미세소관을 서로 연결하여 3차원 격자를 형성하고, 그 결과 세포들에 모양을 주는 것이 있다. 다이닌과 카이네신 같은 MAPS는 늘어나고 수축할 수 있는, 옆으로 튀어나온 단백질(수축성 돌출부)이다. 이들은 지네의 다리처럼 움직이는데, 물통을 릴레이 식으로 옮기듯 미세소관을 따라 세포질(세포의 액체)을 옮기기 위해, 그리고 세포의 이곳에서 저곳으로 세포소기관을 옮기기 위해 전체적으로 일관성 있게 행동한다. 세포의 노동자들인 염색체, 핵, 미토콘드리아, 과립, 리보솜 그리고 기타 유사체들은 모두 미세소관 컨베이어 벨트를 탄다. 이는 우리가 아는 세포 내 모든 중요한 기능에 미세소관이 연관되어 있음을 의미한다.

여기에 생식도 포함된다. 고등학교 생물 시간에 분열 중인 세포에서 형성되었다가 사라지는 방추사 동영상을 봤던 것을 기억해보자(나도 몇 년 전이었나 계산해본다). 그 방추사가 바로 두 배로 복제된 염색체를 한 세트씩 양쪽으로 잡아당기는 미세소관들로, 세포 하나가 둘이 되게 해준다. 미세소관은 또한 섬모에서도 작동하고 있다. 현미경으로 박테리아를 들여다보면 박테리아가 이리저리 돌아다니는데, 바로 표면에 난 섬모 운동 덕분이다. 섬모는 우리 몸의 점액성 관의 내부도 뒤덮고 있으며, 미세소관 덕에 우리 몸의 가장 좁은 통로 위아래로 물질을 밀어낸다. 하메로프는 미세소관 없이는 세상을 느낄 수도, 삼킬 수도, 성장할 수도, 자기 이름을 기억할 수도 없다고 해도 과언은 아니라고 말한다.

그 이유는 뇌 세포 또한 미세소관 망으로 가득 차 있기 때문이다. 여기에서 그들은 컨베이어 벨트 및 골격일 뿐만 아니라 수상돌기 소극dendritic spine(두 신경세포가 서로 "대화"를 나누게 하여 학습을 일으킨다던, 도널드 헵이 말한 그 수상돌기 소극)이라고 부르는 시냅스연접의 생산자이며 조절자이기도 하다. 미세소관 조립은 또한 축삭을 따라 전체에서 일어나며, 축삭의 가지가 신경세포의 막에, 또 축삭 끝에서는 축구공 모양의 클래스린clathrin과 같은 소기관에도 직접 박혀 있다. 클래스린은 신경전달물질 분비를 조절하며, 신경전달물질은 시냅스를 건너 신경세포의 신호를 전달한다(이 마지막 기능에서, 미세소관은 사고 및 느낌에 아주 중요한 역할을 담당하고 있다).

세포골격에 대해 하메로프와 대화를 나누다보면 당장 길거리로 뛰어나가, 이 놀라운 생물학적 발명품에 관한 팸플릿을 나눠주고 싶어진다. 일상용어를 사용해 말하자면 이런 이야기다. 그것은 신경세포 내부에 자리 잡은 네트워크이며, 신경세포 역시 더 커다란 신경망에 속한다. 숲속에 있는 나무, 그 속에 있는 숲이라는 프랙탈적 아름다움을 하메로프 역시 놓치지 않았고, 더 많은 것이 있지 않을까 하고 관심을 갖기 시작했다. 세포골격망과 신경망은 다른 크기 규모에서 함께 동반자로서 정신에 관여하는지도 모른다. 아마도 소형 세포골격망은 인지의 위계 체계에서 '비밀 지하실', 즉 의식의 지하 저장소인지도 모른다.

하메로프가 필라델피아에 있는 하네만 의과대학을 마치고 전공을 결정할 때쯤 한 교수가 그에게 마취제의 효과 중 하나는 신경에 있는 미세소관들을 무력화하는 것이라고 말해주었다. 그는 이제야 말한다. "그 말을 듣고 생각해보았습니다. 자의식, 직관적 사고, 감정을 조절하는 어떤 체제가 미세소관에 있을까? 미세소관이 의식을 불러일으킬까?" 하메로프는 마취학을 전공으로 선택했고, 가스의 미세소관 마취 효과에 관해 읽을 수 있는 것을 모조리 읽기 시작했다.

수년 뒤, 동료인 리치 와트Rich Watt가 그에게 소형 네트워크의 전자현미경 사진을 보여주었을 때 또 다른 깨달음이 왔다. 그는 하메로프에게 "이것이 뭐 같은가?"라고 물었다. "세포골격이지 뭐"라고 퉁명스럽게 대답하자 와트는 미소를 지으며 "다시 보게나"라고 말했다. "컴퓨터 칩, 즉 마이크로프로세서라네."

그 유사성에 하메로프는 심하게 충격을 받았다. "세포골격의 구조는 우연히 되는 게 아닙니다. 미세소관이 잠잠해질 때 의식이 희미해진다는 사실도 우연의 일치가 아닙니다. 세포골격 연결망은 신경 연결망만큼 병렬적이고 상호 연결되어 있지만, 1,000배 정도 더 작습니다. 세포골격 연결망에는 한 신경세포당 수백만에서 수십억 개나 되는 세포골격 소단위가 포함되어 있습니다! 세포골격은 세포에서 골격이나 교통경찰 역할보다 훨씬 더 많은 일을 합니다. 그것은 어엿한 신호 전달 연결망으로, 번뜩이는 사고를 암호로 만들고, 저장하고, 불러내는 프로세서입니다. 한마디로, 생물학 컴퓨터입니다."

• **양자 도약** | 10년 동안, 사람들의 의식이 나갔다 들어왔다 하는 것을 돌보지 않던 시기에, 하메로프는 자신의 컴퓨터에 튜불린 배열의 모형을 만들고, 모종의 암호와 신호 전달 체제를 찾고 있었다. "시간 있으세요?"라며 손가락을 구부리더니 그는 점심시간의 뉴욕 시민처럼 미디어 강의 실험실로 복도를 따라 급히 내려갔다. 거기에서는 하메로프의 지시로, 생물 삽화가가 다가오는 의식 컨퍼런스를 위해 구부러지는 미세소관을 만화영화로 제작하고 있었다.

만화가 상영되자 하메로프는 성우가 되었으며, 만화에 불과하기는 하지만 오랫동안 그의 상상 속에만 있던 세계가 생생하게 천연색으로 실재화되는 것에 흥분하였다. "각 미세소관은 속이 빈 원통형 관으로, 바깥지름이 약 25나노미터이고, 안지름은 14나노미터입니다. 튜불린 이합체는 가로×세로×높이가 각각 8×4×4나노미터이고 알파와 베타 두 종류 튜불린으로 구성되어 있는데, 각각은 약 450개의 아미노산으로 만들어져 있습니다."

만화에서 이합체 하나가 크게 확대되었다. 그것은 두껍게 쓴 C자처럼 보였다. "알파와 베타 튜불린 두 개가 만나는, C자 가운데 부분에 소수성(물을 싫어하는) 주머니가 생깁니다. 이 주머니에서 전자 하나가, 메트로놈이 똑딱거리는 것처럼 위아래로 움직이는데 이것을 쌍극자 진동이라고 합니다. 전자가 진동함에 따라 C자가 쭈그러들었다 다시 펴지는 등 단백질의 형태가 변합니다."

구슬로 그려진 마취 가스가 화면 좌측에서부터 스며들기 시작했다. 하메로프는 "100에서부터 거꾸로 세어보세요"라고 중얼거렸다**마취할 때 환자들에게 이렇게 말함; 옮긴이**. 가스 구슬들이 춤추고 있는 이합체 콩에 닿는 순간, 춤이 멈춘다. "의식이여 안녕"하고 그가 고지했다.

하메로프는 자신의 관찰을 근거로, 마취 분자가 C자의 가운데 부위에 있는 소수성 공간으로 비집고 들어가 결국 전자 결빙을 일으킨다고 믿는다. 전자가 진동을 멈추는 순간 우리는 의식을 잃는다.

그러나 가스에 영향을 받는 것은 고등동물의 의식만이 아니다. 마취로 짚신벌레, 아메바, 점균류의 푸른곰팡이의 움직임도 멈출 수 있는데, 이들 모두 세포골격을 이용해 꿈틀거리며 앞으로 나아간다. 하메로프는 각 튜불린 내부에서 홀로 작용하는 전자 하나로, 의식적 사고는 둘째치더라도, 먹이를 잡기 위해 움직이는 짚신벌레의 조화로운 운동을 설명할 수는 없음을 잘 알고 있다. 그는 진동하는 전자들이 더 커다란 신호 전달 및 의사소통 네트워크와 모종의 방법으로 협력해야 한다는 이론을 세웠다. 그럴듯한 체제를 찾기 위해, 하메로프는 세포자동자cellular automaton 이론으로 알려진 계산 이론 쪽을 들여다보기 시작하였다.

세포자동자 컴퓨터는 네모난 격자 혹은 '셀cell(살아 있는 종류가 아니라 스프레드시트 종류)'을 만드는 소프트웨어 프로그램이다. 각 셀은 정해진 수의 이웃이 있고 일종의 공식도 있다. 그 공식을 이행 규칙이라 부른다. 일정 시간을 두고 일종의 의자 뺏기 놀이가 일어난다. 각 셀은 이웃 모두의 상태를 확인하고, 이행 규칙에 따라 점멸 상태를 변경시켜야 한다. 규칙은, 예를 들면 이런 것이다. 만일 나의 이웃 여섯 중 적어도 넷이 '온' 상태면 나 또한 '온'이 된다. 그렇지 않다면 계속 '오프'로 남는다. 컴퓨터 시계가 한 번 '똑딱' 할 때마다 셀들은 이웃을 조사하고, 그에 따라 점멸 상태를 바꾼다. '온' 칸은 하얗고 '오프' 칸은 검다고 생각하면 편리하다.

놀랍게도, 단순한 규칙과 그러한 거동을 조절하는 시계가, 흑백의 규칙적 패턴이 생겨나서 격자 전체로 퍼져나가게 할 수 있다. 마치 '파도타기'가 서로 모르는 사람들로 가득 찬 경기장에서 퍼져나가는 것과 같다. 약간 더 복잡한 규칙으로, 3차원상에서 세포자동자는 눈송이, 연체동물 껍데기, 은하의 형성도 모사simulation할 수 있다. 사실 현대 컴퓨터의 아버지로 알려진 존 폰 노이만은 1950년대에 이미, 그러한 격자는 어떤 문제든지 풀 수 있게 프로그램이 될 수 있다고 제안했다. 이런 것들을 배우면서 하메로프는 '미세소관도 튜불린의 격자에서 파도타기 같은 것을 할 수 있지 않을까' 하는 생각이 들었다. 미세소관이 어떤 식으로든 계산을 하지 않을까?

삽화가가 만화영화를 앞으로 빨리감기로 건너뛰어 미세소관의 기능을 보이는 장면으로 갔다. 그는 음료수용 빨대 같은 미세소관을 길이로 쪼개고 평평하게 펴 사각형 배열로 만들었다. C자 모양을 한 각 튜불린은 이웃들과 숟가락 형태로 쉬고 있어, 각 이합체의 상태는(전자가 주머니 위에 있든 아래에 있든) 여섯 이웃의 정전기 상태의 영향을 받을 것이다. 그가 '플레이'를 누르자 한쪽 구석 배열에서 진동이 시작되어, 마치 물에 퍼져나가는 파동 에너지처럼, 배열을 가로질러 잔물결처 나갔다. 하지만 거기에서 끝나지 않았다.

하메로프는 미세소관이 이웃의 진동을 '포착'할 수 있다고, 즉 미세소관 하나에서 진동 중인 단백질 한 무리가 다른 무리를 정확하게 똑같은 방식으로 진동시킬 수 있다고 믿는다. 이는 마치 소리굽쇠가 같은 방 안에 있는 다른 소리굽쇠의 진동에 의해 진동을 시작하는 것과 같다. 이러한 '포착' 진동이 가능한 이유는 미세소관이 가지고 있는 매우 이상한 몇 가지 특성들 때문이라고 하메로프는 말한다. 이러한 특징들이 미세소관을 양자결맞음quantum coherence에 특별히 좋은 기질로 만들어준다.

'결맞음'은 과조직화hyper-organizing 현상으로서, 평범한 물질에 이상한 그러나 종종 유용한 특성을 준다. 예를 들어, 레이저 봉의 결정에 에너지가 충분히 주입되면 결정들이 어느 순간 다같이 발맞추어 진동하기 시작하며, 결맞은 레이저광선을 발한다. 또 금속의 연계된 전자들이 거의 같은 양자적 특성을 띠게 되면 그 금속은 거의 마찰 없는 전도체(초전도성이라고 부르는 현상)가 된다. 초자성supermagnet에서는 미세쌍극자들이 한 줄로 정렬되고, 헬륨 같은 초유동체에서는 양자적으로 동기화된synchronized 원자들이 마찰 없는 유동체를 만들어낸다. 하지만 초전도체, 초자성, 초유동체는 모두 열 생성을 줄이고 입자들을 정렬시키기 위해 보통 거의 절대온도 0도에 가까운 온도로 만들어주어야 한다. 문제는 생물학적 물질의 결맞음이 신체 온도에서도 일어날 수 있을까 하는 것이다.

1970년대에, 리버풀 대학교의 헤르베르트 프뢰리히Herbert Fröhlich는, 튜불린 같은 단백질의 소수성 주머니에 갇혀 있는 전자들이 진동하므로, 단백질의 모양을 예측가능하게 변경시킬 것이라고 추측했다. 더욱이, 만일 전자들이 일정한 전자기장(미세소관의 외막과 같은)에 있게 되고 에너지(ATP나 GTP 같은 분자들의 결합이 끊어지면서 나오는)가 충분히 공급된다면 전자들은 결맞게 진동할 것이라고 예측했다. 어느 시점에 이르면 몇 개 단백질의 흥분이 결정적인 수준에 도달하고, 갑자기 일정하게 발을 맞추게 될 것이다.

미세소관에서는 진동 패턴이 격자들을 가로질러 잔물결을 일으키며 파동으로 퍼지거나 혹은 바로 옆의 미세소관으로 도약할 것이라고 하메로프는 추측했다. 이렇게 퍼져나가는 형태 변화를 통해 신호들, 예를 들어, 섬모나 시냅스 강도를 조절하는 신호들이 신경세포 전체에 전달될 것이다. 하지만 이러한 결맞음이 얼마나 멀리까지 닿을 수 있을까? 미세소관에서 미세소관으로 퍼질 수 있다면, 신경세포의 막 밖까지도 나갈 수 있지 않을까?

의식은 한두 개의 신경세포가 아니라 뇌 전체에서 일어나는 현상이다. 따라서 '하나의 자기라는 느낌'이 어떻게 생기는지 설명하려면, 뇌의 멀리 떨어진 부분들 사이에서 일어나는 작용들을 통합할 수 있는 모종의 방법이 필요하다. 하나의 자아감을 설명하기 위해, 하메로프는 양자역학의 미로로 한층 더 깊이 들어갔다.

그 과정에서 그는 로저 펜로즈의 책 『황제의 새 마음The Emperor's

New Mind』을 읽었다. 그 책에서 펜로즈는 사고가 어떻게 뇌 전체에 분포하고, 뇌 위에 '떠 있는' 것으로 느껴지면서도 뇌라는 물질에 닻을 내리고 있는지에 대해 매우 그럴듯한 설명을 양자론이 제공함을 발견하였다.

양자역학은 눈에 보이지 않는 아주 작은 것들, 말하자면 가시적 세계의 하부 구조에 적용되는 이론이다. 20세기 초 수십 년간, 양자역학은 하나의 이론으로 모양을 갖추어가면서 물리 현상에 관한 우리의 기존 개념을 완전히 뒤엎었다. 뉴턴 법칙은 아직 우리의 '가시적' 세계에 적용되고 있지만, 더 이상 모든 것이자 궁극적인 것은 아니다. 뉴턴은 미세 세계가 얼마나 기묘하게 작동하는지 알지 못했다.

양자 이론에서 우리의 이야기와 관련된 두 가지 개념은 '중첩 상태'와 '양자 앎quantum knowing'이다. 중첩 이론은, 원자가 동시에 여러 상태에 있을 수 있다고 말한다. 원자는 다양한 여러 가지 에너지 상태들을 탐색하고 있으며(마이클 콘래드가 "양자 수색scanning"이라 부르는 효과), 물질과 충돌할 때까지, 즉 관찰될 때까지는 어떤 상태도 '선택'하지 않는다. 이를 증명하는 유명한 이중 틈새 실험이 있다. 이 실험에서는 벽에 수직으로 두 실틈을 내고 강도가 약한 광선의 광자를 투사한다. 벽 뒤쪽에는 스크린이 있다. 강도가 낮고 광자 흐름이 '묽기' 때문에, 각 광자는 두 개 틈새들 중 하나를 통과해야 한다. 그런데 스크린에 나타난 패턴은 각 광자가 틈새 둘을 동시에 통과했음을 의미한다. 너무나 이상하지만 그 실험은 충실히 반복되며, 광자는 동시에 두 장소에 있을 수 있다고 결론지을 수밖에 없다.

광자는 사실 두 장소가 아니라 여러 다른 장소에 동시에 있을 수 있다고 양자론은 말한다. 과학자들은 광자의 위치를 말하는 최상의 방법은 모든 가능한 상태들로 이루어진 3차원 그래프를 상상하는 것임을 알아냈다. 이것을 상태 공간이라고 부르며, 광자가 있을 수 있는 모든 가능한 상태는 '파동함수'로 나타낸다. 놀랍게도, 유명한 이중 틈새 실험에서 스크린에 나타나는 입자들의 예에서와 같이, 어떤 입자가 물질과 접촉하는 순간, 파동함수가 단 하나로 '붕괴'되고 광자는 어쩔 수 없이 단 한 가지 상태를 선택해 들어가게 된다. 무엇인가를 관찰할 때 우리는 가능한 모든 상태를 보는 게 아니라 단 한 가지 상태만 보게 된다. 관찰이나 측정 행위를 통해 우리가 광자를 하나의 상태에 있게 만드는 것이다.

마이클 콘래드는, 생물학적 분자는 이렇게 수많은 가능성을 자유롭게 이용하여, 예를 들면 모양에 근거한 화학결합과 같은 문제의 해답을 탐구할 것이라고 했다. 그의 관점에 의하면 효소는 결합하기 전까지 최소 에너지 배열을 찾아내기 위해 물리적으로 이런 저런 형태를 취해보고 전자는 여러 가지 다른 결합을 시도한다. 펜로즈는 우리의 창의적 사고 역시 비슷한 방식으로 가능성 공간에 관여할 것이라고 제안했다. 하나의 의식적 사고가 떠오를 때까지, 즉 어느 상태가 될 것인지 결정될 때까지, 수십 가지 다른 선택들이 동시에 시도된다.

'정신mind'과 관련되어 있을 것으로 보이는 두 번째 양자 이론은 양자 얽이라는 개념이다. 이 이론은 원자, 전자, 기타 양자 입자들의 운동이 어떤 경우에는 먼 거리에서도 동기화된다고 말한다. 하메로프는

"양자론에서 나온 가장 놀라운 사실은 양자 불가분성 또는 비국소성으로, 한 번 상호작용했던 물체들은 모두 어떤 의미에서는 아직도 연결되어 있다는 뜻입니다! 양자역학의 창안자 중 한 사람인 에르빈 슈뢰딩거Erwin Schrödinger는 1935년, 양자계 둘이 상호작용할 때 파동함수가 '위상 엉킴' 상태가 됨을 발견했습니다. 따라서 한 계의 파동이 붕괴되면 다른 계의 파동도 얼마나 멀리 떨어져 있든지 상관없이 순간적으로 붕괴됩니다."

명실 공히 서로 연결된 세상에 대한 이야기라니! 당연히 양자 얽힘 개념은 인식의 홀로그램 모델을 포함하여 많은 인식 이론에 적용되었다. 양자 얽힘은, 입자 둘이 한 번 양자적으로 뒤얽히고 같은 양자 파동함수의 부분이 되고나면 언제나 어떤 방식으로든 서로 연관되어 있다. 즉 자신의 결맞은 친족이 무엇을 하고 있는지 안다는 뜻이다. 어떤 의미에서 그들 자체가 그들의 친족 입자들이다. 이 말은 곧, 미세소관 내부에서 패턴이 동기화되어 진동하게 하는 그 결맞음이, 신경세포들이 접촉하지 않아도, 뇌에서(또는 뇌들 사이에서!) 멀리 떨어진 양자 친족들에게 결맞음을 일으킴을 뜻한다. 아마 이와 같은 양자 얽힘이 융Carl G. Jung의 집단 무의식, 헤겔G. W. Friedrich Hegel이 말한 세계영혼, 수 킬로미터 떨어져 있는 연인과 느끼는 이상한 초감각적 지각 ESP 등의 '초자연적 현상'을 설명할 수 있을지도 모른다.

『황제의 새 마음』을 집필할 당시 펜로즈는 의식에 대해 양자적 설명은 했지만, 그러한 양자 효과를 나타낼 수 있는 뇌 안의 생물학적 체제가 무엇인지는 알지 못했다. 그는 뇌에서의 양자 효과는 다음과 같은 구조가 필요하다고 추측했다. 즉 1) 양자 효과를 나타낼 수 있을 만큼 아주 작아야 하고, 2) 뇌의 나머지 부분들에서 일어나는 열 생성과 격리되어 있어야 한다고 생각했다. 하메로프는 이것을 읽으면서 책에 대고 말했다. 튜불린 단백질은 펜로즈가 그토록 아름답게 묘사한 양자 효과를 일으키기에 충분히 작고, 가는 섬유 내부의 소수성 공간은 사실 뇌의 나머지 부분과 격리된 안전한 장소가 될 수 있다! 그는 무아경에 빠졌다. "펜로즈는 내가 찾고 있던 양자적 설명을 나에게 건네주었고, 나는 그가 필요로 했던 생물학적 부분을 갖고 있음을 알게 된 겁니다."

하메로프는 펜로즈에게 편지를 썼고 그로부터 만나러 오라는 초대를 받았다. 펜로즈의 옥스퍼드 연구실에서 나눴던 그 유명한 두 시간 동안의 감격적인 대화를 통해 둘은, 각자가 필요로 했지만 가지지 못했던 개념적 조각들을 주고받았다. 몇 주 후에, 펜로즈는 학회에서 미세소관이 의식의 물리적 자리인 것 같다고 발표하였다.

근작 『마음의 그림자Shadows of the Mind』에서 펜로즈는 자신의 주장을 공식적으로 전개하였다. 그는 열적thermal 환경과의 뒤얽힘으로부터 보호되는 뇌에서 "정신은 육안으로 보이는 양자 파동함수"라고 믿는다. 파동함수는 양자적으로 연결된 전자들로 이루어지는데, 전자는 각 단백질 이합체들의 소수성 주머니 위아래 두 자리에 중첩되어 놓여 있다. 미세소관에서 진동 에너지 펄스는 뇌의 다른 잡다한 소음들과 격리되어 있기 때문에, 한 가지 상태를 선택하지 않아도 되고 가능한 모든 패턴을 자유롭게 탐색할 수 있다.

펜로즈와 하메로프는, 거의 결정에 가까운 미세소관의 구조가 '양자 계산'을 하는 동안 결맞는 양자 상태의 중첩을 유지해줄 것으로 믿는다. 양자 중첩이 마침내 붕괴되면 신경전달물질이 자연적으로 분비된다(미세소관도 이 과정을 주도한다). 신경전달물질 분비와 함께 우리에게 생각, 영상, 느낌 등이 일어난다. 현재 그들은 의식적인 사건(붕괴)이 한 번 일어나는 데 얼마나 많은 신경세포가 필요한지 알아내려고 하고 있다. 그 숫자는 상호 협력하는 신경세포 1만 개일 것으로 생각되고 있다.

결맞음과 세포 자동자로는 충분하지 않다는 듯, 하메로프는 신호들이 어떻게 팡팡 뛰는 튜불린을 타고 뇌 전체를 튀어다니는지에 관한 대여섯 개 다른 이론들을 또 생각해놓고 있다. 한 이론에서는 속이 빈 관들이 마치 작은 광섬유 케이블같이 도파관waveguide으로 작용한다고 상상한다. 관 내부에 있는 액체가 광자를 방출할 수 있도록 조직되고, 광자는 도파관을 따라 튀면서 우리의 세포 내부에서 미세한 광학 컴퓨터가 되는 것이다. 세포골격은 또한 신호 처리를 위해 솔리톤 파, 미끄러지는 활주운동, 세포질의 졸-겔 상태에 칼슘 결합하기, 또는 중합과 분해의 끊임없는 과정 등도 사용할 수 있다.

구체적으로 어떻게 계산하며 의사소통하는지 확실치는 않지만, 하메로프는 미세소관이 계산을 한다고 확신하며, 미세소관이 실험실에서 스스로 조립되도록 두면, 우리를 위해 계산을 해줄 것이라고 생각한다. 그는 나에게 "미세소관의 좋은 점은 그들이 세포라는 집 밖에서도 기능한다는 점입니다(BR처럼). 튜불린 소단위들을 적절한 용액에 넣으면 자연적으로, MAPS에 의해 교차 결합된 아름다운 원통으로 자가조립됩니다. 이 말은, 커다란 통에서 그것을 정렬시킬 수 있고 신호전달 매체로 사용할 수 있다는 뜻입니다"라고 말했다.

마이클 콘래드는 또한 현미경 하에서 아주 최근에 얼굴을 드러낸 세포 격자에도 관심을 갖고 있다. 콘래드는 "미세소관은 언젠가 감촉성 프로세서의 일부분이 될 가망성이 크다"고 말한다. "아주 작은 지네 같은 팔을 사용하여 모양을 밀거나 잡아당기면서, 미세소관은 모자이크로 자가조립되도록 서로에게 빠르게 다가갑니다. 세포골격은 정보 읽기 체제의 일부도 될 수 있어요. 모자이크를 형성하는 대신, 떠도는 모양들이 어떻게든 세포골격의 자가조립에 영향을 미칠 수 있습니다. 세포골격의 최종 모양은 신경세포로 들어오는 입력 패턴을 반영하고('토끼'라고 말할 것이다), 정보 읽기 효소들은 모자이크 대신에 세포골격을 해석할 것입니다. 끝으로 당신은 미세소관을 긴 끈으로 연결하여 물리적 전달 장치로 작동하게 하고, 감촉성 프로세서들을 복잡한 병렬 네트워크로 서로 연결할 수도 있습니다."

콘래드의 생각에, 세포에서 세포골격은 다양한 재능을 지닌 새로운 인물이 팀에 합류하는 것과 같다. "세포골격이 구사할 수 있는 모든 과정을 생각해보세요. 구조적인 변화, 쌍극자 진동, 활주운동, 솔리톤파, 진동운동, 음파, 중합과 탈중합반응! 이로써 세포골격 시스템은 역동적 운신의 폭이 커지며, 더 효율적인 계산 방법을 진화시킬 때 선택의 폭이 넓어집니다. 우리가 하려는 일은, 진화에 융통성의 여지를 많이 넣어준 다음 진화가 스스로 가장 좋은 것을 찾아내기를 기다리는 것입니다."

스튜어트 하메로프는 미세소관에 대해 거의 책 한 권 분량에 달하는, 「궁극의 계산법Ultimate Computing」이라는 송시를 썼다. 그는 과감하게 그것을 발표하였고, 그 논문은 매혹적인 것으로 많이 읽히고 있다. 어려운 수학으로 시작했다가 갑자기 과학 영역 밖으로 뛰어나간 예측을 하여 과학계 일부에서는 눈쌀을 찌푸리기도 했다. 하메로프는 세포골격 배열이야말로 인공지능을 위한 훌륭한 매체가 될 것이라고 주장한다. 그것은 얼마나 빠르게 계산할 수 있을까? 글쎄, 뇌라고 일컫는 1.6킬로그램의 우주에는 10^{15}에 해당하는 튜불린 이합체들이 있고 각각이 거의 초당 10^{9}번 작동하므로 총 초당 10^{24}번의 작동이 일어난다. 그보다 더 많은 이합체를 원하면 통을 더 크게 만들면 된다! 좀 더 신중한 동료 과학자들은 그의 허세에 어이없어하겠지만, 약간 과장하자면 이런 내용물 통을 지구 궤도로 띄우면 그곳에서 인공 의식을 진화시킬 수도 있다고 그는 말한다. 혹은, 그는 계속하여 말하기를, 미세소관은 생물 분자이기 때문에 우리 몸에서도 환영한다. 우리는 MAPS가 모터와 같다는 점을 활용하여 그것을 프로그램된 나노 로봇 삼아 세포 속으로 보내 특수 임무들을 수행시킬 수 있다.

하메로프는 책을 대담하게 끝내고 있다. "미세소관과 세포골격은 진화 역사에서 문제 해결사, 소기관 이동자, 세포 내 조직자, 정보 회로 등으로 자리를 잡았다. 이들은 앞으로 여기에서 어디로 나아갈까?" 1992년《컴퓨터》라는 잡지의 기사에서, 하메로프와 4명의 공동 저자들은 한껏 추측을 하였다. "만일 미세소관에서 계산이 일어나고 해독되고 평가될 수 있다면 세포골격 배열은 상당한 계산 용량을 가진 '도구'가 될 수 있다. 그러한 시스템은 언젠가는 사람의 능력에 필적하거나 더 우수한 인지 능력에 도달할 것이다." 그러면서 저자들은 독자의 마음을 읽는 것 같다. "세포골격이 역동적으로 암호화하는 것, 세포골격을 기술적으로 조작한다는 것이 억지처럼 보일지 모르지만, 수십 년 전 DNA와 RNA가 정적으로 유전 암호화되며 그것을 인간이 조작한다는 개념이 나왔을 때보다 더 급진적일까?"

1994년 11월 11일자 《사이언스》에서 데이비드 지퍼드David Gifford가 쓴 「DNA 계산으로 가는 길목에서」라는 제목의 기사를 읽으면서 나는 하메로프의 주장이 생각났다. 누군가는 언젠가 그것을 생각해낼 것이다. 만일 단순한 효소들이 콘래드가 주장하는 것처럼, 모양 맞추기를 통해 계산할 수 있다면, 그리고 하메로프의 미세소관들이 계산용 배열을 형성하기 위해 조립되고 분해될 수 있다면, 모든 것 중에서도 가장 놀라운 암호의 메커니즘은 어떤가? 생명의 암호는 두 개의 나선형 계산이 맞물려 빙빙 돌아 올라가는 것처럼 꼬여 있고, 염기쌍들이 매우 단순하지만 하나씩 짝을 이루어 패턴 인식이라는 화려한 솜씨를 자랑하지 않는가? 누군가 DNA 컴퓨터라는 정상에 오르는 것은 단지 시간문제였다.

순회 영업 사원이여, 당신의 DNA에 조언을 구하라

DNA는 암호 혹은 일종의 언어로, 말하고 싶은 것을, 핵산 염기를 나타내는 알파벳 글자 네 개, 즉 A(아데닌), T(티민), G(구아닌), C(시토신)로 표현할 수 있다. 정보가 분자 사슬로 바뀜으로써 정보는 만질 수 있는 무엇, 모양 맞추기와 서열 결정하기의 물리학으로 조절될 수 있는 무엇이 된다.

또한 정보는 DNA의 상보적 염기 결합이라는 우아한 규칙 덕분에 복제될 수 있는 물질이 되었다. 상보성이 작동하는 방식은 이렇다. DNA 두 가닥이 결합할 때 염기들은 독특하게 정렬된다. 즉 A는 T에, C는 G에 붙는다. 상보적인 두 가닥은 결합하는 것이 열역학적으로 안정된 상태이기 때문에 항상 만나서, 크릭과 왓슨을 유명하게 만든 지퍼 같은 이중나선을 이룬다. 이중나선에 열을 가하면 두 가닥이 풀리고, 체온 정도로 다시 식히면 한 개의 염기도 빠짐없이 다시 결합된다. 메릴랜드 주 록빌에 있는 제넥스Genex 사(지금의 시큐 사seQ, Ltd.)의 케빈 울머Kevin Ulmer는 말하기를, "그것은 자동차를 분해해서 부품들을 커다란 상자에 넣은 다음 세게 흔들어 운전할 수 있는 차로 저절로 재조립되기를 기다리는 것과 같다. DNA '프로세서'는 자동차에 비해 매우 작으므로 눈곱만큼의 물에도 몇 조 개나 들어 있으며 상호작용하기 때문에 병렬 프로세서로 이상적인 매체가 될 수 있다"라고 했다.

남가주 대학교 공과대학 컴퓨터과학과의 헨리 살바토리 과장Henry Salvatori Chair 직함을 가진 레너드 아델만Leonard M. Adleman은 자동조립되는 DNA의 특성에서 하나의 아이디어를 얻었다. 1994년에 그는, 인공 합성된 DNA 가닥이 든 시험관 몇 개로 가장 어렵다고 알려진 계산 문제 중 하나를 풀기 시작했다. '지시된 해밀턴 경로 문제(점들로 형성된 그물망에서 최적 경로 찾기)'는 전형적으로 컴퓨터의 기량을 시험할 때 쓰이는 문제인데, 효율적인 알고리즘(해결 방법)이 아직 발견되지 않았기 때문이다. 이것은, 여러 도시를 비행기를 타고 돌아다녀야 하는데 각 도시를 한 번만 지나가는 일정을 찾는 영업 사원의 문제이다. 방문할 도시가 많아지면, 가능한 일정은 천문학적인 숫자로 늘어난다. 예를 들어, 100개 도시를 지나가는 해밀턴 경로를 찾는 데도, 1초에 1조 번 계산하는 컴퓨터로 10^{135}초, 우주의 나이보다도 더 막대하게 많은 시간이 걸린다!

아델만은 일곱 도시를 이용하여, 애틀랜타에서 시작하여 디트로이트에서 끝나고 그 사이에 있는 도시를 단 한 번만 지나가는 경로를 찾았다. 그는 각 도시에 DNA의 A, T, C, G를 이용해 DNA 이름을 붙이고, 이 이름에 상보적인 DNA 가닥을 만들었다. 이러한 가닥들을 만드는 데는, 자동적으로 염기들을 일렬로 배열하는 올리고 머신이라 부르는 흔한 실험실 장비를 이용하였다. 다음 표의 오른쪽 행에서처럼, 상보성의 규칙에 따라 A는 T로, T는 A로, C는 G로, G는 C로 대체되어 합성되었다.

도시	DNA 이름	합성된 상보적 DNA 이름
애틀랜타	atgcga	tacgct
볼티모어	cgatcc	gctagg
시카고	gcttag	cgaatc
디트로이트	gtccgg	caggcc

(실제로 아델만은 20개의 알파벳으로 된 일곱개 도시 이름을 사용했지만, 여기서는 간단한 예를 든다.)

흔한 DNA 재조합 기술을 사용하여, 아델만은 상보적 DNA 가닥 30조개를 복제해두었다.

그리고 각 노선에 노선 이름을 붙였는데, 출발지의 알파벳 뒤 세 글자에 도착지의 알파벳 앞 세 글자를 붙여서 만들었다. 영어로 한다면, 애틀랜타발 시카고행 노선 이름은 알파벳 대문자 여섯 개로 이루어진, (atla)NTACHI(cago)가 되었을 것이다. 하지만 아델만은 DNA 암호를 사용하고 있었으므로 비행 노선 이름은 다음과 같이 되었다.

비행 노선	DNA 이름	DNA 비행 노선 이름
애틀랜타-시카고	atg**cga-gct**tag	**cgagct**
시카고-디트로이트	gct**tag-gtc**cgg	**taggtc**
시카고-볼티모어	gc**ttag-cga**tcc	**tagcga**
볼티모어-디트로이트	cga**tcc-gtc**cgg	**tccgtc**

DNA 합성 기계를 사용하여 아델만은 DNA 비행 노선 이름을 실제 염기로 만든 다음, 각각을 30조 개씩 복제하였다. 이것을 먼저 위에서 만든 상보적 DNA와 한 시험관에 넣고 섞어주면, 비행 노선 이름이 한 도시 이름의 끝과, 또 다른 도시의 시작 부분과 붙으므로, 두 도시를 함께 이을 수 있다는 생각이었다. 이를 시험하기 위해 아델만은

비행 노선 이름을 상보적 DNA 도시명이 든 시험관에 부어넣었다(실험 조수들 말에 의하면 이것은 햄버거 도우미가 하는 일처럼 아주 쉽다). 정말이지 비행 노선 이름들이 부목처럼 작용했다. 예를 들어, cgagct는 애틀랜타발 시카고행 항로이며, 다음과 같이 시카고의 상보적 DNA에 붙었다.

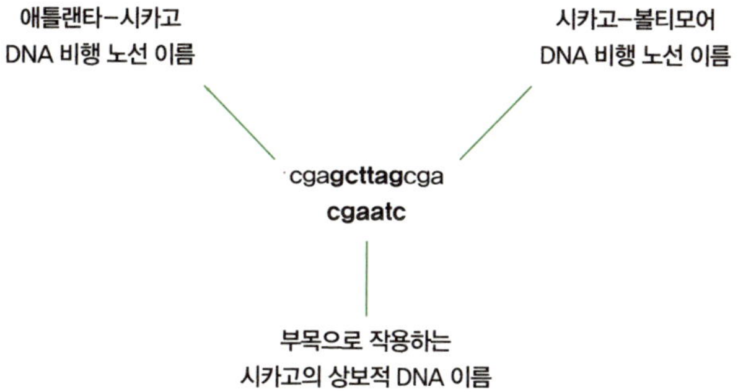

오래 걸리지 않아, 시험관은 서로 이어진 DNA 비행 노선 이름으로 가득 차게 되었다. 일련의 재조합 및 심사를 통해 아델만은 결국 잘못된 도시에서 시작하거나 끝나는 이름과, 너무 길거나 너무 짧은 모든 가닥들을 여과해낼 수 있었다. 그는 결국 여행 일정 계획이 가능한 DNA 분자 가닥만을 손안에 갖게 되었다.

그 문제는 자가조립을 통해 해결되었는데, 이는 모양에 기반을 둔 콘래드의 계산법과 같은 종류이다. 데이비드 지퍼드가 《사이언스》에 평했듯이, "아델만의 방법은, 모든 가능한 해답을 하나하나 시도해보는 무식한 방법을 이용하여, 수십억 개의 산물을 만들어내는 연결 반응으로 막대한 계산 능력을 얻는 것이다".

아델만의 최초 실험(《사이언스》에 논문이 게재되어 있음)에서는, 단지 일곱 개의 도시만 다루었지만, 어떤 해밀턴 경로 문제도 이 방식으로 풀릴 수 있음이 거의 확실하다. 그렇다고 순회 판매 사원의 문제만 풀 수 있는 것은 아니다. 전화망의 전환, 공장의 자동화, 인공지능 같은 복잡한 문제들도 소위 동시 처리 과정이 필요하다. 재래 컴퓨터가 한 번에 한두 가지의 해결책만 찾는 반면에, 수조 개의 DNA 분자들 각각은 프로세서로 작용하여 수십억 가지의 가능한 해결책을 동시에 제시할 수 있다.

언론 발표에서 아델만은 조심스럽게 희망을 말했다. "계산에 대한 이러한 접근 방식이 장기적으로 어떤 의미가 있는지는 판단하기 이르다. 그러나 분자 계산은 분명히 앞으로 더 연구할 가치가 있다. 예를 들면, 현재의 슈퍼컴퓨터는 초당 약 1조 번의 연산을 할 수 있는 반면에, 분자 컴퓨터는 생각건대 초당 1,000조 번 이상 연산을 수행할 수 있을 것이다." 사실 DNA 컴퓨터는 며칠 동안에, 지금까지 제작된 이 세상 모든 컴퓨터를 이용한 모든 연산보다 더 많은 연산을 수행할 수 있는 것으로 계산되었다.

아델만은 계속했다. "더욱이, 분자 컴퓨터는 현재의 전자 컴퓨터보다 에너지 효율이 10억 배는 더 좋을 것이다. 또한, DNA에 정보를 저장하는 데는, 비디오테이프 같은 기존의 저장 매체에 필요한 공간의 약 1조분의 1만한 공간만 있으면 된다. … 본질적으로 복잡한 문제들의 경우 … 기존의 전자 컴퓨터들이 아주 비효율적일 때, 그리고 분자

생물학이 현재 제공하는 기술을 이용하여 대규모 병렬 처리를 하려고 할 때, 분자 계산은 가까운 시일 안에 전자 계산과 경쟁할 것으로 보인다."

논문이 《사이언스》를 통해 출간된 지 몇 개월 뒤에, 아델만은 프린스턴 대학교에서 DNA에 기반을 둔 계산에 관한 학회를 즉석에서 개최했다. 그런데 그도 놀랐을 정도로 많은 200여 명의 과학자가 강당을 빽빽이 채웠다. 많은 의견들이 발표되었고, 계획이 세워졌고, 아델만은 이 분야가 아직 '배아 단계'에 불과하다고 했지만, 그 회의에 참석한 다른 사람들은 짧으면 5년 이내에 DNA 컴퓨터를 보게 될 것이라고 믿었다.

아마 실리콘 컴퓨터를 완전히 포기하지는 않을 것이다. 콘래드의 입체 처리기와 마찬가지로, DNA 애호가들은 DNA 통을 실리콘 컴퓨터용 부속 장치로 보고 있다. 예를 들면, DNA 통은 막대한 저장용 매체가 될 것이다. 연사 중 한 사람은, 크기로 볼 때 1입방미터의 액체 DNA 컴퓨터는 이 세상의 모든 컴퓨터보다도 많은 정보를 기억할 수 있다고 말했다. 더 구체적으로, 프린스턴에 있는 NEC 연구소의 에릭 봄Eric Baum은 DNA 용액 1,000리터에는 10^{20}(0이 20개)개의 암호화된 '단어'만큼 정보를 수용하게 될 것이라고 추정했다. 또 다른 연사는 DNA 시험관 바닥에 사람의 뇌 전체보다 100만 배 더 많은 정보를 저장할 수 있을 것이라고도 추정했다.

아델만의 DNA 실험이 실제로 작동했다는 사실을 알고, 언론은 이러한 예측들에 경악했다. 《뉴스위크》의 스티븐 레비Steven Levy는 이렇게 썼다. "그러한 사건은 초고속 열차에서 창밖을 내다보는데, 처음 보는 이상한 교통수단이 휙 지나가 깜짝 놀라는 것과 같다. 마치 당신이 가만히 멈춰 서 있는 듯한 느낌일 것이다."

하지만 마이클 콘래드, 스튜어트 하메로프, 앤 테이트가 보기에, 아델만의 발표는 불가피한 사건으로, 다시 말해 올 것이 온 것이었다. 아델만이 그 이후에 말했듯이, 그는 실험을 통해 "컴퓨터가 된다는 것은 우리가 외부에서 대상에 부과하는 것"임을 깨닫게 되었다. 그는 DNA 컴퓨터 외에도 아직 우리가 발견하지 못한 다른 종류의 '컴퓨터'도 많이 있을 것이라고 했다.

사실 우리는 자연이 계산하고 정보를 전달하기 위해 이미 찾아낸 모든 방법들을 이제 막 탐색하기 시작하였다. 놀라운 점은 오히려, 계산 아이디어를 얻기 위해 자연의 어깨를 넘어 엿보기까지 왜 그렇게 오래 걸렸는가 하는 것이다. 아마도 이는 우리가 '찾는 이미지'가 잘못되었기 때문일 것이다. 우리는 아직 자연의 계산 도구를 본 적이 없다. 그것은 우리의 것과 다르게 생겼기 때문이다.

생물학 일으켜 세우기: 진짜 중요한 탐구

마이클 콘래드에게 분자 계산 시대에 데스크톱 컴퓨터는 어떤 모양이 될지 묻자 그는 머뭇거렸다. 그가 보기에 진짜 당근은 컴퓨터가 아니다. 그는 "세상이 가장 필요로 하지 않는 사물은 또 하나의 새로운 도구입니다"라고 말한다. "나는 기술을 미학적으로는 이해하지만, 일부 의학적 기술을 제외하고는, 인간에게 꼭 기술이 필요하다고 보지 않습니다. 우리가 느끼는 기술에 대한 필요성은 주로 수출을 위한 국가 간의 경쟁 때문입니다. 성장하기 위해 도구를 요구하는 것은 경제이지 사람이 아니라고 나는 생각합니다." 이 사내, 어마어마한 컴퓨터 센터의 수장이지만, 차도 몰지 않고 그럴 필요도 없다. 그는 15년 동안 부인 데비와 함께 살아온 빅토리아 풍 구식 아파트에서 센터까지 매일 걸어 다닌다. 그가 걸어가는 동안 전화가 걸려온다 해도 그는 전화가 온 것도 알지 못한다. 그는 삐삐도 없으니까.

콘래드의 의제, 그리고 미래에 대한 그의 비전에 있어 최우선 건은, 사람들을 깜짝 놀라게 하기에 충분한데, 사람들에게 생물학을 이해하는 새로운 패러다임을 제공하는 것이다. 기계적인 패러다임이 아니라 생물학적인 패러다임을 말한다. "현재로서는, 이 맥플러스는 최고의 기계입니다. 그것이 우리가 알고 있는 것이니까요. 그렇다고 뇌를 설명하기 위해 그것을 사용해야 하는 것은 아닙니다."

콘래드는 옳다. 우리는 생명체에 관해 이론을 만드는 습성이 있으며, 그 이론은 시간의 기계에 바탕을 두고 있다. 한때 인간의 신체는 시계처럼 정확하게 작동한다고 말했는데, 시계가 최고의 기계였을 때였다. 인체가 레버와 도르래 그리고 펌프처럼 작동한다고 말했던 때도 있었다. 그러고 나서는, 에너지 분포 면에서 증기 엔진과 같다고 말한 적도 있다. 제2차 세계대전 이후 공장의 피드백 조절 체제를 고안해내자, 우리의 신체도 자체적으로 조절되는 자동 제어장치인 것처럼 말하기 시작했다. 이제, 예상대로, 우리는 신체가 컴퓨터처럼 작동한다고 확신하고 있다. 우리는 컴퓨터 과학에서 나온 이론들을 이용하고 있으며, 기계적 세계에서 온 것들을 이용해 뇌가 작동하는 법도 설명하고 있어서 콘래드는 심기가 불편하다.

"우리는 생물학과 학생들에게 효소와 신경세포는 켜고 끄는 단순한 스위치라고 가르치고 있습니다. 실제로는 우리는 컴퓨터 같지도 않을 뿐더러, 시계 같지도 않고, 레버 같지도, 자동 귀환 제어장치 같지도, 증기 엔진 같지도 않습니다. 우리는 그것들보다 훨씬 더 미묘하고 복잡합니다."

"유기체를 디지털 컴퓨터로 보는 견해가 생물학을 납작하게 눌러버렸는데, 나는 그것을 다시 쫙 펴주고 싶어요. 내가 감촉성 프로세서를 만들어내면, 사람들이 문득, 계산하는 방법에는 한 가지 이상이 있구나 하고 생각하게 되기 바랍니다. 자연의 컴퓨터는 우리의 컴퓨터와 같은 방식으로 작동하지 않습니다. 컴퓨터가 하는 것은 사회에 나쁘다는 생각, 그것 때문에 우리 뇌에게 수행시켜야 할 업무, 디지털 컴퓨터에는 적합하지 않은 업무를 컴퓨터에 시키는 것입니다."

나는 콘래드가 성취하고자 노력하는 바에 대해 많이 생각해보았고, 그래서 이제 그가 말하는 것이 6세대 컴퓨터로 다른 나라를 능가하는 것보다 훨씬 더 중요하다고 생각하게 되었다. 생물학을 살리고자 하는 콘래드의 고집에는 생체모방의 최종 목표, 즉 자연에 대한 존중을 더 배우고, 경이로운 우리의 감각을 복원하려는 목표가 배어 있다. 생체모방이 잘 이루어지려면, 우리는 발명이 아니라 발견하고 흉내를 내야 하고, 그 과정에서 깜짝 놀라고, 더 겸손해지고, 더 배우는 자세를 가져야 한다.

캐럴린 머천트Carolyn Merchant와 모리스 벅맨Morris Bergman은 각각 자신들의 책, 『자연의 죽음The Death of Nature』과 『세상의 매력The Reenchantment of the World』에서, 자연에 관한 인식을 바꿔야만 우리가 자연을 대하는 태도가 바뀐다고 입을 모은다. 역사는 그들의 주장이 옳음을 증명한다. 1700년대에 우리는 자연을 범하는 것을 금기시하는 문화를 무시하고, 과학자들이 자연 세계를 조각으로 나눠 연구하는 것을 허용했다. 정령과 신비가 사라지자 자연은 갑자기 우리의 손안에 들어오게 되었고, 우리가 원하는 대로 다룰 수 있게 되었다.

두 세기 동안 환원주의reductionism를 가지고 할 수 있는 일을 끝까지 다하고 나자, 그에 대한 반동의 조짐이 슬슬 나타나기 시작하였다. 많은 과학자들, 특히 생태 과학 분야의 과학자들은 다시 한 번 전체whole를 섬기기 시작했다. 자연을 대하는 자세 또한 빙 돌아 제자리로 돌아와, 생활에 활기를 불어넣고, 자연 세계와 우리 사이의 관계에 대한 존경심을 복원하고 있다.

이 모든 것과 맞추어 생체모방학은 우리에게, 자연은 최고의 발명가이며, 관찰자인 우리가 모르는 것, 아마도 영원히 알 수 없을 것들이 자연에는 많음을 알려주고 있다. 자연과 동맹을 맺음으로써, 생물친화적 물질을 사용하고, 진화가 마술을 부릴 수 있게 놔둠으로써(그것이 어떻게 작동하는지 확실히 알지 못한다 하더라도), 우리는 우리 자신의 직선적이고 디지털적이고 엄격하게 조절되는 논리가 지배하는 곳에서 빠져나올 수 있을 것이다.

우리의 뇌에서 일어나고 있는 일을 감촉성 프로세서, 미세소관 배열, BR 입방체, 눈곱만큼의 DNA 등과 같은 탄소 기반 도구들을 사용하여 우리가 정확하게 복제할 수 있게 될까? 마이클 콘래드는 웃는다. "기억하세요. 나는 환상을 품고 있는 게 아니에요. 나는 생명의 기원 실험실 출신이고, 생명이 얼마나 멋진지도 압니다. 자연을 모방하기 위해 우리가 가장 먼저 도전해야 할 것은 자연을 자연의 용어로 묘사하는 일입니다. 그 은유가 올바른 방향으로 흘러가기 시작하는 날, 기계에 기반을 둔 모형들은 관심 밖으로 밀려나기 시작할 것입니다. 자연의 과정과 자연의 설계가 결국은 우리가 숭상하는 표준이 될 겁니다. 그날이 오면 비로소 나는 내 할 일을 다 했다고 느낄 것입니다."

제7장

어떻게 사업을 할까?

상업의 고리 닫기: 미국삼나무 숲처럼 운영하기

가까운 과거(200년이란 세월은 인간의 진화 관점에서 보아도 그렇고, 더구나 생물학적 진화 관점으로 볼때 최근이다)를 객관적으로 되돌아보면 한 가지 사실이 분명해진다. 우리가 현재 알고 있는 산업혁명은 지속가능하지 않다는 것이다. 우리는 지금처럼 물질과 자원을 계속 쓸 수 없다. 그렇다면 우리는 어떻게 연착륙할 수 있을까?

_브래든 알렌비Braden R. Allenby, AT&T 사의 기술 및 환경 부문 연구 부사장

자연은 10억 년에 걸쳐 서로 조화를 이루어 작동하는 시스템들을 진화시키면서, 아무것도 자라지 않는 돌투성이의 빈약한 흙에서 풍요로운 녹색 숲을 일구어냈다. 인간의 간섭 없이, 자연의 과정은 아름답고, 우아하고, 효율적인 자기 조절력을 진화시켰다. 우리가 할 일은 그것을 어떻게 존중하고, 어떻게 그 진리에서 영감을 받아 새로운 문화적 가치와 체계를 창조해나갈지를 배우는 것이다.

_제임스 스완James A. Swan과 로베르타 스완Roberta Swan,
『지구의 한계Bound to the Earth』 저자들

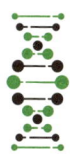

《총체적 지구 목록Whole Earth Catalog》이라는 잡지의 편집자인 스튜어트 브랜드Stewart Brand는 자칭 "평생 생물학적 은유를 퍼뜨리고 다니는 사람"이다. '땅으로 돌아가 지속가능하게 살기 운동'을 위한 방법과 요령을 수집하면서, 최상의 방법은 자연이 이미 발명해 놓았다는 사실을 그는 오래전에 깨달았다. 따라서, 자연히 브랜드는 미국 캘리포니아 주의 몬터레이에서 1992년 개최된 생태기술회의EcoTech Conference에서 사업 컨설턴트인 하딘 팁스Hardin B. Tibbs가 자연의 이미지에 맞춰 산업을 개조하는 일에 관해 말하는 것을 듣고 거기에 동참하고 싶어졌다. 그는 팁스의 발표가 끝난 후 그를 찾아가 지속가능한 경제를 지향하는 자문 회사인 지구산업네트워크Global Business

Network에서 함께 일하자고 제안했다.

팁스는 산업생태학industrial ecology이라고 부르는 새로운 운동의 전도사인데, 이것은 내가 보기에 생체모방 중 가장 모순어법으로 된 용어다. 이 용어를 만들어낸 사람은 언젠가 그것이 모순적으로 들리지 않게 될 날이 오기를 바라지만, 이 용어는 폴 호켄이 말하는 "상업의 생태학ecology of commerce"을 우리가 어떻게 실행해야 하는지 정확하게 설명해준다.

소수의 전문가들에서 시작되었다는 것을 고려할 때(산업생태학이라는 용어를 내가 처음 접한 것은《총체적 지구 리뷰Whole Earth Review》라는 잡지에서였는데, 향정신성 식물에 대한 추천의 글 옆에 있었다), 에이티앤티AT&T라는, 세계에서 다섯 번째로 큰 기업이 산업생태학 학회를 후원하고, 연구비를 주고, 그 개념과 씨름할 전담 부서를 벨연구소Bell Labs에 만들고 있다는 기사를 읽고 내가 얼마나 놀랐을지 상상해보시라. 제너럴모터스도 여기 동참했고, 빌 클린턴 대통령의 미국 국가기술전략 팀이 산업생태학을 지침 원리로 삼을 것이라는 기사도 나왔다.

아주 급진적인 아이디어가 주류가 되어 움직이고 있는 것이다. 만일 그것이 성공한다면, 컴퓨터 칩, 섬유, 접착제 등을 만드는 방법 이상의 훨씬 많은 것들을 바꾸게 될 것이다. 무엇이든지 생산하고, 팔고, 홍보하고, 사는 방법이 모두 바뀔 것이다. 좀 이상하게 들리겠지만, 산업생태학에서는 햇빛을 듬뿍 받는 히코리나무 숲이 그 잎사귀를 재활용하듯이 사업을 하게 될 것이다.

시리얼과 인류의 미래

내가 AT&T 사의 저 유명한 벨연구소 화학과의 과장보인 밥 러다이스Bob Laudise를 처음 본 것은, 그가 연단에 서 있을 때였는데, 그는 머리 위로 시리얼 상자 하나를 높이 쳐들어, 80줄 뒤에서 목을 빼고 있는 청중도 잘 보이게 흔들고 있었다. 그 방에는 1,000여 명의 발명가와 과학자들, 그리고 전자제품, 첨단 기술 소재, 내구 소모재를 생산하는 미국 내 굴지의 제조 업체들에서 온 기업 대표들이 있었다. 청중의 관심을 사로잡은 후에, 러다이스는 연단에서 내려와 객석 사이를 다니며 상자를 몇 개 돌렸다. 앉아 있던 청중들은 그 상자를 옆으로 건네면서, 안경을 코 아래로 내리고 내용물 성분 표시를 읽었다. 진지한 어조로 이야기를 나누고 다음과 같은 메모를 적어넣기도 했다. '시리얼의 비밀 성분을 찾을 것.'

러다이스가 말하는 비법은, 작은 트랜지스터 등의 부품이 장착된 전자 기기를 조절하는 전자회로 기판을 세척하는 새로운 방법에 관한 것이었다. 현재는 유해한 독성 용매를 사용하여 제조 중간 단계마다 그 판들을 세척하는 방법을 쓰고 있다. 새로운 세제를 고안해낸 이 AT&T 연구자는 산업생태학의 기본 교리, 즉 가능하다면 자연이 인식할 수 있고 동화시킬 수 있는 물질만 사용하라는 교리에서 영감을 받았다. 이 말을 곧이곧대로 받아들여, 이 연구자는 어린이가 시리얼 그릇 밑바닥에 남은 것까지 들고 마셔도 될 정도로 안전한 성분을 찾아내어, 미국 식품의약국이 승인한 물질 데이터베이스의 맨 위에 올렸다. 그럼에도 불구하고 이 물질은 새로 만든 회로 기판에 부으면 남아 있는 납땜과 분말을 감쪽같이 씻어냈다.

궁금한 것은, 왜 우리는 그동안 자연과 호환 가능한 것을 쓰지 않았을까 하는 점이다. 그랬다면 많은 문제를 피해갈 수도 있지 않았을까? 놀라울 정도로 간단한 교리를 수용하려는 생각을 하게 되기까지 우리는 사고를 과감하게 재편성해야만 했다. 산업혁명 속에서 100년이 지난 지금에서야 우리는 겨우 눈을 뜨기 시작했고, 우리가 인공적으로 구축한 세계가 실세계와 격리되어 있지 않음을 깨닫게 되었다. 우리가 구축한 세계는 우리에게 자양분을 주고 우리의 모든 활동을 가능하게 하는 더 커다란 자연 세계와 얽혀 있다. 이 둥지를 더럽히는 사업은, 다른 생물들은 이미 오래전에 배운 교훈인데, 가망성 없는 사업이다.

어리석음의 극치에 이르다

처음에는 우리가 우리 자신의 둥지를 더럽히고 있음을 알기 어려웠다. 우리는 계속 쇠락한 땅과 물을 뒤로 하고 떠나 새로운 영토로 확장해나갔기 때문이다. 우리는 냄새 좋은 화분 흙에서 가는 뿌리를 하나씩 키워나가는 작은 씨앗 같았다. 경제의 뿌리 뭉치, 즉 세계 속에 속한 우리의 세계가 더 큰 주변에 비해 작은 이상 그것은 아무 문제가 없었다.

불행하게도, 우리는 작은 채로 있지 않았고, 자연 세계는 더 커지지 않았다. 우리가 우리를 담고 있는 화분을 꽉 채울 정도로 증가했음은 군이 맬서스주의자Malthusian가 아니라도 잘 안다. 매달 800만 명(뉴욕 시의 인구)이 이미 신음하고 있는 지구에 합류한다. 미국에서만 매해 120억 톤의 고형 폐기물을 만들어내는데, 이는 미국 워싱턴 주의 세인트 헬렌 산이 1980년대에 분출한 화산재 총량의 20배나 된다! 해마다 2억 톤 이상의 폐기물이 9만 톤의 핵폐기물과 함께 대기에 더해지고 있으며, 대부분은 앞으로 10만 년 동안 유독할 것이다.

산업 자원의 주기는 현재 지구의 생물지구화학 주기biogeochemical cycle와 맞먹거나 초과하고 있다. 이에 대해 텁스는 "질소 및 황의 산업적인 흐름은 자연적 순환주기와 같거나 더 빠르고 납, 카드뮴, 아연, 비소, 수은, 니켈, 바나듐과 같은 금속의 경우 산업적인 흐름이 자연적 흐름보다 두 배나 빠르고, 납의 경우는 18배나 더 빠르다"고 말했다.

두려운 것은 속도의 크기만이 아니다. 그것이 가속화되는 속도가 더 무섭다. 6,000억 달러의 재화를 생산해내는 세계경제를 만들기까지 인류 역사의 시작에서부터 1,900년이 걸렸다. 오늘날에는, 세계경제가 2년마다 그 정도의 크기만큼 성장하고 있다.

우리는 한때 향기로운 화분 토양에서 자라는 작은 모종이었지만, 이제는 화분에 뿌리가 꽉 차, 자연의 인내 한계를 끝까지 위험천만하게도 밀어붙이고 있다. 이렇게 되어가는 것을 우리가 여태 왜 보지 못했을까?

브래든 알렌비 역시 이것을 의아하게 생각하여, 자신의 환경 과학 박사 학위 논문의 도입부에, 우리가 어떻게 자연을 이리저리 조작했는지 멋지게 서술하고 있다. 논문의 나머지 부분은 거기서 어떻게 벗어날 것인지 그리고 생태학에 근거한 접근 방법으로 어떻게 그 행로를 변경시킬 수 있는지를 보여준다. 알렌비를 방문하기 위해 벨연구소 사무실로 찾아갔을 때, 그는 기술 및 환경 부문의 연구 부소장으로서, 세계를 손안에 놓고 모든 방면에서 살펴보면서 아이디어를 짜내고 있었다.

알렌비는 짙은 머리색에 명석하며, 열정적이다. 몸 동작으로 공중에 그림을 그리며 말을 제법 빨리 해서 구연동화자처럼 듣는 사람을 몰입시켰다. 수백만 년 동안, 우리는 그 수가 많지 않았기 때문에 영향력도 적었다고 그는 말한다. 진실로 침략적인 행위는 금기시되었다. (캐럴린 머천트**Carolyn Merchant**가 자신의 책 『자연의 죽음**The Death of Nature**』에서 언급한 것처럼, 자연은 살아 있는 실체이며 어머니로 여겨졌고, 어머니의 머리카락을 자르거나(산림 벌채) 창자를 뚫는 일(광산)은 상상도 할 수 없는 일이었다.) 그런 것이 17세기에 들어 많이 변하기 시작했다고 알렌비는 말한다. 과학혁명이 지구에 대한 경의를 한물간 것으로 만드는 한편, 교회는 그것을 드루이드교의 미신이라고 비웃었다. 일단 자연이 생명도 없고 영혼도 없는 원자들의 조립품으로 강등되자 '신이 내린' 자연에 대한 통치권을 행사하는 것이 사회적으로 용납되기 시작하였다. 그리고 전 세계적인 착취를 위한 길이 열렸다.

그래도 이두박근과 등 근육으로 삽질을 할 때까지는, 아직 우리의 파괴 속도가 자연의 회복 속도에 가까웠다고 알렌비는 주장한다. 우리가 자연을 뛰어넘기 시작한 것은 산업혁명이 지렛대를 기울여 우리를 승자의 편에 서게 해주면서부터였다. 기어, 수리학, 화석연료, 내연소 기관 등이 우리로 하여금 더 깊고, 더 빠르고, 더 멀리 지구에 닿게 해주었다. 우리는 가능한 한 빠르게 자원을 추출하고, 그것을 생산품과 폐기물로 변환시키기 시작했고, 물론 사람들도 더 많아졌다. 우리의 태도, 생활양식, 영성이 자연으로부터 더 멀어지면 멀어질수록 우리는 이러한 변환에서 나온 산물들에 더 의존하게 되었다. 우리는 '이성의 승리'에 중독되기 시작하였다.

그래도 아직 물질적 한계는 멀리 있는 것 같았다. 우리는 점령의 분위기에 휩싸였으며, 더 광대한 영토, 더 큰 부가 바로 언덕 너머에 있다고 확신하였다. 새로운 원재료를 무료로 마음껏 취할 수 있었기 때문에 이미 추출한 것을 재활용이나 재사용할 이유가 없었고, 그렇게 해봐야 보상도 없었다. 사실, 경제학이라는 신출내기 학문은 한 나라의 복지를 그 나라의 '처리량throughput', 즉 매년 얼마나 많은 원료를 얼마나 빠르게 변환시킬 수 있는가로 측정했다. 국가 대 국가의 충돌에서는, 가장 많은 것을 파내는 쪽이 승리했다.

다른 측면, 즉 폐기물에 있어서도 우리는, 지구에는 한계가 없다고, 지구가 우리의 폐기물을 언제나 소화, 희석시켜줄 것이라고 믿었다. 바다에 우리가 원하는 만큼 쓰레기를 던져넣어도 다시 해안가로 떠밀려오지 않을 줄 알았다.

알렌비는 "경제는 생태계와 같습니다"라고 말한다. "두 시스템은 에너지와 물질을 산물로 변환시킵니다. 문제는 우리의 경제는 직선적linear으로 변환하는데, 자연계의 경제는 순환적cyclic이라는 것입니다." 우리는 볼링 핀 한 세트를 공중으로 던졌다 다시 잡지 않고 다시 한 세트의 핀을 던지는 곡예사와 같다. 그러나 생명은 한 세트의 핀을 계속 돌리며 묘기를 부린다. 하나의 잎사귀가 숲 바닥에 떨어지면 미생물의 몸에서 재활용되어, 토양수 속으로 다시 돌아오고, 나무가 그 물을 흡수하여 다시 잎을 만들어낸다. 낭비되는 것은 아무것도 없고, 전체 쇼는 주변의 태양에너지에 의해 운영된다.

산업생태학은 단순한 질문을 던진다. 이 닫힌 순환 고리closed loop, 즉 태양에 의해 작동되는 생물학이 우리의 방식이 된다면 어떨까? 우리의 경제가 우리가 속해 있는 자연 세계처럼 보이고, 기능한다면 어떻게 될까? 시간이 지남에 따라 우리는 자연 세계에 의해 더 잘 수용되고 유지되지 않을까? 아주 간단하게 말하자면 이것이 산업생태학의 꿈이다.

그 아이디어 자체는 새로운 것이 아니다. 그와 비슷한 생각은 1960년대 이후부터 환경 관련 문헌에 널리 퍼져 있었다. 새로운 점은, 이러한 철학에 철두철미한 지지자들 중에 세계에서 가장 큰 기업의 임원이 있다는 것이다. 밥 러다이스는 어떻게 산업체 경영자들이 1990년대부터 녹색화하기 시작하였는지, 어떻게 전사적 품질관리Total Quality Management 이후로 자연계를 의식적으로 모방하는 것이 가장 열렬한 사업 구호가 되었는지를 설명하고 있다.

산업의 녹화

에드워즈 데밍W. Edwards Deming | 전사적 품질관리의 아버지; 옮긴이은 우

리에게 문제의 근본적인 원인을 찾아 고치라고 가르쳐 주었다. 장기적으로, 서둘러서 한 땜질은 허점이 드러나고, 결국 지지대가 필요해지기 마련이라는 것이다. 브래든 알렌비 같은 전사적 품질관리 신봉자들은 환경 위기의 근본적인 원인이 오염이 아니라 우리의 환상이었음을 깨달았다. 우리는 다음과 같이 위험한 판타지를 꾸며내기 시작했다. 우리를 위해 여기 놓여 있는 지구는 자원의 무한한 제공자이며, 우리가 더럽힌 것을 공짜로 청소해줄 것이다. 우리는 원료 물질을 마치 근본적으로 무료인 것처럼 취급했다. 사실 우리는 그 원료에 접근하는 데도 원료를 제거하는 데도 돈을 지출했는데, 광선 폐기물의 유출에, 혹은 다음 세대의 자원 재고를 고갈시키는 데는 아무 지출도 하지 않았다. 우리는 폐기물을 바다로, 강으로, 땅으로, 공중으로 방출하면서 지구의 무료 봉사에는 보상을 하지 않았다.

환경 부담금을 무시한 가격정책이 이러한 계략을 조용히 영속시켰다. 경제가 자원 채취나 오염에 가격표를 붙이지 않았기 때문에 지속가능하게 추출하고, 깨끗하게 처리하고, 사용을 최적화할 동기가 없었다. 결과적으로 이에 대해 러다이스는 "우리의 재료 선택도 어리석었고, 처리 과정도 어리석었으며, 폐기물이 생기자 태평하게 자연에 방출하는 방식을 택했고, 그러고는 잊어버렸습니다"라고 말한다. 오랫동안, 젊은이들이 자기들은 죽지 않을 것이라고 생각하듯이, 우리가 약탈하고 오염시킨 결과에 모종의 마법 방패를 갖고 있는 것처럼 행동해온 것이다.

오염을 야기하는 활동은 '발전'이라는 이름으로 떠받들었다. 나에게는 1930년대에 만들어진 고무도장이 하나 있는데, 당당하게 연기를 내뿜고 있는 굴뚝들을 영웅적으로 묘사한 것이다. 이 도장은 자신의 번영의 상징으로 편지지 윗부분에 찍으라는 것이었다. 그 도장 이야기를 하자 러다이스도 야구 카드처럼 수집하고 맞교환하던 빛나는 '공장 카드' 몇 장을 보여주었다. 자신이 살고 있는 마을에 '세계에서 가장 큰 비료 공장'이 있다는 사실보다 더 큰 자부심을 주는 것은 분명히 없었다. 경제에서 힘을 얻고 위험에는 눈이 멀었던 우리는 엄청난 망상에 사로잡혀, 더욱 단호하게 굴뚝들이 계속해서 연기를 내뿜어야 한다고 생각했다.

1960년대와 1970년대에 '빵!' 하고 환경오염 물질이 건강에 미치는 영향에 대해 최초의 경고 총성이 발사되었는데, 그중 가장 강력한 사격은 레이철 카슨Rachel Carson의 펜에서 나왔다. 환경 운동이 시작되자 봇물처럼 밀려나와 수많은 법적 승리를 이루었다. 이것은 '지휘와 통제'법의 시작으로, 산업체로 하여금 공장 굴뚝에는 입마개를 하고 배관 끝에서 나오는 출혈을 막으라고 지시하였다. 그러나 위로부터 행사되는 규칙들이 다 그렇듯이 지휘와 통제법 역시 피해가라고 간청하는 것과 다름없었다. 기업들은 곧장 변호사 부대를 동원하여, 최소한의 준수라는 기법을 완성하였다. 1980년대 들어 관대한 분위기가 조성되자 기업들은 거부 입장으로 돌아가 정례적으로 로비를 벌여 환경 규제를 풀고, 그것이 안 되면 거기서 벗어나는 방법을 찾아냈다. 그것은 주주와 소비자에게 마지막으로 잠깐 동안 만세를 부르게 했다.

연방 규제는 그러나 차츰 사라지는 게 아니라 수적으로나 엄격함으로나 강도가 더욱 세져, 1970년과 1990년 사이에 두 배가 되었다. 1980년대 말로 들어서면서 원래의 법령이 더욱 까다로운 쪽으로 옮겨가면서 빠져나갈 구멍을 막았고, 주 정부 및 지방 정부들은 나름대로 오염방지법을 가지고 보조를 맞추었다. 러다이스의 그래프는, 기업들이 얼마나 가차 없이 상승하는 정부의 통제용 요식행위에 직면했었는지 보여준다.

법 준수를 잘하면 잘할수록 비용 또한 올라갔다. 미국의 국립재생에너지연구소에 따르면, 현재 산업체들은 폐기물을 처리하고 폐기하는 데 매년 7,000만 달러를 지출하고 있다. 그러나 이러한 경제적 징계가 모든 집단을 정신 차리게 하지는 못했다. 사실 미국이라는 주식회사가 1990년대에 다시 계획을 세울 수 있게 만든 것은 녹색 소비자였다.

생태학자인 에를리히는, 인간이 장기간의 위험에 반응하도록 되어 있지 않다고 말한다. 우리를 놀라서 펄쩍 뛰게 하는 것은 동굴 입구에서 으르렁대는 검치호랑이다. 오늘날, 환경이라는 검치호랑이는 우리의 TV, 신문, 샘, 해변에서 입맛을 다시고 있어서, 우리는 살갗에 소름이 돋기 시작했다.

특별히 기억할만한 동굴 앞 호랑이 사건은 1987년에 등장했다. 이해에 3,186톤의 산업폐기물을 적재한 바지선이 미국 롱아일랜드 주의 아이슬립을 떠났는데, 쓰레기를 버릴 장소를 찾지 못해 6개월을 떠

돌아다닌 것이다. 아무도 그 쓰레기를 원하지 않았고, 그래서 거대한 바지선이 계속해서 수평선에 나타나 지구는 편평하지 않다는 사실을 확실히 증명했다. 우리의 일회용품 폐기물을 갖다버릴 편리한 공간이 지구에는 없다. 우리가 이것을 별개의 사건으로 넘길까 봐 그랬는지, 다음 해에도 화물선 키안시Khian Sea 호가 1986년 유독성 재 1만 5,000톤을 싣고 미국 필라델피아를 출발해 2년 동안 배회하다 마침내 '모처'에 그것을 버릴 수 있었다. 그때만큼 지구가 작게 또는 과부하된 것으로 보인 적이 없었다. TV로 생중계되는 전쟁이나 암살 장면의 폭력을 무감각하게 보듯, 우리는 호기심에 차서 울렁거리는 바지선을 따라 돌아다녔다. 이제는 지구에 대한 폭력이 중계될 차례였다.

비슷한 일들이 계속 일어났다. 체르노빌의 소들이 앓고, 우크라이나의 강에 불이 붙고, 페르시아 만이 원유 화재로 연기에 휩싸이고, 한 척의 배가 미국 알래스카의 프린스 윌리엄 만에 시체를 늘어놓고원유 유출 사건; 옮긴이, 뉴저지 주 해변에 주사기들의료 폐기물; 옮긴이이 물결을 따라 떠돈다. 이 모든 것에 음향효과로는, 과학자들의 카산드라예언자; 옮긴이 합창이 들어갔다. 과학자들은 유럽 크기의 두 배나 되는 오존 구멍, 북극에서 제일 가까운 도시에서 10여 킬로미터 떨어진 곳을 덮는 북극 연무Arctic Haze, 수많은 양서류 떼가 깜빡이는 경고등, 수십 종의 야생 생물들에서 발견되는 생식 기형 등에 대해 경고하였다.

그동안에도 인구는 버섯처럼 자라나 지구의 방방곡곡에 산업 낙진을 뿌렸다. 유럽의 나무들이 약해지기 시작했고 사막이 확장되고 열대우림은 줄어들고 습지가 말라가며 석화된 탄소 캐시cache | 컴퓨터의

저장 의미; 옮긴이를 '온실가스'로 뿜어냈다호수 밑에 축적된 메탄을 뜻함; 옮긴이. 가이아가 재채기를 해서 우리를 밖으로 뱉어버리려는 것처럼 날씨조차도 이상해져갔다. 이때쯤, 사람들은 러브 운하 사건, 보팔Bhopal 사건, 발암 소 사건, 1988년의 폭염 등을 겪으며 참을만큼 참아왔다.

오늘날 시민들은 마치 키안시를 자신들의 욕조에 맞아들이기라도 할 듯 자신들의 뒤뜰에 혐오 산업이 들어오는 것을 마다하지 않고 있다. 지역사회의 알 권리 법 덕분에 신문들이 이웃 산업체의 배기가스 방출량을 지면에 실어 지역사회의 비난에 노출시키기 때문이다. 나라 전체의 신문 사설에서, 굴뚝은 연기 나는 총으로, 우리의 허파에 파편을 발사하는 것으로 표현한다. 사람들은 개인적으로 '환경에 대해 무엇인가를 하기'로 결심하고, 이에 따라 놀랍게도 『지구를 구하는 50가지 방법50 Ways to Save the Earth』과 같은 책이 베스트셀러가 되고 있다. 소비자들 또한 슈퍼마켓 계산대에서, 돌고래를 괴롭히는 참치 그물망 투척법에 반대하고, 유기농업에 찬성한다는 의견 표시를 하고 있다. 어느새, 쓰레기를 함부로 버리거나 분리수거를 하지 않는 사람은, 좋게 말하더라도, 불미스러운 인간으로 보이게 되었다.

이는 비단 미국의 여피족에게만 일어나고 있는 현상이 아니다. 미국과 다른 나라들에서 실시한 여론조사에 의하면 깜짝 놀랄만한 수의 사람들이 환경을 우려하여 자신의 생활양식을 기꺼이 바꾸고 있었다. 1992년에 실시한 지구 행성의 건강에 대한 조지 갤럽 조사는, 22개 국가의 응답자들 가운데 40~80퍼센트가 이미 '환경에 해를 주는 상품 사용을 피하고 있음'을 밝혔다.

시대 풍조는 분명히 바뀌었다. 토양 유실, 수질오염, 대기오염 등 지금까지 배경 잡음에 불과했던 이야기들이 갑자기 정보가 되었다. 고객의 변덕스런 기분에 감각을 조율한 짐승과 같은 경제가 꿈틀거리기 시작했다. 그래서 근심에 빠진 산업체들이 최소한의 수익을 지키기 위해 러다이스의 강연 같은 것을 떼 지어 들으러 가는 것이다.

러다이스는 후반전에 출전하는 팀에게 작전을 지시하는 코치처럼 힘을 주어 크게 말한다. "좋습니다. 우리가 깨달은 것은, 의학의 기적 그리고 일반인도 교향곡에 다이얼을 맞출 수 있게 되는 등, 모든 산업화의 행복한 귀결에도 불구하고, 이것이 오래 갈 수 없다는 사실입니다. 우리가 운영해온 방법은 지속가능성 관점에서 보면 불합리합니다."

이단적이지 않은가? 하지만 방 안을 둘러보니 모두들 고개를 끄덕이고 있었다. 그가 이야기를 계속하는 동안, 나는 이것이 시에라 클럽 **Sierra Club | 미국의 민간 환경 단체; 옮긴이** 모임이 아님을 계속 상기해야 했다. 이것은 기업의 전략 강좌로, 러다이스는 엄한 사랑**상대를 위해서 엄격한 방법으로 돕는 것; 옮긴이**을 말하고 있었다. "기업체의 행동이 녹색화해야 하는 이유는 세 가지입니다. 그것이 옳고, 경쟁력이 있는 일이기 때문이고, 그렇게 하지 않으면 감옥에 가기 때문입니다."

어쨌든 미국 주식회사와 소비자 미국은 이해하기 시작했다. 우리는 더 이상 갈 곳이 없으며, 쓰레기를 보이지 않게 쌓아놓을 수 있는 마을 변두리가 더 이상 없다는 것을 깨닫고 있다. 세계는 둥글고 우리는 법을, 외곽의 상황을 묵과할 수 없다.

역사상 이 시점에서, 우리의 문제는 자원 부족(다가올 것이지만)이 아니라 지구의 회복력이 한계에 도달했다는 것이다. 텁스가 말한 것처럼, "자연 환경은 아주 뛰어난 적응 시스템adaptive system이지만, 자연적으로도 풍부한 화학물질의 막대하게 증가된 유동량을 흡수하여 우리가 집이라고 부르는 다정한 장소로 남아 있기에는 틀림없이 한계가 있습니다." 현재 우리의 생산량은 1970년보다 두 배나 많아졌으며, 25년 전에는 있지도 않았던 많은 상품들이 대량으로 만들어지고 있다. 그것은 갈 곳이 없는 수많은 바지선들을 의미한다.

러다이스는 청중에게 이제 인간은 둘 중에 한 가지 길을 선택할 수 있다고 말한다. 최저 인구 수준으로 몰락하여 제2의 암흑시대의 공포에 떨거나, 자연의 여과 능력에 부담을 주지 않으면서 (우리가 이것을 성취할 수 있다고 가정하고) 안정된 인구가 양질의 생활을 할 수 있는 방법을 찾는 것이다. 한마디로, 우리가 카드 게임을 잘 한다면 '연착륙'을 끌어낼 수 있을 것이다. 더 많은 사람들이 고개를 끄덕였다. 산업체를 참여시켜야 한다.

갑자기 녹색 길이 가장 현명한 전략, 즉 생존을 위해 조율 중인 산업체들이 곤경에서 빠져나와 가장 이익을 많이 낼 수 있는 전략이 되었다. 앨 고어Al Gore는 그의 책 『위기의 지구Earth in the Balance』에서 미끼를 던졌다. "환경 재화와 용역의 전 세계 시장은 거의 3,000억 달러이며, 21세기 초까지 4,000억~5,000억 달러까지 성장할 것으로 기대된다. 만일 개발도상국에서 에너지 산업 기반 시설에 투자한 최근의 추정치까지 포함한다면, 이 숫자는 2010년까지 1조 달러 이상으로 커질 것이다." 물론 그것은 기업들의 개인적 욕심이다. 어느 기업이나 녹색 파도 때문에 망하는 게 아니라 그 파도를 타서 앞서 가기를 원한다. 그리고 물론 경쟁자보다 먼저 해안가에 닿고 싶어 한다. 그 과정에서 환경이 깨끗이 유지된다면, 그것은 덩달아 좋다라는 게 기업의 분위기다.

기업들이 색깔을 바꾸고 싶어 하는 이유가 개인적 욕심이든 뭐든 나는 상관하지 않는다. 중요한 것은 많은 기업들이 정말로 바꾸고 싶어 한다는 사실이다. 환경 법규를 완화시켜 달라고 의회에 압력을 가하면서도 그들은 지구친화적인 방법으로 지구친화적인 상품을 만들 방법을 찾아내려고 하고 있다.

이것은 거대한 대중 집단, 즉 주주, 노동자, 관리자, 소비자가 함께 좋은 방법을 찾아 나섰다는 의미이다. 우리가 그토록 힘들여 구축한 경제를 해체하고, 그것을 지속가능한 무엇으로 대체시키는 데 우리의 손을 이끌어줄 새로운 사고방식, 새로운 패러다임을 찾고 있는 것이다. 아인슈타인이 말한 것처럼, "우리가 직면하고 있는 중대한 문제는 그것을 만들어낸 수준의 사고로는 풀릴 수 없다". 러다이스와 팁스 같은 사람들의 강연에 좌석이 차는 이유는 산업체들이 통상적으로 상담을 받아본 적이 없는 일군의 연구자들로부터 나온 간단하고 감탄할만한 아이디어 때문이다.

그 연구자들은 공항 내 경영 관련지 판매대에서 팔만한 책을 내지 않는다. 그들은 하버드 경영대학원이나 캘리포니아 두뇌 집단 또는

일본 생산성연구소 출신도 아니다. 1990년대의 컨설턴트들은 나비의 수를 세고, 고릴라를 관찰하고, 새에 표식을 다는 일을 하다가 기업체 회의실의 인공 조명에 눈을 껌뻑이며 들어선다. 그들이 환등기로 산호초, 미국삼나무 숲, 대목초지prairie, 스텝steppe | 시베리아 등지의 수목 없는 초원; 옮긴이 등을 슬라이드로 보여주자 E. F. 허턴E. F. Hutton | 미국의 투자 회사; 옮긴이까지도 경청했다. 이것은 나에게 매우 뜻밖이었다. 가장 어울리지 않을 것 같은 것들이 교배되는 시대에, 버켄스탁Birkenstock | 유행하는 투박한 신발; 옮긴이은 우리에게 옷 입는 법을 가르치고 있다.

제자리에서 생존: 자연계의 경제학을 흉내 내며

윌리엄 쿠퍼William Cooper는, 자신과 같이 나이 든 낚시광이 왜《도시생태학Journal of Urban Ecology》의 발행인과, 600초음속 수송기의 제작을 조사하는 국립과학원National Academy of Science의 위원을 하고 있는지 모르겠다고 말한다. 원래 어류 생물학자로서 쿠퍼는 수십 가지 분야에서 전문성을 키웠으며, 생체모방학의 좋은 토양이 되는, 학제간 연구가 일어나는 영역에서 맹활약하고 있다.

미시간 주립대학교에서 동물학을 가르치는 일 외에도, 쿠퍼는 버지니아에서 해양과학 분야, 미시간 주와 미네소타 주에서 토목공학, 환경공학, 광물공학 분야의 겸임 교수를 맡고 있다. 그는 한 번의 학과장, 일곱 번의 자문 위원 자리에 봉직했고, 지금은 네 종류 잡지의 편집위원이다. 사실 그의 이력서를 볼 때, 쿠퍼가 봉사한 적이 없는 전

지구적 변화, 쓰레기 관리, 또는 환경 위험 관련 위원회를 찾기란 쉽지 않을 것이다. 그는 시간이 나면 브루킹스연구소에서 일하면서, 중요한 법률을 통과시키거나 가라앉혀야 하는 정책 입안자들에게 매해 약 35차례 강연하고 있다.

이러한 막강한 영향력에도 불구하고 쿠퍼는 전혀 자신을 내세우지 않으며, 불합리한 것에 대한 예리한 현실적 감감을 가지고 꾸밈없이 말하는 사람이다. 그와 대화를 하면 많이 웃게 되는데, 그의 학생들도 그의 수업을 재미있어하리라는 생각이 든다.

쿠퍼는 나에게, 생태학이 유행하기 10여 년 전에, 미시간 대학교의 동물학과에 있으면서 공학자들에게 생태 시스템에 대해 가르치기 시작했다고 말했다. 브래든 알렌비가 그에 대해 듣고, 1992년 우즈홀 학회Woods Hole meeting에 쿠퍼를 초대하여 산업생태학이라 불리는 새로 탄생한 개념에 관해 강연해달라고 부탁했다. 쿠퍼는 "나는 거기에서 유일한 생물학자였습니다"라고 회상한다.

그가 알렌비 및 다른 사업가들에게 이야기해준 것은 좋은 뉴스였다. 자연 세계는 지속가능한 경제 시스템의 모델로 가득 차 있다. 대초원, 산호초, 참나무와 히코리 숲, 오래된 미국삼나무 숲과 더글러스 전나무 숲 등이 그 예다. 이들 성숙한 생태계는 우리가 하고 싶어 하는 모든 것을 한다. 그들은 다양하고 통합된 생물 군집으로 자기조직화self-organize해가며, 각자의 자리에서 존재를 유지하며 주어진 것을 최대한 이용하고, 장기간 견뎌낸다.

하지만 그는 또한 나쁜 소식도 전했다. 우리는 우리가 흉내 내고 싶어 하는 평형상태 생물들과는 거리가 멀다. 현재 우리는 자연 세계에서도 발견되는 니치를 차지하고 있다. 즉 기회주의opportunist 생물로서, 효율성은 별로 생각하지 않고 성장과 처리량(원재료가 얼마나 빠르게 산물로 변하는가)에만 집중한다. 우리는 마치 잠시 지나가는 사람들처럼 행동하며, 풍요의 단물을 빨아먹고는 이동한다.

기회주의 생물의 예를 들자면, 농부가 새로 갈아엎은 토양에 나는 잡초, 그릇에 남아 있는 음식 찌꺼기에 생긴 박테리아 또는 고양이가 없는 헛간의 생쥐 등이다. 제1형 체계type I system라 부르는 이러한 집단은 풍부한 자원을 이용하려고 달려든다. 그들은 전형적으로 가능한 한 자원을 빠르게 이용하여 성체로 자라난 다음, 수천 개의 알을 낳는 곤충처럼, 작은 크기의 자손을 수없이 많이 낳는다. 이렇게 빠르게 성장하는 전략의 목표는 집단의 크기를 키우고 원재료의 처리량을 극대화하고, 다음의 풍요를 향해 돌진하는 것으로, 재활용 또는 효율성을 생각할 시간이 없다. 어딘가 익숙하게 들리지 않는가?

알렌비는 내게 "산업혁명은, 방금 체로 쳐낸 신선한 밀가루에 한 줌의 바구미를 던져 넣는 것과 같았습니다"라고 말했다. 우리는 갑자기 무한한 자원을 갖게 되었고, 어떤 기회주의적 시스템도 그렇듯이, 한 가지 중요한 차이를 빼고는, 똑같이 미쳐 날뛰었다. 그러나 먹고 즐거워하고 다른 밀가루 통으로 옮겨가는 바구미들과는 달리, 우리는 지구라고 부르는 한정된 용기에 갇혀 있다. 우리가 처한 곤경이 어떤 것인지 알고 싶으면 밀가루 통 입구를 막아 벌레들이 밖으로 나가 다음 번의 풍요를 찾지 못하게 해보면 된다.

막힌 통 안에서 벌레들은 먹고 번식하고, 그 통을 벌레로 가득 채울 것이다. 그들의 시스템은 너무 단순해서 부패 담당자, 즉 시체들을 깨끗이 치우는 종도 없고 그것을 다시 먹이로 전환시키는 종도 없다. 이것의 의미는, 일단 밀가루가 벌레의 몸으로 전환되면, 영양분은 모두 배고픈 벌레 몸에 갇힌다는 것이다. 이것은 마지막 자원 한 톨까지 산물로 변환시키고, 그것을 재활용하는 메커니즘이 없는 우리 경제와 같다.

살 수 있는 공간도 빠르게 줄어든다. 집단의 밀도가 고전적 S자형 곡선에서 정점에 이르면 광란하는 개체들이 서로 방해가 되기 시작한다. 안테나가 기능을 발휘하지 못하고, 바구미들이 다른 바구미의 새끼를 씹어먹고, 짝짓기 경쟁이 너무 심해 교미가 제대로 되지 않는다. 수일 내에 생존율이 떨어지고 출생률은 정지하는 '경착륙'으로 바구미 집단은 붕괴된다.

윌리엄 쿠퍼는 "그러한 직선적 제1형 체계가 무조건 나쁜 것은 아닙니다. 그것은 인간의 판단이지요"라고 말한다. 제1형 체계가 없다면 지구의 상처는 치유되지 못할 것이다. 일년생식물은 토양이 교란되었을 때, 즉 불이 난 후, 바람에 나무가 쓰러진 후, 또는 쟁기로 갈아엎은 후, 또는 질병 창궐 후에 자라난다. 이들은 지면을 온통 뒤덮어, 새로 드러난 영양분을 삼키고, 토양을 자신의 폐기물로 비옥하게 하며, 천이succession라고 부르는 성대한 콩가 춤을 위한 무대를 만들어낸다. 꽃밭이 관목 밭이 되고 다시 숲으로 변해가는 것이다. 제1형 개척자들은, 태양 아래에서의 시간이 짧긴 하지만, 언제라도 새로운 작은 구획의 땅을 어디에선가, 하물며 나무가 쓰러진 후에 생긴 작은 틈에서도 찾아낼 수 있다. 여러 구획 여기 저기에서 조금씩 다르게 진행되는 부패와 복구에 의해 군집은 안정을 유지할 수 있다.

하지만 돼지풀, 불탄 자리에 나는 잡초, 바랭이의 전략이 모든 장소에서 통하는 것은 아니다. 이 전략은 햇살이 풍부하고 토양의 양분이 아직 사용 가능한, 천이의 시작 단계에서만 적합하다. 일단 현장이 식물로 붐비기 시작하고 태양, 물, 영양분이 더 많은 소비자들 사이에서 배분되면, 제2형 전략이 더 성공적이다.

제2형 체계는 들판으로 이동해가는 다년생 열매 덤불과 관목성 묘목으로 구성되어 있다. 그들은 거기에 꽤 오래 머무른다. 제1형 종과는 다르게, 그들은 자기의 에너지를 수백만 개의 씨앗을 만드는 데 사용하지 않는다. 대신에 몇 개의 씨앗을 만들고 나머지 에너지를 튼튼한 뿌리와 견고한 줄기에 집중시켜 겨울 동안 버틸 수 있게 한다. 봄철이 오면 그들의 신중함은 보상을 받는다. 뿌리에서부터 살아나 신속하게 햇빛을 향해 자라나고 제1형 일년생식물을 앞지르고 햇빛을 가린다.

콩가 댄서 맨 끝줄에서는 이런 참을성 전략의 극한까지 가는 종들이 그 자리에 더 큰 충성심을 보여준다. 제3형 종(자기 자리를 다음 세대에 물려주고, 다음 번의 큰 교란이 올 때까지 우세한 것들)은 더 경제적이다. 이들은 비교적 평형상태에서 그 땅에 살아남도록 설계되어 있어, 내놓은 것 이상을 취하지 않는다.

효율성의 대가인 제3형 종들은 햇빛을 찾아가지 않아도 된다. 묘목들은 부모의 그림자 속에서도 잘 자라고, 같은 종이 한 자리에 빽빽이 자랄 수도 있다. 생물학자들은 이러한 종들을 K 선택형**K-selected**으로 부른다. 그들은 더 적은 수의 더 큰 크기의 자손을 낳으며, 그 자손은 더 오래 더 복잡한 삶을 산다. 그들은 주변의 종들과 정교하게 협력하면서 살아가며, 이러한 관계를 최적화하는 데 에너지를 쏟아붓는다. 다 함께, 생명의 그물망은 자원을 주고받는다. 새 나가는 노폐물도 없고, 들어오는 에너지는 태양에너지뿐이다. 이와 같이 성숙한 숲이 결속을 굳힐 때쯤 되면, 선구 종들은 벌써 사라지고 없다. 이들은 다음번 햇빛의 행운을 잡으러, 숲에 화재가 난 곳, 바람에 쓰러진 나무 틈, 차도에 난 틈새를 찾아 떠났다.

제1형 종은 이 세상의 롤링 스톤**직업과 주소를 자꾸 바꿔 부를 축적하지 못하는 사람; 옮긴이**들이다. 에너지 순환을 닫는 것을 배우기보다 에너지를 점령한다. 쿠퍼는 마음대로 돌아다니는 전략이 성공하는 이유는 새로운 기회가 항상 생기기 때문이라고 말한다. 우리의 세계가 만원이 되기 전, 우리가 갈 수 있는 어딘가가 아직 있을 때, 제1형 전략은 현실에 한발 앞설 수 있는 좋은 방법인 것 같았다. 오늘날 우리는, 갈 수 있는 장소에 모두 간 지금, 다른 종류의 풍요를 찾아야 하는데, 다른 행성으로 가는 것이 아니라 여기 이 행성에서 그 순환 고리를 닫아야 한다.

돼지풀보다 미국삼나무처럼 되기

우리의 뿌리 덩이가 화분을 꽉 메울 만큼 커진 지금, 우리는 바로 이곳에서 자기 갱신self-renewal하는 법을 배워야 한다는 것을 깨닫는다. 우리가 여기서 이야기하고 있는 것이 우리의 니치, 즉 생태계에서 우리의 직업을 변화시키고 있다. 쿠퍼는 현재의 시스템을 약간 수정하는 것만 가지고는 우리가 진화하기를 기대할 수 없다고 말한다. 이것은 돼지풀이나 불탄 자리에 나는 잡초들이 미국삼나무로 진화되기를 기대할 수 없는 것과 마찬가지다. 그 대신, 전반적으로 자연 세계를 그대로 따르게 될 때까지, 제1형 경제의 일부를 제3형 경제로 대체해야 한다.

이러한 종류의 니치 전환에 관한 권위자는, 우리가 가고 싶어 하는 장소를 연구했던 사람들일 것이다. 하워드 오덤Howard T. Odum 같은 시스템 생태학자들은 대초원, 강어귀, 강가 저지대의 먹이사슬을 연구해서, 에너지 흐름 및 유동에 관한 도표를 그렸다. 잘 모르는 상태에서 표를 보면, 생산된 '산물' 단위당 킬로칼로리가 계산되어 있어, 제조 과정에 대한 공정 도표로 생각할 것이다. 전체 생물학자들 중에서 공정 공학자의 언어를 구사하는 데 근접한 학자는 이들뿐이다.

제1형 체계로 발전하는 공정도와 성숙한 제3형 체계의 공정도를 비교하면 몇몇 차이가 확연하게 드러난다. 알렌비와 쿠퍼가 발표한 논문에서 처음으로 복제한 이 비교 표에는, 오덤 같은 시스템 생태학자들이 수십 년 동안 연구해온 결과가 반영되어 있다. 앞으로 할 이야기에 이 개념들 다수가 나올 것이다.

생물학적 천이

생태계 속성	발전 단계(1형)	성숙 단계(3형)
먹이사슬	선형	거미줄형
종 다양성	낮다	높다
생체 크기	작다	크다
생활사	짧고 단순하다	길고 복잡하다
성장 전략 (증식 방법)	빠른 성장이 중요 (r형 선택)	피드백 조절이 중요 (k형 선택)
생산 (생체량 및 자손)	양적	질적
내부 공생 (협동 관계)	미발달	발달
영양분 보존 (닫힌 고리 순환)	빈약	양호
패턴 다양성 (수직형 캐노피 층 및 수평형 조각 땅으로 됨)	단순	복잡
생화화적 다양성 (예를 들어 식물과 초식동물 사이 '무기경쟁')	낮다	높다
니치 전문성 (생태계의 직업)	작다	좁다
광물 순환	개방	폐쇄
유기체와 환경 사이의 영양분 교환율	빠르다	느리다
영양분 재생산에서 유기 퇴적물 (생태계의 직업)**의 역할**	중요하지 않다	중요하다
무기 영양분 (철분 같은 광물질)	생물체 외부	생물체 내부
총 유기물 (생체량에 묶인 영양분)	소량	다량
안정성 (외부 교란에 대한 저항성)	빈약	양호
엔트로피 (손실된 에너지)	많다	적다
정보 (피드백 고리)	적다	많다

브래든 알렌비와 윌리엄 쿠퍼의 「생물시스템적 전망으로 본 산업생태학에 대한 이해」, 《전사적 환경 품질관리(1994년 봄 호, 343~354쪽)》에 나온 것을 조정함.

이 도표는 일종의 도전 또는 교훈 목록으로 읽을 수도 있다. 두 번째 세로줄이 우리의 현주소인 돼지풀 단계이고, 세 번째 세로줄은 미국삼나무 단계로 우리의 미래 생존을 위한 청사진이다. 두 줄이 전혀 다른 세상으로 보이지만, 산업생태학자들은 돼지풀 경제와 미국삼나무 생태계는 둘 다 복잡계임을 곧 알아챘는데, 그렇다면 둘은 많은 공통점이 있을 것이다.

자연의 화재, 폭풍우 패턴, 폭포와 같은 복잡계는 특정 개체에 의해 '운영'되는 것이 아니라 그 시스템 내부에서 일어나는 수많은 상호작용에 의해 조절된다. 예를 들어, 날마다 전 세계의 소비자들이 콩을 살까 말까 결정하는데, 그 결정이 콩과 주식의 가격에 다시 영향을 미친다. 이런 식으로, 예를 들면 먹고 먹히는 것과 같이 자연계에서 일어나는 셀 수 없이 많은 상호작용이 함께 얽히는 집단을 군집이라고 할 수 있다. 시장의 보이지 않는 손이 한 회사가 살아남을지 망할지를 결정하는 것처럼, 자연선택도 생명과 자연의 형태를 만든다.

수십억 년에 걸쳐 자연선택은 성공 전략을 찾아냈는데, 그것은 모두 복잡하고 성숙한 생태계에 의해 채택된 전략이다. 다음에 열거된 전략들은 적소에서 생존하는 신비를 위한 신뢰할 수 있는 방법이다. 이것은 미국삼나무 숲의 십계명으로 생각해도 된다. 성숙한 생태계에서 유기체는 다음과 같은 특징이 있다.

1. 폐기물을 자원으로 활용한다.
2. 서식지를 최대한 활용하기 위해 다양화하고 협동한다.

3. 에너지를 효율적으로 모으고 사용한다.

4. 최대화하기보다 최적화한다.

5. 물자를 절약한다.

6. 보금자리를 오염시키지 않는다.

7. 자원을 삭감시키지 않는다.

8. 생물권과 균형을 맞춘다.

9. 정보를 활용한다.

10. 향토 산물을 구매한다.

우리가 이러한 접근 방법을 모방하는 데에 장점이 있다고 동의만 한다면, 우리의 경제도 복잡계이기 때문에, 실제로 이러한 식으로 협력하고 생존할 가망성이 없지 않음을 금방 알 수 있다. 이러한 희망이 산업생태학자들이 매일 아침 일어나 우리의 니치를 변화시키기 위해 열심히 일하고 싶은 동기가 된다.

• **교훈대로 살기** | 그런 일이 한번에 일어나지는 않을 것을 알지만, 알렌비와 팁스는 미래를 향해 우리를 움직이고 싶어 한다. 그 미래에는 산업체가 햇빛(또는 재생 가능하고 오염이 없는 다른 유사한 자원)으로 운영하고, 천연자원을 지나치게 채취하지 않고, 자신의 보금자리를 더럽히지 않으며, 어떤 것도 폐기물로 보지 않고, 협력적이고 다양해지며, 창의적이고 정보에 입각한 상품 및 과정 설계를 통해, 적은 에너지로 더 많이 만들어낼 것이다. 한마디로, 그들은 내 집 앞마당의 잔디밭

보다는, 닫힌 순환 고리 형태의 미국삼나무 숲을 더 닮은 산업 체계를 구상하고 있다.

앞으로 이야기할 비교에서 알게 되겠지만, 우리의 문화는 머뭇거리며 이 '후회 없는 행로'에 첫걸음을 떼고 있다. 자연선택에 의해 형태가 잡힌, 그리고 올바른 생각을 하는 기업들이 이미 미국삼나무 집단의 천이를 모방하며 여기에서 이야기하는 접근 방법들을 실험하고 있다. 열 가지 교훈을 모두 적용시키는 데 성공하는 기업이나 국가의 경제는, 최초의 박테리아만큼이나 오래된 비법에 통달하게 될 것이다. 생명이 생명을 전도시키는 조건을 창조하는 그 비법을.

1. 폐기물을 자원으로 활용한다

시스템 생태학의 핵심 교훈 중 하나는, 시스템에 생체량(생물의 총 무게)이 늘어나면 시스템이 붕괴되는 것을 막기 위해 재활용 고리가 더 많이 필요해진다는 것이다. 숲은 잡초밭보다 더 복잡하여, 관목 덤불, 나무, 덩굴식물, 이끼, 지의류, 다람쥐, 고슴도치, 나무좀 등이 숲의 상부와 외곽으로 확장해나가며 구석구석 빈틈없이 생물로 채워진다. 만일 모든 생물이 환경에서 계속 영양분을 인출하기만 하고 내부적으로 소비량이 만회될 방법이 없다면, 그런 시스템은 곧 환경의 영양분을 고갈시킬 것이다.

반면에 성숙한 군집은 더욱 더 자기충족적으로 되어간다. 외부 환경과 빠른 속도로 영양분과 무기물을 교환하는 대신, 필요한 것을, 싹이 트고 죽고 유기물이 부패되는 물질 순환의 저장고pool 내에서 조달한다. 순환 주기가 그토록 순탄하게 작동하는 이유는 조직 표에 어떤 구멍도 없기 때문이다. 생산자, 소비자, 분해자로 다양하게 구성된 조직이 진화되어 각자 물질의 순환 고리를 닫는 데 한 역할을 하며, 따라서 자원의 손실이 없다. 모든 폐기물은 식량이며, 모든 생명체는 결국 다른 생명체의 몸에서 환생하게 된다. 그 집단이 상당한 양으로 받아들이는 유일한 것은 햇빛 형태의 에너지이고, 내보내는 유일한 것은 에너지 사용 후 생기는 부산물인 열이다.

– 폐기물을 자원으로 활용하기: 배운 교훈

누군가 생체량이 증가하고 있다면 그것은 바로 우리다. 생체량 증가로 우리의 시스템이 자체적으로 무너지지 않게 하기 위해서 산업생태학자들은 '폐기물 없는 경제'를 시도하고 있다. 순수한 원자재를 가져다 사용 불가능한 폐기물을 토해내는 선형 생산 체계 대신에, 그들은 최소한의 원료가 들어오고 폐기물이 거의 없는 닫힌 고리를 구상하고 있다. 이러한 폐기물 없는 경제의 최초의 예는, 생태 공원 주변에 먹이사슬로 서로 연관된 회사들을 모아, 한 회사의 쓰레기가 이웃 회사의 원료나 연료가 되게 하는 것이다.

덴마크의 칼룬보르Kalundborg 시에는 세계에서 가장 모범적인 생태 공원이 있다. 네 개의 회사가 가까이 모여 있는데, 이들은 자원이나 에너지에서 서로 의존하거나 연관되어 있다. 아스네스베르케Asnaes-verket 발전소에서 나오는 폐 증기의 일부는 다른 두 회사, 즉 스타토일Statoil 정제소와 노보 노르디스크Novo Nordisk 사(제약 공장)의 엔진을 돌린다. 나머지 증기는 다른 배관을 통해 그 도시의 3,500호 가정에 보내 난방용으로 사용하며 덕분에 그 집들은 기름보일러가 필요가 없어졌다. 이 발전소는 또한 훈훈하게 데워진 냉각수를 57군데의 연못에 공급하여 물고기 양식에 도움을 주고 있다. 온수를 마음껏 즐긴 덕에 송어와 가자미류들이 해마다 250톤씩 생산되고 있다.

발전소에서 나오는 폐 증기는 노보 노르디스크 회사에서 인슐린과 효소를 만들어내는 발효 탱크를 가열한다. 이 과정에서 다시 해마다 70만 톤의 질소가 풍부한 슬러리미생물이 섞인 찌꺼기; 옮긴이가 만들어지는데, 이전까지는 피오르드fjord | 북구의 협만; 옮긴이에 버려졌다. 이제 노보 노르디스크 사는 근처 농장에 그것을 무상으로 기증한다. 배관을 통해 비료(슬러리)가 성장기의 식물에 배달되고, 식물은 다시 발효 탱크 안 박테리아의 먹이로 이용된다.

한편 스타토일 정제소에서는 이전까지는 굴뚝으로 방출했던 폐가스를 정제하여 그 일부는 회사 내부에서 연료로 쓰고 일부는 발전소로 보내고, 나머지는 이웃에 있는 인조 벽판을 제조하는 지프록Gyproc 사로 보낸다. 가스 정제 과정에서 추출된 황은 트럭에 실어 황산을 생산하는 케미라Kemira 사로 보낸다. 발전소 역시 배기에서 황을 추출하지만 대부분을 황산칼슘(산업 석고)으로 전환시켜, 지프록 사에 판매하고 있다.

칼룬보르 시는 아늑하게 모여 있지만, 산업체들이 정보와 폐기물을 서로 사용하려는 의욕으로 연결되어 있는 한, 먹이사슬에서 협동하기 위해 반드시 지리적으로 가까이 있을 필요는 없다. 이미 몇몇 회사들이 생산 현장 바닥에 떨어지는 어떤 폐기물도 가치가 있고 제삼자에 의해 사용될 수 있도록 공정을 재설계하고 있다. 이와 같은 '맞춤형 찌꺼기' 게임에서는 그것이 '원하는 폐기물'인 한, 폐기물 양이 많을수록 좋으며, 소량일 경우 매립하거나 소각시켜야 한다. 점점 더 많은 기업들이, 대니얼 키라스Daniel Chiras가 말한 것처럼, "사회가 흡수할 수 없는 부산물을 생산해내는 기술은 근본적으로 실패한 기술"임을 인식하고 있다.

지금까지 우리는 한 제조 공장 안에서, 또는 몇몇 기업 집단의 범위 안에서의 재활용에 관해 이야기했다. 그런데 상품이 제조 회사의 문을 떠나 소비자에게 전달되고, 끝으로 쓰레기통으로 들어간 다음에는 어떻게 될까? 현재로서는 생산품은 이용 수명이 끝난 후 두 가지 운명 중 하나에 처하게 된다. 환경으로 흩어져 사라지거나(쓰레기 매립지에 묻히거나 소각된다) 재활용이나 재사용된다. 산업생태학이 가진 닫힌 고리의 꿈은 세상 밖으로 내보내진 모든 생산품이 그 시스템으로 다시 돌아올 때까지는 완성될 수 없다.

전통적으로 이제까지 제조 회사는 생산품이 회사 정문을 떠난 후 어떻게 되는지 걱정할 필요가 없었다. 하지만 이러한 풍토가 변하기 시작하였는데, 유럽에서(미국에도 오고 있다) 제정, 발효된 법 덕분이다. 냉장고, 식기세척기, 자동차 등과 같은, 내구력이 좋은 상품은 수명이 다하면 제조사가 회수해야 한다. 독일의 경우 회수법은 판매와 함께 시작된다. 기업은 모든 포장재를 직접 회수하거나 중간 업자를 고용해 대신 포장재를 재활용하게 해야 한다. 회수법이 의미하는 바는,

'이 상품은 재활용될 수 있습니다'라고 말해왔던 제조자들이 이제는 '우리가 상품 및 포장재를 재활용합니다'라고 말해야 한다는 것이다.

이러한 식으로 책임이 이동하면, 기업의 최대 관심사는 갑자기, 오래 쓰거나 재활용 및 재사용을 위해 쉽게 분해할 수 있도록 상품을 설계하는 것이 될 것이다. 냉장고나 자동차에서, 연결 부위를 접착제로 붙여버리는 대신 손쉽게 열리는 걸쇠로 조립하고, 각 부품은 20가지가 아니라 한 가지 물질로 만들어질 것이다. 감자 칩용 스낵 봉투처럼 간단한 물건도 간소화될 것이다. 7가지 재료로 9개의 층을 겹쳐 만든 오늘날의 봉투는 신선도를 보존해주는 한 가지 재료로 대체되고 새 봉투로 쉽게 재사용될 것이다. 봉투에는 만국 공통의 원료 코드를 확실하게 표시하여 재활용과 재가공 책임을 진 회사들이 일하기 쉽게 해줄 것이다.

알렌비가 설명하듯, 회수법은 시장 환경을 바꿔놓았고 그러한 서식지에서 살아남으려는 기업들은 이미 진화하고 있다. 예를 들어, 비엠더블유BMW의 새로운 스포츠카는 '분해 공정선'에서 20분만에 해체될 수 있다. (러다이스는 내게 분해 전후의 사진을 보여주며 "나라면 뉴욕시내에 이 차를 주차하지 않을 겁니다"라고 농담했다.)

재가공은 시장에서 상품의 수명을 연장시키는 또 다른 열쇠이다. 컴퓨터를 업그레이드하고 싶을 때마다 새 케이스를 사지 않고, 새 모듈을 사서 이전 케이스에 넣게 될 것이다. 오래된 기계를 꼭 넘기고 싶다면, 손봐서 새 기계에 다시 넣을 부품이 없는지 '뒤질' 것이다. 제록스Xerox 사는 그것을 "자산 회수"라고 부른다. 부품을 꺼내 재단장하는 프로그램으로 그 회사는 연간 2억 달러를 절약하고 있다.

캐나다의 블랙앤데커Black & Decker 사는 재충전 가능한 기기의 재활용 시스템을 시작하여, 니켈-카드뮴 재충전용 전지에서 발생하는 폐기물과 오염을 줄이고 있다. 고객은 재충전 배터리를 다른 것으로 갈거나 그 지역 대리점에 재활용을 의뢰하는 두 가지 선택권이 있다. 배터리를 가지고 오는 고객은 블랙앤데커 제품을 구입할 때 5달러를 할인받는다. 지금까지, 이 프로그램이 시작된 후 캐나다 온타리오에서 매립한 폐기물 양은 127톤 줄었다(니켈-카드뮴 전지는 21톤 더 적었다). 블랙앤데커 회사는 5달러 리베이트 시스템이 미래의 구매를 촉진시켜주는 이득도 보고 있다.

캐논Canon 사도 전 세계적 재활용 요구에 부응하여, 다 쓴 프린터와 복사기의 잉크 카트리지를 우편으로 돌려보낼 것을 고객들에게 권유하고 있다. 우편요금을 회사가 지불하고 회수된 카트리지 하나에 5달러씩, 미국 국립야생동물연맹이나 자연보호협회에 기부한다.

이런 경주에 한동안 참여해온 사업체들은 녹색화가 수익에 도움이 된다고 보고한다. 바디샵Body Shop의 창업자 애니타 로딕Anita Roddick은 포장재 쓰레기를 줄이기 위해, 용기를 가져오면 다시 채워주는 발상으로 떼돈을 벌었다. 데자슈Déjà Shoe(내가 보기에 최고의 녹색 이름이다) 사는 낡은 타이어로 신발을 만들고 있는데, 타이어를 태우는 것보다 신는 게 낫다는 주장이다. 파타고니아Patagonia 사도 페트병을 가지고 같은 일을 하고 있는데, 최초로 죄의식 없는재활용 가능한; 옮긴이 폴라플리스polar-fleece | 합성섬유; 옮긴이 재킷을 만들어 기존의 신선한

회사 이미지를 더욱 제고시켰다. 이같은 폐기물 회수 성공 사례로 보아, 앞으로는 그것을 폐기물이라고 부르지도 말아야 한다고 알렌비는 제안한다.

2. 서식지를 최대한 활용하기 위해 다양화하고 협동한다

우리가 자연의 자원 분배 전략에 대해 더 많이 알면 알수록, 시인 테니슨Alfred Tennyson이 자연은 "이빨과 발톱으로 피에 물들었다"고 한 말은 반만 옳았던 것으로 보인다. 성숙한 생태계에서 협동은 경쟁만큼이나 중요해 보인다. 협동 전략을 사용하여 생물들은 경쟁이 없는 니치를 간직하고, 부스러기가 떨어질 틈도 없이 거의 완전히 처리한다. 이러한 니치의 다양성이 동역학적인 안정성을 만들어낸다. 한 생물이 그 네트워크에서 떨어져나가면, 보통 그것의 대체 생물이 있게 마련이어서, 그물망은 온전히 유지된다.

한 종 안에서 여러 개체가 같은 니치를 공유할 때도 자원 배분에 관한 '합의'가 이루어진다. 예를 들면, 동물들은 세력권을 주장하거나, 다른 경쟁 개체들과 겹치지 않도록 하루 중 다른 시간대에 먹이를 찾는다. 결과적으로, 서식지의 먹잇감이 분배되어 동물 무리가 에너지를 낭비하는 싸움 없이 같은 땅에 의해 부양되는 것이다. 생태학자인 폴 콜린복스Paul Colinvaux는 이러한 "평화적 공존"은 사람들이 맺는 것처럼 의식적인 협정은 아니지만, 본질적으로 협동적이라고 적고 있다.

좀 더 명백한 협동 형태는 일부 동물들이 상호 이익을 위해 맺는 공생관계에서 볼 수 있다. 고전적인 예는, 나소Nassau 해 물고기의 이빨과 아가미 사이의 기생충을 쪼아 먹는 문절망둑이다. 청소 서비스에 대한 보답으로 큰 물고기는 작은 망둑어를 다른 포식자들로부터 보호해준다. 시끄럽게 짹짹이는 민물도요새도 하마의 외피에 사는 진드기를 포식하는 보답으로 하마에게 경보를 울려준다. 지의류는 두 종 사이의 좀 더 영구적인 관계의 대표적인 예다. 즉 조류algae와 균류fungi가 함께 작업하는데, 조류는 태양에너지를 수확하고 균류는 안전한 지지 구조를 제공한다. 이러한 재능들을 결합하면 상승효과synergy가 나타나, 부분들의 산술적인 합보다 한결 더 큰 지속가능한 시스템이 만들어진다.

가이아 가설(지구가 살아 있는 생명체처럼 자체 조절 능력이 있다는 개념)의 공동 창안자인 린 마굴리스Lynn Margulis는 공생이 몇몇 별난 종들에만 국한되는 것이 아니라 사실상 진화의 근본적인 현상이라고 믿는다. 린 마굴리스가 그녀의 책에서 상세히 서술한 내부공생 가설endosymbiotic hypothesis에 따르면, 수십억 년 전 두 종이 힘을 합쳤을 때 커다란 진화적 도약이 일어났다. 스스로 유기물을 만들어낼 수 없는 박테리아가 광합성을 할 수 있는 다른 박테리아를 집어삼켰다. 그 녹색 생물은 소화되지 않고 오늘날까지 살아남았다. 린 마굴리스가 말하기를, 이러한 공생자의 후손이 모든 녹색식물 세포에 들어 있는 엽록체다. 또 다른 공생의 예는 우리 세포에 있는 미토콘드리아로, 산소로 숨 쉬고 에너지를 만들어내는 세포소기관이 되었다. 널리 받아들여지는 가설의 지지자들은 미토콘드리아가 한때는 자유롭게 돌아다니는 박테리아였다고 추측하는데, 이것으로 미토콘드리아가 왜 독립적인 DNA를 가지고 있는지 설명된다.

내부공생 가설이 옳다면, 우리 몸의 모든 세포는 공생의 결과물이라고 할 수 있다. 공생자들이 다수 모이면 기관과 유기체를 형성한다. 사실, 다음과 같이 말할 수 있다. 우리 몸은 단세포생물이 모여 이루어진 거대한 다세포 집합체이다. 즉 우리는 군체colony이고, 수많은 세포로 구성된 하나의 유기체이며, 협력의 힘을 증명하는 살아 있는 증거다.

– 다양화와 협동: 배운 교훈

3, 4개월 동안 청색 병을 모아 재활용 센터에 가져갔더니 "미안합니다. 우리는 청색 유리를 재활용하지 않습니다. 시장이 없거든요"라는 말을 들어본 사람이라면 누구나, 연결망에 뚫린 구멍의 문제를 잘 알 것이다. 산업생태계에서는 서로를 먹여살릴 수 있는 경로가 많을수록 고리가 더 많이 닫히고 그 시스템에서 폐기물로 잃는 양은 줄어든다.

현재는 직선적인 추출과 폐기 모형 내에 니치(연결망 내에서 직업이라 할 수 있는 생태적 지위)들이 다 제자리에 생기지 않았다. 일본인 산업생태학자인 미치유키 우에노하라Michiyuki Uenohara가 말한 것처럼, 제품이 제조업체의 심장에서 경제의 몸통 구석구석으로 흘러가게 하는 '동맥'은 풍부한데, 제품의 재료를 정제하고 재사용할 수 있게 그 제품을 회수하는 '정맥'이 없다. 일본에서는 생태공장운동Ecofactory Initiative으로 제품을 수명이 다했을 때 일신하여 재활용하는 복원 공장들이 전국적으로 세워지고 있다.

일본인들은 또한 제품 개발의 설계 측면에 일종의 협동체를 창설하고 있다. 이러한 전략에서는, 마케팅이 시작될 때까지 경쟁의 호루라기 소리가 들리지 않는다. 마케팅 전까지 업체들은 '분해 설계Design for Disassembly'와 같은 공동의 목표에 참여한다. 미국에서도 이러한 경쟁 전 협동의 개념이 나타나고 있다. 가장 두드러진 예는 자동차 제조 회사인 크라이슬러, 포드, 제너럴모터스 등의 자동차재활용조합Vehicle Recycling Partnership이다. 이들은 정상적으로는 치열했을 경쟁을 일단 제쳐놓고, 서로 부품을 재사용하는 데 필요한 공동 부품명 및 자재 표준을 만들기 위해 거래 연합, 특별 제휴, '가상 업체' 등을 통해 활동하고 있다. 이러한 종류의 제휴 구축은 제3형 경제의 창발에서 기대되는 것이다. 시스템에 정맥과 동맥을 더 많이 첨가할수록 시스템은 더 복잡해지고, 그것이 적절한 기능을 발휘하도록 하는 데 더 많은 협동심이 필요해진다.

산업생태학자들에 따르면, 언젠가 청색 유리 재활용 수집자가 없는 도시는 니치가 채워지지 않은 것으로 여겨질 것이며 그 자리가 오래 열려있지 않을 것이다. 동맥과 정맥이 똑같이 이익이 되는 경제에서는, 기업가들은 의식적으로 자원 사용 및 재사용에서 허술한 부분을 찾아 완결하려 할 것이다. 그 결과, 성숙한 군집과 같이 보이고 거동하며, 구멍나지 않은 연결망이 만들어질 것이다.

3. 에너지를 효율적으로 모으고 사용한다

그러나 산업상 필요한 모든 것이 재활용될 수는 없다. 자연계에서도 영양분과 광물질만이 생태계 내의 다양한 연결을 통해 순환될 수 있으며, 에너지는 순환될 수 없다. 열역학 제2법칙에 따라, 에너지는 일의 과정에서 열로 발산되어버리고, 따라서 더 이상 일에 사용되지 못한다. 결과적으로 마술사의 공 던지기가 계속되려면 시스템 안으로 에너지가 계속 들어와야 한다.

거의 모든 생물 군집은 1억 5,000만 킬로미터 떨어진 태양에서 일어나는 핵융합에서 나오는 복사에너지를 당과 탄수화물의 화학결합 에너지로 변환시킨다. 그들은 지구에 도달하는 햇빛의 약 2퍼센트만 사용하지만, 95퍼센트라는 놀랄 정도의 양자 효율성으로 그 에너지의 대부분을 붙잡는다. (이 말은 잎사귀의 반응센터가 포획하는 광자 100개 중에 95개가 화학결합에 투입된다는 뜻이다.)

다음번에 잎이 우거진 숲에 가게 되면 시간을 갖고 자연의 효율적인 태양 수집체들을 살펴보시라. 잎사귀들은 노출을 최대로 하기 위해 서로 어긋나게 자리를 잡고 있고 일부는 창문 블라인드처럼 태양을 따라가며 방향과 각도를 튼다. 이러한 효율적인 과정이 지구상 모든 생명을 위해 에너지를 수집하고, 한 생태계가 열망할 수 있는 한계선을 긋는다.

토지의 수용 능력carrying capacity은 그곳에 에너지가 얼마나 많은지와 직접적인 관련이 있다. 식물이 노획한 에너지를 성장과 번식에 쓰고 나면, 단지 10퍼센트만이 다음 단계의 먹이사슬, 즉 초식동물이 쓸 수 있다. 그 10퍼센트 중 다시 10퍼센트만 육식동물에 유용해지고, 이런 식으로 계속된다. 그것이 생태학자 폴 콜린복스가 말한 것처럼,

"무서운 맹수들이 희귀한" 이유이자 식물이 육상 생태계의 생체량 대부분을 구성하는 이유이기도 하다. 생물의 피라미드**식물, 초식동물, 육식동물의 생체량, 수를 나타내는 도형; 옮긴이**는 사실 시스템 내 태양에너지의 이동 기록과 같으며, 문자 그대로 에너지 분배 표다.

한 조각의 햇빛을 두고 경쟁하는 종들은 에너지 사용에서 변덕을 부릴 여유가 없다. 이것이 동물들이 필요한 것을 얻기 위해 최단 거리를 여행하고, 보상은 최대화하고 에너지 지출은 최소화하기 위해 활동 시간을 조절하는 이유다. 식물은 필요한 만큼만 뿌리를 뻗지, 토양이나 물 양이 맞지 않는 곳까지 '참고 견디며' 뻗지 않는다. 동물이나 식물 모두, 확보하고 있는 것은 완강하게 지킨다. 남서부의 작은 야생돼지는 어렵게 얻은 물을 비축하기 위해 소변도 결정으로 만들며, 북쪽의 사탕 단풍나무는 겨울 동안에 수분 손실을 차단하기 위해 잎사귀를 떨군다. 이러한 에너지 절약 지혜는 우연히 생긴 것이 아니다. 에너지를 과용하거나 오용하는 생물은 사실상 유전자 풀 밖으로 솎아내진다.

한편, 절약은 당당하게 보상을 받는다. 뼈, 피부, 조개껍데기, 거미줄을 만들 때에도 생물들은 더 열심히가 아니라 더 현명하게 일하는 방법을 진화시켜왔다. 화학반응을 촉매하거나 가속시키는 효소는 완벽한 예다. 훌륭한 효소는 화학반응을 10^{10}배(0이 10개)로 가속시킬 수 있다. 그러한 가속 없이는, 현재 이 문장을 읽는 데 걸리는 것과 같은 5초 걸릴 과정이 1,500년도 걸릴 수 있다. 생물학적 촉매들은 또한 자연의 제조 과정을 유순하게 해준다. 고열과 위험한 화합 물질을 사용하여 결합을 만들어내거나 깨지 않고, 자연은 상온에서 그리고 물속에서 조용히 제조한다. 함께 합쳐졌다 나누어졌다 하는 물리학, 즉 자연의 자가조립 구동력이 모든 일을 한다.

– 에너지를 효율적으로 모으고 사용하기: 배운 교훈

우리는 식물로부터 많은 것을 배울 수 있다. 이상적으로는, 우리도 외부에서 계속해서 재생 가능한 에너지원, 특히 현재의 햇빛을 사용해야 한다(태양, 바람, 조수, 바이오디젤biodiesel 등의 동력 형태는 전부 현재의 햇빛에 의존하고 있다). 그런데 우리는 현재 이곳 지구에 살았던 백악기 식물체 및 동물체에 붙잡혀 있는 고대의 햇빛을 사용하고 있다. 이들 잔해는 산소 없이 압착되어 부패될 기회가 없었다. 오늘날 기름, 석탄 또는 천연가스라는 화석 잔해를 태울 때 그 부패 과정이 한 번에 완성되고 저장된 탄소가 대기 중으로 다량 풀려나 '다량 유출 억제'라는 생태계 교훈을 어기고 있다. 불행하게도 이 고대 자원의 값이 비싸지지 않는 한, 에너지에 중독된 우리 사회는 그것을 모두 태워버릴 것이다.

재생 가능한 에너지 전문가 아모리 로빈스Amory Lovins는, 현재의 햇빛을 직접 모으는 쪽으로 변환하기까지는, 최상의 전략은 현재 사용하고 있는 에너지를 마지막 한 방울까지 잘 우려내는 일이라고 말한다. 이미 많은 산업체들이 경제적인 형광등, 내구성 있는 건물 외벽 자재, 에너지를 흡수하는 장치 같은 설비로 에너지 누출을 막아 경제적인 이득을 얻는 법을 발견하고 있다. 듀폰Du Pont 사는 1973년 이후

제품 1킬로그램당 에너지 사용을 37퍼센트 절감했다. 1990년대에는 추가로 15퍼센트 더 줄였다. 지난 20년 동안 일본의 경우 경제활동은 증가했지만 에너지 소비는 감소했다. 이러한 감소는 더 많은 에너지 대신 정보, 훌륭한 아이디어를 활용한 덕분이다.

미국의 공익 설비 기업들은, 소비자가 에너지 누수를 막도록 기업의 경비를 들여 돕기 시작했다. 예를 들어 내가 거주하고 있는 몬태나 주 서부에서는 본네빌Bonneville 전력회사에서 전력을 공급받고 있는데 이 회사가 우리 집 다락방 보온 비용의 3분의 2를 지불했다. 고객의 가정을 전천후형으로 꾸며줌으로써 전력 요구량을 낮추고, 새로운 발전소를 지을 필요성이 없어지기 때문이었다. 전력 회사는 이렇게 하여 전기를 적게 팔게 되므로 언뜻 생각하기에 앞뒤가 안 맞는 듯 싶지만 수익은 더 내고 있다. 왜냐하면 새로운 발전소 건설을 위해 비용을 소모할 필요가 없어졌기 때문이다. 환경까지 포함하여 모두의 윈윈 상황이다.

하지만, 에너지 집약적인 제조업에서 나오는 방대한 양의 폐수는 어떻게 할까? 유기 엔진(세포)의 느린 산화와는 달리, 우리는 항상 물질을 때리고, 가열하고, 다듬어 우리가 원하는 형태로 만들고, 자연계에서는 절대 용납될 수 없는 정도의 에너지를 유출한다. 만일 생체모방 재료과학자들의 꿈이 실현된다면 고에너지는 더 이상 제조와 동의어가 되지 못할 것이다. 그 대신에 우리의 처리 과정은 에너지 예산 측면에서 거미, 전복, 홍합, 기타 생물을 모방하게 될 것이다.

자연계에서 얻은 교훈은 또한 우리가 에너지를 무엇에 사용할지 결정하게 해준다. 이에 대해 아모리 로빈스는 다음과 같이 말했다. "만일 내가 50년 후 우리 사회에 네이팜과, 한 번 쓰고 버리는 맥주 캔을 만드는 매우 효율적인 공장이 있다는 것을 알게 되면 아주 실망할 것입니다. 왜냐하면 그것은 어떻게 에너지를 모으는가와 나란히 가는 가치, 즉 그 모든 에너지로 무엇을 할 것인가를 생각해본 적이 없음을 의미하기 때문입니다." 자연계는 다양성을 최대화하는 데 에너지를 투입하는데, 그래야 광물질과 영양분의 재활용이 더욱 효율적으로 되기 때문이다. 우리는 우리가 무엇을 최대화하고 있는지(처리량) 재평가하고, 대신 그것의 최적화에 눈을 돌려야 할 것이다.

4. 최대화하기보다 최적화한다

일년생식물 들판은 우리들처럼 처리량을 최대화한다. 자양분을 생체로 전환하고, 한 해 끝에 식물이 죽으면 생체를 다시 빠르게 분해하여 시스템으로 방출한다. 다음 해에 식물은 다시 맨 처음부터 시작하며, 필요한 자양분을 축적하고 빠르게 성장하기 위해 애를 쓴다.

그와는 대조적으로 성숙한 시스템은 대량의 물질과 자양분을 '그루터기'에 저장한다. 매해 분해를 통해 영양분을 돌리지 않아 대부분의 생체량은 그대로 있다. 초창기에는 식물 집단의 구성원들이 빠르게 성장한다(이것이 나무의 나이테에서 중심부가 가장 넓은 이유다). 나중에는 더 많은 나무와 초목들이 그 공간을 공유함에 따라 성장 속도가 느려지고 생체량 단위당 생산성, 즉 원료 물질이 산물로 만들어지는 전환 속도도 느려진다.

성숙한 시스템으로 가는 이러한 여정은 항상 같은 패턴을 따른다. 처리량 및 후손의 최대화에 대한 강조가 최적화에 대한 강조로 전환되어, 자양분과 광물질의 흐름의 고리를 닫고, 자손은 하나나 둘이 확실히 살아남게 한다. 성숙한 모드에서 생물은 효율적으로 되고 적은 에너지로 더 많이 만들어내는 법을 배운 데 대한 보상을 받는다. 살아남는 것은 분수에 맞게 사는 생물이다. 유동 속도를 늦추는 일도 시스템이 전반적으로 안정되도록 이끈다. 쿠퍼가 말하듯이, "생태계가 그렇게 탄력 있는 이유는 어떤 것도 서두르지 않기 때문입니다. 유동 속도가 느리면 느릴수록 커다란 기복 없이 관리를 조절할 수 있습니다". 시스템을 관리할 수 있다는 것은 중요하다. 이는 집단 전체가 환경의 요구에 따라 변하고 적응할 수 있음을 의미하기 때문이다.

– 최대화가 아닌 최적화하기: 배운 교훈

우리의 산업생태계는 현재 청년기에 붙잡혀 있다. 아직도 높은 생산성과 성장에 기반을 두고 있는데, 다시 말하자면 지구에서 나온 물질이 가능한 한 빠르게 반짝이는 새 상품으로 변환되는 일정한 흐름이 지속되고 있다. 제조된 품목의 85퍼센트가 빠른 속도로 쓰레기가 된다. 사실, 도시의 쓰레기와 산업 폐기물을 모두 합하면, 미국의 남녀노소 모두가 매일 자기 몸무게의 두 배나 되는 쓰레기를 만들어내는 셈이다. 그 양은 10만 명을 수용할 수 있는 루이지애나 슈퍼돔**Louisiana Superdome** 경기장을 매일 두 번 채우기 충분한 양이다.

여기서 배울 교훈은 물질의 처리량을 줄이고, 새로운 제품의 양보다는 질에 관심을 두어야 한다는 것이다. 이에 대해 쿠퍼는 "자연계는 성숙해감에 따라 성공의 개념도 재정의합니다. 그것이 바로 적합성입니다. 오늘날의 경제에서 우리의 성공에 관한 정의는 빠른 성장입니다. 경쟁자보다 더 빠르게 성장하는 게 이기는 겁니다. 미래의 세계에서 이긴다는 것은 경쟁력이 강화되고 더 적은 것으로 더 많은 것을 이루고 경쟁자보다 더 효율적이 되는 것을 의미할 것입니다. 기업은 그렇게 클 필요가 없습니다. 사실 작은 규모로 고품질의 상품과 서비스를 생산하는 것이 더 이익이 될 수도 있어요"라고 말한다.

최대화보다 최적화로 가는 이러한 추세는 확고하게 자리 잡은 기존의 풍조를 바꿀 것이다. 포드 식 조립 라인 생산법의 발명으로 산업혁명은 그야말로 박차를 가하게 되었다. 한때 손으로 만들던 품목들이 이제 대량으로 생산된다. 이로 인해 누구나 살 수 있게 제품이 흔해진 반면 가격 또한 싸져서 궁극적으로 오늘날 우리는 싸구려 일회용품에 파묻히게 된 것이다.

1960년대에 일본에서는 소위 품질관리 혁명(효율성 전문가인 에드워드 데밍Edward Deming의 견해에 근거한 것으로 초기에 미국은 이를 무시했다)이 일어났다. 그들은 품질, 생산성, 수익성을 동시에 높이는 일이 가능함을 입증했다. 지난 10여 년에 걸쳐, 설계자들은 다른 나라에서도 일고 있는 품질을 향한 움직임, 즉 개성을 담아 만든 내구성 좋은 품목들이, 값이 싸고 사방에 널려 있는 모조품들보다 점점 더 인기가 높아가는 것에 주목하기 시작했다. 우리는 이것이 적어도 성숙한 시장으로 가는 변화의 신호탄이 되기를 희망한다.

성숙하고 있다는 또 다른 징조는 '공장 재생' 상품(예를 들면 재생 엔진, 공장에서 수리를 받은 스테레오나 컴퓨터)이 느리지만 소비자들에게 점점 더 많이 받아들여지고 있다는 사실이다. 새로운 모델이 나왔다고 옛 모델을 쓰레기통에 버리는 것보다 기존 모델이 시장에서 오래 유지되는 것을 보는 것이 환경에 훨씬 더 좋다. 따라서 업체들은 해마다 새로운 모델을 제조하는 것에서 수명이 더 긴 디자인을 만들고 재생산과 품질 향상을 전담하는 자회사를 운영하는 쪽으로 방향을 전환할 것이다. 그에 대해 알렌비는 다음과 같이 말했다. "우리의 경제 시스템은 온갖 장치를 판매하는 데 역점을 두고 있습니다. 장치의 판매보다 보수, 유지 쪽으로 전략을 변경한다면 우리가 중요시하는 것도 달라질 것입니다."

5. 물자를 절약한다

유기체는 내구성 있게 만들어지지만 과잉으로 내구성 있게 만들어지지는 않는다. 생물은 기능에 형태를 맞추고, 최소의 물질로 조용히 필요한 것을 정확하게 만들어낸다. 벌집은 최소한의 재료로 최대의 공간을 만들어내는 좋은 예다. 꿀벌은 더듬이만 가지고 육각형의 방 하나하나를 '스펙'의 2퍼센트 오차 범위 내에서, 밀을 낭비하지 않고 튼튼하게 만들어나간다. 뼈 역시 기능에 맞는 형태의 좋은 예다. 가볍지만 잡아당기거나 압착해도 부러지지 않는 설계로 되어 있다. 새의 뼈가 완벽한 예로, 단단하고 공기처럼 가벼운 두개골은 어떤 공학자가 "뼈 속의 시"라고 불렀을 정도다.

유기체는 또한 한 구조가 단 한 가지가 아니라 두세 가지 기능을 하는 식으로, 모든 설계를 최대한 활용하도록 진화되었다. 이렇게 끊임없이 적응하고 물질 사용을 재평가함으로써 더 적은 수의 장치로도 생존이 가능해진다. 이러한 게임에 능숙해지면 유전자를 더 잘 퍼뜨리고 도태되지 않게 되어 생물들에 이득이 된다.

– 물자 절약하기: 배운 교훈

'녹색 설계' 공학자들도, 평형상태에 있는 생물들처럼 적은 재료로 많은 것을 만들어내기 좋아한다. '비물질화'에 대한 현재의 추세로, 기업들은 여러 기능을 실행하는 더 가볍고, 더 작고, 더 맵시 나는 상품을 만들기 위해 재료를 더 적게 사용할 수 있게 되었다. 손바닥만 한 컴퓨터나 또는 팩스·프린터·복사기·스캐너 기능을 모두 갖춘 복합기가 그 적절한 예다. 금속으로 만든 대형 제품들도 더 얇아지고 더 강해지고 있다. 자동차 차체의 무게는 1975년 이후 400킬로그램 정도가 가벼워졌고, 맨손으로 맥주 깡통을 찌그러뜨리는 데 더 이상 테스토스테론이 필요하지 않다. 두 종류의 물질을 섞은 합성물에서 상승효과를 내는 일은 커지지 않고도 튼튼해질 수 있는 또 다른 방법이다. 플라스틱에 유리 섬유를 엮은 것은 보트의 몸체를 더 튼튼하게 만들고, 흑연 속의 탄소 섬유는 스텔스 폭격기에 강도를 더해준다.

궁극적인 비물질화는 '임대로 생활하기'라고 요약할 수 있는 운동이다. 소위 기능적 경제를 주창하는 사람들의 주장은 꽤 그럴듯하다. 사람들이 원하는 것은 전열기, 냉장고, TV를 소유하는 것이 아니라 그것들에서 얻는 기능, 즉 가열, 냉장, 오락이라는 것이다. 음악을 듣고 싶어서 CD를 사지 반짝거리는 디스크가 갖고 싶어서는 아니다.

브래든 알렌비는 "특별히 감상적이거나 미적인 이유로 사는 물건 외에 어떤 물품도 사지 않는다면 물건이 어떻게 변할지 상상해보세요"라고 알기 쉽게 설명했다. 당신의 집에 있는 모든 것은 서비스로 임대할 것이다. 다양한 공급자들이 당신이 사용하고 있는 가전제품, 가구, 조리용 기구를 설치하고, 보수·유지하고, 업그레이드하고, 결국 언젠가 대체해줄 것이다.

기업은 지속적으로 서비스를 해주어야 하므로 제품을 더 튼튼하게, 수리와 업그레이드는 쉽도록 만들어 신뢰를 심어줄 것이다. 밥 러다이스는 "40년 동안 써도 끄떡 없게 고안된 저 AT&T 사의 옛날 전화기 같을 겁니다"라고 말한다. "그때는, 설계자가 고장률과 서비스율의 균형을 맞추었습니다. 다른 종류의 목표를 가지고 있었던 겁니다. 오늘날의 기업은 신제품을 팔기 위해 제품이 완전히 망가지기를 바라고 만듭니다."

'임대 생활양식'에서는, 계획된 노후화는, 말하자면 노후화된다. 알렌비는 기능적 경제에서 저녁 시간이 어떻게 변할지 내게 얘기해주었다. 당신은 임대한 차를 몰고 집으로 퇴근을 한다. 당신이 직장에서 일하는 동안 차는 점검을 받았다. 정비사가 회사 주차장까지 와서 점검을 하는데, 이것은 계약할 때의 선택사항으로, 당신은 편리함 때문에 이 계약을 갱신하리라 마음먹는다. 집에서는, 튼튼하고 에너지 효율이 좋은 냉장고가 식품을 더욱 신선하게 유지하고 있다. 서비스 회사가 지난주에 코일을 갈아주었는데, 그래야만 자기네 냉장고가 시장에서 가장 에너지 효율이 높다고 내세울 수 있기 때문이다. 사실 그것은 모든 업체가 지향하는 바이기도 하다.

당신은 역시 빌려온 스테레오·텔레비전·컴퓨터가 하나로 되어 있는 기기 앞에 서서 사용권을 산 디지털 음악 중에서 한 곡을 선택한다. 음악 사용권을 사려면 디지털 서버(모든 음악을 저장하고 있는 대형 컴퓨터)에 접속해 당신의 컴퓨터나 재생기에 다운로드만 하면 된다. 소매 매장도 없고 CD 보관 상자도, 포장도, 금전등록기도 없으며 네온사인이 번쩍거리는 건물 밖에 쌓여 있는 대형 포장 상자도 없다.

음악을 들으면서, 당신은 컴퓨터에게 원하는 신문을 읽기 전용 태블릿 PC에 다운로드하라고 말한다. 혹은 더 좋기로는, 당신이 임대 레인지로 저녁 준비를 하는 동안 컴퓨터가 그것을 읽게 한다. 저녁을 먹고 난 후에는 인터넷에 들어가 최신 모뎀에 관한 정보를 찾는다. 컴퓨터 속도를 업그레이드하기로 결정하고 주문을 넣는다. 수초 내에 소프트웨어 업그레이드가 전선을 통해 디지털로 도착하면 컴퓨터는 새로운 모뎀이 장착되었다고 알려준다. 소프트웨어 가게를 찾지 않아도 되고 처리해야 할 포장재도 없으며 책장을 채우는 두꺼운 설명서도 없다. 당신은 그러한 현상에 익숙해질 것이다.

분명한 의문 하나는, 노후되도록 설계된 CD나 기타 물건을 제조해온 기업들은 어떻게 될 것인가 하는 문제다. 소프트웨어 매장에서 일하는 판매원은 어떤가? 알렌비와 그의 동료이며 AT&T 사 벨연구소의 수석 기술 자문인 토머스 그레델Thomas Graedel은 이러한 딜레마를 인식하고 있다. "처리량 속도를 극대화하는 시스템은 상품의 수명 주기를 늘리거나 상품을 서비스로 대체하는 시스템과 분명히 다를 겁니다. 우리가 어떤 시스템을 원하는지 결정해야 합니다."

아니면, 생각건대, 감소하는 자원과 넘쳐나는 쓰레기 매립지가 우리 대신 결정할 때까지 기다릴 수도 있다.

6. 보금자리를 오염시키지 않는다

생물은 자신의 제조 설비, 즉 서식지에서 먹고 숨 쉬고 자야만 하므로 서식지를 독으로 오염시켜서는 안 된다. 독사도 독소를 다량 저장해 놓지 않고 필요할 때마다 소량씩 만들어낸다. 생물은 사람들처럼 제조를 위해 높은 온도, 독한 화학물질, 높은 압력을 사용하지 않는다. 그들은 지나친 유동flux, 부적절한 에너지 투입은 보금자리를 오염시킬 수 있음을 안다. 그래서 생물은 몸체를 만들 때 자유낙하와 같은 물리적 힘을 자연스럽게 타고, 적응적인 물질을 촉매 및 자가조립 기술을 사용하여 만든다. 에너지와 물질 사용에서 중용을 지키는 것이 환경에 어울리는 일이다. 자신의 환경에 공급 라인이나 폐기 처분 메커니즘을 강요하지 않음으로써, 생물은 서식지에서 계속 생존을 영위할 권리를 갖는다.

하지만 생물은 단순히 보금자리를 깨끗하게 유지하는 것 이상의 일을 한다. 생물은 생명에 필요한 조건을 창조해낸다. 인간은 이러한 사실을 알아차리지 못하는 유일한 종인데, 우리가 계속 세계의 허파와 여과 장치들**예를 들어 열대우림과 갯벌; 옮긴이**을 오염시키는 것을 보면, 우리가 이 말을 강하게 부인한다는 것을 알 수 있다.

– 보금자리 오염시키지 않기: 배운 교훈

"지구가 동화시킬 수 있는 양을 초과하는 속도로 오염 물질을 방출하지 마시오"라고 말하기는 쉽지만, 도대체 어떻게 산업체의 날숨을 막을 것인가? 대기, 물, 토양 등이 오염되지 않도록 하는 가장 좋은 방법은, 독성 물질 생산을 중지하고, 무엇보다도 어떤 종류의 물질이든 비정상적으로 빠른 유동을 억제하는 것이다. 산업생태학자들은 그러한 현상을 오염방지 또는 선순환precycling이라고 부른다.

미네소타 주에 있는 대기업 3M은 20년 전에, 한 직원이 제안한 3Ps Pollution Prevention Pays, 즉 '오염 방지가 이득이다'라는 프로그램을 채택하여 오염 방지 운동에 동참했다. 3M 사의 자체 결산에 따르면, 3Ps로 7억 5,000만 달러에 달하는 비용을 절감하였고 지구의 폐기물 부담을 55만 톤 줄였다. 전체적으로 이 회사는 제품 재구성, 공정 조정, 장비 재설계, 재활용, 폐기물 회수를 통한 재판매 등의 부문에서 4,350가지의 청정생산 프로젝트를 채택했다.

3M 대표인 조 앤 브룸Jo Ann Broom에 의하면, 공정에서 독소를 제거하는 것이 이후에 그것을 제거하는 것보다 더 경제적임이 입증되었다. 처음 몇 해 동안, 이 회사가 "따기 쉬운 과일"이라고 부른, 바꾸기 쉬운 과정들을 먼저 변화시킴으로써 막대한 오염 감소를 체험할 수 있었다. 그럼에도 불구하고 3M은 1988년 "위험 물질이건 위험하지 않은 물질이건 모두 대기, 물, 토양으로 방출하는 양을 90퍼센트까지

줄이고, 2000년까지(1990년 시작됨) 폐기물을 50퍼센트 줄일 계획이다. 최종 목표는 배출을 가능한 한 0에 가깝게 줄이는 것이다"라고 발표했다. 다른 기업들도 일부 3M의 자율 규제 방침을 따르고 있다. 몬사토 사다국적 종자 및 생명공학 회사; 옮긴이는 1992년까지는 독성 물질 방출을 90퍼센트까지 줄이고, 1995년까지는 70퍼센트까지 줄일 것이라고 했다. 듀폰 사는 1987년에 시작한 독성 물질 대기 방출을 1993년까지 이미 60퍼센트 감소시키는 목표를 달성했고, 2000년까지 공기 중 발암물질을 90퍼센트 줄이는 목표의 75퍼센트까지 이미 도달했다.

한편, 독소를 완벽하게 제거하거나 대체재를 찾아낼 때까지, 산업생태학자들은 '뱀독 방법'을 따를 것을 권한다. 필요한 곳에서 필요할 때 독성 물질을 소량으로 만들면 저장이나 누출 걱정을 하지 않아도 된다는 것이다. 이를 '주문 제작 화학물질'이라 부르는데, 산업체에서 '독샘'은 조립 라인으로 곧장 연결되는 작은 제조기가 된다. 예를 들면, AT&T 사는 독성 가스 아르신arsine을 그의 사촌 격인 덜 위험한 비소로부터 즉석에서 전기분해해서 사용하고 있다. 그 가스는 필요한 현장에서 바로 생산되기 때문에, AT&T 사는 아르신(위험하고 취급에 시간이 걸리며, 엄격한 법적 규제 대상임)의 수송에 드는 경비를 절약하고 유출 사고를 피할 수 있게 되었다. 주문 제작 생산기로 만들어낼 수 있는 독극물의 좋은 예로는 염화비닐, 메틸이소시안산염methylisocyanate, 포스겐phosgene, 히드라진hydrazine, 에틸렌 클로로히드린ethylene chlorohydrin 등이 있다.

독성 물질 유출의 다른 형태로, 페인트나 도금재 같은 화학물질들을 도포할 때 마르면서 생기는 가스가 있다. 밥 러다이스는 아주 얇게 뿌리는 분자 빔 에피택시beam epitaxy라고 부르는 새로운 기술에 대해 말해주었는데, 그 물질이 있어야 할 곳과 없어야 할 곳을 이 기술이 지시해준다는 것이다. 이로써 지구와 기업의 경비 부담이 줄게 된다.

폐기물을 줄이기 위한 또 다른 운동은 '때맞춘just-in-time, JIT' 제조다. 일본의 경우 때맞춰 제조하는 공장들은 자동 공급 네트워크에 연결된 업체들로부터 전화 주문을 받는다. 공장은 구매 업체가 요구하는 것만 시간당으로 만들어내므로, 저장 창고도 작아지고 과잉생산도 줄어든다. 레비 슈트라우스도 똑같은 기술을 적용하는 중인데, 소매 매장에 컴퓨터를 설치하여 그날 청바지가 얼마나 팔렸고, 얼마나 더 필요한지 정확하게 알 수 있게 되었다고 한다.

자연계가 하는 방식과 더 가깝게 물건을 생산할 수 있는 마지막 방법은 생산 설비를 분산시키는 일이다. 이런 일이 일어나야 할 가장 합당한 곳은 에너지 생산 분야일 것이다. 아모리 로빈스가 지적한 것처럼, 우리는 젖소를 한 장소에서 모아 키우고 거기서 우유를 배달하는 일을 하지 않는다. 우유는 상하기 쉬우므로 설비를 분산시키는 것이 이치에 맞다. 전기 역시 나름대로 상하기 쉽다(전깃줄에서 새고, 전기 저항 때문에 에너지를 이동시키는 데 에너지가 필요하다)고 러다이스는 말한다. 에너지는 소규모 발전소에서, 혹은 가정집 지붕에서 생산하는 것이 더 합리적이다. 생산량이 적을수록, '이동 거리'가 짧을수록, 보금자리를 오염시키는 대량 범람 또는 대량 파괴가 일어날 가능성이 줄 것이다.

7. 자원을 삭감시키지 않는다

성숙한 생태계에서 생물은 원금이 아니라 수확할 수 있는 이자로 먹고산다. 예를 들어, 가장 성공적인 포식자는 피식자를 완전히 먹어치우지 않는 동물이다. 마찬가지로, 신중한 기생충은 숙주를 죽이지 않는다. 들소 떼는 목초지를 뿌리까지 먹어치우지 않고 공간을 고려하여 체계적으로 돌아다니며, 기린은 한 아카시아나무에서 다른 나무로 옮겨다닌다. 게걸스러운 고릴라조차도 정글을 천천히 이동해가며 먹으며, 떠난 자리의 식물이 다시 자라나게 한다. 모두들 물려받은 유전자의 지혜로, 자라나는 싹까지 다 먹어치워서는 안 된다는 것을 잘 아는 것이다.

다시 한 번, 생물을 제로섬 게임에 묶인, 언젠가 죽을 적으로 보는 견해는 재고의 가치도 없다. 자연에는 생물이 자신을 먹여주는 손까지 먹어치우지 못하게 하는 음성 피드백 체제가 존재한다. 다시 말해, 식량 자원이 고갈되기 시작하면 그것을 구하기가 더 어려워지고, 따라서 찾는 데 소중한 에너지가 더 많이 소모된다. 그러면 동물은 대개 다른 먹이 자원으로 대체하는 것이 쉬워 그렇게 하고, 그 사이에 재생 가능한 재고가 자체적으로 회복될 수 있다.

금속이나 광물질처럼 재생 불가능한 자원의 경우에는, 무엇보다도 생물이 이것을 그렇게 많이 소모하지 않는다. 생물에 의해 섭취된 미량의 광물질은 생물학적 과정이나, 융기와 같이 땅에 묻힌 광물들이 표면으로 올라오는 지질학적 과정을 통해서 다시 채워진다.

– 자원 삭감시키지 않기: 배운 교훈

"지구가 처리할 수 있는 속도보다 더 빠르게 오염 물질을 방출해서는 안 된다"는 교훈에서 나오는 두 가지 결론은 다음과 같아야 할 것이다.

1. 재생 불가능한 자원을 대체 자원이 개발되는 속도보다 더 빠르게 사용하지 않는다.
2. 재생 가능한 자원을 자연적으로 재생되는 속도보다 더 빠르게 사용하지 않는다.

한때, 우리의 경제는 나무, 자연섬유, 식물성 화학물질 등의 재생 가능한 자원을 기반으로 하였다. 우리가 저지른 가장 커다란 과실 중 하나는 이러한 경제를 기름, 가스, 석탄, 금속, 광물질과 같이 재생 불가능한 물질에 기반을 둔 경제로 대체한 것이다. 지속가능성의 법칙은, 재생 불가능한 물질은 그것의 대체물을 개발하는 것과 같은 속도로 소모해야 한다고 말한다. 하지만 우리는 분명히 대체 자원을 개발하는 속도보다 더 빠르게 금속, 광물질, 화석연료를 사용하고 있다. 만일 우리의 손자 세대를 위해 자원을 조금이라도 남겨 놓으려면, 재생 불가능한 자원을 지금 재활용해야 한다. 금속과 광물질이 흔히 광산보다 광산 매립지에 더 많으므로 이런 매립지에서 자원을 추출하는 방법을 찾아야 한다.

방지하기 가장 어려운 소실은 재생 불가능한 미세 입자의 형태로 토양, 공기 또는 물에 흩어져버리는 경우이다. (예를 들면, 자동차의 브레이크 패드는 차가 멈출 때마다 도로 표면에 재생 불가능한 물질을 뿌린다.) 화학물질은 특히 쉽게 날아가 플라스틱, 합성고무, 합성섬유 등에 들어 있지 않으면 도료, 안료, 살충제, 제초제, 살균제, 방부제, 응고제, 부동액, 폭약, 발사 화학, 방화제, 시약, 세제, 비료, 연료, 윤활유 등의 한 번 쓰면 없어지는 물질의 목록에 오르게 된다. 이렇게 천천히 사라지는 누출을 막고 회수를 위해 노력하면 장차 몇 세대 후까지도 천연자원을 지킬 수 있을 것이다.

아마도 이 모든 것에 대한 최상의 처방은 이들 재생 불가능한 것들을 대체하는 재생 가능한 대용물을 찾는 것이다. 생물 고분자물질, 식물성 플라스틱, 옥수수 연료 등이 최근에 화제가 되는 것은, 우리 사회가 희귀하고 값비싼 자원에서 태양의 도움으로 자랄 수 있는 자원으로 관심이 이동하고 있다는 증거이다.

재생 가능한 경제로 돌아간다고 만사가 해결되는 것은 아니다. 대니얼 키라스Daniel Chiras가 경고한 것처럼 벌목, 농업, 어업, 목장을 잘못 관리하면 대지와 해양에 극심한 침식과 현격한 생산성 감소를 가져올 수 있다. 이에 대한 현명한 대안이라면, 다시 보충될 수 있는 것만을 땅에서 취하는 것이 있다. 임학에서 이는 지속성 산출sustained yield로 알려져 있는데, 그 해에 자란 것만을 수확하여 근본적으로 원금을 고갈시키지 않고 불어나는 이자, 즉 덤만 취하는 것이다. 성장할 수 있는 역량은 보호해야 마땅하다. 불행하게도, 현재 우리의 시장 규칙은 목재 회사가 목재 가격이 침체 상태일 때는 자산을 매각하라고(나무를 모두 베버리도록) 부추긴다. 숲에서 나무를 베는 것은 황금 알을 낳는 거위에게 해를 입히는 것과 같으며, 해마다 시스템이 낼 역량을 줄이는 것이다.

지속가능한 사회는 단지 재생 가능한 자원으로 돌아서기만 해서는 안 되고 지구의 재생 가능한 선물을 신중하게 관리해야 한다. 이를 위해서는 생태학적 자본 착취를 금기시해야 할 뿐만 아니라 이러한 착취로 이끄는 힘인 인구와 소비의 폭발을 억눌러야 한다. 간단히 말해, 더 간소하고 단아한 생활이 요구된다.

8. 생물권과 균형을 맞춘다

대초원이나 미국삼나무 숲에 대해 얘기할 때, 우리는 더 큰 순환 고리 안에서 돌아가는 소순환**subcycle**을 말하는 것이다. 모든 물질 순환의 할아버지 격에 해당하는 것은 생물권**biosphere** 수준에서 일어난다.

생물권(생물을 부양하는 대기, 토양, 물 등의 층)은 닫힌 계로, 유입되거나 유출되는 물질(운석은 제외하고)이 없음을 의미한다. 탄소, 질소, 황, 인산과 같은 주요 생화학적 구성 요소들이 생물들 사이에서 활발하게 거래되지만 전체 양은 대체로 일정하게 유지된다. 광합성, 호흡, 성장, 광물화, 부패 등의 과정을 통해 자원의 보고에서 제거되는 만큼 정확하게 다시 채워진다. 생물이라는 회전문을 통해서 그 재고가 순환하는 것이지 줄어들지는 않는 것이다.

대기 중의 가스 또한 섬세하고도 역동적인 균형을 이루고 있다. 광합성 시, 식물은 이산화탄소를 흡입하고 산소를 배출한다. 호흡하는 동물들은 바로 그 산소를 취하고 이산화탄소를 대기 중으로 되돌린다. 이들 가스 중 어느 것도 지나치게 많이 제거되거나 되돌아오지 않는다. 예를 들어, 산소는 대기 중에 대략 21퍼센트(성냥을 편안하게 그을 수 있는 정도) 수준으로 유지된다. 질소, 황, 물의 순환에서도 비슷한 균형 체제가 작동한다.

이러한 주거니 받거니 하는 과정을 통해 생물은 생존에 필요한 조건을 유지하고 있다. 환경 경제학자인 로버트 아이어스Robert U. Ayres는 만일 이러한 생물학적 처리 과정들이 중단된다면, "많은 화학반응이 화학적 평형을 향해 진행될 것이므로, 대규모 영양 순환이 느슨해질 것"이라고 쓰고 있다. 간단히 말하면, 생명의 거대한 공 돌리기 묘기는 끝이 날 것이다.

– 생물권과 균형 유지하기: 배운 교훈

살아 있는 생명체로서, 우리는 (날숨으로) 가스와 유기물을 지구에 내놓는다. 불행하게도, 우리가 인공으로 만들어내는 산물은 우리 신체가 내놓는 것보다 훨씬 많다. 아이어스가 보고한 것처럼 "지난 19세기 중반에, 대기 중에 있는 100만 개 분자 중 약 280개 분자(부피로 계산하면 280피피엠ppm)가 이산화탄소 분자였다". 오늘날 그 수치는 25퍼센트나 상승해 약 355피피엠까지 올라갔다. 현재는 해마다 약 0.4퍼센트씩 증가하는 추세에 있다.

그것들은 모두 어디로 갈까? 우리가 화석연료를 태우고 산림을 개간하여 공기 중으로 해마다 주입시키는 71억 톤의 탄소는, 1차 순생산량, 즉 매해 육지 식물이 생산하는 600억 톤의 탄소의 약 12퍼센트에 불과하다. 식물이 생산해내는 탄소는 결국 생물들에 의해 다시 활용되지만, 우리가 투입하는 이산화탄소는 자연 과정에 의해 균형이 유지되지 못한다. 왜냐하면 그것은 자연적으로 순환될 수 있는 양을 너무나 초과하기 때문인데, 이로 인해 대기 중의 이산화탄소 농도는 계속 높아지고 있다. 산업생태학자들이 던져야 할 궁극적인 질문은, 우리의 생물권이 이런 대규모 영양물 순환의 교란, 균형을 벗어난 축적에 어떻게 반응할 것인가 하는 점이다.

산업생태학자들은 이 문제에 대한 유일한 해답은, 생물권에 피해를 주지 않고 그에 꼭 맞는 산업생태계라고 말한다. 몇몇 두뇌들이 이러한 대규모 통합에 대해 말하고 있지만, 이 시점에서는 아직 말뿐이다. 닫힌 순환 고리가 특징이라 할 수 있는 지구의 시스템과는 다르게, 산업계는 "영양물"이 "폐기물"로 바뀌고 별로 재활용되지 않는 열린 시스템이라고 아이어스는 쓰고 있다. 다른 모든 선형 시스템(벌레가 든 밀가루 통)과 마찬가지로, 산업 시스템 역시 본질적으로 불안정하고 지속가능하지 않다. 그는 덧붙여 "그 시스템은 결국 열평형 상태로 안정되거나 붕괴되어 버리고, 그런 상태에서는 모든 유동, 모든 물리적, 생물학적 과정이 멈춘다"고 담담하게 쓴다.

그러나 아이어스는 지구가 항상 닫힌 시스템은 아니었음을 상기시켜주며 용기를 준다. 그 순환 고리를 이루는 모든 체제(생물)의 연결망이 진화하는 데 수십억 년이 걸렸다. 그들이 제자리를 잡기 전에 지구에는 허점이 많았다. 유기 분자가 부족했고(바다에서 원시세포가 형성되면서 구성 성분을 모두 소모했다), 이산화탄소가 증가했고(남조류가 진화해 이산화탄소를 흡입하기 전까지), 아슬아슬한 산소 중독(호기성 박테리아가 생겨나 산소호흡을 하기 전까지) 사건이 있었다. 아이어스는 이처럼 역사적으로 생물에게 아슬아슬한 고비가 있었다고 알려준다. 이번에는 우리를 뒤로 잡아끌기 위해 무엇이 진화할까?

그는 현대를 구할 수 있는 해결책을 예측하기는 어려울 것이라고 말한다. "마지막 잡을 수 있는 지푸라기"가 무엇인지도 예측할 수 없다고 한다. 문제는 생물권과 우리의 전 세계적인 산업생태계가 둘 다 복잡계라는 것인데, 작은 변화도 크게 증폭된 결과를 가져올 수 있다는 뜻이다. 이러한 '초기 조건에 대한 민감성'을 보이는 가장 유명한 예가 날씨의 복잡성complexity이다. 이론적으로, 미국 뉴욕 시의 나비 한 마리의 날갯짓이 타이완에 태풍을 일으킬 수 있다. 이러한 복잡계의 비선형성이 현재 진행되고 있는 환경 폐해의 심각성을 가늠하기 어렵게 한다.

우리가 할 수 있는 일은 경고 신호에 주의를 기울이는 것뿐이다. 그래서 현재, 과거 어느 때보다 더 긴밀하게 지구를 감시, 관리하고 있으며 우리가 생물권에 어떻게 영향을 주고 생물권이 어떻게 반응하는지에 대한 패턴을 알아내기를 희망하고 있다. 가장 큰 새로운 노력 중의 하나는 1991년에 시작된, '지구 행성에 대한 나사NASA 임무'다. (그 임무는, 다른 행성을 감시하는 데는 수백만 달러를 들이면서도 우리의 고향이라 할 수 있는 지구의 변화를 추적하는 데는 미미한 비용을 지불한다는 사실을 깨달은 우주 비행사 샐리 라이드Sally Ride가 시작했다.) 임무의 1차 국면에서는 여러 신형 원격탐사 위성들이, 예를 들면, 세계 해양의 해류 패턴, 엘니뇨El Niño로 야기되는 기상이변, 해수면 변동, 온대와 북방 숲의 경계의 변화, 오존 구멍에 미치는 프레온 가스의 효과 등을 추적하였다. 2차 국면은 1998년 최초의 지구 관측 우주선을 발사하면서 시작되었는데, 이 우주선은 인공위성과 함께 현재의 지구과학 정보를 모두 합친 것보다 더 많은 정보를 보내오고 있다. 이 정보를 정확하게만 사용한다면 우리가 찾고 있던 자동조절기self-regulator가 될 수도 있다.

9. 정보를 활용한다

혁신적이고 생산적인 회사가 그렇듯이, 성숙한 군집은 모든 구성원들에게 피드백을 전달하는 다채로운 의사소통 채널을 갖고 있어서 지속가능성을 향한 행진에 영향을 준다. 과잉 행동이나 폐기물은, 효율적 행동은 보상하고 어리석은 유전자는 벌하는 자연의 체제에 의해 억제된다. 수많은 다른 생물과 연결되어 있고 그러한 연결에 의존하는 생물은, 자신의 의도를 이웃에게 알려야 하고 그들과 상호작용하는 확실한 방법을 발전시켜야 한다. 예를 들어, 늑대들은 '짝짓기하자' 또는 '네가 이겼다. 나는 조용히 물러간다'와 같은 의사를 분명하게 표시하는 의식화된 몸짓에 숙달되어야 한다. 생물학자들이 말하듯이, 성공적인 신체 설계와 행동에는 많은 정보가 담겨 있다.

잘 발달되어 있는 집단을 운영하는 것은 위에서부터 하달되는 보편적인 메시지가 아니라 다수의, 중복적이기도 한, 집단 전체의 민초로부터 나오는 메시지다. 풍부한 피드백 시스템이 집단의 한 성분에서 일어난 변화가 전체에 퍼지게 하고, 환경이 변할 때 적응할 수 있게 해준다. 성숙한 집단의 존재 이유는 주변 환경의 교란과 고통을 겪는 가운데서도 정체성을 유지하는 것이며, 그로 인해 집단은 그 자리에 살아남고 진화할 수 있게 된다. 이것이 지속가능성 신봉자들이 인간 집단에도 바라는 것이기도 하다.

– 정보 활용하기: 배운 교훈

하나의 종으로서 우리가 자연계에서 오는 음성 피드백인 발생 기형, 급격한 날씨 변화, 멸종 같은 현상을 무시하고, 성장 동력을 계속 올리면 시스템은 붕괴한다. 우리는 자연이 회복할 수 있는 것보다 더 많이 채취하고 자연이 처리할 수 있는 것보다 더 많이 배출한다. 우리는 도를 지나치고 있다.

도를 지나치지 않기 위해 한 경제의 모든 기업들이 생물들이 하듯이 서로 잘 들어맞아야 하고 환경과의 상호작용에 주의를 기울여야 한다. 환경이 사업에 가하는 피드백뿐 아니라 사업들 사이에 그리고 사업 내에서 작용하는 피드백 고리를 확립해야 한다.

뉴욕 주 시러큐스 시의 북동산업 폐기물교환소와 미네소타 주 바터 BARTER, Business Allied to Recycle Through Exchange and Reuse 같은 물질교환 중개 회사가 최근에 번창하는 것은 좋은 징조다. 이 회사들은 누가 무엇이 필요하고, 누가 무엇을 가지고 있는지 아주 자세하게 가장 최신 정보를 담은 카탈로그를 출간하여, 어떤 폐기물을 처리하고자 하는 기업과 그 폐기물을 사용하고자 하는 기업을 연결해주고 있다. 이러한 오지랖 넓은 재활용 서비스는, 물질을 철저히 사용하도록 돕는, 산업체 내에서의 그리고 산업체들 사이에서의 정보 게시가 시작되었다는 신호다. 이러한 피드백 시스템으로 물자가 쓰레기 매립장이나 소각로에 버려지지 않고, 경제를 통해 계속 재활용될 수 있다.

기업 내에서의 피드백은 환경 카드를 향상시킬 수도 있다. 1950년대에 인공두뇌학의 피드백 기술이 획기적으로 발전하여 자동화가 가능해졌다. 가정에 있는 전열기는 가장 좋은 예다. 전열기에서 정보 릴레이 역할을 하는 것은 온도 조절 장치로, 집 안의 온도를 감지하여 전열기를 켜고 꺼서 사람이 손 댈 필요가 없다. 산업생태학자들은 이와 비슷한 종류의 자가 경비 체제를 기계에 장착하면 산업체가 환경 위반을 하지 않게 될 것이라고 생각한다. 이러한 체제는 지속적으로 배출량을 감시하여, 예를 들면, 그 기계가 가능한 한 오염을 야기하지 않도록 조정할 수 있을 것이다.

피드백 체제가 기계적인 것이어야만 하는 것은 아니다. 환경 영향에 따라 기업의 수익이 떨어지거나 올라가는 것 또한 제동과 추진의 피드백 체제라고 할 수 있다. 정부는 기업들에게 환경 위반에는 세금을 물리고 개선 사항에는 보상을 해줌으로써 올바르게 이윤을 추구하도록 이끌 수 있다.

산업체의 관심을 끌 수 있는 또 다른 피드백 체제의 예는, 소비자가 녹색 제품을 요구하는 것이다. 유럽연합 국가들, 미국, 캐나다, 호주는 현재 강제력이 있고 신뢰할 수 있는 녹색 표지 제도를 협의하는 중이다. 제품의 녹색 인증 표시가 선망의 대상이 되기만 하면, 기업들은 자신의 제품을 '누구보다도 더 녹색'으로 만들기 위해 분투할 것이다.

끝으로, 산업생태학자들은 기업들이 환경으로부터 경고신호를 받으면 법 규제나 이익 감소의 압력을 받기 전에 즉각 스스로 관행을 고치게 하는 반응 시스템이 필요하다고 말한다. 네덜란드의 정부와 산업 간 계약은 적응적인 협상의 좋은 예다. 네덜란드는 청정 환경 목표를 한 세대 내에 달성하겠다고 결단을 내렸다. 그러나 법규를 바꾸는 일은 정확하기 어렵고 충분하지도 못하다고 생각했다. 그래서 대신 계약을 맺어 기업은 환경친화적 정책을 시도하고, 정책이 잘 작동하고 있는지 과학적으로 감시한다. 환경이 아직도 훼손되고 있다면 정책을 강화하기 위해 새로운 법 제정을 기다릴 필요가 없다. 정부와 산업체는 단순히 계약상 신속한 변화를 협상하면 된다.

10. 향토 산물을 구매한다

동물은 홍콩에서 물품을 수입할 수 없기 때문에, 그 지방의 물건만 쓰고 그 지역 전문가가 되었다. 예를 들면, 퓨마는 산양과 공진화하기 때문에 먹잇감을 찾는 '탐색 영상'과 그들을 포획하고 소화시키는 데 알맞는 체격과 이빨을 완벽하게 발달시켰다. 산양 역시 사는 곳에 적응되었고 퓨마로부터 방어하는 영리한 방법을 진화시켰다. 따라서 집 가까이 있어야 에너지를 아끼고 자신의 능력을 최상으로 발휘할 수 있어 이득이다.

알렌비와 쿠퍼가 말하기를 그러한 이유로 "생물학적 집단은 대체로 지역화되어 있거나, 시간과 공간적으로 서로 밀접하게 연결되어 있다. 예를 들면, 썩어가는 통나무에 있는 자양분은 비가 오면 토양으로 전달되는데, (비는 햇빛에너지에 의해 물이 증발한 것이므로) 태양에너지에 의해 토양으로 들어간다고 할 수 있다. 그러므로 에너지 유동 속도는 느리고 거리는 아주 가깝다". 달리 말하면, 일부 높이 날아 이주하는 종들을 제외하면 자연은 출퇴근하지 않는다.

– 향토 물품 구매하기: 배운 교훈

향토 물품 사기는 우리가 전적으로 등한시하고 있는 것이다. 현재의 경향은, 하나의 제품이 열 개의 다른 나라에서 조립되고 식량도 바로 이웃에서 재배될 수 있음에도 불구하고 외국 땅에서 트럭, 비행기, 배 등으로 선적되는 국경 없는 글로벌 경제로 가고 있다. (미국의 식탁에 놓이는 음식은 평균 2,000여 킬로미터 수송되어온 것이다). 이러한 접근방법에는 적어도 세 가지 문제점이 있다. 첫째, 이러한 생활 방식은 에너지가 본래 많이 드는 이러한 수송 체계가 항상 가능할 것이라고 가정한다. 그러나 그렇지 않을 수도 있다. 둘째, 온 지구의 농산물을 먹음으로써 주민들이 그 지역 토양의 한계 이상으로 재배하게 만든다. 마지막으로, 생산자와 소비자를 분리하면, 소비자는 농산물이 자란 지역이 어떤 곳인지, 그것을 위해 환경에 어떤 대가를 치렀는지에 대한 감각을 잃게 된다. 제3세계 국가들에서 일어나는 벌채는 눈과 마음에서 멀리 떨어져 있고 커피 탁자 위에 놓여 있는 멋진 잡지책 속에나 있다.

우리가 자연을 흉내 내고 싶다면, 우리의 입맛을 현재 살고 있는 장소에 적응시키고 가능한 한 가까이에서 자원을 얻어야 할 것이다. 향토 물건을 사려면 토착민은 알고 있지만 우리들 대다수는 잊어버린 그 고장에 대한 지식이 필요하다. (전형적인 생물지역적bioregional 퀴즈는 이렇다. 당신이 어떤 분수령watershed에 살고 있는지, 당신의 뒤뜰에는 원래 어떤 식생이 자랐는지 알고 있습니까? 그 고장의 식품에 의존하려면 무엇을 먹어야 하는지 알고 있습니까?)

좋은 소식은 지역적 자립 운동이 버섯처럼 솟아나고 있다는 것이다. 사람들이 자기의 자연적 주소에 대해 스스로 공부하고, 환경에 대한 글을 쓰는 커크패트릭 세일Kirkpatrick Sale이 말한 것처럼 "그 땅의 거주자"가 되려고 노력하고 있다. 협동소비조합은 구매자에게, 지역 경제를 지키는 한 가지 방법으로, 자기 고장에서 생산된 식품, 목재품, 수공예품, 책을 사라고 홍보하고 있다. 이러한 생물지역주의 운동의 목표가 완벽하게 달성되면, 경제의 경계가 현실적으로 다시 설정될 것이다. 즉, 우리가 현재 존중하는 정치적인 경계선이 아니라 분수령, 토양 유형, 기후대와 더욱 밀접하게 관련되어 구분될 것이다.

그 지역의 토지에 적합하고 지방의 특성을 이용하는 경제는, 지방의 토착 전문가로 진화한 생물모방에 우리를 더욱 가깝게 이끈다. 윌리엄 쿠퍼가 말하기를, "천편일률적으로" 되는 대신에, 우리는 더 안정적인 생태계의 패턴, 즉 다양한 조각이 모자이크를 이루고 각 조각은 고유의 리듬으로 고동치면서 그 자리와 조화를 이루는 생태계의 패턴을 따르게 될 것이다.

우리의 몇 가지 항목이 상식적으로 옳음에도 불구하고, 제1형 체계에서 제3형 체계로의 도약이, 이 시점에서는 아직 새로운 길에 대한 실험을 해볼 여유가 있는 '얼리 어댑터early adopter | 신제품이 나오면 바로 구매하여 써보는 사람; 옮긴이'나 기업체들의 치기 수준에 머물고 있다. 산업 생태계의 연결망을 이루는 데 결정적으로 필요한 수를 확보하기 위해 기업들을 어떻게 설득할 것인가?

한 가지 방법은 막다른 골목에 이를 때까지 기다리는 것이다. 쿠퍼는 이에 대해 "일단 우리가 지구의 최대 수용 능력에 실제로 도달하기 시작하면 유통을 극대화하는 오늘날의 시장 위주 방식은 정말로 빠르게 화석화될 것입니다. 그런 방식은 다른 사업 방법을 위해 한번에 던져버려야 할 것입니다"라고 말한다. 제1형에서 제3형으로 바꾸는 점진적 변화가 아니라 대규모 전환이 필요하다는 것이다. 그러한 전환은 어떤 형태일까?

"무정부 상태라고 부를 수 있겠지요." 농담 반 진담 반으로 쿠퍼는 말한다.

브래든 알렌비는 좀 더 긍정적이다. 우리가 자연에서 교훈을 배울 수 있다면, 많은 다른 종들과 함께 낭떠러지에 매달리기 전에 우리가 스스로를 교정할 수 있을 것이라고 그는 생각한다. 그에게 우리의 거대한 문어발 식 경제를 지속가능성 방향으로 움직이게 할 수 있는 메커니즘이 무엇인지 묻자 그는 씩 웃었다. 자연의 수많은 현상과 패턴처럼, 알렌비의 접근 방법도 자기참조적self-referential이다.

"경제 자체를 이용해야 합니다."

지속가능성을 위하여: 니치를 바꾸는 방법

• **경계 조건** | 내가 이야기를 나누었던 산업생태학자들은 가솔린의 납 성분을 금지시키거나 프레온가스를 퇴출시키는 식의 명령과 통제 법규는 항상 필요할 것이라고 인정한다. 하지만 그것이 완전한 해결책은 아니다. 나는 알렌비가, 주식회사 미국이 단순히 자발적으로 갈색에서 녹색으로 갈 것으로 생각하는지 궁금해졌다.

그는 "산업체에 이타주의를 요구할 필요는 없는데, 그것은 다행이에요. 왜냐하면 그런 것은 기업의 본성에 맞지 않으니까요"라고 대답한다. 알렌비는 우리가 추구하는 문화적·기술적 진화를 한번 제대로 조직해보려면, 이익을 당근과 채찍으로 이용할 수 있다고 믿는다.

"수익성 위주의 기업에는 온갖 종류의 손잡이와 스위치가 있게 마련이어서 우리가 원하는 행동을 이끌어내려면 그것을 당기고 누르고 조정하기만 하면 됩니다." 예를 들어, 정부가 시행하는 시장 기반의 당근과 채찍들은 지속가능성 방향으로 시스템을 모는 한 가지 방법이다. 또 다른 방법은 환수 법과, 사회의 알 권리 법 제정이다. 이러한 규제들은 '경계 조건boundary condition'의 역할을 한다. 즉 산업을 새로운 경영 환경, 새로운 서식지에 집어넣는데, 그곳에서는 환경보호가 갑자기 가장 자연적이고 경쟁력 있는 행동 양식이 될 것이다.

쿠퍼는 경계 조건을 생물학적인 용어로 설명한다. "만일 어떤 종을 일리노이 주의 옥수수 밭에 심는다면 그 종은 너도밤나무와 단풍나무가 빽빽한 숲 서식지에 이식될 때와는 다르게 행동할 것입니다. 조건이 다르고 생물학적 제재와 균형이 다르며, 자연선택은 다른 서식지의 생존자들의 다른 행동에 다르게 보상할 것입니다."

마찬가지로, 우리의 경제도 실질적인 결과와 한계를 더 정확하게 반영시킨 조건(장려금, 벌칙금, 법) 속에 밀어넣으면, 그에 반응하고 적응할 것이다. 현재 우리는 운동장을 인위적으로 평평하게 만들어주고 있다. 우리는 아직 가격에 지구나 미래 세대에 치를 경비를 포함하지 않고 있다. 더 나쁜 것은, 부정적인 활동에 보조금을 지급해왔다는 것이다. 화석연료는 세계적으로 연간 2억 2,000만 달러의 보조금을 받고 있다. 인위적으로 싸게 책정된 가격은 소비자에게 풍부하다는 잘못된 인식을 심어주고, 재생 불가능한 자원에 의존하는 위험을 보지 못하게 하고 있다. 장밋빛 안경을 벗고 세상을 실제로 본다면 경제는 어떻게 될까? 발까지 빠지는 구덩이투성이 운동장에서 다시 게임을 해야 한다면 어떻게 될까?

알렌비는 성숙한 숲에서 한정된 양의 물, 햇빛, 영양분과 같은 경계 조건이 구성원들에게서 안정성을 지향하는 행동을 끌어내듯, 경제에서도 현실적인 경계 조건이 지속가능한 행동을 끌어낼 것이라고 생각한다. 사실상, 애덤 스미스Adam Smith가 말한 자본주의의 보이지 않는 손이 마법을 부릴 것이다.

알렌비는 경계 조건이 가진 막강한 힘을 믿는데, 시스템의 특정 요소들을 미세하게 관리하는 것이 얼마나 부질없는 짓인지 잘 알기 때문이다. "우리는 1970년대 명령과 통제의 시대에, 시스템은 너무 복잡해서 우리가 효과적으로 다룰 수 없다고 배웠습니다." 그는 정부가, 사회가 용납하는 최소와 최대의 한계선만 그어놓고, 산업체를 그 안으로 초대해 각자에 알맞게 채색하도록 내버려 두어야 한다고 생각한다.

알렌비의 모델에서, 일종의 준수 기술을 강제하는 법규들은 사라질 것이며 기업들에게 더 좋은 해결책을 탐구하고 찾아내도록 자유를 부여할 것이다. 과도한 벌채와, 광산 채굴에 보상을 하는 구식 장려금도 없어져야 한다. 알렌비는 대신 "조직적으로든 기술적으로든 최종 목표를 규정하지 않고 단지 산업계를 바람직한 방향으로 밀어주는 폭넓고 구체적이지 않은 정책"을 제안한다. 자세한 약도 대신에 "화살표 하나 그려주고, 기업들이 경쟁자들보다 먼저 거기에 도달하게 만들어야 한다". 그것, 즉 경쟁은 기업의 본성이다.

경계 조건들은 훌륭한 출발점이지만, 그러한 경계선 안쪽에서 진동하는 시스템이 가까운 시일 내에 연착륙하려면 모든 내부적 신호들이 분명하게 보이도록 깜빡여야 한다. 우리의 경제 상황에서, 그것은 제품의 값에 지구와 미래 세대를 위한 경비까지 반영시켜야 함을 의미한다.

녹색 회계는 강력하고 즉각적인 효과가 있을 것이다. 알렌비는 "물값이 실제 사회적·환경적 비용에 가깝게 껑충 뛴다면 농업에 무슨 일이 벌어질지 생각해보세요"라고 말한다. "캘리포니아 주의 산호아킨 밸리에서 목화같이 물을 많이 필요로 하는 식물을 재배한다면 막대한 돈이 들어갈 겁니다! 따라서 농부들은 그 지역에 더 적합한 농작물로 대부분 바꿀 것입니다." 마찬가지로, 기업들이 경제활동의 환경 비용을 전담해야 한다면 어떻게 될까? (지금은 그 부담을 공공이 지고 있다.) 그것은 더 이상 환경 폐해가 정말로 심각한가 아닌가의 문제가 아닐 것이다. 그것은 너무나 비싸서 뽑아버리지 않을 수 없는 가시가 될 것이다. 한편, 환경적으로 순한 기술이 선망의 대상이 될 텐데, 새로운 가격 구조에서는 녹색 제조가 사실상 더 싸기 때문이다.

세금 징수원으로서 정부는, 경제 핸들의 배선을 바꾸어 앞으로 나아가게 하는 자연스러운 역할을 할 수 있다. 폴 호켄은 우리가 그동안 후진하고 있었다고 말한다. 정부가 소득처럼 좋은 일에 세금을 부과하는 대신 오염이나 에너지와 원료의 과잉 사용 같은 나쁜 일에 세금을 부과해야 한다는 것이다. 예를 들면, 탄소 양에 따라 연료에 세금을 매기면(탄소가 많을수록 피해가 크다) 물품의 사용 주기 모든 단계에서 천연가스같이 오염이 덜한 연료를 사용하고 재활용을 장려하게 될 것이다. 재생 불가능한 원자재의 값은 현실적 수준으로 더 올려서 폐기물을 억제하고 재활용에 대한 동기를 부여할 수 있다. 반대로, 환경을 파괴하지 않고 지속가능한 방식으로 재생 가능한 자원을 생산하는 기업들에게는 세금 공제 혜택을 줄 수 있다.

정부는 또한 조기에 협조하는 기업들에 제품 구매로 보상을 할 수 있다. 클린턴 행정부는, 연방 정부가 조달품으로 녹색의 재활용이 가능하고 에너지 효율이 높은 제품을 우선적으로 구매하게 하였다. 미국과 같은 크기의 소비자가 녹색화하면, 컴퓨터, 사무 용품, 자동차 그리고 더 많은 제품들이 갑자기 녹색이 인증되는 제품 라인에서 출고되기 시작할 것이다.

보이지 않는 손에 대한 믿음을 보여준 또 다른 정부 프로그램은 1990대기정화법에서 도입한 제도인데, '오염 권리' 점수를 거래할 수 있는 시장을 만들어냈다. 그 제도는 이렇게 작동한다. 정부는 한정된 오염 권리 점수를 기업들에 할당한다. 즉 그만큼만 방출할 수 있다는 뜻이다. 오염 배출량을 줄이는 방법을 찾은 기업은 더이상 허용된 점수가 필요 없어지고 그것을 시카고 상품 거래소 경매에서 팔 수 있으며(1993년에 최초로 거래가 이루어졌다) 아직 그만큼 혁신적이지 못한 기업들로부터 돈을 받을 수 있다. 이렇게 하여 갑자기 환경에 나쁜 활동은 비용이 들 뿐 아니라 경쟁자의 주머니를 채워주는 것이 된다.

일단 임계치를 넘는 수의 기업들이 환경 오염을 청소하기 시작하면, 양의 피드백positive feedback 혹은 눈덩이 효과snowball effect에 의해 변화가 변화를 낳는 것을 볼 수 있을 것이다. 예를 들면, 오염 방출량을 줄인 기업들은 갑자기 '개종한 금연자'가 되어, 다른 기업들도 서둘러 동참하도록 하는 더 강력한 법을 옹호하게 된다. 내부와 위아래로부터의 압력에 대응하다보면 소용돌이치는 우리의 경제는 제3형 사회로 재편성되어 최대화가 아니라 최적화로 기울기 시작할 것이다.

이러한 전환의 속도를 높여주는 여러 방법 중 한 가지는, 모든 신호가 명확하게 '녹색화가 사업에 유리하다'고 깜빡이게 하는 것이다. 제일 먼저 할 일은, 경제적 복지를 가늠하는 잣대를 바꾸는 것이다. 지금은, 국민총생산GNP 앞에서 굽신거리지만, 그것은 교환의 척도도 건

강의 척도도 아니다. 그것은 물질의 유통을 추적하는 것이어서 최대한 빠르게 자원을 소모할 때 긍정적인 벨이 울린다. 오염, 암, 기타 질병 같이 부정적인 것도, 그것을 일소하고 치료하기 위한 제품을 계속 만들어내는 한 긍정적인 것이 된다. 이러한 시스템에서 엑손 밸디즈 **Exxon Valdez | 1989년 알래스카에서 원유 유출을 일으킨 거대 에너지 기업 엑손의 배; 옮긴이** 호가 돌아다니고, 국민총생산은 뛰어오른다(이것은 실화다).

고맙게도, 경제적인 복지를 추적하는 새로운 방법을 찾는 운동이 있는데, 이를 녹색 GNP라 부른다(이 운동과 관련된 다른 모든 것도). 첫 단계로, 미국 상무부 경제통계관리국은 생산품 및 투자 대장에 새로운 칸을 추가하여, 환경 자산에 달러 가치를 부여하는 방법을 궁리 중이다. 다른 나라들도 또한 기대 수명, 유아 사망률, 국민 건강 상태, 교육, 범죄, 축적된 부, 수입 분배, 대기 품질, 수질, 여가 기회와 같은 사회, 경제, 환경, 보건과 관련된 요인들을 광범위하게 고려하는 보고서를 시험하는 중이다.

한편 기업 수준에서는 간접비로 묻혀 있던 환경 비용이 모든 부서의 출금 및 자산 항목 표에 들어가야 한다고 알렌비는 생각한다. 예를 들면, 기획 위원들은 그들이 결정한 설계의 비용을 환경 파괴 측면에서 알아야 한다. 카드뮴이 도금된 잠금장치를 설계하는 공학자는 그것의 가격과 기능 이상의 것을 고려해야 할 것이다. 위험한 화합물을 가지고 작업하는 환경적 골칫거리를 따져보고 그는 도금되지 않은 부품을 쓰는 것이 좀 비싸더라도 더 가치가 있다고 판단할 수 있다.

60여 년 전 염화불화탄소가 발명되었을 때 우리가 환경 비용에 대해 더 많이 알았더라면 얼마나 좋았을까. 환경 옹호자인 해이즐 헨더슨Hazel Henderson에 따르면 분무 깡통 하나의 실질적인 사회비용은 오존층을 파괴하고 암 발병률 등에 영향을 미치는 것까지 모두 계산하면 약 1만 2,000달러에 이른다. 그 사실을 설계자가 미리 알았더라면 주저했을 것이다.

• 녹색화를 시샘하다 | 잘 생각해보면, 디자인이야말로 경제와 문화를 지속가능한 방향으로 움직일 수 있는 가장 강력한 지렛대가 될 수 있다. 디자이너는 제품에 기능성뿐 아니라 개성도 부여하는 사람이다. 아르데코이삼십 년대 미술 양식; 옮긴이 스탠드에서부터 캐딜락의 꼬리날개 모양 램프 그리고 뱅앤올슨 스테레오까지, 디자이너는 사회의 꿈과 열망, 곧 우리가 무엇을 원하고 무엇이 되고 싶은지를 잡아내도록 훈련을 받아왔다.

또한 그들의 디자인에 녹아 있는 것은 지구와의 관계에 관한 기록이다. 무엇보다도, 우리의 집안을 어지럽히는 일회용품과 에너지 먹는 하마 같은 제품들은 우리가 얼마나 다른 지구 생명체를 무시하는지 크게 나팔을 불고 있다. 디자이너들이 이러한 정신적인 죄책감을 일부라도 덜어줄 수는 없을까?

호주의 왕립 멜버른 공과대학의 디자인 및 환경연구과 교수인 크리스토퍼 라이언Christopher Ryan에 따르면, 제품의 제조 과정, 사용 과정, "여생"이 짙게 녹색화된 디자인이라면 사람들이 다른 생명의 삶을 파괴하지 않고 삶을 즐길 수 있는 선택을 할 수 있고, 끔찍한 사후 결과 없이 원하는 서비스를 얻을 수 있다고 한다. 일단 사람들에게 죄책감을 주지 않는 대안 디자인을 선보이면, 녹색화에 대한 소극성은 더 이상 용납하지 않을 것이라고 라이언은 덧붙인다. 현재 안전성이 어느 디자인에서도 요구되듯이, 사람들은 왜 녹색화가 모든 제품에 적용될 수 없는지 따질 것이다.

시장 전문가들과 함께 디자이너들은 우선 녹색 제품을 더 흥미롭게 만들어낼 것이기 때문에, 녹색화가 필수가 되는 데 도움이 될 것이다. 라이언은 1970년대에는 디자이너들이 그럴 기회가 없었는데, 그 당시에도 환경친화란 여름에 모직 셔츠를 입는 것만큼이나 시대와 동떨어진 것으로 여겨졌기 때문이다. 오늘날 우리에게는 녹색화를 시샘하게 만들 새로운 기회가 열렸다고 라이언은 말한다. 환경친화적인 제품을 아주 멋지게 만들어 모든 사람들이 녹색 제품을 원하게 할 수 있다는 것이다. 이러한 식으로 디자인이야말로 지속가능성 혁명을 선도하고, 지속가능성을 확립할 수 있다.

• **환경을 고려한 디자인** | 성공적인 디자인은 소비자의 관심 끌기를 넘어 또 다른 시험도 통과해야 한다. 제조 측면에서 기업의 이익도 향상시켜야 한다. 그것이 바로 알렌비와 그레델이 '환경을 고려한 디자인'의 도구를 개발하는 이유인데, 그것은 공학자들과 운영 관리자들이 제조 공정의 모든 단계에, 하물며 제품 자체에도 친환경성을 구축하도록 도와줄 것이다. 그 첫 번째 도구는 관리자가, 생산할 제품이나 생산 공정에 친환경 점수를 부여하는 행렬기반접근법matrix-based approach | 공정관리 기법의 하나; 옮긴이이다. 작성된 행렬 표는, 잡지《소비자 보고서Consumer Reports》에 딸린 질문 카드에 있는 것과 같은, 표시되거나 표시되지 않은 타원이 가득찬 스프레드 시트이다. 가장 진한 타원은 처리와 생산 공학자들에게 환경적 우려가 가장 높은, 따라서 녹색 진전이 가장 크게 이루어질 수 있는 분야를 알려준다. 행렬 표는 환경 영향을 방정식으로 나타내, 공학자들이 아이디어를 걸러낼 수 있는 녹색 어레미가 된다.

그레델은 또한 전과정분석Life Cycle Analysis, LCA의 한 버전을 고안해냈는데, 공학자들이 두 제품을 서로 저울질할 때 상대적인 우려 수준을 보여주는 타원이 아니라 실질적인 숫자를 이용할 수 있게 해준다. 예를 들면, 그의 LCA는 지하에서 원유를 끌어올리는 것에서부터 제품 사용 후 재생시키는 비용까지 포함하여, 제품 개발의 시시콜콜한 모든 단계에 들어가는 에너지를 킬로와트로 계산해준다. 이러한 요람에서 요람까지 식 회계는, 천 기저귀 대 일회용 기저귀(아직 의견이 반반이다) 같이 두 제품을 서로 비교하는 데 아주 유용하다. 현재 대부분의 LCA는 수년 걸리는 데 반해, 그레델 분석은 수년이 아니라 수일 안에 완성될 수 있다는 장점이 있다. 이러한 새로운 방법의 유일한 문제라면 그것을 시도하고 싶어 하는 업체가 쇄도한다는 사실뿐일 것이다.

사업은 미궁에 빠질 수 있다: 산업생태학의 전망

LCA 고안자인 토머스 그레델은 부드러운 말씨에, 눈은 인내심으로 약간 누그러진 예리한 지성과 끊임없는 정열로 빛나는 사내다. 그는 독불장군답지 않게 말했다. 그가 만든 LCA 방법을 중심으로 조성되었던 엄청난 관심에 대해 물었더니, 그레델은 “나는 사실 좀 두려워요”라고 답했다. “이제 교과서까지(산업생태학에서 최초로) 냈으니, 일이 쇄도해 들어올 거예요.” 몇 년 뒤에, 그에게 다시 연락했을 때, 그는 정말 바빴다. 사실상 모든 산업 분야에서, 어떻게 애초부터 녹색 디자인을 하여 기업의 실수를 면하고 환경주의 기업이라는 빛나는 배지를 달 수 있는지 더 많이 알고 싶어 한다. AT&T 내에서 그레델은 자신의 지름길, 즉 LCA 도구를 가지고 부서들을 차례대로 방문하며 순회강연을 하고 있다.

많은 수요로 힘든데도 불구하고 그레델은 산업생태학의 초기 단계에 관여하는 것을 기쁘게 생각하고 있다. 그의 전공은 원래 대기과학, 그중에서도 특히 대기화학 및 기후변화 분야이다. 널리 알려진 대기과학자로서 그는, 미국 뉴욕 시의 대기 속에서 오랫동안 부식되어온 자유의 여신상을 수리하는 프로젝트에서도 과학자들에게 상담을 해주었다. 그는 제막식을 위해 자유의 여신상 발 아래에 섰을 때 자기 경력의 절정을 경험하는 것 같았다고 내게 말했다. 지금은 생각이 달라졌다. “뒤돌아보면, 산업생태학이 바닥에서부터 출발하는 것을 돕는 일이 내가 한 일 중 가장 중요한 일이라는 생각이 듭니다. 산업생태학은 산업을 개조하고 사회까지도 개조할 잠재력을 가지고 있습니다."

듣고 있노라니, 러다이스가 그의 동료들에게 "산업생태학은 물건을 만드는 방법뿐 아니라 세계가 작동하는 방식까지도 변화시킬 수 있는 능력이 있습니다"라고 말하던 것이 생각났다. 그리고 후에 그는 나에게만 "산업생태학은 우리에게 줄 것이 아주 많은데, 나는 사람들이 산업생태학을 시적인 수준에서 이해하고 음미하기를 바랍니다"라고 말했다. 이 두 사내는 전혀 사슴 같은 눈망울의 이상주의자로 보이지 않는다. 그들이 보고 있고 나에게도 보이기 시작하는 것은, 우리 사회가 지구와 잘 맞물려 돌아가고 연착륙을 하는 데 필요한 철저한 변화가 일어날 비옥한 토양은 바로 경제라는 것이다.

생태학과는 거리가 먼 세계처럼 보이지만 산업 현장이야말로 비상 낙하산 줄을 당길 완벽한 장소일 것이다. 크리스토퍼 라이언이 〈녹색 상품Green Goods〉이라는 인터넷 게시판에 썼듯이, "환경에서 추출되는 물질을 다루면서 우리는 성실하게 자연과 가장 근본적인 관계를 맺고 자연을 재건한다. 우리가 창조해내는 모든 재료, 생산해내는 모든 것은 물질적, 생물학적인 세계와 우리의 관계를 나타낸다". 현재 인간과 자연의 관계는 소원해졌고 남용의 특성을 보이고 있다. 그 관계를 인류 종과 지구 보전을 지속시킬 무엇인가로 개조하는 일은 산업생태학의 가장 커다란 소망이고 진정한 사명이다.

우리가 바라는 것은 녹화다. 다음 번 우리의 선택은 지구에서 올바른 일을 하고자 하는 우리의 욕구를 만족시킬 수도 있고, 더 강한 거부를 하게 만들 수도 있다. 생체모방은 삶을 떠받치고, 지속가능성의 예들을 호흡하고, 우리에게 그것들을 흉내내라고 부추기면서, 결정적인 시기에 신호등이 되어 집으로 가는 활주로를 비추고 있다.

제8장

여기서 어디로 갈 것인가?

놀라움이 결코 중단되지 않기를: 생체모방학의 미래를 향하여

인류에게는 계속 확장되고 지속될 미래에 대한 동경이 필요하다. 그런 정신적 탐닉은 우주 정복으로도 만족될 수 없다. … 인류에게 진정한 첨단 분야는 지구상의 생물 그리고 그에 대한 탐구에서 얻은 지식을 과학, 예술, 실용적인 일에 전달하는 일이다.

_에드워드 윌슨E. O. Wilson,
『생물 애호 및 보호 윤리Biophilia and the Conserva-tion Ethic』의 저자

독수리와 그의 피리 소리 같은 노래와 함께, 무성한 초지 위를 스치며 지나가는 저 피리 소리 같은 바람 소리를 들으며 앉아 있으면, 우리의 성문법과는 별도로 존재하는 자연의 법칙을 알게 되기 시작한다.

_제린다 호건Linda Hogan, 『거처Dwellings』의 저자

이 책을 마무리하려는데, 창문 바로 밖의 연못에서 집에서 키우는 거위 두 마리가 소란을 피우고 있다. 녀석들은 요즈음, 생물학자들이 말하는 여행 충동으로 들썩이고 있다.

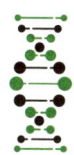

올해 열한 마리의 새끼가 자라났는데, 이것은 지난해보다, 지지난해보다 열한 마리가 많은 수다. 이 집을 살 때 모두들 내게, 이 연못은 붉은쇠오리, 푸른날개오리, 비오리, 검둥오리, 캐나다기러기 등 물새들의 전설적인 사육실이라고 말했다. 그런데 3장에서 이야기한 것과 같이, 2년 전, 한때 투명하던 연못 물이 좀개구리밥으로 완전히 뒤덮여 버렸다. 좀개구리밥은 군집을 형성하는 작은 부유식물로 이것 때문에 수면 아래는 온통 그늘이 진다.

좀개구리밥이 풍성한 것은 좋지만 너무 많으면, 원래 그것을 좋아하던 새들조차도 연못에 내려앉지 않는다. 2년 동안 여러 쌍의 새들이 계속 번식기에 그 연못 위를 선회하다가 다른 곳으로 날아가 버렸다. 나는 손수 이런저런 고안품을 만들어 좀개구리밥을 거두어내고 사태를 수습하려고 노력했지만, 마술사의 도제처럼 오히려 좀개구리밥이 더 많이 생기게 했을 뿐이었다.

카운티 교육 요원은 화학약품으로 처리하라고 권했지만, 거북이들이 졸린 눈꺼풀 위에 좀개구리밥 잎을 뒤집어쓴 채 고개를 내밀고 있는 장면을 너무 많이 봤기 때문에 그런 방법은 생각하지도 않았다. 연못을 살려낼 더 자연스런 방법은 없는지 물었더니 그는 난처해했다.

마침내 이번 여름, 외바퀴 손수레에 좀개구리밥을 수북하게 담아 한 번 버린 후에 그만둬 버렸다. 나는 내 나름의 방법을 짜보려던 시도를 중단하고 그냥 둑에 앉았다. 연못이 어땠으면 좋을지, 즉 깨끗하고 둥지를 짓는 새들이 북적거리고 식물과 흐르는 물이 균형 잡힌 연못에 대한 공상에 빠졌다.

생체모방에 대해 단지 글을 쓰는 게 아니라 생체모방자가 된 것은 바로 그때였다. 내가 꿈꾸는 연못이 상상이 아니라 자전거를 타고 한 번 가본 적이 있는 국립삼림 근처의 연못이라는 생각이 문득 들었다. 나는 곧 장화를 벗고 자전거에 올랐다.

나는 그 균형 잡힌 연못의 건강한 둑에서 비밀을 파악하려고 애쓰면서 오후를 보냈다. 풀과 버드나무들이 연못가에 밀집되어 있는 방식에 주목하고, 물에 손도 담가보았다. 우리 연못보다 훨씬 차가웠다.

사시나무 이파리 하나가 물 위를 유유히 떠가는 것이 시야에 들어왔다가 사라지는 장면을 보는데 결정적인 실마리가 떠올랐다. 물의 흐름이었다!

우리 연못에서 물의 흐름을 본 기억은 치누크chinook 바람이 부는 봄뿐이었는데, 이 시기에 눈이 급히 녹으며 주변 들판으로부터 흙탕물이 흘러들어왔다. 해마다 몇 번씩 이러한 홍수로 연못은 미시시피강처럼 갈색으로 변했다.

그때쯤 분명해지기 시작했다. 우리 연못은 원래 샘물이 솟아서 형성되는 연못인데, 근래에 와서 물의 흐름을 만들어내는 차가운 담수의 원천이 들판에서 흘러들어오는 상토로 막혀버렸을 것이다. 상토가 침식에 가장 취약한 상태에 이른 것은 지나친 방목에 의해 두터운 뗏장이 약화되었기 때문일 것이다. 토사가 들어오면서 연못은 사발에 담긴 미지근한 물 꼴이 되었고, 얄궂게도 좀개구리밥에게는 완벽하고 오리에게는 불리한 환경이 된 것이다. 좀개구리밥을 부들개지가 있는 가장자리에만 자라게 하고 동물들이 번식할 수 있게 연못을 터주려면, 그 실종된 샘을 찾아 다시 흐르게 해주고 토사 유입을 막아야 할 것이다.

나는 집으로 돌아가 우리 이웃들에게 선사할 또 하나의 이야깃거리를 만들기 시작했다. 연못의 녹색 거품 사이를 천천히 노 젓고 다니며 손을 넣어 가장 차가운 곳을 찾았고, 그 물 밑을 파내기 시작하자 좋은 상층토가 정말로 삽 하나 가득 퍼올려진 것이다. 그다음에 일어난 일은 기적과 같았다.

무거운 짐을 걷어냈더니, 몬태나 주의 눈이 녹은 맑고 차가운 물이 바닥으로부터 굽이치며 표면으로 분출되어 올라왔다. 그러자 한때 둑까지 차올랐던 탁한 물과, 2년 동안 걷어내려고 애썼던 좀개구리밥이 무심하게 흐르며 둑을 넘어갔다. 오후가 되자 우리 연못은 투명하게 햇빛에 반짝거렸고, 집 아래쪽 강 저습지에 사는 원앙들은 좀개구리밥 만찬을 즐기고 있었다.

내가 겪은 일은 자연 모방의 한 전형적인 예로, 더 큰 문화에 생체모방적 미래를 향한 모종의 길을 제안하자면 이러한 패턴이 될 것이다. 모든 자연 모방이 그렇듯, 나의 자연 모방 역시 땅과의 대화였는데, 이것은 내가 말하고 계곡이 메아리치는 게 아니라 그 반대였다. 땅이 말하고 나는 그동안 듣고 있었으며 그런 다음 들은 것을 흉내 내려고 노력했다.

이러한 모방을 위한 준비는, 고요히 있는 것으로, 나의 영리함을 충분히 오랫동안 조용히 자제시키고 자연의 충고를 들어야 한다. 그날 오후 내가 연못에서 행한 봉사는 청취하는 단계, 즉 공손하게 비밀을 습득하는 단계였다. 잊혀진 샘을 발견한 것은 생체모방 행위 그 자체였다. 이 모든 것의 최종 마무리는 내가 행해야 할 보살핌으로 내가 얻게 된 지혜에 대한 감사의 표시였다. 헐벗은 땅에 토양을 붙들 수 있는 토착 식물을 다시 키워 범람으로 샘이 막히지 않게 하는 것은 나의 결정이었다.

연못과의 모험에서, 나는 생체모방이 잊혀진 샘을 여는 것과 같으며, 다루기 힘든 것처럼 보이던 문제들에 새로운 희망을 불어넣는 것임을 깨달았다. 다음에 제시하는 생체모방적 미래로 가는 단계는 그 경험을 바탕으로 하고 있다. 거기에는 배움도 있고 지킴도 있다. 자연계의 훌륭한 아이디어의 원천을 공부하고, 그런 다음 그것이 계속 흐르도록 보호하는 것이다.

생체모방적 미래로 가는 네 단계

• **고요히 있기: 자연 속에 파묻히기** | 토머스 베리Thomas Berry라는 이름의 홀로 있기를 좋아했던 미국 수사는, 자연과의 관계에서 우리는 수 세기 동안 자폐적이었다고 적고 있다. 우리식 지식에 완전히 매몰되어 우리는 자연계의 지혜를 받아들일 자세가 되어 있지 않았다. 자연계 안에 다시 조율되려면, 즉 우리 조상들처럼 '환경과 자연스러운 공감 관계'를 가지려면, 무엇인가 완전히 즐겁게 할 수 있는 일을 해야 한다. 다시 말해 자연 세계에 다시 한 번 푹 파묻혀야 하는 것이다.

자연을 처음 맛보는 것은 대개 어린 시절인데, 그것도 더 이상 당연한 일이 아니다. 애석하게도 게리 나브한과 스티븐 트림블Stephen Trimble은 『어린 시절의 지리학The Geography of Childhood』에서, 오늘날의 어린이는 개울가를 홀로 걸어본 적도 없고, 상점에서 살 수 있는 것들보다 훨씬 더 값나가는 보배인 솔방울, 잎사귀, 깃털, 바위 등을 찾아다니며 '아무 것도 하지 않고' 시간을 보내보지도 못하고 자란다고 말한다. 오늘날 어린이들을 쇼핑몰의 가상 세계에서 떼어 실제 세상으로 끌어내기는 참으로 어렵다.

어린이들을 다시 자연으로 데려오고 자연을 다시 어린 시절로 데려다놓기 위해서는 선생님과 부모들이 종달새를 찾아 아이들을 기꺼이 야외로 데리고 나가야 한다. '정식' 공원이 아니어도 된다. 보도의 깨진 틈이라도 녹색식물이 자라나는 장소를 찾아내는 것으로 충분하다. 일단 거기에 가면 어떤 것도 '할' 필요가 없다. 어린이들이 정말로 필요한 것은 마음껏 진흙 장난을 하고 새 둥지를 찾아다니고, 자연에 매료된 행동을 할 한가한 시간이다. 그러한 행동은 우리 안의 파충류적 속성으로서 다행히도 어린이들에게는 아직 때 묻지 않은 채 남아 있다.

어른들이라면 자연에 관한 책 따위는 덮어버리고 실제 폭풍우 속으로 들어가고, 우리 때문에 놀란 사슴을 보고 놀라고, 카멜레온처럼 나무를 타보아야 한다. 인간이 잘 알지 못하는 일들이 일어나는 곳에 가보는 것은 영혼에 좋다. '큰 야외'로 나가는 체험들 사이에는, 잎사귀 더미에서 느끼는 오래된 햇살의 냄새, 우체통 안으로 들어온 나비의 유충, 토마토가 잘 자라게 해주는 지렁이의 흔적과 같은 작은 체험들에 마음을 개방하기만 하면 된다.

문자 그대로 자연에 몰입하는 것은 상징적 몰입을 할 수 있게 해준다. 이 시점에서 우리는 이성적인 마음을 다시 몸 안에 채우게 되며 우리를 자연 세계와 분리하는 막 같은 것은 없음을 깨닫는다.

오랫동안 우리는 우리가 다른 생명계보다 더 낫다고 생각해왔는데, 이제 우리 중에는 우리가 더 못하다고 생각하는 사람들이 생기고 있다. 우리가 손을 대는 것마다 모두 오염되기 때문이다. 그러나 두 관점 다 건강하지 못하다. 우리는 이 세상에서 다른 생명과 동등하다는 것

이 어떤 느낌인지, 이로쿼이Iroquois | 아메리카 인디언; 옮긴이 전통주의자인 오렌 리온스Oren Lyons가 말한 것처럼 "거대한 산과 개미 사이에서 … 다 같이 창조의 한 묶음"이 된다는 것이 어떤 느낌인지 기억해야 한다.

우리가 이 땅에 최근에 들어온 종이긴 하지만 외계인은 아니다. 몬태나 주에 오래 살아온 주민들은 나에게 가르쳐 주었다. 새로 들어온 거주자들을 대할 때 중요한 질문은 "언제 여기에 오셨습니까?"가 아니라 "얼마나 오래 여기 머물 예정이신가요?"라고. 우리가 이곳에 영원히 머물 계획이라면, 어떻게 하면 여기서 좋은 이웃이 될 수 있는지 우리보다 앞서 살아온 생명들을 살펴보아야 한다.

• **경청: 우리 행성의 동식물과의 인터뷰** | '인터뷰'라고 한 것은 지구상의 종들을 단순히 명명하는 것(이 자체가 대단한 작업이며 결코 완성되기 어렵다)만으로는 충분하지 않기 때문이다. 우리는 이 종들을 가능한 한 자세히 알아야 하며 그들의 재능과 생존 비결, 모든 것의 연결망에서 그들이 하는 역할을 발견해야 한다.

지구상 생명과의 이러한 친교는 과학자들만 할 일이 아니다. 1800년대에 불었던 자연 애호 열풍과 같은 자연사에 대한 대중의 관심이 다시 살아나야 한다. 당시 아마추어 박물학자들은 문헌에 지대한 공헌을 하였다. 확대경으로 자연 관찰하기, 식물 표본 만들기는 그 당시 가정에서 흔히 하는 오락거리였다. 요즈음 이러한 분위기가 살아나는 낌새를 느낄 수 있는데, 사람들이 자기 고장을 더 잘 알고 싶어 하고 그 지역에 자부심을 가지고 싶어 하는 욕구가 점점 증가하고 있기 때문이다. 자연주의 전문가들은 사람들이 버섯 찾기 산책, 밤에 올빼미 보러가기, 정원 가꾸기 강의 등에 오기 시작했고, 자기가 사는 곳에 관해 진정한 관심을 보이고 있다고 말한다.

반면에, 이러한 과정을 가르칠 수 있는 사람들은 줄어들고 있다. 오래 전 읽은 에세이 중에서 가장 근심스러웠던 것은, 럿거스 대학교의 데이비드 에렌펠드David Ehrenfeld가 쓴 것인데, 미국의 일류 대학교들에서 고등식물분류학, 해양무척추동물학, 조류(새)학, 포유동물학, 은화식물(고사리 및 이끼)학, 곤충학과 같은 기본 과목을 가르치지 않는다는 것이다. 이러한 과목을 가르칠 만한 교수를 구할 수 없기 때문이다. 때로는 은퇴한 교수가 강의에 나서지만 그쪽을 전공하려는 대학원생도 거의 없다는 것이다. 계통분류학은 경력에 별 도움이 되지 않고 연구비도 충분하지 않기 때문이다. 에렌펠드는 행정 부서에 우선순위를 재조정하고, '세계 수준의 분자생물학연구소'를 하나 더 세우기 전에 자연 세계에 대한 기초 지식이 어떻게 이어질지를 생각해 보라고 요구했다.

하버드 대학교의 윌슨도 같은 우려를 하고 있는데, 특히 아직 우리 앞에 놓여 있는 대탐사를 염두에 두고 있다. 그는 1989년 4월《바이오사이언스Bioscience》에 다음과 같이 썼다. "넓은 의미에서 계통분류학(특정 생물 집단에 관한 깊은 지식)은 생물학의 미래다. 그 분류된 생물에 정통한 전문가가 그 생물의 보호자가 된다. … 그 또는 그녀는 어떤 생물이 어느 곳에 있는지, 어느 생물이 가장 절멸 위기에 있는지, 어느 것이 풀어야 할 새로운 종류의 문제를 야기하는지, 어느 것이 인류에 가장 이로울지 가장 잘 안다. 계통분류학자가 아닌 그 누구도, 바다 맨드라미 산호, 카이트리드 진균, 앤트리비드 바구미, 스클레로지비드 말벌, 멜로스톰, 리치눌레이드 거미, 코끼리 물고기 등이 열거된 목록 하단에 있는 것들의 독특하고 기상천외한 가치를 밝혀낼 수 없다.

그 명부에는 적어도 3,000만 가지의 이름이 있기 때문에, 기초적인 확인과 관찰 기술을 훈련한 일군의 평화봉사단을 이 일에 이용할 수 있다. 모든 연령의 성인에게 이렇게 중요한 일에 2년 동안 자원봉사할 기회를 주는 생물학적 평화봉사단을 만들면 좋을 것이다.

생명과의 인터뷰로 우리는 '기술혁신 중매인'이 되어 자연의 설계와 과정을 제품, 재료, 시스템의 형태, 느낌, 흐름을 설계하는 공학자와 기술자의 필요에 따라 중개해 줄 수 있다. 현재 20세기의 산업 기반의 많은 부분이 대체해야 할 전환점에 와 있다. 구식 고속도로, 에너지 및 의사소통 네트워크, 정수 시설, 심지어 구식 경제 모델도 대체해야 할 대상이다. 이번에 공공사업 및 정책에 대한 제안서를 모집할 때는 자연계의 청사진이 반드시 목록의 맨 위에 자리 잡기를 우리는 희망한다.

• 모방: 생물학자와 공학자들이 자연을 모델과 척도로 삼아 협동하게 한다 | 자연의 설계를 반드시 고려하도록 하는 유일한 방법은, 생물학자와 공학자를 한 팀으로 짜는 것이다. 불행하게도, 내가 알고 있는 공학자들은 대부분 생명과학에 관심이 없다고 말하고, 생물학자 친구들

대다수도 기계적인 제반 일을 지루해하기는 마찬가지다. 이것은 이상한 일이다. 이 책에서 모방학이 나에게 가르쳐준 대로라면 생물은 날고, 굴을 파고, 댐을 짓고 또는 집을 냉난방하는 데 필요한 도구들을 미세한 내성 범위 내에서 제조하고, 계산하고, 화학을 하고, 구조를 세우고, 시스템을 설계하기 때문이다. 생명이 해야 할 일과 사람이 해야 할 일 사이의 차이점은, 또 하나의 사실상 존재하지 않는 경계 중 하나다. 이 둘 사이에는 규모의 크기 외에는 다른 차이가 없다.

생물학자와 공학자들에게, 그들의 시야가 좁혀지기 전에 그 숨겨진 유사성을 보여주는 것이 비결이다. 그러려면 두 개 이상의 학문 분야가 하나로 합쳐져 비옥한 아이디어의 토양이 형성되는 연안대에서 교육이 이뤄져야 한다. 학위 과정 동안 그리고 지속적인 교육을 통해 생물학자와 공학자는 서로의 분야에서 강의를 들어야 한다. 두뇌 집단, 특별대책위원회, 합동 토론회, 학회, 전문 단체 등에서 만나 서로 개인적으로 알고 지내며 아이디어를 교환하고 창조적인 논쟁을 벌여야 한다. 이렇게 혼합된 모임에서는, 관료 제도의 똑같은 생각을 가진 사람들 사이에서는 결코 일어나지 않는 방식으로 창조적 불꽃이 튀기 마련이다.

상호작용이 지속적으로 일어나게 하기 위해, 대학에서는 생물학에서 공학에 이르기까지, 은유가 올바르게 흐르는 것을 가속화하기 위해 학제적 학과들을 창안하는 게 현명하다.

그렇게 될 때까지, 어떤 분야에 있는 혁신자라도 생물학적 지식을 이용하도록 지원할 수 있는 방법은 많다. 예를 들면, 계통분류학자들은 생물 분류 그룹에 대한 생화학적 성분, 특정 조건에서의 생존 능력, 비행 속도 등의 정보를 담은 거대한 데이터베이스를 인터넷에서 운영할 수 있을 것이다. 공학자들이 생물학자들과 함께 일하면 데이터베이스의 정보 분류를 디자인하는 것에 도움을 받아, 그들이 원하는 것을 탐색하기 쉽게 만들 수 있다. 그렇게 하면, 예를 들어, 소금기 제거 장치를 디자인하는 공학자는 해수를 뿌리로 여과하는 맹그로브나 기타 식물의 비책을 쉽게 조사할 수 있다.

끝으로, 생물학자와 공학자의 협력이 새로운 장치, 과정 또는 시스템을 만들어내면, 새로운 해결책이 생명을 고양하는지 아닌지를 판단하기 위해, 자연의 생존 원리에 대해 우리가 배우고 있는 것을 이용해야 한다.

너무 오랫동안, 우리는 기술혁신에 대한 판단을 그것이 우리에게 좋은 것인가 아닌가를 가지고 평가해왔는데, 결국은 갈수록 수익성이 좋은지 아닌지를 뜻하게 되어버렸다. 한 자메이카 친구가 "우리 모두가 하나"라고 말한 것처럼, 이제 우리는 생명에게 좋은 것을 우선순위에 놓아야 함을 깨달으며, 그런 것이 인간에게도 좋을 것이라고 굳게 믿는다. 새로운 질문은 그것이 '잘 어울릴까?', '지속될까?', 그리고 '자연계에 이것의 선례가 있는가?'여야 한다. 그 답이 '그렇다'라면, 다음 질문에 대한 답도 '그렇다'가 될 것이다.

햇빛으로 작동하는가?

필요한 에너지만 사용하는가?

형태를 기능에 맞추는가?
모든 것을 재활용하는가?
협동에 보상을 주는가?
다양성에 의존하고 있는가?
지역의 전문가들을 활용하는가?
내부로부터 과잉을 억제하는가?
한계라는 힘을 이용하는가?
아름다운가?

생물에서 영감을 얻은 우리의 혁신이 위의 테스트들을 통과한다고 가정할 때, 우리의 다음 디자인 결정은 규모와 관련된 것이다. 규모는 우리의 기술과 자연계의 기술을 구분하는 주된 요소 중 하나이기 때문에 무엇이 적절한지, 다시 말해 무엇이 우리의 환경에 잘 맞고 받아들여질 수 있는지 고려해야 한다. 웬델 베리의 규모 테스트는 간단하지만 가치가 크다. 『지구 경제Home Economics』라는 제목의 수필집에서 그는 이렇게 썼다.

"(부적절한 규모와 적절한 규모의) 차이는 시골에서 크게 증폭된 음악과 그렇지 않은 음악 사이의 차이, 아니면 모터보트 소리와 노받이 소리의 차이를 생각하면 된다. 적절한 사람의 음성은 다른 소리도 들리게 하는 크기라고 말할 수 있다. 적절히 조절된 규모의 경제나 기술은 다양한 다른 생물들도 살 수 있게 한다." 마지막 지적이 가장 흥미로운데, 왜냐

하면 다양성을 줄이는 자연 모방 기술은 어떤 것이라도 그 기술이 의지하고 있는 바로 그 영감을 줄이기 때문이다. 지구상 생명의 다양성이 감소하게 두면, 훌륭한 아이디어의 샘물을 막게 될 것이다.

• **돌봄: 생물의 다양성 및 천재성 보존하기** | 미국에서 일어난 생명의 감소만 말하자면, 지난 200년 동안에 전체 처녀림의 95퍼센트가 개간되었다. 거의 모든 초원은 '위아래가 뒤집혔다'**3장 참조; 옮긴이**. 습지의 60퍼센트에서 물이 빠지고 흙으로 메워졌다. 그래서 현재, 새로 조직된 미국 국립생물조사국에 따르면, 모든 천연 생태계의 절반이 훼손되어 사라질 위기에 처해 있다. 탁자 위에 어질러진 아이들의 장난감을 싹 쓸어버리듯, 우리가 모든 서식처를 평평하게 깎아버릴 수 있다는 사실은 비밀이 아니다. 우리가 그렇게 하지 않고 자제할 수 있을까?

경제 '성장'에 중독된 사회에서 자제란 인기 있는 개념이 못 되지만, 역사상 이 시점에서 우리가 선택할 수 있는 가장 힘 있는 행동이 될 것이다. 앞으로 수십 년 동안 우리의 인구는 두 배로 되고 21세기 중반에는 100억 명으로 안정되기 시작할 것이다. 우리 대부분이 빈곤 수준 이상으로 살기를 희망한다면, 우리의 경제는 어떻게든 열 배로 커져야 할 것이다. 이는 그 어느때보다도 황무지 개발에 대한 압력이 커진다는 뜻이다. 예를 들어, 만일 현재 속도로 산림 개간이 계속된다면 21세기 중반까지 원시열대산림 식물 중 불과 10퍼센트만 남게 되고 생물 다양성이 50퍼센트로 줄 것이다. 생물학자들이 말하기를, 그에 대한 대책은, 다음 수십 년 동안 서식지와 야생종을 보존하는 계획을 당장 세우는 것이다.

이것은 우리에게 남은 것들에 가치를 새로 매기게 한다. 경제적인 방식이 아니라 우리가 궁극적으로는 자연의 패턴(단지 부분적으로만 이해하고 있는)에 의존한다는 사실을 인정하는 훨씬 더 심오한 방법으로 재평가해야 한다. 과학이, 토머스 하디Thomas Hardy가 오래전에 "뒤에 있는 위대한 얼굴"이라고 불러왔던 것의 가면을 끊임없이 하나씩 벗겨가고 있지만 아무리 벗겨도 또 다른 가면만 찾아낼 뿐이다. 그 얼굴을 좀 더 가까이서 일별하게 될수록 그 신비는 더 커진다. 부분에 지나지 않는 우리의 지식은, 즉 웨스 잭슨이 말한 것처럼 아는 것보다 모르는 것이 더 많다는 사실이야말로 우리가 야생을 뒤적거리지 말고 그대로 보존해야 하는 가장 큰 이유다.

대자연의 무궁한 신비에 대한 원주민들의 반응은 신성한 지역을 따로 두는 것이었다. 즉 사냥할 수 없는 계곡, 낚시해서는 안 되는 강, 결코 잘라서는 안 되는 나무숲 등이 있었다. 이러한 영적인 장소는 결국 오늘날 보존된 유산으로 남게 되었다. 세계의 어떤 지역에서는 그렇게 원주민들이 보존했던 곳이 유일하게 남은 생물의 서식처이기도 하다.

하지만, 여기저기에 조각난 토지를 보존하는 것만으로는 부족하다. 보전생물학에서 최근에 밝혀낸 사실은, 토지라는 직물이 점점 작게 조각나면서, 생태계가 허물어지기 시작한다는 것이다. '섬' 같은 조각이 작으면 작을수록 해어지기 쉬운 가장자리가 많아져, 생물 종들이 인간의 영향, 유전적 근친교배, 재앙적 질병, 종국의 멸종에 취약하게 된다. 그러한 고립을 해소하는 한 가지 방법은, 대단위 야생 지역들을 이동 회랑으로 연결하는 것이다. 로키산맥북부생태계보호법 같은 구획과 회랑 대책이 내가 보기에 생태학적 현실을 존중하는 토지 이용 계획으로서 우리가 선택할 수 있는 유일한 것 같다.

야생지 휴식년제는 가치가 있지만, 생물 다양성 보존에 그렇게 크게 도움이 되지는 못한다. 생물 다양성은 우리가 정착한 땅, 즉 도시의 숲, 교외 녹지, 농장, 방목장 안에서, 우리에게 달려 있다. 우리는 이러한 지역에서 자연을 사용할 수밖에 없다. 우리의 삶이 다른 종의 삶에 의존하고 있기 때문이다. 웬델 베리가 말한 것처럼, 문제는 자연을 어떻게, 얼마나 많이 사용해야 하는가이다. 다시 한 번, 우리의 행동은 우리가 아는 것이 거의 없다는 점을 인정하는 겸손함에서 나와야 할 것이다. 두 손가락으로 집을 만큼의 보통 흙에 4,000~5,000종의 박테리아가 들어 있으며, 그 대부분은 아직 명명도 안 되었고, 토양에서 어떤 역할을 하는지는 더욱 모른다. 우리의 정착지 토양에 관해 공부하는 것이 먼저이고, 그런 다음에라야 그것을 돌보거나 옳게 사용할 수 있다.

올바른 이용이라는 개념은 토지에서 나오는 산물의 이용에도 적용된다. 예를 들면, 베리는 조잡한 수공예가 완전 벌채보다 산림에 더 큰 위협이 된다고 말한다. 평생 사용해도 좋을 만큼 잘 만들어진 의자나 책상을 보고 가치를 느낄 때, 우리는 나무가 아닌 전체 숲을 그 물건의 근원으로서 소중히 여기고 보존하려는 생각이 들게 된다. 숲에서 나온 산물이 오래 지속되는 것일 때, 생체모방에서도 그렇듯이, 그것의 근원도 가치를 갖게 되는 것이다.

사냥, 채집, 낚시 등에 직접적으로 의존하는 원주민 문화는 생산물과 근원지를 모두 존중하는 행동 규범을 따른다. 알래스카 원주민과 함께 살고 사냥했던 민속지학자 리처드 넬슨Richard Nelson은, 그들 사회에는 사냥꾼들로 하여금 그들이 먹고 사는 동물에 예를 갖추도록 하는 수백 가지 규칙과 관습이 있다고 말한다.

알래스카 원주민인 코유콘Koyukon 사냥꾼은, 사냥이란 동물이 자신을 주거나 주지 않는 것이라고 믿어, 사냥의 성공은 사냥꾼의 솜씨와 상관이 없다고 생각했다. 실제로, 사냥꾼은 곰을 잡아 집으로 돌아와서 "내가 굴에서 무엇인가를 발견했다"와 같이 아리송하게 표현하지, 동물의 죽음 자체를 드러내며 으시대지 않는다. 죽은 곰을 도살할 때도 엄격한 격식을 따르는데, 먼저 곰의 눈을 길게 째서 곰의 강력한 영혼이 사냥꾼이 실수를 저질러도 볼 수 없게 한다. 이러한 제식에서 어긋나거나 필요 이상으로 살상하거나 사냥감의 작은 일부라도 낭비하는 것은 엄하게 금기시했다.

그 외 규칙들도 지속가능한 수확이 되도록 한다. 예인망은 작은 물고기가 통과하게 일부러 넓게 짠다. 비버 덫도 큰 성체만 잡도록 설계하며, 비버 둥지 하나에서 두 마리만 잡는다. 이러한 보존 윤리의 일부는 생태학적 지식에, 또 다른 일부는 지구가 알고 있다는 코유콘 족의 믿음에 토대를 두고 있다고 넬슨은 말한다. 넬슨은 또 한 노인에게서 들은 말이라며 이렇게 전한다. "자연은 알아요. 자연에 잘못을 저지르면 자연 전체가 알아요. 자연은 자기에게 무슨 일이 일어나고 있는지 느껴요. 모든 것이 땅 밑에서 어떻게든지 서로 연결되어 있는 것 같아요.” 우리의 과학 또한, 조금 다른 방법으로, 서로 연결된 자연이 알고 있는 것을 우리에게 보여준다. 가이아 가설은 생명이 어떻게 자체의 주기를 조절하고 생명에 필요한 조건을 만들어내는지 우리에게 보여준다. 이러한 관점에서 볼 때 살아 있는 세계의 모든 부분은 우리에게 무엇인가를 제공해주며, 우리가 생명의 그물의 어느 한 부분을 치면 그 진동은 전체로 퍼져나간다.

이러한 자연을 돌보는 일은 감사를 표현하는 최고의 행동이며, 하나의 종으로서 우리가 성숙했다는 증거가 될 것이다. 치카소Chickasaw 족아메리카 원주민의 한 종족; 옮긴이인 저자 린다 호건은 『거처』라는 수필집에서 “관리는 우리 시대 최고의 영적이고 물질적인 책무이며, 아마도 돌봄이 궁극적으로 생명의 그물망에서 우리의 자리, 우리의 임무이며, 우리는 누구인가라는 수수께끼에 대한 답이 될 것이다”라고 썼다.

모방을 하도록 되어 있는 종

진화에 의해 생겨난 그렇게 많은 우아한 생물들을 만나본 후에 우리는 마침내 하나의 종으로서 우리에게는 주목할 만한 것이 무엇인지 자문해본다. 우리는 지속되는 생명에 어떻게 공헌할 수 있을까? 그러한 질문을 한다는 자체가 이미 일부 답한 셈이 된다.

토머스 베리는 우리를 “우주가 자의식을 갖게 된” 것이라고 말했는데, 우리는 자기 반성적self-reflective이며 따라서 자연계를 참고하고,

배우고, 모방하고, 우리가 얻는 지혜에 감사하는 유일무이한 존재다.

이러한 자기 반성적 뇌는 진화가 정보를 다루고 이용하는 최선의 방법을 찾기 위해 최근에 시도한 결과다. 최초에는 단세포들이 묽은 수프 같은 용액에 떠 있고, 정보는 분자들 사이의 결합에 들어 있었다. 다음에 더 복잡한 정보를 다루기 위해 유전암호가 고안되었다. 그 유전자 풀pool | 집단 전체의 유전자; 옮긴이이 진화함에 따라, 유기체들은 자연 세계로부터 신호의 흐름을 수집하는 데 점점 더 예민한 감각을 발전시켰다. 마침내 우리의 뇌는 그러한 감각에 강력한 협력자가 되어서, 정보를 받아들일 뿐 아니라(현재는 현미경과 인공위성을 이용해) 그 정보를 이야기로 엮어내며, 정보의 연결, 패턴, 결과를 보고 다른 미래를 꿈꾸기도 한다. 정신에 시간의 개념이 진화되자 우리는 선택권을 갖게 되었다. 항상 하던 식으로 급물살을 타든가 아니면 소용돌이 속으로 들어가 더 좋은 방법을 배울 수 있다.

학습은 하나의 종으로서 인간이 가장 잘하는 두 번째 일인데, 우리는 이 시점에서 더더욱 운이 좋은 것이다. 개인적으로 신경망을 강화시키고, 사회를 이루어 과학, 예술, 문화 등을 통해 유기적 기억을 축적하면서 우리는 우리가 배운 것 위에 새로운 것을 세운다. 그리고 우리는 누가 무엇을 우리에게 가르칠 것인지 선택하는 등, 지식을 선택적으로 추구할 수도 있다. 자연 세계의 가르침에 주의를 기울이기로 선택하면 생체모방자가 된다.

이제 우리의 세 번째 진화적 재능에 대한 이야기에 이르렀다. 목소리를 완벽하게 부메랑처럼 메아리쳐 돌아오게 하는 지형같이, 하나의 종으로서 인간은 보고 들은 것을 모방하기 좋은 형상을 갖추고 있다. 어린이는 어른들을 모방하면서 언어, 남녀의 성 역할, 허용되는 행동 등을 배우는데, 흉내쟁이로서 어린이들은 뛰어나다. 최초의 예술가도 자연 세계를 그림, 노래, 춤으로 재현하는 식으로 자연을 모방했다. 생존 기술 그 자체도 항상, 우리 자신이 속해 있는 서식지에서 최고의 가장 영리한 특징을 흉내 내는 능력에 전적으로 달려 있었을 것이다. 빙하시대 이전 사냥꾼들은 사냥감 냄새를 풍기기 위해 사향을 온몸에 발랐으며, 오늘날 알래스카 원주민은 북극곰을 멘토 삼아 얼음 위에 납작 엎드려 바다표범에 접근한다.

모방을 통해서 번성한 종은 인간만이 아니다. 생체모방은 생물 세계에서 이미 유서 깊은 화려한 전통을 갖고 있다. 북아메리카산의 찌르레기 새끼의 행동 모방, 독성 왕나비를 닮은 부왕나비의 배색 모방도 있고, 나뭇가지처럼 보이는 대벌레의 모양 및 질감 모방도 있다. 생체모방은 동식물들이 주변 환경에서 눈에 띄지 않게 해주거나 부왕나비와 왕나비의 경우처럼 환경에 더 잘 적응된 종의 형질을 취하게도 한다. 자연계에서 가장 훌륭한 것을 모방함으로써 우리도 자연과 어우러지고 우리가 감탄해마지 않는 것을 더 닮을 수 있다.

이러한 길을 따라갈 때 우리는 생존을 보장하는 일 이상을 하게 된다. 인간들처럼 서로 긴밀히 연결된 세계에서는 자신의 보호와 지구 행성의 보호는 따로 구분되지 않는데, 그것이 바로 심층 생태학자**deep ecologist**들이 "세계가 내 몸이다"라고 말하는 이유이기도 한다. 우리가 생물의 비상한 재주를 흉내 내는 우리의 능력을 가지고 행동한다면 세계와 우리 몸 모두를 보호할 수 있을 것이다. 우리가 이에 성공한다면 진화가 이렇게 큰 뇌를 만들어낸 것은 헛수고가 되지 않을 것이다.

우리의 시작은 이미 놀라울 정도로 성공적임을, 이 책에 모두 수록할 수 없을 정도로 많은 생체모방 사례들이 증명한다. 생태 원리에 맞게 세워진 '녹색' 지역사회가 번영하고, 수백 개의 도시가 폐수 정화에 자연 습지를 이용하기로 결정하였고, 미국 새크라멘토-샌와킨 강의 삼각주 및 미국 플로리다 주의 에버글레이즈Everglades 공원이 천연의 범람 주기를 모방하여 복원되고, 초원 및 산림이 자연적 산불, 자연도태를 모방하여 복원되며, 새로 탄생하는 정당조차도 법을 알리는 데 자연법칙을 활용한다. 수많은 분야에서 의식적인 모방이 일어나고 있으며 자연 세계에 관한 상당한, 아직도 불어나고 있는 지식에 의존하고 있다.

생명의 노하우를 탐구하는 데 있어서, 우리는 아주 오래된 뿌리에 닿고 있으며, 우리의 유전자에 새겨진 '생명과 연계되고자 하는 욕구'를 충족시키고 있다. 윌슨은 우리가 자연 세계의 작동에 매료되는 것은 당연하다고 말한다. 지구상에서 살아온 시간의 99퍼센트 동안 우리는 수렵 채집자였기 때문에, 우리의 생존은 우리 세계의 세부 사항들을 아는 데 좌우되었다. 내부 깊은 곳에서 우리는 아직도 우리의 상상력, 즉 언어, 음악, 무용, 신성에 대한 감각을 형성한 자연과 다시 연결되기를 갈망한다. 윌슨은 "생명을 탐구하고 생물과 연계되는 것은 심오하고 복잡한 정신 발달 과정이다. … 우리의 영혼은 그것으로부터 짜였고, 희망은 그것의 흐름에서 솟아난다"라고 적고 있다. 그와 다른 이들은 이러한 생명 애호Biophilia, 즉 생명에 대한 사랑이 궁극적으로 우리를 잠시 멈추고 더 나은 방법을 배우게 할 것이라 희망한다.

결국 우리 인간을 다른 피조물과 다르게 만드는 것은 (우리가 알고 있는 한) 우리가 이해하고 있는 것을 집단적으로 실천하는 능력이다. 우리는 하나의 문화로서, 생명에 귀 기울이고, 들은 것을 모방하고, 환경의 암적 존재가 되지 않기로 결정할 수 있다. 이러한 의지와 그것을 뒷받침해줄 창조적인 뇌를 가진 우리는, 우리의 삶을 영위함에 있어서 자연을 따르기로 의식적으로 선택할 수 있다.

희소식은, 우리가 도움을 많이 받을 수 있다는 사실이다. 우리는 자연이라는 천재들에 둘러싸여 있기 때문이다. 그들은 도처에 우리와 함께 있고, 같은 공기를 마시며, 같은 물줄기의 물을 마시며, 똑같이 피와 뼈로 만들어진 팔다리로 움직인다. 그들에게서 배우기 위해 우리는 가만히 있기만 하면, 즉 우리 자신의 영리한 목소리를 가라앉히기만 하면 된다. 이런 고요함 속에서 자연의 소리, 곧 합리적이고 분별 있는 교향악이 들려올 것이다.

여기서 태어난 거위들이 이제는 하늘 높이 날아올라 구름을 배경으로 브이 자를 그리며 꽥꽥 작별 인사를 고하고 있다. 그들의 유전자에는 산, 세이지풀 스텝, 초지, 지구의 곡면을 따라 세워진 이정표 같은 굽어진 강줄기의 지도가 깊이 새겨져 있다. 그들이 강하고 청아한 날갯짓으로 3킬로미터 이상 멀리까지, 시야에서 완전히 사라질 때까지 나의 눈은 거위 떼를 쫓아갔다.

새들이 떠나가고 남은 적막 속에서, 나는 그들의 작별 노랫소리가 모호크 족의 산파가 출생의 순간에 하는 축복의 말과 같은, 일종의 기도로 생각되었다. "지구여 감사합니다. 뜻대로 하소서." 그간 만난 과학자와 혁신가들은 이런 식으로 표현하기를 꺼리겠지만, 사실 그들의 여행 노래도 이와 다르지 않다. 다함께 우리의 생체모방학은 자연의 '길고 찬란한 명부'가 알고 있는 것을 배우기 위해 항해를 떠나기 시작했다. 그것은 집으로 가는 길인데, 거위들만큼이나 그곳에 가고 싶은 나의 마음은 간절하다.

"지구상 모든 생물이 망망대해를 순항하게 하는 힘"

처음 이 책을 번역하기로 결정했을 때는 막연하게 그럴 수 있겠다 싶어 시작했다. 호기심도 발동했지만 공교롭게도 내가 처한 상황이, 일시적으로 자연계와 가까이에서 생활하고 있는 농촌 지역이라서 애착이 갔던 점도 적지 않게 작용했다. 번역하는 과정에서 학문적으로나 현실적으로나 공감을 받은 점도 솔직하게 털어놓고 싶다. 또 한편으로 나 자신이 무심코 보아왔던 자연현상들이 보면 볼수록 과학적이고, 진화의 산물이며, 인간의 생활에 보탬이 되도록 응용하여 적용할 수 있다는 논리에 경탄을 금할 수 없었다. 그러나 마음 한구석으로는 이상을 추구하고 있구나 하는 마음도 들었던 것이 사실이다.

생체모방학! 단적으로 말하면, 육안으로든 과학적인 장비를 동원하든, 생체가 사용하고 있는 물체들을 분석하고 작동 원리를 파악하여 인간의 생활을 윤택하게 하고자 하는 학문 분야다. 생활 전반에 걸쳐 있고, 자연계와 연관된 모든 학문 분야를 포괄하는 그야말로 종합 영역이라 할 수 있다.

인간에게 식량은, 굳이 거론하지 않아도, 필수적이다. 식량을 풍족하게 얻기 위해서, 대부분이 특정 식물을 대규모로 단일재배하여 수확하고 있다. 지금은 해빙기의 봄철이라 넓은 들판이 본색을 드러내고 있지만, 곧 작물로 뒤덮이고 태양 광선에 흠뻑 젖어 녹색으로 물들 것이다. 대부분 단일재배이므로, 수확량을 늘리기 위해 품종을 대대적으로 개량하고, 병충해를 퇴치하기 위해 살충제를 사용하고, 잡초를 제거하기 위해 제초제를 사용하는 일이 다반사로 여겨지고 있다. 해가 거듭될수록 농약을 점점 많이 사용하게 되고, 그에 따라 농작물뿐 아니라 토양까지도 오염시키고 있는 것이 현실이다. 메뚜기가 사라지고, 잠자리, 짱아, 개구리까지 보기 힘들어지게 되고, 물고기와 우렁이도 찾아보기 어렵게 되어 생태계가 파괴되기 시작한 지 이미 오래되었다. 그래서 무농약 농업 및 오리 농법 등등의 유기 농법이 등장했고, 이제는 제법 그럴싸하고 다양한 방법으로 진행되고 있다. 물론 유기 농법이 이상적으로 되려면 그동안 오염시킨 토양까지 객토하듯 모조리 바꾸고 이 책에서 언급하는 방향으로 경작해야 할 것이다. 내 주변에서 행해지고 있는 이러한 유기 농법이 미래의 경작법으로 안착하기 바란다. 비록 작황이 좋지 않을 수 있지만, 고무적인 일이 아닐 수 없다고 본다. 이제 태동하였으니 가꾸고 보듬어 자연계를 귀감 삼아 지속할 일이다.

자연계가 에너지를 받는 효율 또한 본받을 만하다. 햇빛을 최대로 받기 위해 더 좋은 자리를 차지하려는 노력이 가상하다. 에너지를 흡수하는 식물의 자태가 피보나치수열에 부합한다고 한다. 궁금증을 풀기 위해 실제로, 번역 중에 해바라기 열매로 확인한 적이 있다. 학생들에게 씨앗이 배열된 줄을 세라고 했는데, 줄이 많았는데도 불구하고 결과는 바로 그 수열 중에 나오는 항의 숫자들을 보여주었다. 비록 자연현상 중 일부라 할지라도 학생들도, 나로서도 놀랄 수밖에 없었다. 이렇듯 자연도 무작위인 것 같지만 나름대로 모종의 논리적인 방식으로 성장하는 것을 알아차릴 수 있다.

이러한 논리는 곳곳에서 관찰할 수 있다. 강철보다 몇 배 더 강한 거미줄, 물속에서도 작동하는 초강력 접착제, 야생의 침팬지가 맛보고 시험하여 생약을 선별하는 방법, 세포들에서 일어나는 화학적 결합처럼 3차원으로 계산하는 고도의 방법 등등은 인간이 배우고 익혀 인간사에 필히 적용해야 할 항목들로 묘사되고 있다. 현재의 컴퓨터를 구식으로 보고, 생명체에서 일어나는 입체적인 결합 현상을 신식의 계산법으로 사용할 수 있다는 아이디어는 상상을 초월하는 통찰력이라 생각된다. 아울러, 산업화가 지속되는 과정에서 파생되는 각종 부작용을 해결하고자 하는 녹색운동은 미래지향적으로, 우리 모두가 따라야 하는 생활양식이라 아니할 수 없다. 깊이 새겨 후손들에게 미움 받지 않도록 토대를 마련해야 할 것이다.

영어를 우리말로 옮기는 과정에서 어려움이 적지 않았다. 워낙 많은 서명, 인명, 지명, 동식물 종명 등이 등장하고 있어, 이를 우리말로 바꾸는 과정에 고심이 많았다. 우리말이 전혀 없는 용어는 원어를 그대로 사용하기도 하였다. 독자들에게 너그러운 양해를 구한다.

이 책은 단기간이 아닌 장기간의 관점에서 인류가 추구해야 하는 최종 목표라고 생각한다. 생체모방이야말로, 진화 과정에서 자연선택으로 무수한 시행착오 끝에 정착된 현상들로서, 자연계에 부담을 주지 않고 생명체들에게도 우환이 들지 않게 않는, 그야말로 지구상의 모든 생물들이 망망대해를 순항하게 하는 정중동의 깊은 진리가 스며 있음을 인식하기 바란다.

_최돈찬

"인간은 아무 것도 발명하지 않는다, 발견할 뿐이다"

서양에서 300여 년 전과 200여 년 전에 각기 일어난 과학혁명과 산업혁명은 전 세계에 전파되어 대부분의 인류에게 물질적 풍요, 건강, 수명 연장의 혜택을 누리게 해주었고 인구 폭발을 가져왔다. 산업혁명 초 8억 명이었던 인구가 1930년대에 20억 명, 1960년대에는 30억 명으로 증가하더니, 2025년 현재 82억 명이 되었다. 그러나 자연 착취적 성격의 산업화가 200여 년간 진행되는 동안 지구 행성의 생명 부양계는 서서히 훼손되어갔다. 특히 20세기 들어 최근 100여 년간 과학 기술의 발달 속도가 더욱 빨라지면서 지구 생태계에 미치는 영향 또한 심화되었고 산업화의 폐해가 가시적으로 분명히 드러나기 시작하였다. 지구온난화, 산성비, 오존층 파괴, 자원 고갈, 담수 부족, 초원의 사막화, 자연림 감소, 토양 침식 등의 문제 외에 바다에서도 화학물질과 쓰레기 오염, 어족 감소 등 많은 문제들이 가시화되었고 그 상황은 갈수록 나빠지고 있다. 이것을 한켠에서는 가이아의 복수라고 부르기도 한다.

과학 기술은 분명히 인류 대부분의 삶을 물질적으로 윤택하게 해주었으나 그에 못지않게 많은 사회·경제·환경 문제들을 야기하였다. 그렇다면 우리는 과학 기술을 버리고 모두 자연으로 돌아가야 할까? 요즈음 우리나라에도 도시를 버리고 농촌으로 가 손수 먹을 것을 키우며 사는 사람들이 늘어나고 있다. 이 우주에서 인간의 운명이 태양계를 탐사하고 유전자를 조작하고 나노 합성을 하는 수준에까지 왔다가 다시 산업혁명 이전의 농업시대로 돌아가도록 되어 있을까? 300여년간 쌓아온 그 위대한 지적 성과들은 궁극적으로 아무 짝에도 쓸모없는 것이 되어버릴까? 환원주의 과학의 빛나던 여정은 역시 인류를 한 바퀴 돌아 제자리로 돌아오게 한 것 외에 아무 것도 아닌 것이 될까? 근대 과학 기술은 그 기반이 되는 세계관 자체에 문제가 있기 때문에 과학 기술을 폐기하는 것만이 오늘날 위기에 처한 세계가 선택할 수 있는 대안이라는 일부의 주장이 결국 옳은 것으로 판명될 날이 올까?

정답은 이번에도 이것이나 저것이 아니고 그 중간일 것 같다. 생체모방이라는 혁명적이고 생명친화적인 개념이 (역시 서양에서) 등장하여 우리가 쌓아온 첨단 과학과 기술을 완전히 버리지 않고도 단지 지금까지와는 다르게, 곧 올바르게 진행함으로써 지속가능한 발전을 이

룰 수 있다고 주장하는 것이다. 현재까지의 기술은 기본적으로 지구 자원을 파내고 짜내고 가공하는 것이며, 제품 생산에 지나치게 많은 에너지, 독성 화학물, 오염 물질이 들어 가고 사용되고 나서는 엄청난 쓰레기를 만들어낸다. 60킬로그램의 인간을 수송하기 위해 5톤짜리 자동차를 만들고 오렌지 주스 1리터를 만드는 데 1,000리터의 물과 2리터의 석유가 투입되는 식이다. 이런 산업 방식은 분명히 우리 세대가 누린 번영에 대한 환경적 대가를 우리 후손들이 치르게 하는 지속 가능하지 않은 시스템이다.

생체모방은 우리 사회가 당면한 수많은 사회·경제·환경·기술적 난제들에 대한 참신한 해법을 모두 자연에서 배울 수 있다고 말한다. 자연은 이미 우리가 해결하고 싶어 하는 모든 문제들에 대해 38.5억 년에 걸친 R&D와 현장 테스트까지(자연선택을 통해) 확실하게 마친 해결책을 가지고 있다는 것이다. 자연의 모든 생명은 코끼리에서 단세포 미생물에 이르기까지, 지구의 남극에서 북극, 심해저에서 히말라야 최고 정상까지 구석구석, 무한히 다양한 니치에서 먹고 자고 번식하면서 당면한 문제들을 해결해왔기 때문이다. 자연의 천재들은 인간의 창조성이 만들어낸 현재의 과학 기술과는 비교도 되지 않는 훨씬 효율적이고 정교하고 온화하고 자연친화적인 방법으로, 화석연료를 고갈시키지도 않고 지구를 오염시키지도 않고, 미래를 저당 잡히지 않으면서 우리가 현재 하고자 하는 일들을 해왔다는 것이다.

거미는 인간이 만든 어떤 쇠줄보다 다섯 배나 강한 견사를, 홍합은 물 속에서도 붙는 강력한 접착제를 상온, 상압에서 조용히 만들어낸다. 전기뱀장어는 800볼트의 전기를 체내에서 순식간에 만들어내며 전복 껍데기의 안쪽은 어떤 최첨단 세라믹보다 강하며, 고래와 펭귄은 스쿠버 장비 없이도 잠수할 수 있고 잠자리는 인간이 만든 최상의 헬리콥터를 능가한다. 사실상 우리의 모든 발명품은, 자연을 가만히 들여다보면 이미 거기에 존재한다. 건축용 버팀목과 대들보는 나뭇잎과 줄기의 특성이며, 중앙 냉난방 시설은 사막의 흰개미탑이 이미 우리를 앞서 있다. 인간이 만든 어떤 레이더 장치도 박쥐의 다주파 전송에 비하면 초라하며, 지능형 신소재들도 돌고래의 피부나 연꽃의 표면과는 비교도 되지 않는다. 인간의 위대한 발명품으로 칭송되는 바퀴조차도 지구에서 가장 오래된 박테리아의 편모 추진 장치에 이미 존재한다. 그 외 얼마나 많은 생물들이 경이로운 재주를 일상으로 부리는지 이 책에 하나 가득 소개되어 있다.

생물 개체들의 천재성만 놀라운 것이 아니다. 선인장 숲, 초원, 산호초 등의 군집에서 생물들이 함께 모여 서로 주고받으며 자원을 낭비하지 않고 역동적 균형을 유지하는 시스템적 조화는 더욱 경이롭다. 이것은 시스템을 지휘하는 통치자가 없는데도 구성원들의 상호작용과 피드백으로만 일어나는 자기조직화의 한 예이다. 생태학자들은 이렇게 복잡하게 얽혀 있는 시스템의 특성을 오래 연구해왔고, 거기서 배운 지혜와 정보는 최근에 농업·경제·산업·경영 등 많은 분야에서 적용되고 있다. 따라서 biomimicry는 우리말로 옮길 때 생체모방보다 좀 더 광범위한 의미를 담은 생명 모방, 더 나아가서 무생명 자연까지 포괄하는 자연 모방이 더 적합하나, 이미 학계에서 생체모방이라는 용어가 상당히 정착한 것으로 보여 고민 끝에 생체모방으로 번역하기로 하였다. 우리나라에서 생체모방은 주로 공학 분야에서 다루고 있는데, 자연모사공학Nature Inspired Engineering이라고 하는 것도 생체모방과 같은 맥락의 개념이다. 서울대학교의 생체모방기계시스템중점연구소, 한국기계연구원의 자연모사바이어기계연구팀, 이화여자대학교 나노과학부의 생체모방시스템연구단 등이 국내의 대표적인 생체모방 연구 집단들이다. 이렇게 학계에서는 이미 본격적으로 연구가 진행되고 있으나 일반인들에게는 자세히 알려지지 않은 생체모방이 이번 기회에 널리 소개되는 것은 뜻 깊은 일이다. 생체모방은 자연친화적이고 지속가능한 기술 혁신이라는 현실적 가치를 넘어 근본적으로 자연을 대하는 인간의 태도가 겸손해지지 않을 수 없게 하는 윤리적 측면을 가지고 있기 때문에 더욱 의의가 있다.

저자 재닌 베니어스는 1997년 이 책 『생체모방』을 통해 생체모방이라는 개념과 용어를 처음 정립하고, 공학적 난제를 해결하기 위해, 또 지구에서 폐기물을 적게 만들고 창의적으로 사는 방법에 대한 영감을 얻기 위해 생태계를 열심히 살펴보는 과학자들을 소개하였다. 그들은 과학계 최정상에 있는 연구자들로 최첨단 학문들이 연계된 영역에서 연구 성과를 쏟아내고 있다. 우리 정부는 국가의 차세대 동력을 융합기술로 잡고 있는데 생체모방이야말로 학문들의 접점에서 꽃피는 학문이라 할 수 있다.

베니어스는 이 책을 출간한 후 자연의 아이디어가 인간의 디자인에

원활하게 흘러 들어가도록 돕기 위해 에드워드 윌슨, 폴 호켄 등과 비영리단체인 생체모방협회Biomimicry Guild를 설립하고, 학계·산업계·대중을 대상으로 교육 및 강연을 하는 등 왕성하게 활동을 전개하고 있다. 그녀의 강연 동영상 몇 개가 인터넷에 공개되어 있는데 그중의 하나에서 이야기는 이렇게 시작된다.

몬태나 주 그녀가 사는 집 뜰에 말벌집이 생겼는데, 대부분 주민들은 그것을 없애지만 그녀는 그대로 두었더니 엄청나게 커졌다고 한다. 하루는 옆집 일곱 살짜리 꼬마가 놀러왔다가 커다란 말벌집을 보고 놀라 그녀에게 질문을 했다. "저 집 어떻게 만든 거예요?" 그녀는 태어나 7년밖에 안 된 아이의 머릿속에 벌써, 체계적이고 정교하게 만들어진 구조는 인간이 만든 것이며 자연은 그렇게 하지 못한다는 개념이 박혀 있음에 놀랐다고 했다. 말벌은 나무줄기를 씹어 침과 섞어 집을 짓는데, 이것은 모양이나 재질에 있어서 우리의 종이와 다르지 않다. 인간에 앞서 10억 년 전 이미 자연은 종이도 발명하였다.

또 베니어스의 생체모방연구소 홈페이지에는 하버드, 스탠퍼드 등의 대학에 붙어 있다는 생체모방 홍보 포스터가 소개되어 있는데, 거기에는 시꺼멓게 매연을 내뿜는 공장 굴뚝 사진과 함께 이러한 문구가 써 있다. "생체모방을 통해 기후변화를 해결하는 법; 우리 안의 해법. 대기 중 이산화탄소를 제거하는 방법을 가르쳐줄 수 있는 가장 놀라운 생물은 무엇일까? 바로 당신. 우리의 허파는 멜론만한 크기지만 허파꽈리의 전체 표면적은 몸 피부의 70배이며, 200개의 다른 기체분자 속에 섞여 있는 이산화탄소 분자 하나를 정확하게 집어내 제거한다. 과학자들은 여기서 아이디어를 얻어 수천 개의 다른 기체 분자 속에 385개 존재하는 대기 중의 이산화탄소를 제거하는 인공허파막을 개발하고 있다." 생체모방 개념이 도입된 지 10년이 지나면서 실제로 생체모방의 가르침이 생산에 적용되고 상용화된 사례로는 물의 저항을 줄인 수영복, 항상 깨끗함을 유지하는 유리, 저항을 줄인 터빈 날개 등 많은데 인터넷에서 자료를 쉽게 구할 수 있으니 여기서 다 나열할 필요는 없으리라.

베니어스는 지금도 워크숍, 컨설팅, 야외 학습 등을 통해 과학자, 공학자, 기업가들이 자연의 모델을 배우고 그것을 각자의 프로젝트에 통합할 수 있게 돕고 있다. 공식적으로 그녀의 의뢰인으로 알려진 기업 가운데 우리의 귀에 익은 것만 나열하자면, 제네럴일렉트릭, 휴렛팩커드, 나이키, 세계에서 가장 큰 카펫회사 인터페이스, 세계적인 건축 회사 HOK가 있다. 인터페이스 사는 자연에서 아이디어를 얻어 타일형으로 개발한 엔트로피라는 제품이 현재 전체 카펫 판매량의 40%를 차지할 정도로 소비자들로부터도 큰 호응을 얻고 있다고 한다. HOK는 우리나라 인천송도국제도시의 설계를 맡은 회사이기도 한데, 베니어스와 상시적인 제휴 관계를 맺고 건축 프로젝트에 생체모방적 설계가 적용되도록 노력을 기울인다고 한다.

이 책의 1장에서 6장까지는 우리가 식량을 재배하고 물건을 만들고 에너지를 섭취하고 병을 치료하고 정보를 저장하는 현재의 방법의 문제점들을 상세히 설명하고 그 문제들을 자연은 어떻게 해결하고 있는지 보여준다. 요즈음 사회적으로 많은 관심이 쏠리고 있는 주제는 역시 1장의 농업일 텐데, 지금의 단종 재배, 기업형 농사에 의한 폐해가 얼마나 심각한지 그것을 어떻게 고쳐나갈 수 있는지 자연은 그것을 어떻게 피해가고 있는지 매우 설득력 있게 설명한다.

6장의 주제인 정보 저장은 개인적으로 가장 흥미를 가지고 있는 분야인데, 현재의 컴퓨팅 방식이 봉착해 있는 한계를 뛰어넘기 위한 혁신적인 연구들을 설명한다. 물론 이 아이디어들도 자연 혹은 생명이 하고 있는 일상의 컴퓨팅 시스템에서 영감을 얻은 것들이다. 7장은 6장까지의 전주곡을 거쳐, 본격적으로, 우리가 지금까지의 생산 유통 방식을 버리고 앞으로 어떻게 사업을 경영하고 산업을 영위해야 하는지를 이야기한다. 이것은 삼나무숲에서 배운 열 가지 교훈을 바탕으로 하는 산업생태학으로 현재의 산업자본주의의 대안으로 제시된다.

초지 농법이 광범위하게 실시되고, 공장에서는 물건들이 상온의 생명친화적 조건에서 독성 부산물 없이 생산되고, 경제가 열대림을 모델로 하는 지속가능하고 윤리적인 세상이 빨리 오기를 기대하면서 번역을 마친다. 그러한 혁신에는 일선 전문가들의 헌신뿐 아니라 대중의 이해와 관심이 매우 중요한데 '이 책'이 그에 일조할 것으로 믿으며 이번 작업에 그 어느때보다 큰 보람을 느낀다. 아울러 인터넷상에 베니어스의 강연이나 인터뷰 동영상이 많은데, 독자 여러분들도 꼭 한번 들어가 그녀의 자연에 대한 감수성과 열정을 느껴보시기 바란다.

_이명희

참고 문헌

- Berry, Wendell. *The Unsettling of America*. San Francisco: North Point Press, 1977.
- Birge, Robert R. (ed). *Molecular and Biomolecular Electronics: Symposium Sponsored by the Division of Biochemical Technology of the American Chemical Society at the Fourth Chemical Congress of North America. New York, August 25-30, 1991*. Washington, D.C.: American Chemical Society, 1994.
- Capra, Fritjof. *The Turning Point: Science, Society, and the Rising Culture*. New York: Bantam Books, 1982.
- Center for Resource Management and David Wann. Introduction by Paul Hawken. *Deep Design: Pathways to a Livable Future*. Washington, D.C.: Island Press, 1996.
- Chiras, Daniel D. *Lessons from Nature: Learning to Live Sustainably on the Earth*. Washington, D.C.: Island Press, 1992.
- Etkin, Nina L. (ed). *Eating on the Wild Side: The Pharmacologic, Ecologic, and Social Implications of Using Noncultigens*. Tucson: University of Arizona Press, 1994.

- Graedel, T. E., and B. R. Allenby. *Industrial Ecology*. New York: Prentice Hall, 1995.
- Gratzel, Michael (ed.). *Energy Resources Through Photochemistry and Catalysis*. New York: Academic Press, 1983.
- Gust, Devens, and Thomas Moore. "Mimicking Photosynthesis." *Science*, April 7, 1989, pp.35-41.
- Hameroff, Stuart R. *Ultimate Computing: Biomolecular Consciousness and Nanotechnology*. New York: North-Holland, 1987.
- Hawken, Paul. *The Ecology of Commerce: A Declaration of Sustainability*. New York: HarperCollilns, 1993.
- Jackson, Wes. *Altars of Unhewn Stone: Science and the Earth*. San Francisco: North Point Press, 1987.
- Johns, Timothy. *With Bitter Herbs They Shall Eat It: Chemical Ecology and the Origins of Human Diet and Medicine*. Tucson: University of Arizona Press, 1990.
- Kellert, Stephen R., and Edward O. Wilson. *The Biophilia Hypothesis*. Washington, D. C.: Island Press, 1993.
- Kelly, Kevin. Out of Control: *The New Biology of Machines, Social Systems, and the Economic World*. Reading, Mass.: Addison-Wesley, 1994.
- Ogden, Joan M., and Robert H. Williams. *Solar Hydrogen: Moving Beyond Fossil Fuels*. Washington, D.C.: World Resources Institute, 1989.
- Rothschild, Michael. *Bionomics: Economy as Ecosystem*. New York: Henry Holt, 1990.
- Sarikaya, Mehmet, and Ilhan A. Aksay (eds.). *Biomimetics: Design and Processing of Materials*. New York: American Institute of Physics, 1995.
- Soulé, Judith, and Jon K. Piper. *Farming in Nature's Image*. San Francisco: Island Press, 1992.
- Swan, James A., and Roberta Swan. *Bound to the Earth: Creating a Working Partnership of Humanity and Nature*. New York: Avon, 1994.

- Todd, Nancy. *Bioshelters, Ocean Arks, City Farming: Ecology as the basis of Design*. San Francisco: Sierra Club Books, 1984.
- Tributsch, Helmut. *How Life Learned to Live: Adaptation in Nature*. Cambridge, Mass.: MIT Press, 1982.
- Viney, Christopher, Steven T. Case, and J. Herbert Waite. *Biomolecular Materials: Materials Research Society Symposium Proceedings*, Vol. 292. Pittsburgh, Pa.: Materials Reserch Society, 1993.
- Vogel, Steven. Life's Devices: *The Physical World of Animals and Plants*. Princeton, N.J.: Princeton University Press, 1988.
- Willis, Delta. *The Sand Dollar and the Slide Rule: Drawing Blueprints from Nature*. Reading, Mass.: Addison-Wesley, 1995.
- Yeang, Ken. *Designing with Nature. The Ecological Basis for Architectural Design*. New York: McGraw-Hill, 1995.

찾아보기

ㅈ

ㅍ

ㅎ

AI, 생체모방의 기술

The art of biomimicry

초판 1쇄 펴낸 날 2025년 6월 20일

지 은 이 재닌 M. 베니어스
옮 긴 이 최돈찬, 이명희
펴 낸 이 장영재
펴 낸 곳 마루벌
자 회 사 시스테마
전 화 02)3141-4421
팩 스 0505-333-4428
등 록 2012년 3월 16일(제313-2012-81호)
주 소 서울시 마포구 성미산로32길 12, 2층 (우 03983)
E-mail sanhonjinju@naver.com
카 페 cafe.naver.com/mirbookcompany
S N S instagram.com/mirbooks

• 시스테마는 마루벌의 인문·과학 브랜드입니다.
• 마루벌은 독자 여러분의 의견에 항상 귀 기울이고 있습니다.
• 파본은 책을 구입하신 서점에서 교환해 드립니다.
• 책값은 뒤표지에 있습니다.